Pflanzliche und
mikrobielle Symbiosen

Pflanzliche und mikrobielle Symbiosen

Von Dietrich Werner

179 Abbildungen, 88 Tabellen

Prof. Dr. Dietrich Werner, Fachbereich Biologie, Philipps Universität,
Karl v. Frischstraße (Lahnberge) D-3550 Marburg-Lahn

Illustrationen von Rudolf Bosch und Günter Schulz

CIP-Kurztitelaufnahme der Deutschen Bibliothek

Werner, Dietrich:
Pflanzliche und mikrobielle Symbiosen / von
Dietrich Werner. [Ill. von Rudolf Bosch u.
Günter Schulz]. – Stuttgart ; New York :
Thieme, 1987.

© 1987 Georg Thieme Verlag, Rüdigerstraße 14, D-7000 Stuttgart 30
Printed in Germany
Satz und Druck: Gulde-Druck, D-7400 Tübingen (gesetzt auf Linotron 202 System 3)

ISBN 3-13-698301-7   1   2   3   4   5   6

Vorwort

Vor mehr als 40 Jahren (1942) ist die erste Auflage des Buches „Die pflanzlichen Symbiosen" von *Reinhold Schaede* erschienen, vor mehr als 20 Jahren die von *F. H. Meyer* bearbeitete 3. Auflage. Seitdem haben die Zellbiologie, die Biochemie und die Genetik von Mikroorganismen und Pflanzen sich stürmisch weiter entwickelt. Die methodischen Fortschritte auf diesen Gebieten haben auch unsere Kenntnisse über die pflanzlichen und mikrobiellen Symbiosen deutlich weiter vorangebracht. Die Beschäftigung mit den Symbiosen ist ein besonders reizvolles Arbeitsgebiet, weil es von morphologisch-cytologischen über physiologisch-biochemische bis hin zu genetischen und ökologischen Fragestellungen reicht. Mit Symbiosen von Mikroorganismen mit Pflanzen und Tieren beschäftigen sich daher Botaniker, Mikrobiologen, Zoologen, Zellbiologen und Ökologen. Symbiosen haben darüberhinaus große praktische Bedeutung in der Land- und Forstwirtschaft, speziell in den Bereichen der Pflanzenernährung und des Pflanzenbaues. Symbiotische und parasitische Interaktionen von Pflanzen und Mikroorganismen haben viele Gemeinsamkeiten, so daß die Symbioseforschung auch für die Phytopathologie von Bedeutung ist. Auch für viele Fragen der naturwissenschaftlichen Grundlagen des Umweltschutzes spielen die pflanzlichen und mikrobiellen Symbiosen eine große Rolle. Dazu gehören die Entwicklung und die Funktion der ektotrophen und ekt-endotrophen Mycorrhiza der Nadel- und Laubbäume im Zusammenhang mit der Ursachenforschung der Waldschäden, die N_2-fixierenden Symbiosen im Zusammenhang mit der Grundwasserbelastung durch Nitrate, die Symbiose der riffbildenden Korallen als sensible Indikatoren für die Belastung der Meere, die erhöhte Resistenz von Kulturpflanzen durch VA-Mycorrhizen im Zusammenhang mit Belastungen durch Pflanzenschutzmittel und die Bedeutung von Rhizosphären-Assoziationen für den Abbau vieler Pflanzenschutzmittel. Für das Umweltprogramm „Schutz der Böden" können Fortschritte im Verständnis der Spezität von Populationen von Mikroorganismen im Wurzelbereich von Pflanzen eine entscheidende Rolle spielen, wenn man berücksichtigt, daß das Wurzelsystem von Bäumen eine Länge von über 100000 km pro ha Wald erreicht und eine einzige Getreidepflanze eine Oberfläche der Wurzelhaare von über $100\,m^2$ ausbilden kann.

Die Gliederung des vorliegenden Buches umfaßt in zehn Kapiteln die wichtigsten pflanzlichen und mikrobiellen Symbiosen. Ausgenommen bleiben die Flechten, da in der vorliegenden Reihe des Thieme Verlages das Buch *Henssen/Jahns* „Lichenes" bereits vorliegt, das diese Symbioseform ausführlich darstellt.

Wichtige Anstöße für die Symbioseforschung haben in den letzten Jahren die Biochemie und Molekulargenetik der Chloroplasten und Mitochondrien erbracht, die nach der Symbiontentheorie der Zellorganell-Evolution mit die frühesten Formen der Endocyto-Symbiose darstellen. Im Vergleich zu unseren Kenntnissen über Chloroplasten und Mitochondrien, von denen wesentliche Teile des Genoms bereits sequenziert wurden, sind unsere Kenntnisse über viele rezente Symbiosen noch sehr lückenhaft. Am weitesten fortgeschritten ist wegen ihrer großen landwirtschaftlichen Bedeutung die *Rhizo-*

bium/Bradyrhizobium-Leguminosen-Symbiose, die daher auch als Modell für die weitere Erforschung der anderen Symbiosen gelten kann und deshalb ausführlich in Kapitel 3 dargestellt ist.

Für die Überlassung von Originalabbildungen und Originalarbeiten gilt mein Dank Prof. *D. Bauer*, Missouri, USA; Dr. *F. J. Bergersen*, Canberra, Australien; Prof. *J. Beringer*, Bristol, U.K.; Dr. *Bonfante-Fasolo*, Turin, Italien; Prof. *J. A. Breznak*, Michigan, USA; Dr. *H. E. Calvert*, Batelle-Kettering Lab., Yellow Spring, USA; Dr. *Haymann*, Rothamstead, England; Prof. Dr. *B. Hock*, TU München, Freising-Weihenstephan; Prof. *B. D. W. Jarvis*, Palmerston North, Neuseeland; Dr. *Lalonde*, Quebec, Kanada; Prof. Dr. *P. Martin*, Hohenheim; Dr. *T. W. Mew*, IRRI Institute, Los Banos, Philippinen; Dr. *I. M. Miller*, Glasgow, UK; Prof. *K. H. Nealson*, Milwaukee, USA; PD Dr. *W. Reisser*, Marburg; Dr. *W. Rühle*, Prof. Dr. *A. Wild*, Mainz; Dr. *G. Schaller*, TU München, Freising-Weihenstephan; Prof. *F. Schönbeck*, Hannover; Prof. *W. D. P. Stewart*, Dundee, U.K.; Prof. Dr. *H. Stolp*, Bayreuth; Prof. *D. G. Strullu*, Angers, Frankreich; Prof. *S. Tzean*, Taipea, Taiwan; Prof. *D. Webb*, Kingston, Kanada.

Für Hinweise und Durchsicht von Teilen des Manuskriptes danke ich den Kollegen Dr. *P. Gresshoff*, Canberra, Australien; Prof. Dr. *H. O. von Hagen*, Marburg; Prof. Dr. *K. Heckmann*, Münster; Prof. Dr. *A. Kröger*, Frankfurt; Prof. Dr. *W. Nultsch*, Marburg; PD Dr. *W. Reisser*, Marburg und Prof. Dr. *H. Chr. Weber*, Marburg. Mein besonderer Dank gilt meinen Mitarbeitern, die mich bei der Abfassung des Buches unterstützt haben, insbesondere Frau *L. Karner* für die Anfertigung des Manuskriptes, Frau *H. Thierfelder* für vielfältige Unterstützungsarbeiten und Herrn *H. Becker* für die Anfertigung von Zeichnungen.

Dem Georg Thieme Verlag danke ich für die gute Zusammenarbeit und die großzügige Ausstattung des Buches.

Marburg, im Frühjahr 1987   *Dietrich Werner*

Inhaltsverzeichnis

1.	**Begriffliche Übersicht, Bedeutung von pflanzlichen und mikrobiellen Symbiosen und Endosymbiontentheorie der Chloroplasten- und Mitochondrienevolution**	1
1.1.	Kommensalismus, Parasitismus und Symbiose (Mutualismus)	1
1.2.	Bedeutung von pflanzlichen Symbiosen	1
1.3.	Endosymbiontentheorie der Chloroplasten- und Mitochondrienevolution	3
2.	**Spezifische Assoziationen von Mikroorganismen und Pflanzen**	13
2.1.	Rhizosphäre	13
2.1.1.	Wurzelexsudation	13
2.1.2.	pH-Veränderungen in der Rhizosphäre	14
2.1.3.	Spezifische Bakterienpopulationen im wurzelnahen Bereich	19
2.1.3.1.	Chemotaxis in der Rhizosphäre	23
2.1.3.2.	Modell zur mikrobiellen Anreicherung in der Rhizosphäre	24
2.1.4.	Wirkung von Rhizosphärenmikroorganismen auf die Wurzelmorphologie und die Phosphatgehalte von Wurzeln und Sprossen	25
2.2.	Phyllosphäre	26
2.3.	Spermosphäre	29
2.4.	Phycosphäre	29
3.	**Die Rhizobium/Bradyrhizobium-Fabales-Symbiose**	31
3.1.	Der Mikrosymbiont: Rhizobium und Bradyrhizobium	31
3.1.1.	Taxonomie und Systematik	31
3.1.2.	Physiologie und Wachstum	35
3.1.2.1.	Energie-, C-, N- und H-Stoffwechsel	37
3.1.2.2.	Oberflächeneigenschaften (periplasmatische Proteine, EPS, LPS, CPS)	38
3.1.3.	Genetik	41
3.1.3.1.	Chromosomen und Plasmide	41
3.1.3.2.	nif-, fix- und nod-Gene	43
3.1.4.	Ökologie	47
3.1.4.1.	Konkurrenz und Überlebensfähigkeit im Boden	48
3.1.4.2.	Wachstum, Konkurrenz und Überlebensrate unter definierten Bedingungen und in Inokulumprodukten	51
3.1.5.	N_2-Fixierung in Reinkulturen von Bradyrhizobium japonicum	54
3.2.	Der Makrosymbiont (Wirtspflanzen): Fabales	56
3.2.1.	Systematische Übersicht	56
3.2.2.	Spezielle physiologische und biochemische Eigenschaften	58

3.2.3.   Ökologische Verbreitung und landwirtschaftliche Bedeutung   60
3.3.   Die Symbiose   62
3.3.1.   Erkennung.   62
3.3.2.   Spezielle Eigenschaften von Wurzelhaaren von Fabales   65
3.3.3.   Infektion und Knöllchenentwicklung   67
3.3.3.1.   Noduline: Knöllchenspezifische Proteine   76
3.3.3.2.   Leghämoglobingene   77
3.3.3.3.   Weitere pflanzliche Gene, die an der Nodulation beteiligt sind   77
3.3.3.4.   Bakteroidendifferenzierung   79
3.3.4.   Cytologie und Ultrastruktur der Knöllchen   80
3.3.4.1.   Infizierte und nichtinfizierte Wirtszellen   82
3.3.4.2.   Peribakteroidenmembran und Peribakteroidenraum   85
3.3.5. N_2-Fixierung.   88
3.3.5.1.   Nitrogenase: Struktur, Funktion und Regulation   89
3.3.5.2. O_2-Schutzmechanismen: Korkschichten, Leghämoglobin, Atmungsra-
            ten, wassergefüllte Diffusionsbarrieren   92
3.3.5.3.   Fixierungsraten pro g Knöllchen, pro Pflanze und pro Hektar   94
3.3.5.4.   Abhängigkeit der N_2-Fixierung von Klima- und Bodenfaktoren sowie
            von der Pflanzenentwicklung   96
3.3.5.5.   Wirkung von NH_4- und Nitratdüngung, Nitrattolerante Pflanzenmu-
            tanten   99
3.3.5.6.   N- und C-Stoffwechsel, Beziehung von N_2-Fixierung zu Atmung, Photo-
            synthese und H_2-Produktion   102
3.3.6.   Sproß-Knöllchen: Sesbania spec.   109
3.3.3.7.   Gentechnologie für neue N_2-fixierende Symbiosen   110

4.   **Die Bradyrhizobium sp.-Parasponia-Symbiose**   113

5.   **Actinorhiza**   115

5.1.   Der Mikrosymbiont: Frankia   115
5.1.1.   Taxonomie und Systematik.   115
5.1.2.   Physiologie, Biochemie und Genetik   116
5.2.   Der Makrosymbiont: die Wirtspflanzen   117
5.2.1.   Systematische Übersicht   117
5.2.2.   Ökologische und wirtschaftliche Bedeutung   119
5.2.3. N_2-Fixierung pro Hektar und Jahr.   120
5.3.   Infektion und Entwicklung der Actinorhiza   120
5.3.1.   Infektion der Wurzelhaare und Rindenzellen, Bildung der primären
            Actinorhiza   120
5.3.2.   Bildung der sekundären Actinorhiza, Entwicklung von Hyphen, Vesi-
            keln und Sporen des Symbionten   121
5.3.3.   Überkreuzinokulationen   125
5.3.4.   Einfluß von Bodenfaktoren auf die Infektiosität und die Entwicklung . .   125
5.4.   Funktion und Struktur der Actinorhiza   126
5.4.1.   Nitrogenaseaktivität pro Gramm Actinorhiza   127
5.4.2.   Nitrogenaseaktivität in Reinkulturen des Symbionten   128
5.4.3. O_2-Schutzmechanismen.   129
5.4.4.   Ammoniumassimilation   130
5.4.5.   Weitere biochemische Kennzeichen der Actinorhiza   131
5.4.6.   Cytologie und Feinstruktur infizierter Zellen.   133

6.   Weitere Bakterien-Symbiosen.   134
6.1.   Algen als Wirtszellen   134
6.2.   Protozoen als Wirtszellen.   134
6.3.   Die Blattsymbiosen von Rubiaceen und Myrsinaceen   138
6.4.   Insekten und Würmer als Wirte   140
6.4.1.   Schaben und Termiten.   141
6.4.2.   Kornkäfer und Ambiosiakäfer.   141
6.4.3.   Tsetsefliegen und Läuse.   141
6.4.4.   Röhrenwürmer   142
6.5.   Die symbiotischen Leuchtorgane von Fischen   143
6.6.   Die Pansensymbiose der Wiederkäuer.   145
6.6.1.   Bakterien und Phycomyceten   145
6.2.2.   Ciliaten   148
6.6.3.   Symbiotischer Stoffwechsel   148

7.   Cyanobakteriensymbiosen (außer Flechten)   150
7.1.   Endocyanome.   150
7.2.   Die Diatomeen-Cyanobakterien-Symbiose   153
7.3.   Die Bryophyten-Nostoc-Symbiose   154
7.3.1.   Anthoceros   154
7.3.2.   Blasia, Cavicularia und andere Lebermoose   155
7.4.   Die Azolla-Anabaena-Symbiose   156
7.4.1.   Morphologie und Entwicklung der Symbiose.   156
7.4.2.   Heterocystbildung und Funktion   160
7.4.3.   Ökologische und landwirtschaftliche Bedeutung   163
7.5.   Die Cycadaceen-Nostoc/Anabaena-Symbiose.   163
7.6.   Die Gunnera-Nostoc-Symbiose   167
7.7.   Tierische Symbiosen mit Cyanobakterien und Prochloron   169
7.7.1.   Schwämme.   169
7.7.2.   Tunikaten   169
7.7.3.   Polarbären   170

8.   Phyko-Symbiosen   171
8.1.   Die Plastiden der Cryptophyten als reduzierte symbiotische Zellen   171
8.2.   Dinophyten als Symbionten   171
8.2.1.   Riffbildende Korallen   175
8.3.   Chlorophyten als Symbionten   176
8.3.1.   Die Hydra-Chlorella-Symbiose   176
8.3.2.   Die Ciliaten-Chlorella-Symbiose   179
8.3.3.   Die Convoluta-Platymonas-Symbiose   181
8.4.   Chrysophyten als Symbionten   182
8.5.   Rhodophyten als Symbionten   183
8.6.   Chloroplasten von Algen als Organelle in Gastropoden   183

9.   Vesikulär-arbuskuläre (VA-)Mycorrhiza   186
9.1.   Der Mikrosymbiont   186
9.1.1.   Taxonomie.   186
9.1.2.   Physiologie und Ökologie.   187
9.2.   Wirtspflanzen (Makrosymbionten) und „Nichtwirtspflanzen"   189

9.3.   Entwicklung und Funktionen der Symbiose 191
9.3.1.   Infektion und Differenzierung der Strukturen der VA-Mycorrhiza 191
9.3.2.   Entwicklung und Stoffwechsel........................... 194
9.3.3.   Einfluß von Klima- und Bodenfaktoren 197
9.3.4.   Ernährungsphysiologische Wechselbeziehungen 198
9.3.4.1. Phosphate 199
9.3.4.2. Spurenelemente und weitere Makroelemente 201
9.3.4.3. Kohlenhydrate und Lipide 201
9.3.5.   Ökologische und wirtschaftliche Bedeutung 201
9.3.5.1. Ertragssteigerungen von Pflanzen nach VAM-Beimpfung 203
9.3.5.2. Wirkung der VAM auf die Resistenz gegenüber Pathogenen 205

10.   Ektomycorrhiza, Ericales-Mycorrhiza und Orchideen-Mycorrhiza 207

10.1.   Ektomycorrhiza 207
10.1.1.   Mikrosymbionten und Wirte (Makrosymbionten) 207
10.1.2.   Strukturen und Entwicklung der Ektomycorrhiza.............. 211
10.1.3.   Physiologie der symbiotischen Pilze 215
10.1.4.   Stoffaustausch zwischen Symbiont und Wirtspflanzen 217
10.1.4.1. Kohlenhydrate 217
10.1.4.2. Mineralische Nährstoffe 218
10.1.5.   Ökologische Verbreitung............................. 219
10.1.6.   Wirtschaftliche Bedeutung und praktische Anwendung 221
10.1.6.1. Produktion und Anwendung von Inokula 221
10.1.6.2. Ekto-Mycorrhiza und Wurzelkrankheiten 222
10.2.   Ekt-endo-Mycorrhiza bei Koniferen 223
10.3.   Mycorrhiza der Ericales............................. 224
10.3.1.   Ericaceae.. 224
10.3.2.   Arbutus und Monotropa 226
10.4.   Die Mycorrhiza der Orchideen 226
10.4.1.   Wirtspflanzen und Symbionten 227
10.4.2.   Entwicklung und Strukturen der Mycorrhiza................. 227
10.4.3.   Ernährungsphysiologie 229

11.   Literatur 231

12.   Sachverzeichnis.................................. 235

1. Begriffliche Übersicht, Bedeutung von pflanzlichen und mikrobiellen Symbiosen und Endosymbiontentheorie der Chloroplasten- und Mitochondrienevolution

1.1. Kommensalismus, Parasitismus und Symbiose (Mutualismus)

Der Begriff der **Symbiose** wurde von dem Botaniker DE BARY **1879** eingeführt und definiert als engstes Zusammenleben verschiedener Arten. Diese sehr weit gefaßte Definition beinhaltete sowohl parasitische wie auch mutualistische Wechselwirkungen. In der Begriffsgeschichte sind diese Wechselbeziehungen in den vergangenen 100 Jahren je nach Standpunkt und Herkunft der Autoren in der Tier- und Pflanzenphysiologie bzw. in der Tier- und Pflanzenökologie sehr unterschiedlich voneinander abgegrenzt worden (GÄUMANN 1951; SCHAEDE/MEYER, 1942/1962; MATTHES 1978). Eine klare Zuordnung einer bestimmten Wechselbeziehung zu diesen Begriffen ist deshalb oft schwierig, weil während der Entwicklung die Beziehung zunächst kommensalisch sein kann, dann parasitische Phasen enthält und schließlich in eine echte Symbiose einmündet. Dies ist z. B. die heutige Auffassung der *Rhizobium/Bradyrhizobium* Fabales (Leguminosen) Symbiose (s. Kapitel 3). In diesem Buch werden die Begriffe wie in Abb. 1.**1** dargestellt verwendet:

1. **Kommensalismus:** Nutzen des einen Partners und nicht erkennbare Beeinflussung des anderen Partners;
2. **Parasitismus (Antagonismus):** Ausnutzung durch und Nutzen für den einen Partner, Schädigung des anderen Partners;
3. **Symbiose (Mutualismus):** Ausnutzung durch und Nutzen für beide Partner in einem engen morphologischen Kontakt.

Der Begriff der Symbiose wurde bald nach seiner Einführung in die Biologie auch in andere Wissenschafts- und Sprachbereiche übernommen. So verwenden ihn WILUTZKY 1903 in einer *Vorgeschichte des Rechts*, SCHÄFFLE 1906 in einer *Soziologie*, SYDOW 1923 in einer Arbeit über *Kunst*, MEINECKE 1924 in einer *Ideen-Geschichte*. Später wurde der Symbiose-Begriff in vielen anderen Bereichen der Umgangssprache verwendet, bei denen die ursprüngliche biologische Definition nicht mehr erkennbar ist.

1.2. Bedeutung von pflanzlichen Symbiosen

Das Prinzip der Symbiose ist für die Nutzung der fünf wichtigsten biologischen **Makroelemente** von Bedeutung (Tab. 1.1). Nach der Endosymbiontentheorie der Plastidenentstehung wurden die Elemente Kohlenstoff und Wasserstoff für eukaryotische Algen, für Archegoniaten und Spermatophyten über die Photosynthese erst durch Symbiose mit Cyanobakterien verfügbar. Nach der gleichen Theorie machte erst die Mitochondrienentstehung aus endosymbiotischen Prokaryoten das Element Sauerstoff energetisch für die Eukaryotenzelle in der Atmung verfügbar. Im Gegensatz zu diesen experimentell nicht direkt nachvollziehbaren phylogenetischen Entwicklungen ist die Assimilation des

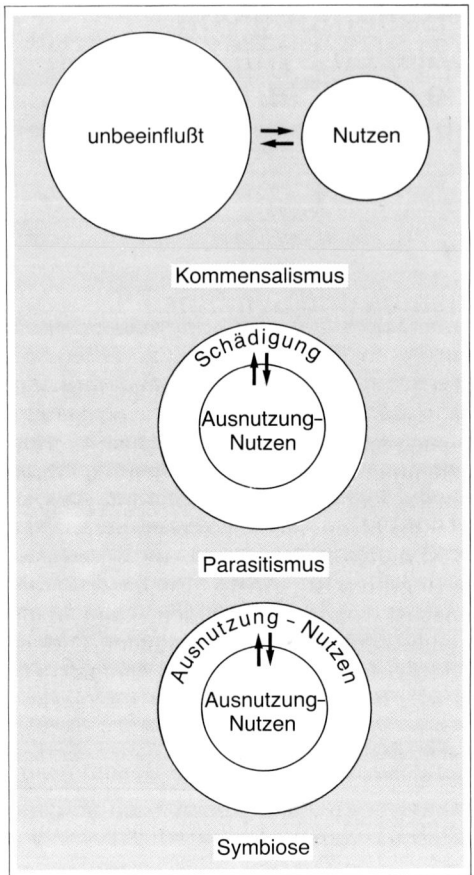

Abb. 1.**1**   Definition von Kommensalismus, Parasitismus und Symbiose

Tabelle 1.**1**   Symbiosen und Nutzung biologischer Makroelemente

Element	Symbiose
C	Endosymbiontentheorie der Chloroplastenentstehung Ähnlicher rezenter Prokaryot: *Synechococcus* sp.
H	Endosymbiontentheorie der Chloroplastenentstehung Ausnutzung der photolytischen H_2O-Spaltung für Eukaryoten
O	Endosymbiontentheorie der Mitochondrienentstehung Ähnlicher rezenter Prokaryot: *Rhodopseudomonas globiformis*
N	*Rhizobium*-Leguminosen-Symbiose *Frankia* (Actinomyceten)-Symbiose mit Vertretern aus 8 Pflanzenfamilien
P	Ektotrophe Mycorrhiza, VA-Mycorrhiza (*Glomus* sp.) Symbiose mit der weit überwiegenden Zahl aller Spermatophyten

Elements Stickstoff in der Rhizobien-Leguminosen-Symbiose bzw. anderen stickstoff-fixierenden Prokaryoten-Eukaryoten-Symbiosen in allen Entwicklungsschritten zu untersuchen. Sie wird ausführlich in den Kapiteln 3 bis 5 dargestellt. Die Verfügbarkeit des Elements Phosphor für die weit überwiegende Zahl aller Spermatophytenarten schließlich wird durch die verschiedensten Formen der Mycorrhiza wesentlich verbessert (s. Kapitel 9 und 10).

1.3. Endosymbiontentheorie der Chloroplasten- und Mitochondrienevolution

In einer Fußnote einer Arbeit über „Die Entwicklung der Chlorophyllkörner und Farbkörper" hat **A. F. W. Schimper 1883** als erster die Vermutung geäußert, daß Plastiden, wenn sie in Eizellen von Pflanzen nicht neu gebildet werden, in ihrer Beziehung zu dem sie enthaltenden Organismus an eine Symbiose erinnern würden. Diese mehr beiläufig gemachte Feststellung in einer experimentellen Arbeit über die Plastidenentwicklung wird als erste Formulierung der Endosymbiontentheorie der Plastidenentstehung angesehen. Als eine für Plastiden und Mitochondrien geltende Theorie hat dies erst sieben Jahre später ALTMANN formuliert. Über mehrere Jahrzehnte hinweg galt diese Theorie allerdings als experimentell nicht direkt beweisbar. Inzwischen sind jedoch eine so große Zahl eindeutiger biochemischer und cytologischer Merkmale von **Chloroplasten** und **Mitochondrien** bekannt, die **Übereinstimmung mit Prokaryoten** zeigen und eindeutig verschieden sind vom Eukaryotencytoplasma bzw. -kern, daß diese Theorie sehr plausibel geworden ist. Die wichtigsten Übereinstimmungen von Chloroplasten und Mitochondrien einerseits und Prokaryoten andererseits sind die zirkuläre Struktur der DNA, das nur vereinzelte Vorkommen von Introns, die gleichen Eigenschaften der Initiationsfaktoren der Proteinbiosynthese, die Ähnlichkeiten bei den rRNA-Sequenzen sowie die Hemmung der Proteinbiosynthese durch Chloramphenicol und die fehlende Hemmung durch Cycloheximid (Tab. 1.**2**). Weitere Übereinstimmung besteht in dem Vorkommen von Cardiolipin in der Prokaryoten-Plasmamembran und der inneren Membran der Mitochondrien, das entsprechende Fehlen von Sterollipiden sowie die Übereinstimmung der Komponenten der Fettsäuresynthase bei Prokaryoten und Chloroplasten. Cardiolipin fehlt jedoch auch in Chloroplasten. Eine weitere Stütze für den endosymbiotischen Ursprung von Plastiden liegt in dem Nachweis der erheblichen Unterschiede in der Zusammensetzung der äußeren Membran und der inneren Membran dieser Zellorganelle. Bei einem endosymbiotischen Ursprung leitet sich die äußere Membran formal vom Plasmalemma der Wirtszelle ab, eine Entwicklung, die sich bei vielen rezenten Symbiosen direkt experimentell verfolgen läßt (s. Kapitel 3, 5 und 7). So ist zwar die Dicke der äußeren und der inneren Membran von Spinatchloroplasten mit 5,5 nm gleich und deutlich verschieden vom Plasmalemma mit 7 nm, das Lipid-Protein-Verhältnis unterscheidet sich jedoch mit 2,4:1 für die äußere Membran deutlich von dem von 0,8:1 für die innere Membran. Der größte Unterschied in der Lipidzusammensetzung besteht in der 5mal so hohen Phospatidylcholinkonzentration in der äußeren Membran. Ebenfalls signifikant verschieden sind Carotinoidgehalt und -zusammensetzung der beiden Membranen. Neoxanthin ist in der äußeren Membran relativ angereichert gegenüber Violaxanthin, Antheraxanthin dagegen nur in der inneren Membran nachweisbar (Tab. 1.**3**). Die spezifische Aktivität einer Mg^{2+} abhängigen ATPase ist in der inneren Membran der Chloroplasten mehr als doppelt so hoch, die Aktivitäten der UDP-Gal-diacylglycerin Galaktosyltransferase und der Acyl-CoA Thioesterase sind 7- bis 8mal so hoch. Demgegenüber ist die Acyl-CoA Synthetase ein Markerenzym der äußeren Chloroplastenmembran (Tab. 1.**3**).

Tabelle 1.**2** Biochemische und cytologische Kennzeichen von Chloroplasten, Mitochondrien, Prokaryoten und Eukaryoten

Merkmal	Chloroplasten	Mitochondrien	Prokaryot	Eukaryoten-Cytoplasma, Kern, Membranen
DNA	zirkulär (150 KBP)	zirkulär* (15–2000 KBP)	zirkulär	chromosomal
Introns	vereinzelt	vereinzelt	vereinzelt	+
Cap-strukturen am 5′ Ende der mRNA (7-Methylguanin als Base)	fehlen	fehlen	fehlen	vorhanden
70 S Ribosomen (30 S/50 S)	+	+	+	−
80 S Ribosomen (40 S/60 S)	−	−	−	+
Hemmung der Proteinbiosynthese durch Chloramphenicol	+	+	+	−
Hemmung der Proteinbiosynthese durch Cycloheximid	−	−	−	+
Initiationsfaktoren	prokaryotisch	prokaryotisch	prokaryotisch	eukaryotisch
rRNA Sequenzen	Cyanobakterien ähnlich	Rhodospirillaceen ähnlich		
Cardiolipin	nicht vorhanden	vorhanden (innere Membran)	vorhanden (Plasmamembran)	nicht vorhanden
Sterollipide		fehlen (innere Membran)	fehlen (Plasmamembran)	vorhanden
Fettsäuresynthase	7 Komponenten		7 Komponenten	2 multifunktionelle Polypeptide

* linear bei einigen Protozoen

Die äußere und die innere Membran von Mitochondrien sind ebenfalls durch sehr unterschiedliche Lipid- und Proteinverhältnisse gekennzeichnet (Tab. 1.**4**). Beide Membranen unterscheiden sich durch Markerenzyme. Die äußere Membran ist gekennzeichnet durch die Monoaminoxidase, die Acyl-CoA-Synthetase, die NADH-Cytochrom b 5 Reductase, die Kynurenin-3-Monooxygenase und die Phospholipase A 2. Die innere Membran enthält speziell die Ausstattung für die oxidative Phosphorylierung wie die bis zu 12 Einheiten des ATP-Synthasekomplexes, und die 12 oder 13 Polypeptide der Cytochrom c Oxidase (Cytochrom c O_2-Oxidoreductase). Alle Proteine der äußeren

Tabelle 1.**3**   Eigenschaften und Komponenten der äußeren und der inneren Membran von Chloroplasten (nach *Yoyard* u. *Douce* und *Block*)

Merkmal/ Komponenten	Chloroplasten (Spinat) Äußere Membran	Innere Membran
Lipid-Protein-Verhältnis	2,5−3:1	0,8−1:1
Dicke	5,5 nm (Plasmalemma: 7 nm)	5,5 nm
Partikeldichte pro μm^2	660	4200
Digalaktosyldiacylglycerin (% der polaren Lipide)	29	30
Monogalaktosyldiacylglycerin (%)	17	49
Phosphatidylcholin (%)	32	6
Sulfolipid (%)	6	5
Phosphatidylglycerin (%)	10	8
μg Carotinoid/mg Protein	2,9	7,2
Violaxanthin (μg/mg Protein)	1,4	3,4
Neoxanthin (μg/mg Protein)	0,75	0,94
Antheraxanthin (μg/mg Protein)	nicht nachweisbar	0,36
Mg^{2+} abhängige ATPase (nmol Pi freigesetzt $h^{-1} \cdot mg^{-1}$ Protein)	1350	3300
UDP-Gal: diacylglycerin Galaktosyltransferase (nmol ^{14}C Galaktose inkorporiert $\cdot h^{-1} \cdot mg^{-1}$ Protein)	120	880
Acyl-CoA Thioesterase (nmol ^{14}C-Palmitinsäure freigesetzt $\cdot h^{-1} \cdot mg^{-1}$ Protein)	50	350
Acyl-CoA Synthetase (nmol ^{14}C-Oleoyl gebildet $\cdot h^{-1} \cdot mg^{-1}$ Protein)	3900	900

Tabelle 1.**4**   Eigenschaften und Komponenten der äußeren und der inneren Membran von Mitochondrien (nach *Bücher*)

Merkmal/Komponenten	Mitochondrien Äußere Membran	Innere Membran
Lipid-Protein-Verhältnis	1,5:1	0,25:1
„Marker"-Enzyme	Monoaminoxidase Acyl-CoA-Synthetase NADH-Cytochrom b 5-Reductase Kynurenin-3 Monooxygenase Phospholipase A 2	Glycerin-3-P-Dehydrogenase ATP-Synthasecomplex (E C 3.6.1.3) Cytochrome a, a_3, b, c, c_1 Cytochrom C Oxidase (E C 1.9.3.1.) mit 12 oder 13 Polypeptiden im Verhältnis 1:1
Codierung durch Gene des Zellkerns	alle Proteine	90% der Proteine

Mitochondrienmembran werden durch Gene des Zellkerns codiert, während ca. 10% der Proteine der inneren Membran mitochondriale Genprodukte sind. Zu diesen von der mitochondrialen DNA codierten Peptiden gehören die drei größten Untereinheiten der Cytochrom-c-Oxidase, der Cytochrom-b-Komplex und zwei oder drei Untereinheiten der ATP-Synthase. Sowohl die in Tab. 1.2 genannten allgemeinen Eigenschaften wie auch die in Tab. 1.3 und 1.4 aufgeführten grundlegenden Unterschiede in den Eigenschaften der äußeren und inneren Membran von Chloroplasten und Mitochondrien lassen sich zwanglos mit der Endosymbiontentheorie der Zellorganellevolution erklären, nicht jedoch ohne viele unbewiesene Annahmen mit der Kompartimentierungstheorie. Nach dieser Theorie entwickelte sich die Eukaryotenzelle aus einer Procyte durch Invagination der Plasmamembran unter Bildung einer neuen Membran um die entstehenden Organelle, deren DNA sich von der Kern-DNA oder von Plasmiden ableitet.

Die eindeutigsten Hinweise für den endosymbiotischen Ursprung von Mitochondrien und Chloroplasten haben sich aus Sequenzanalysen von ribosomaler RNA und von Proteinen ergeben. Ein **phylogenetischer Stammbaum** der 5 S ribosomalen RNA-Sequenzen unter Angabe der Zahl der Punktmutationen pro 100 Nukleotide zeigt die enge Verwandtschaft von Chloroplasten und Cyanobakterien einerseits und von Mitochondrien und Rhodospirillaceen andererseits (Abb. 1.2). Demgegenüber zweigt der Ast der eukaryotischen Wirtszelle in der Nachbarschaft von den Archaebakterien ab. Zu relativ ähnlichen Schlußfolgerungen gelangt ein phylogenetischer Stammbaum auf der Basis der Sequenzen von Cytochromen des c Typs (Abb. 1.3). Die Chloroplasten von *Euglena, Monochrysis, Alaria* und *Porphyra* zeigen eine enge Verwandtschaft mit den Cyanobak-

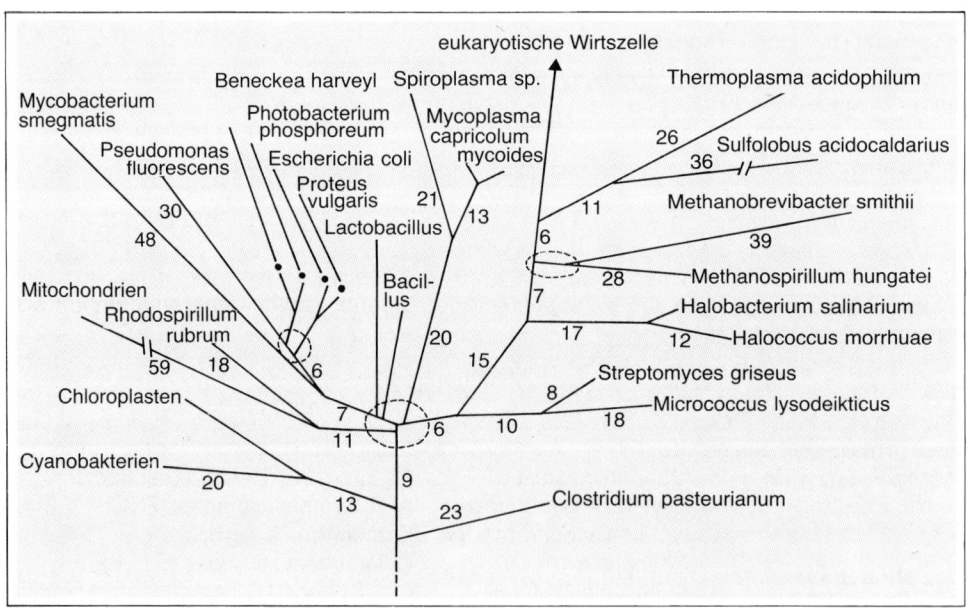

Abb. 1.**2** Phylogenetischer Stammbaum von Prokaryoten, Chloroplasten und Mitochondrien, abgeleitet aus Sequenzanalysen der ribosomalen 5 S RNA. Die Zahlen geben die Punktmutationen pro 100 Nukleotide an. In den gestrichelt umrandeten Positionen ist die Verzweigung unsicher (nach *George* et al.)

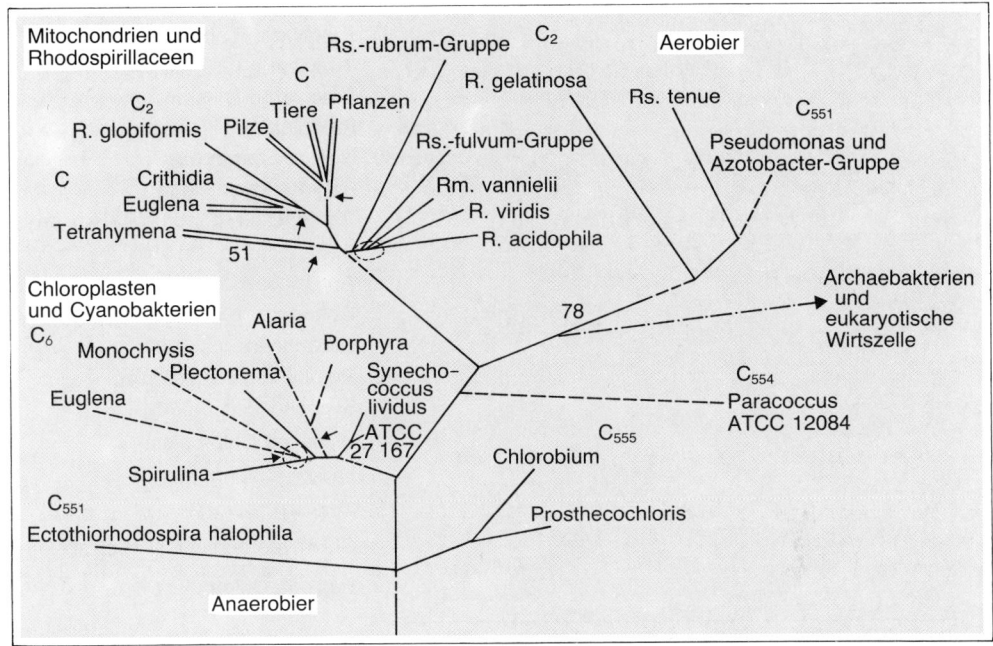

Abb. 1.3 Phylogenetischer Stammbaum von Chloroplasten sowie weiterer Prokaryoten, Cyanobakterien, Mitochondrien und Rhodospirillaceen abgeleitet aus Sequenzanalysen von Cytochromen des c-Typs (nach *Dayhoff*)

terien *Synechococcus* und *Spirulina*. Die Mitochondrien von Pflanzen, Tieren und Pilzen sowie von Einzellern wie *Euglena* und *Tetrahymena* zeigen eine besonders enge Verwandtschaft zu *Rhodopseudomonas globiformis*. Die früher vertretene Meinung, daß *Paracoccus denitrificans* besonders eng verwandt ist mit Mitochondrien, hat sich nicht bestätigt. Ebenfalls nicht bestätigt hat sich die Vermutung, daß *Prochloron* viel enger als andere Cyanobakterien mit den Chloroplasten Höherer Pflanzen verwandt ist. Diese Annahme war zunächst vorwiegend auf der besonderen Pigmentausstattung von *Prochloron* begründet, das im Gegensatz zu allen anderen Cyanobakterien neben Chlorophyll a auch Chlorophyll b enthält. Auf der Basis der Verwandtschaft der 16 S RNA wird jedoch deutlich, daß die vier verschiedenen *Prochloron*-Arten in Sequenzhomologien weit entfernt von den Chloroplasten von *Nicotiana* und *Zea mays* und aber auch von den Chloroplasten von *Chlamydomonas* und *Euglena* (Abb. 1.**4**) liegen. Die Nukleotidübereinstimmung der 12 bis 16 S RNA aus Chloroplasten und Mitochondrien ist ebenfalls sehr viel höher mit der 16 S RNA von *E. coli* als mit der 18 S RNA von *Xenopus laevis* (Abb. 1.**5**). Die Übereinstimmung von pflanzlichen Mitochondrien mit *E. coli* ist außerdem noch etwas größer als die von pilzlichen und tierischen Organellen.

Beziehungen zwischen Chloroplasten und Mitochondrien selbst ergeben sich durch den Befund, daß Pflanzenmitochondrien DNA-Sequenzen von Chloroplasten enthalten, die jedoch nicht exprimiert werden. Das inzwischen vollständig **sequenziert vorliegende Chloroplastengenom** ist mit ca. 150 Kilobasenpaaren (KBP) dabei wesentlich einheitlicher in der Größe als das mitochondriale Genom bei Pflanzen, das zwischen 70 KBP bei Hefen bis zu 2000 KBP bei Wassermelonen groß ist.

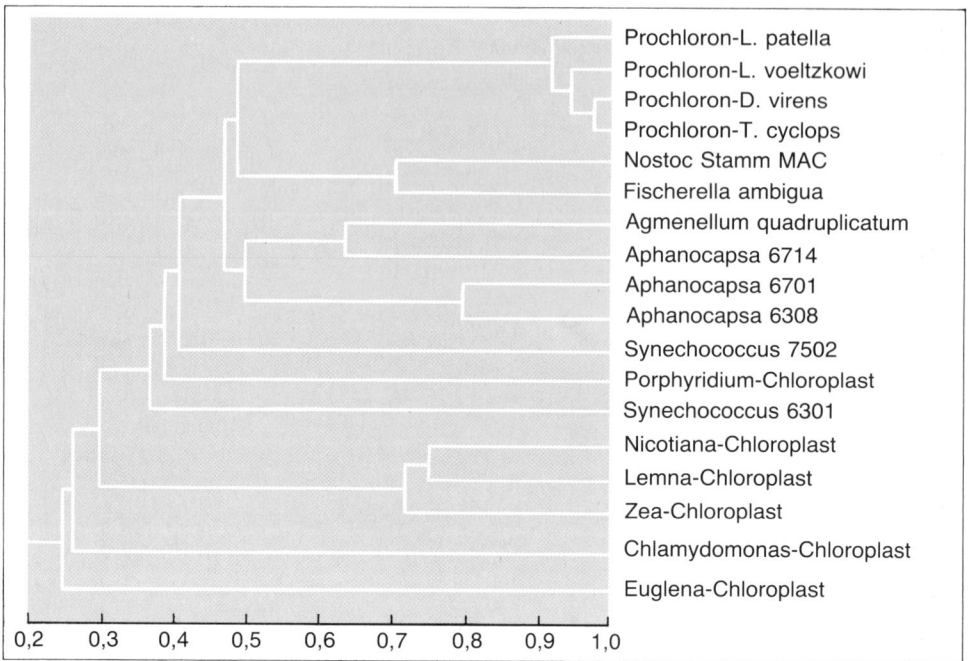

Abb. 1.**4**   Phylogenetische Beziehung von Cyanobakterien (einschl. *Prochloron*-Arten) und Chloroplasten aus Spermatophyten und eukaryotischen phototrophen Einzellern, basierend auf Sequenzanalysen der 16 S RNA (nach *Seewalt* et al.)

Der GC-Gehalt der DNA ist ein taxonomisches und systematisches Kriterium bei Bakterien. Die G+C-Gehalte der Plastiden-DNA aus Monokotyledonen, Dikotyledonen und Vertretern der Pteridophyten, der Chlorophyten und der Rhodophyten liegen relativ eng beisammen zwischen 30 und 40 mol% GC-Gehalt (Abb. 1.**6**). Auch einige Arten einzelliger Cyanobakterien haben diesen GC-Gehalt, andere Arten dagegen einen deutlich abweichenden GC-Gehalt, der bis zu 70% reicht. Deutlich verschiedene GC-Gehalte wurden für die Chloroplasten von Euglenophyceen und Cryptophyceen bestimmt. Unter Berücksichtigung der Ergebnisse aus den Sequenzanalysen von RNA und Proteinen ist der Schluß erlaubt, daß der GC-Gehalt kein stark konserviertes Merkmal im Verlauf der Evolution der Chloroplasten ist. Die Übereinstimmung der GC-Gehalte von nukleärer DNA und plastidärer DNA in Monokotyledonen und Dikotyledonen ist möglicherweise zufällig, wie die großen Unterschiede bei den Rhodophyceen und den Cryptophyceen verdeutlichen.

Nur etwa 100 Polypeptide des Chloroplasten werden von plastidärer DNA codiert und mehr als doppelt so viele von denen des Zellkerns. Diese kerncodierten Polypeptide werden an cytoplasmatischen Ribosomen synthetisiert und müssen danach in die Chloroplasten transportiert werden (Abb. 1.**7**). Diese inzwischen gut gesicherte Auftrennung der genetischen Information auf Kern- und Chloroplasten-DNA verlangt nach der Endosymbiontentheorie eine **Fragmentation des ursprünglichen Genoms** des photosynthetischen Prokaryoten und eine anschließende Rekombination mit dem Genom des Zellkerns der Wirtszellen. Auf diesem Wege wären dann die Gene für die kleine Untereinheit der Ribulose-Bisphosphatcarboxylase, für die Enzyme der Chlorophyll-

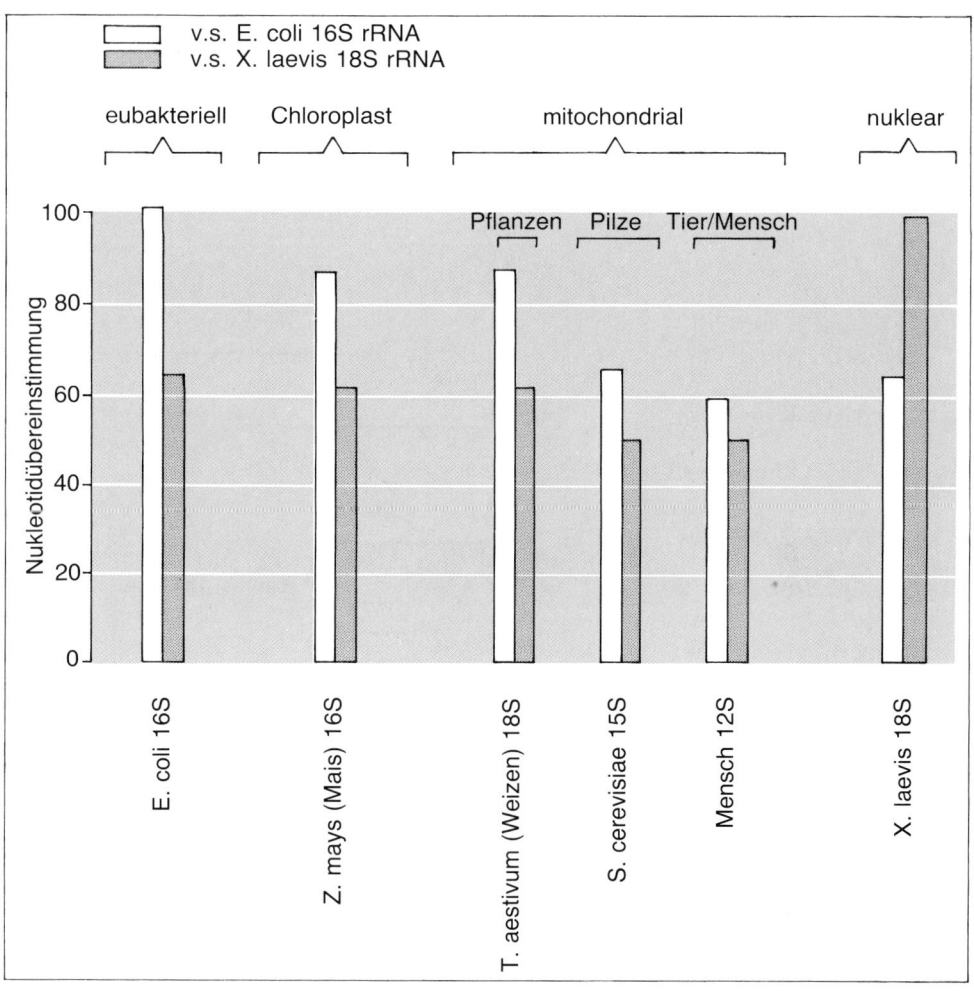

Abb. 1.**5**   Sequenzhomologien, ausgedrückt als Prozent Nukleotidübereinstimmung in den Core-Regionen von 12−18 S RNA. Vergleich von plastidärer und mitochondrialer RNA mit RNA aus *E. coli* und *Xenopus laevis* Kern-RNA (nach *Gray*)

biosynthese und der plastidären RNA-Polymerasen in die DNA des Zellkerns integriert worden. In wievielen Schritten dieser **Gentransfer** stattgefunden hat, ist nicht bekannt.

Die dargestellte Endosymbiontentheorie erklärt plausibel die Existenz von zwei biochemisch sehr unterschiedlichen Chloroplastenmembranen bei Grünalgen und allen Höheren Pflanzen. Sie erklärt jedoch zunächst nicht, daß Euglenoide und Dinoflagellaten drei und Cryptophyceen sogar vier Chloroplastenmembranen haben (s. Kapitel 8). Diese Abweichungen im Chloroplastenaufbau lassen sich jedoch mit einer mehrfachen Endosymbiose ebenfalls erklären (Abb. 1.**8**). Danach sind die Chloroplasten von *Euglena*-Arten und von Dinoflagellaten entstanden durch die zusätzliche Aufnahme eines Chloroplasten durch eine eukaryotische Wirtszelle. Die dritte Membran hat nach dieser Vorstellung ihren Ursprung in dem zweiten Endosymbioseschritt des aufgenommenen

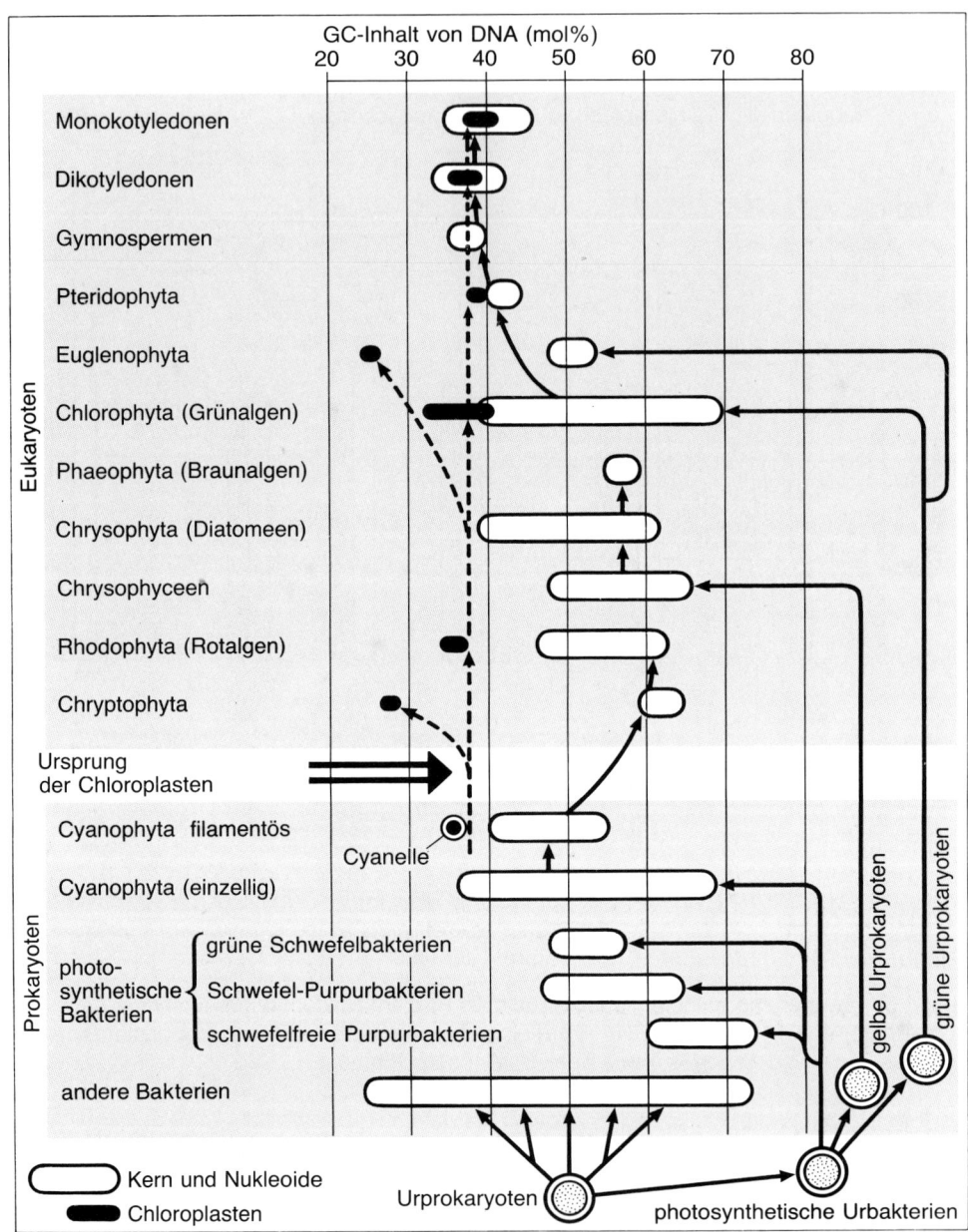

Abb. 1.6   GC-Gehalte der DNA aus Chloroplasten und Kernen im Pflanzenbereich und bei Prokaryoten (nach *Ishida* et al.)

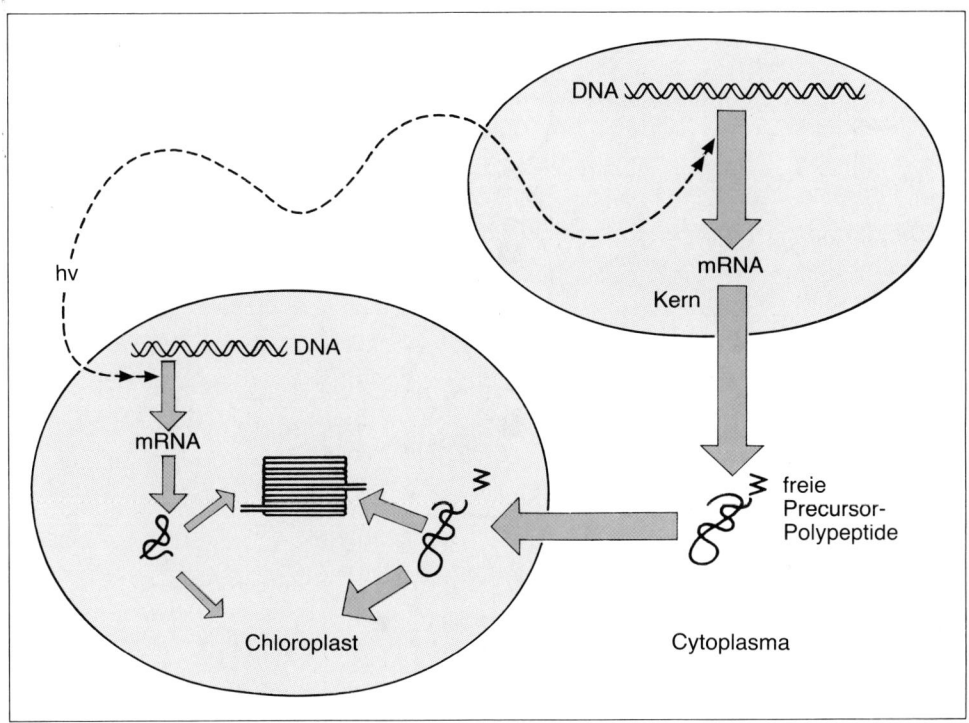

Abb. 1.**7**   Synthese der Chloroplastenproteine. Die Dicke der Pfeile entspricht dem Anteil der Proteine, die von der Kern-DNA bzw. der plastidären DNA codiert werden. Beide Proteinsynthesen können durch Licht (hv) reguliert werden (nach *Ellis*)

Chloroplasten. Ungeklärt ist, ob diese dritte Membran dem Plasmalemma der hypothetischen Wirtszelle äquivalent ist oder der Vakuolenmembran. Die Existenz von vier Membranen um die Chloroplasten von Cryptomonaden und anderen chromophyten Algen wird nach dieser mehrfachen Endosymbiosetheorie erklärt durch die Aufnahme einer kompletten eukaryotischen Alge in eine tierische Wirtszelle. Damit wären diese Plastiden vergleichbar mit der *Paramecium bursaria/Chlorella*-Symbiose (s. Kapitel 8).

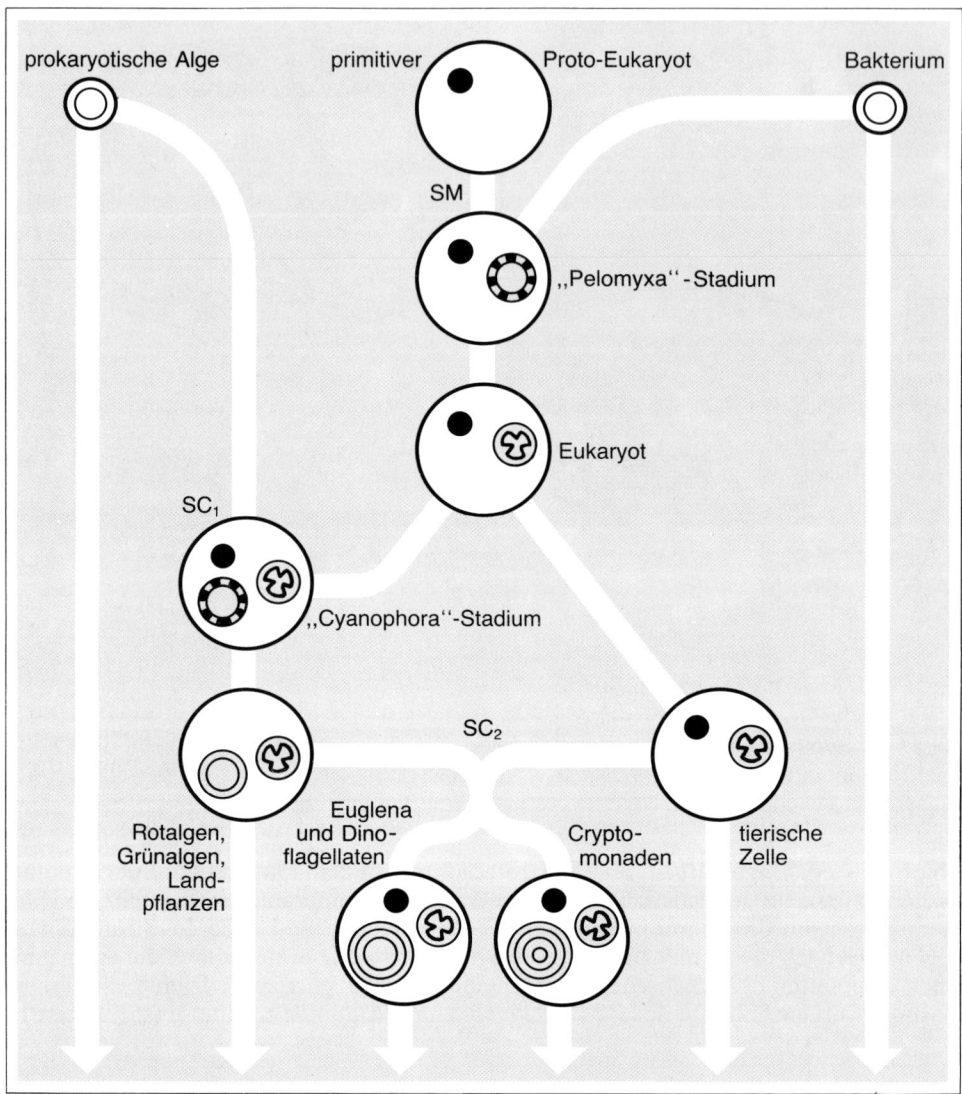

Abb. 1.**8**   Darstellung von mehrfachen hypothetischen Endosymbioseschritten zur Evolution der Chloroplasten von *Euglena,* Dinoflagellaten und Cryptomonaden im Vergleich zu Rotalgen, Grünalgen und Landpflanzen (nach *Whatley*)

2. Spezifische Assoziationen von Mikroorganismen und Pflanzen

2.1. Rhizosphäre

Als Rhizosphäre werden die wurzelnahen Bodenschichten bezeichnet, die direkt durch den Stoffwechsel der Wurzeln verändert werden. Die quantitativ wichtigsten Vorgänge sind dabei die mineralische Nährstoffaufnahme durch die Pflanzenwurzeln und die Ausscheidung von Wurzelexsudaten, durch die es zu Anreicherungen von Mikroorganismen im wurzelnahen Bereich kommt. Von der **Rhizosphäre** abgegrenzt wird die sogenannte **Rhizoplane**, die direkte Wurzeloberfläche. Die Ausdehnung der Rhizosphäre wird durch das Verzweigungssystem der Wurzeln und die Ausbildung der Wurzelhaare bestimmt.

2.1.1. Wurzelexsudation

Die mikrobielle Aktivität und Zusammensetzung der Rhizosphäre ist durch Art und Menge der Wurzelexsudation der Wurzeln limitiert und beeinflußt. Zwischen 5 und 10% des Wurzelgewichtes (Tab. 2.1) und bis zu 25% des Wurzelzuwachses (Tab. 2.2) können als Wurzelexsudat den chemoorganotrophen Mikroorganismen zur Verfügung stehen. Möglicherweise liegen jedoch die Exsudationsraten unter Freilandbedingungen im Boden noch höher, da z.B. eine Kultur in Glasperlen mit gleicher Nährlösung wie in Hydrokultur bereits eine Verdopplung der Exsudationsraten erbringt (Tab. 2.1). Dies

Tabelle 2.1 Wurzelexsudation von Gerste *(Hordeum vulgare)* in Hydrokultur und Kultur in Glasperlen (nach *Barber* u. *Gunn*)

Meßwert	Hydrokultur	Kultur in Glasperlen mit gleicher Nährlösung wie in Hydrokultur
Sproßgewicht pro Pflanze (in mg Trockensubstanz)	57	52
Wurzelgewicht pro Pflanze (in mg Trockensubstanz)	32	36
Exsudataminosäuren (mg pro Pflanze)	0,14	0,23
Exsudatkohlenhydrate (mg pro Pflanze)	1,45	3,03
Gesamtexsudat in % des Wurzelgewichtes	5,0	9,0
Gesamtexsudat in % des Pflanzengewichts	1,8	3,7

Tabelle 2.**2** Wurzelexsudation organischer Verbindungen unter sterilen Bedingungen* (nach *Newmann* u. *Watson*)

Pflanzenart	Alter der Wurzeln	Analytisch erfaßte Verbindungen	Exsudation pro Wurzelzuwachs (mg pro g)*
Gerste	0−6 Tage	Zucker	15
Gerste	6−27 Tage	Kohlenhydrate und Aminosäuren	42−82
Mais	6−27 Tage	Kohlenhydrate und Aminosäuren	6−60
Luzerne	0−28 Tage	Neutrale Kohlenhydrate	247
Robinie	8−18 Tage	Kohlenhydrate incl. organische Säuren und Aminosäuren	38
Kiefer	8−18 Tage	Kohlenhydrate incl. organische Säuren und Aminosäuren	67−244

* Ein Wert von 250 mg entspricht einer Ausscheidungsrate von ca. 25 $\mu g \cdot cm^{-2}$ (Wurzeloberfläche) $\cdot$ Tag^{-1}

wird darauf zurückgeführt, daß der Kontakt der Wurzeln mit festen Oberflächen die Exsudation erhöht. Da die Kontaktzonen im Boden noch wesentlich größer und auch qualitativ intensiver sein können als der Kontakt von Wurzeln mit Glasperlenoberflächen, sind weitere Versuche zur Quantifizierung der Wurzelexsudation in natürlichen Bodensystemen erforderlich.

Um den Umsatz des Bodenkohlenstoffs zu bestimmen, werden Pflanzen über die Photosynthese mit $^{14}CO_2$ markiert, zum anderen wird der Boden vor dem Bepflanzen mit ^{14}C markierten, organischen Kohlenstoffverbindungen vermischt. Die sich entwickelnden Pflanzen werden in Kunststoffbehältern kultiviert, deren Boden durch Perlonnetze in Schichten definierter Ausdehnung unterteilt ist (Sandwichmethode). Die Wurzeln können durch diese Perlonnetze nicht hindurchwachsen, die von ihnen ausgeschiedenen Verbindungen jedoch in die wurzelnahen und wurzelfernen Zonen hineindiffundieren bzw. mit dem Massenfluß des Wassers transportiert werden. Umgekehrt kann der Antransport ^{14}C markierter Kohlenstoffverbindungen aus dem Boden zur Wurzel und in die Pflanze quantitativ verfolgt werden (Abb. 2.**1**). Mit dieser Versuchsanordnung wurden in Maispflanzen 25 Tage nach Applikation von $^{14}CO_2$ in den Sprossen 56% und in den Wurzeln 31% des fixierten Kohlenstoffs gefunden, während 11% durch Wurzelatmung und Wurzelausscheidung verbraucht wurden. Eine weitere Methode, die Wurzelexsudation im Vergleich zur photosynthetischen Gesamtfixierung zu quantifizieren, besteht in der Messung der mikrobiellen Nitratatmung (Abb. 2.**2**).

Danach bleiben 70% der Photosyntheseprodukte im Sproßsystem und 30% werden in die Wurzeln transportiert. Von diesen 30% werden wiederum 60% für Biosynthesen in der Wurzel und die Wurzelatmung verbraucht, während 40% als Wurzelexsudation in den Boden gelangt. Daraus errechnet sich, daß etwa 12% der Primärassimilation als Wurzelexsudation die Rhizosphäre erreicht. Dieser Anteil war bei in Braunerde und in Quarzsand angezogenen Pflanzen etwa gleich hoch.

2.1.2.   pH-Veränderungen in der Rhizosphäre

Für die Spezifität der Assoziation von Pflanzenwurzeln und Rhizosphären-Mikroorganismen ist der **wurzelnahe pH-Wert** ein weiterer wichtiger Faktor. Er wird sowohl durch die Wurzelexsudation, durch die Nährstoffaufnahme in die Pflanzenwurzel und die

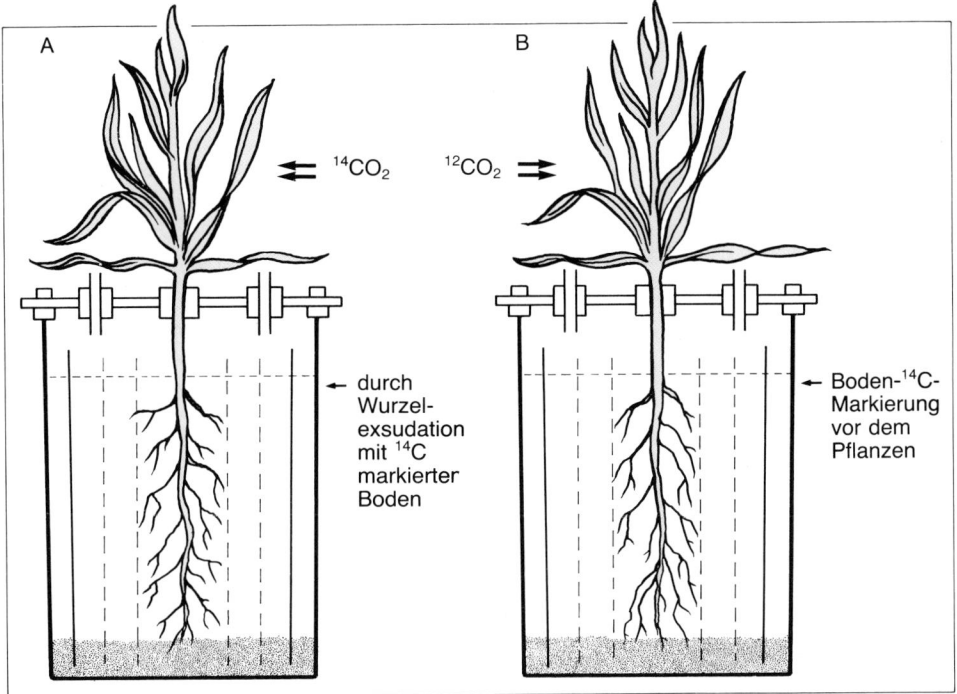

Abb. 2.1 Einfluß von Pflanzenwurzeln auf den C-Stoffwechsel von Böden in unterschiedlicher Entfernung von den Wurzeln (Sandwich-Methode, Abgrenzung von Bodenschichten durch Perlonnetze, durch die Wurzeln nicht hindurchwachsen). A: Markierung der Wurzelexsudate nach $^{14}CO_2$-Inkorporation durch den Sproß; B: Markierung des Bodenkohlenstoffs durch ^{14}C vor dem Pflanzen und Bestimmung des durch die Pflanze aufgenommenen Kohlenstoffs (nach *Helal* u. *Sauerbeck*)

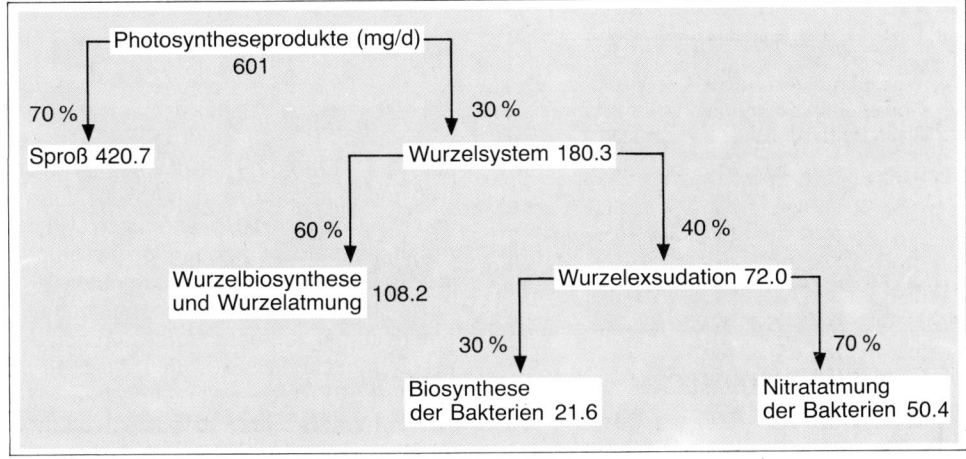

Abb. 2.2 Verteilung der Assimilate bei 4 Wochen alten Maispflanzen (nach *Haller* u. *Stolp*)

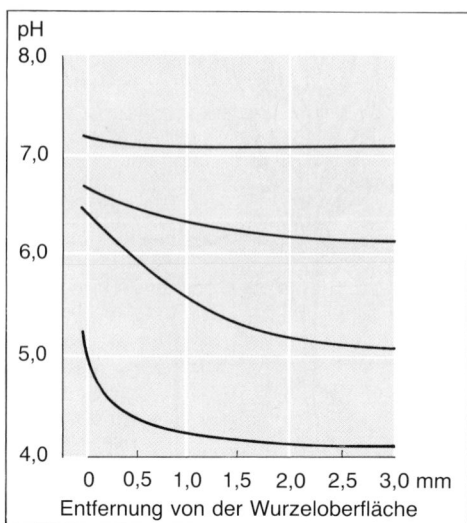

Abb. 2.**3** Erniedrigung des pH-Wertes innerhalb der Rhizosphäre durch Abscheidung von H^+ durch die Pflanzenwurzel in Abhängigkeit des umgebenden (ursprünglichen) Boden-pH-Wertes. Computer-Simulationen unter folgenden experimentell ermittelten Annahmen: Wurzeldurchmesser (Durchschnitt) von 0,4 mm; Anionenaufnahme: 10^{-9} mol $\cdot$ g Wurzelfrischgewicht$^{-1} \cdot$ s^{-1}; H^+ Flux und HCO_3^- Flux an der Wurzeloberfläche: $3 \cdot 10^{-12}$ mol $\cdot$ cm$^{-2} \cdot$ s^{-1} (nach *Nye* und nach *Isermann*)

damit verbundenen Transportprozesse sowie auch durch H^+ Ausscheidungen im Zusammenhang mit dem Wurzelwachstum bestimmt. Die größten Veränderungen sowohl bei der Absenkung wie beim Anstieg des pH-Wertes sind jeweils direkt an der Wurzeloberfläche zu finden (Abb. 2.**3** und 2.**4**). Die deutlichsten Veränderungen des pH-Wertes sind bei sinkendem pH-Wert im Bereich von pH 4,5 bis 6 zu finden, während bei einem Anstieg des pH-Wertes durch Abscheidung von HCO_3-Ionen die größten Veränderungen im Bereich zwischen pH 4,0 und 5,0 gefunden werden. Diese pH-Veränderungen wirken sich bis zu einer Entfernung von etwa 2,0 mm von der Wurzeloberfläche deutlich

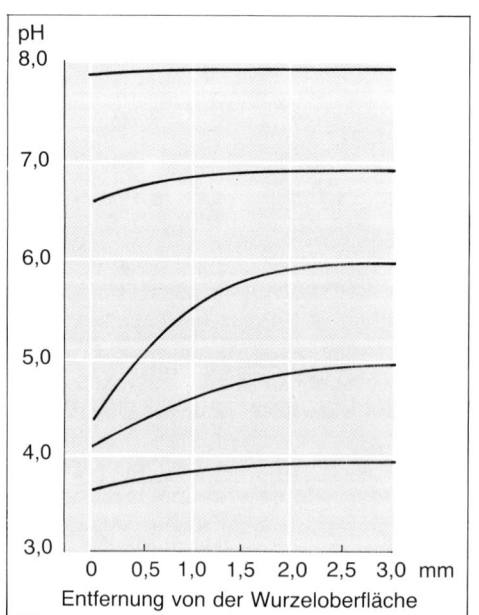

Abb. 2.**4** Erhöhung des pH-Wertes innerhalb der Rhizosphäre durch Abscheidung von HCO_3^- durch die Pflanzenwurzel in Abhängigkeit des umgebenden (ursprünglichen) Boden-pH-Wertes. Computer-Simulationen unter folgenden experimentell ermittelten Annahmen: Wurzeldurchmesser (Durchschnitt) von 0,4 mm; Anionenaufahme: 10^{-9} mol $\cdot$ g Wurzelfrischgewicht$^{-1} \cdot$ s^{-1}; H^+ Flux und HCO_3^- Flux an der Wurzeloberfläche: $3 \cdot 10^{-12}$ mol $\cdot$ cm$^{-2} \cdot$ s^{-1} (nach *Nye* und nach *Isermann*)

aus. Sehr elegant läßt sich die pH-Veränderung im wurzelnahen Bereich auch mit Hilfe von Farbindikatoren an Wurzeln nachweisen, die in Rhizotronen gewachsen sind. Als **Rhizotrone** bezeichnet man flache Kunststoffkästen, die an der Unterseite durchsichtige und abnehmbare Scheiben haben. Diese Kästen werden in einem Winkel von 45 Grad aufgestellt, so daß der Sproß nach oben herauswachsen kann während die Wurzel auf die Scheibe zuwächst und dann, um 45 Grad abgewinkelt, nach unten auf der Scheibe entlang wächst. Dadurch entwickelt sich ein Teil der Wurzelverzweigung, und sogar Wurzelhaare werden direkt sichtbar. Zum Nachweis der pH-Veränderungen im wurzelnahen Bereich werden die Rhizotrone vorsichtig umgedreht, die Scheibe wird abgenommen, und die freigelegte Oberfläche mit einer flachen Schicht von Agar überdeckt, dem ein geeigneter Indikator zugemischt ist. Dabei ist darauf zu achten, daß die Temperatur des aufgebrachten Agars nur wenig über dem Erstarrungspunkt liegt, damit Wurzeln und Wurzelteile nicht geschädigt werden. Anschließend wird die Scheibe wieder befestigt, und die Veränderung des pH-Wertes läßt sich direkt durch Farbänderungen verfolgen. Einem Anstieg des pH-Wertes bei ausschließlicher Nitraternährung steht ein deutlicher Abfall des pH-Wertes bei ausschließlicher Ammoniumernährung gegenüber. Daraus folgt, daß bei einer gleichzeitigen Aufnahme von Ammonium- und Nitrat-Ionen sich der pH-Wert durch den Stickstoffhaushalt nicht verändert. Dies läßt sich bei Versuchen mit Weidelgras *(Lolium perenne)* bestätigen (Abb. 2.5). Dort bleibt der wurzelnahe pH-Wert nach insgesamt 7 Grasschnitten nahezu unverändert zwischen pH 6,8 und 7. Demgegenüber fällt der pH-Wert bei *Trifolium pratense* bei symbiotischer N_2-Fixierung von pH 7 auf pH 4,3 während der gleichen Schnittzahl ab. Während dieser Zeit wird eine Summe von 50 mval an Protonen pro kg Boden freigesetzt. Gleichzeitig wird in den oberirdischen Teilen des Rotklees ein Kationenüberschuß von 60% der freigesetzten Protonenmenge registriert.

Eine noch genauere Messung der pH-Unterschiede entlang der Wurzel ist mit der in Abb. 2.6 dargestellten Meßanordnung von Antimonelektroden im Boden zu erreichen. Jede der etwa 30 Einzelelektroden ist mit einer Registriereinrichtung und mit einer Datenverarbeitung verbunden, durch die kontinuierlich Veränderungen des pH-Wertes gemessen werden können. Die wichtigste

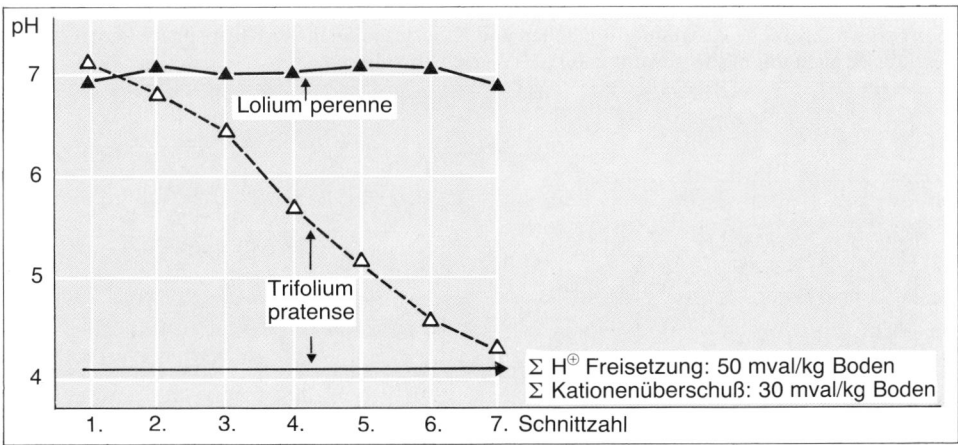

Abb. 2.**5**   pH-Werte im wurzelnahen Bodenbereich bei *Lolium perenne* (Ernährung mit Ammoniumnitrat) und bei *Trifolium pratense* (symbiotische N_2-Fixierung) (nach *Mengel* u. *Steffens*)

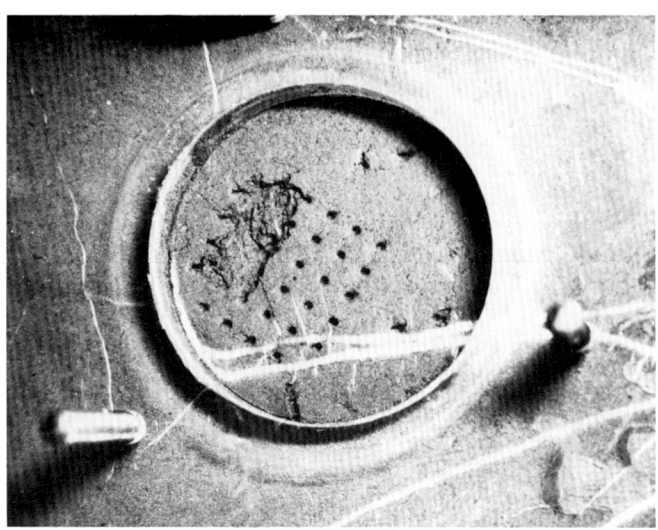

Abb. 2.**6** Kombinierte
Pt-Sb-Elektroden mit an
die Elektroden herange-
wachsenen Wurzeln der
Erdnuß zur Messung der
pH-Wert-Veränderungen
im wurzelnahen Bodenbe-
reich in situ (Aufnahme
W. R. Fischer u.
G. Schaller, TU München-
Weihenstephan)

Verbesserung bei diesem System liegt darin, daß die Elektroden nicht an die Wurzel herangebracht werden müssen und damit das in situ System stören, sondern daß die Wurzeln an die Elektrode heranwachsen. Sobald ein Kontakt zwischen Wurzeloberfläche und Elektrode erfolgt, wird dies direkt erkennbar durch die nachfolgende pH-Veränderung. Durch die dichte Anordnung der Elektroden ist die Wahrscheinlichkeit hoch, daß eine genügende Zahl von Kontakten hergestellt wird, auch wenn einzelne Elektroden ohne Berührung mit der Wurzel bleiben. Mit dieser Meßanordnung ist die in Abb. 2.**7** dargestellte pH-Veränderung im Verlauf der Wurzellänge gemessen worden. Nach einem steilen Abfall von pH 5,5 auf pH 3,2 in den ersten 1½ cm folgt dann eine Zone mit deutlich geringerem pH-Abfall zwischen etwa 4 und 10 cm, gefolgt von einem erneuten deutlichen Abfall auf pH 3,2 zwischen 11 und 13 cm Wurzellänge. Mit diesem Vielfach-Elektrodensystem lassen sich auch tagesrhythmische Veränderungen des pH-Wertes feststellen, sowie Einflüsse von Bodenzusammensetzung, Temperatur und Sorten. Eines der wichtigsten Kriterien einer ökophysiologischen Meßanordnung, daß durch den Meßvorgang selber das biologische System nicht oder nur unwesentlich beeinflußt wird, ist mit dieser Geräteentwicklung möglich geworden. Spezifische mikrobielle Zusammensetzungen und Assoziationen in der Rhizosphäre lassen sich auf diese Weise auch mit in situ gewonnenen pH-Werten korrelieren.

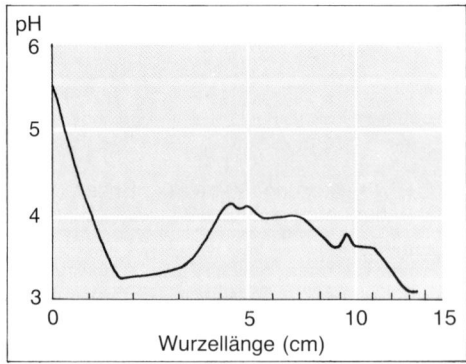

Abb. 2.**7** Veränderungen des pH-Wertes an einer Wurzel der Erdnuß in Abhängigkeit von der Entfernung von der Wurzelspitze (Wurzellänge) (nach *Fischer* u. *Schaller*)

2.1.3.   Spezifische Bakterienpopulationen im wurzelnahen Bereich

Gründliche taxonomische Analysen der Zusammensetzung der Rhizosphären-Mikroflora liegen bisher kaum vor. Neben einzelnen dominierenden Arten werden die vorkommenden Stämme meist zu Gruppen zusammengefaßt (Tab. 2.3). So sind an Wurzeln von Gerste und Weizen aus Sand-Lehmboden mehr als 50% aller Bakterien als coryneforme Bakterien und 30–40% als *Pseudomonas fluorescens* identifiziert worden. Enterobakteriaceen waren dagegen nur mit weniger als 5% vertreten. Die Gesamtzahl der gefundenen Keime pro g Wurzelfrischgewicht liegt zwischen 10^7 und 10^8. Um eine Zehnerpotenz niedrigere Werte wurden an oberflächensterilisierten Wurzeln gefunden, wobei hier der Anteil der coryneformen Bakterien deutlich niedriger ist und der der Enterobakteriaceen signifikant höher (Tab. 2.3). Der unterschiedlich enge Kontakt von Bodenbakterien mit der Oberfläche verschiedener Teile des Wurzelsystems wie der Wurzelhaare (Abb. 2.8) oder der Hauptwurzel (Abb. 2.9) könnte eine Ursache dafür sein. Noch größere Unterschiede lassen sich zwischen Sorten der Hirse *(Sorghum nutans)* nachweisen. Die Gesamtzahl der chemoorganotrophen Bakterien ist mit $3–4 \cdot 10^8$ Zellen pro g Rhizosphärenboden in etwa gleich bei beiden Sorten (Abb. 2.10). Die Zahl der N_2-fixierenden Bakterien ist jedoch in der einen Sorte um den Faktor 3 höher, die Zahl der aeroben Stickstofffixierer sogar um den Faktor 100 (Abb. 2.11). Demgegenüber ist die Zahl der Actinomyceten auf etwa 10%, die der Bakterien der Gattung *Arthrobacter* (coryneforme Bakterien) auf etwa 25–30% reduziert (Abb. 2.10).

Neben dem pH-Wert und der Exsudation organischer Verbindungen ist der Sauerstoffpartialdruck im Boden ein entscheidender Faktor für die Spezifität der Assoziation Bakterien – Wurzeln.

Ein Gerätesystem das Sauerstoffgradienten im Boden simuliert und experimentell zugänglich macht, ist in Abb. 2.12 dargestellt. Es spreitet **Sauerstoffgradienten**, die in situ auf wenige Millimeter konzentriert sind, auf eine Breite von 50 cm. Beginnend mit einer anaeroben Zone, die mit Stickstoff kontinuierlich begast wird, wird zunehmend Luft zugemischt, so daß ein kontinuierlicher Sauerstoffgradient auf der Agaroberfläche entsteht. Auf die gesamte Oberfläche dieses Systems

Tabelle 2.3   Zusammensetzung der Rhizosphärenmikroflora von Gerste und Weizen aus Sand-Lehmboden in der Nähe von Bayreuth (nach *Kleeberger* u. *Klingmüller*). Prozentangaben der identifizierten Keime (n = 340)

	Wurzeln der Gerste		Wurzeln von Weizen	
	unbehandelt	oberflächen-sterilisiert	unbehandelt	oberflächen-sterilisiert
Keime · g^{-1} Wurzel-Frischgewicht	$10^7 - 10^8$	$10^6 - 10^7$	$10^7 - 10^8$	$10^6 - 10^7$
Coryneforme Bakterien	61	13	50	16
Pseudomonas fluorescens	30	47	41	46
Pseudomonas putida	4	6	5	6
Enterobacter agglomerans Typ I	–	5	1	7
Enterobacter agglomerans Typ II	–	7	2	11
Citrobacter freundii	–	1	–	1
Serratia sp.	–	3	1	3
Andere gramnegative Bakterien	–	18	–	8
Sporenbildner	5	–	–	2

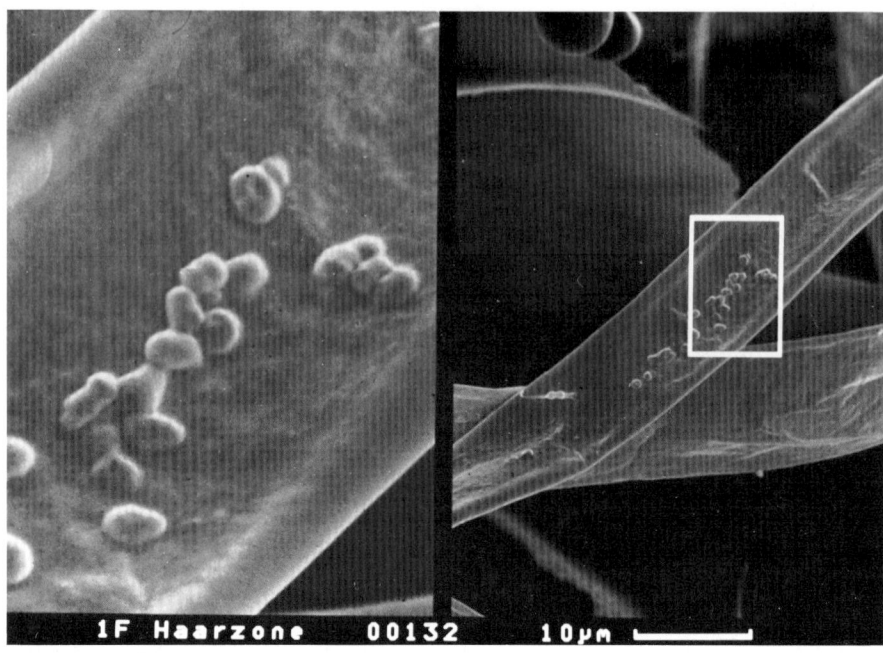

Abb. 2.**8** *Arthrobacter globiformis* auf Wurzelhaaren von *Triticum aestivum*. Maßstab rechte Bildhälfte: 10 µm (Aufnahme *K. Fecher* u. *B. Mosler,* Marburg-L)

Abb. 2.**9** *Klebsiella oxytoca* K 11 auf Wurzeln in der Wurzelhaarzone von *Triticum aestivum*. Maßstab rechte Bildhälfte: 30 µm (Aufnahme *K. Fecher* u. *B. Mosler,* Marburg-L)

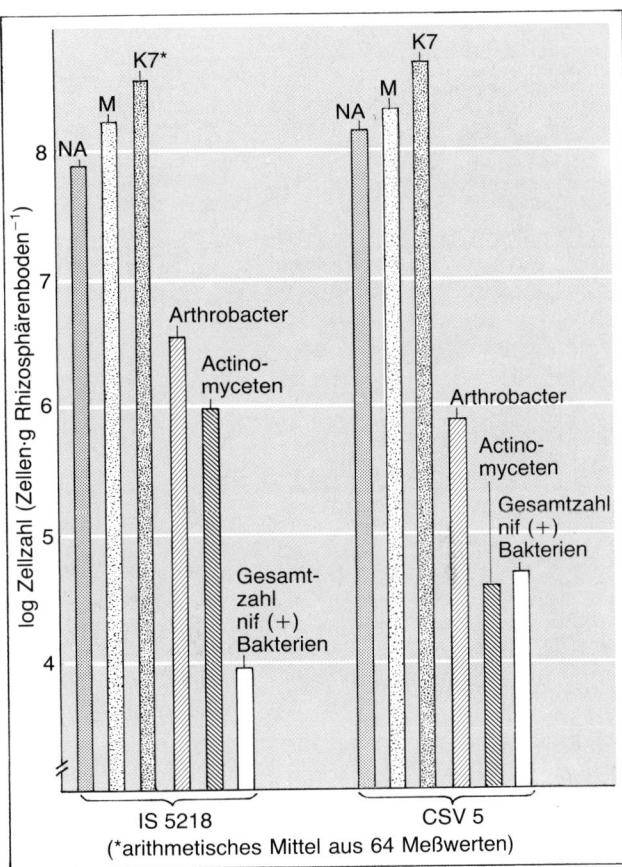

Abb. 2.**10**   Einfluß von zwei Sorten (IS 5218 und CSV 5) von *Sorghum nutans* (Hirse) auf die Rhizosphären-Bakterien-Zusammensetzung. NA, M und K 7: Keimzahlen aerober Bakterien auf drei verschiedenen Vollmedien im Vergleich zu den Zahlen der *Arthrobacter*, Actinomyceten und N_2-fixierenden (nif⁺) Bakterien (nach *Krotzky* u. *Werner*)

werden nun Verdünnungen des Rhizosphärenbodens aufgebracht und während der Kulturzeit in einem Sauerstoffgradienten inkubiert. Ein typisches Ergebnis ist in Abb. 2.**11** dargestellt.

Es zeigt, daß die Gesamtkoloniezahl ein Maximum im anaeroben und ein zweites Maximum im aeroben Bereich hat. Die Unterschiede zwischen den zwei Sorten der Hirse sind gering. Demgegenüber zeigt die Gesamtzahl der stickstofffixierenden Bakterien ein Minimum bei 2,5 kPa Sauerstoff und eine Population aerober N_2-Fixierer, die nur bei der einen Sorte deutlich auftritt. Der Sauerstoffgehalt des Bodens in der Rhizosphäre wird sowohl durch die Atmungsaktivität von Wurzeln und Mikroorganismen, wie auch physikalisch durch den Wassergehalt des Bodens beeinflußt. Einer der empfindlichsten Indikatoren dafür ist die aerobe Nitrogenaseaktivität der Rhizosphärenassoziation, die um mehr als den Faktor 50 auf eine Veränderung des Wassergehaltes zwischen 8 und 21% Bodenfeuchte reagiert (Abb. 2.**13**). Die Standardabweichung der gemessenen Werte nimmt dabei signifikant mit höherer Fixierungsleistung und höherem Wassergehalt ab. Aus diesen Beispielen wird deutlich, daß die wichtigsten physikalisch-chemischen Faktoren in der Rhizosphäre sowohl die spezifische Assoziation von Bakterien mit den Pflanzenwurzeln bestimmen, wie andererseits die Assoziation selbst ein empfindlicher Indikator für Veränderungen dieser Bodenfaktoren sein kann. Die Aufklärung dieser Indikatoreigenschaften solcher Assoziationen ist jedoch noch sehr unvollständig.

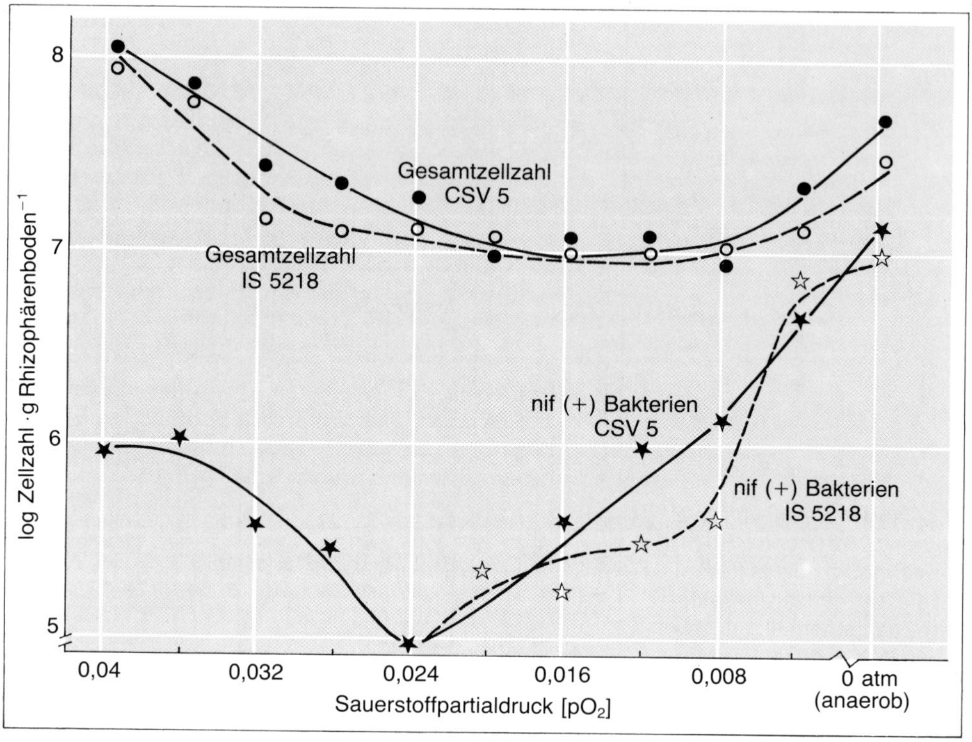

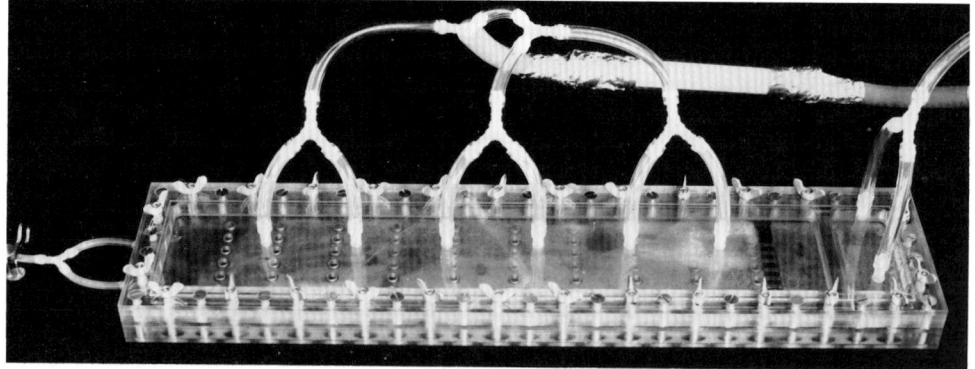

Abb. 2.11 Gesamtzellzahl und N_2-fixierende Bakterien (aus der Rhizosphäre von zwei Hirsesorten), die bei unterschiedlichen Sauerstoffpartialdrücken in einem Sauerstoffgradientensystem wachsen (nach *Krotzky* u. *Werner*)

Abb. 2.12 Sauerstoffgradientensystem zur gleichzeitigen Kultivierung von Rhizosphärenbakterien in einem kontinuierlichen Gradienten eines pO_2 von 0,000 (rechts) bis 0,04 atm (links). Der Gradient wird durch den kontinuierlichen Einstrom von O_2-freiem N_2 rechts und Luft (in den 6 Zuleitungen in der Mitte) aufrechterhalten (Aufnahme *A. Krotzky*, Marburg-L)

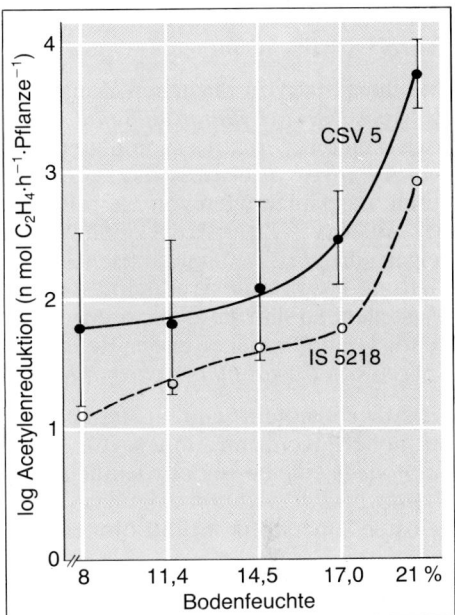

Abb. 2.**13** Nitrogenase-Aktivität von zwei Sorten von Sorghum nutans (IS 5218 und CSV 5) in Abhängigkeit vom Bodenwasserge-halt (nach *Krotzky* u. *Werner*)

2.1.3.1. Chemotaxis in der Rhizosphäre

Bewegliche Bakterien und bewegliche Stadien von Pilzen werden durch sehr unter-schiedliche Verbindungen chemotaktisch angelockt. Es besteht im allgemeinen keine enge Beziehung zwischen der stoffwechselphysiologischen Umsetzung dieser Substan-zen als C- und Energiequelle und ihrer Eigenschaft als chemotaktisch wirkendes Agenz. **Aminosäuren** und **Zucker** gehören zu den verbreitetsten chemotaktisch wirksamen Verbindungen. Daneben locken in einzelnen Fällen auch Nukleotide, Vitamine und anorganische Ionen bewegliche Bakterien an. Für Rhizosphärenassoziationen sind spe-zifische Anlockungen von besonderem Interesse. Die Regel ist jedoch, daß viele Arten von den typischen Exsudationskomponenten angelockt werden, so wird *Escherichia coli* durch die L-Aminosäuren Alanin, Asparagin, Asparaginsäure, Cystein, Glutaminsäure, Glycin, Methionin, Serin und Threonin angelockt. Unwirksam sind Arginin, Cystin, Glutamin, Histidin, Isoleucin, Leucin, Lysin, Phenylalanin, Thryptophyn, Tyrosin und Valin. *Pseudomonas lachrymans* wird sogar durch 16 proteinogene Aminosäuren ange-lockt, von denen Arginin, Asparaginsäure und Methionin besonders wirksam sind. Die wirksamsten Zucker für die Anlockung von *Escherichia coli* sind N-Acetyl-D-Glucosa-min, 6-Deoxi-D-Glucose, D-Fructose, D-Fucose, D-Galactose, D-Glucose, Lactose und Maltose. *Pseudomonas lachrymans* wird demgegenüber besonders durch D-Ribose, D-Arabinose und D-Glucose angelockt. Bei der gleichen Art sind chemotaktisch wirk-sam außerdem die Nukleotide Thymin, Adenin, Cytosin und Guanin sowie die Vitamine Biotin und Thiamin. Aufgrund dieses weiten Spektrums definierter Verbindungen ist es nicht verwunderlich, daß *Pseudomonas lachrymans* auch auf verschiedene Pflanzenex-trakte chemotaktisch reagiert, wobei keine Spezifität hinsichtlich nichtresistenter Arten und Sorten besteht. Die optimale Konzentration chemotaktisch wirksamer Verbindun-gen liegt im Bereich von $10^{-3}-10^{-4}$ mol $\cdot$ 1^{-1}, die Grenzkonzentration um eine Zehner-potenz niedriger. Bereits im Abstand von 2 mm von der Wurzeloberfläche liegen die Konzentrationen der Zucker und Aminosäuren jedoch meistens weit unter diesem Wert.

Daher dürfte die Bedeutung der Chemotaxis für eine spezifische Assoziation an der Wurzeloberfläche nur in der engeren Rhizosphäre liegen.

Die Spezifität von pilzlichen Zoosporen scheint etwas größer zu sein. So werden die Zoosporen von *Pythium aphanidermatum* vor allem durch Glutaminsäure chemotaktisch angelockt. Aktive Komponenten für die Zoosporen von *Allomyces makrogynus* und *Allomyces arbuscula* sind L-Leucin und L-Lysin. Beide Substanzen wirken synergistisch, das Hinzufügen von L-Prolin erhöht die Wirksamkeit zusätzlich. Zucker haben bei Allomyces-Zoosporen keine Wirkung. Zoosporen von *Phytophthora cinnamomi* zeigen eine positiv chemotaktische Reaktion gegenüber Äthanol. Innerhalb der gleichen Gattung lassen sich signifikante Unterschiede in der Empfindlichkeit der Zoosporen feststellen. So sind die Zoosporen von *Phytophthora cactorum* und *Phytophthora capsicii* deutlich empfindlicher in der Reaktion auf Asparaginsäure und Glutaminsäure als die Sporen von *Phytophthora citrophthora*.

Negativ chemotaktisch reagieren sowohl Bakterien wie bewegliche Stadien von Pilzen auf höhere Konzentrationen von Ionen und sekundären Pflanzenstoffen. So wird für *Salmonella* eine besonders deutliche negative Chemotaxis gegenüber Phenol gefunden. *Rhodospirillum rubrum* zeigt eine negative Aerotaxis (Reaktion gegenüber im Wasser gelösten Sauerstoffkonzentrationen) bei hohen Lichtintensitäten.

2.1.3.2. Modell zur mikrobiellen Anreicherung in der Rhizosphäre

NEWMAN u. WATSON haben ein Modell aufgestellt, indem sie die Abhängigkeit der mikrobiellen Biomasse von der Wurzelentwicklung in unterschiedlichen Abständen von der Wurzeloberfläche errechnet haben (Abb. 2.14). Danach erreicht die mikrobielle Biomasse direkt an der Rhizoplane einen Wert von etwa $10^5\,\mu g/cm^3$ während bereits in 0,3 mm Abstand nur noch ein Wert von etwa $30\,\mu g/cm^3$ erreicht wird. Dabei entsprechen 1 µg mikrobieller Trockenmasse etwa $5 \cdot 10^6$ Bakterien. Die experimentell ermittelten Werte stimmen relativ gut mit diesem Modell überein. Wie der Meßwert mikrobielle Biomasse bereits angibt, ist jedoch in diesem Modell die Konkurrenz der einzelnen chemoorganotrophen Rhizosphärenbakterien um die von der Pflanze zur Verfügung gestellten C- und Energiequellen nicht berücksichtigt. Der Grund dafür liegt darin, daß bisher nur relativ wenige Arbeiten mit Substratkonzentrationen durchgeführt worden sind, die denen im Millimeterabstand von Wurzeln vorkommenden Werten entsprechen und im nanomolaren Konzentrationsbereich liegen. Ähnlich wie bei den mineralischen Nährstoffen ist auch bei den C-Quellen noch zwischen der Gesamtkonzentration und

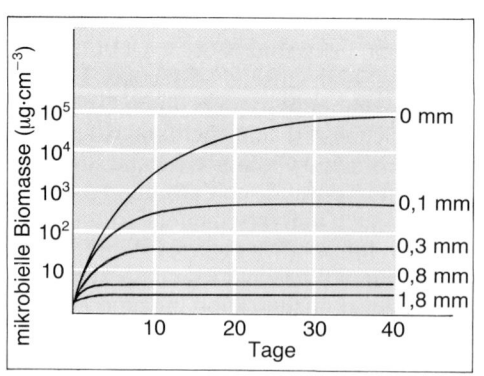

Abb. 2.**14**   Konzentration der mikrobiellen Biomasse in unterschiedlichen Abständen von der Wurzeloberfläche (0 bis 1,8 mm) in Abhängigkeit vom Beginn der Wurzelexsudation in Tagen. 1 µg mikrobielle Trockensubstanz entspricht ca. $5 \cdot 10^6$ Bakterien (nach *Newman* u. *Watson*)

den verfügbaren (von Pflanzen und Mikroorganismen nutzbaren) Konzentrationen zu unterscheiden. So wurde z. B. eine Gesamtkonzentration von Alanin von $800 \, \text{nmol} \cdot 1^{-1}$ gefunden, während die verfügbare Konzentration nur etwa 10 nmol betrug.

2.1.4. Wirkung von Rhizosphärenmikroorganismen auf die Wurzelmorphologie und die Phosphatgehalte von Wurzeln und Sprossen

Die Beziehung Pflanze/Bakterien besteht jedoch nicht nur in einer einseitigen Abhängigkeit der Bakterien vom pflanzlichen Stoffwechsel. Umgekehrt können die Bakterien ihrerseits durch Ausscheidung, vor allen Dingen von Phytohormonen das Verzweigungssystem und die Ausdehnung der Wurzeln beeinflussen. So läßt sich durch Inokulation von jungen Mangoldpflanzen mit *Azospirillum brasilense* nachweisen, daß die Zahl der Wurzelhaare pro mm Wurzel sowohl an der Hauptwurzel wie auch an den Seitenwurzeln signifikant um ca. 25% zunimmt. Der Effekt ist sogar noch größer bei der Zahl der Seitenwurzeln pro Pflanze (Abb. 2.15). Die plausibelste Erklärung für diesen Effekt liegt in der Annahme, daß die Azospirillen Phytohormone ausscheiden, die ihrerseits das Wurzelwachstum beeinflussen. Der Einfluß von Inokulationen auf die Zusammensetzung von Pflanzenteilen ist abhängig von der Mineralsalzkonzentration (Abb. 2.16). Bei der niedrigsten Phosphatkonzentration ($0{,}001 \, \text{mg} \cdot \text{ml}^{-1}$ Bodenlösung) ist der Einfluß der Mikroorganismen auf den Phosphatgehalt der Sprosse besonders deutlich. Wird der Phosphatgehalt um den Faktor 100 erhöht, so ist der Inokulationseffekt im Sproßbereich immer noch deutlich, während er im Wurzelbereich nicht mehr nachweisbar ist. Morphologie, Cytologie und Stoffwechsel von Pflanzenwurzeln werden also durch die Rhizosphärenmikroorganismen wesentlich beeinflußt. Diese Einwirkungen sind bei den Symbiosen natürlich noch ausgeprägter.

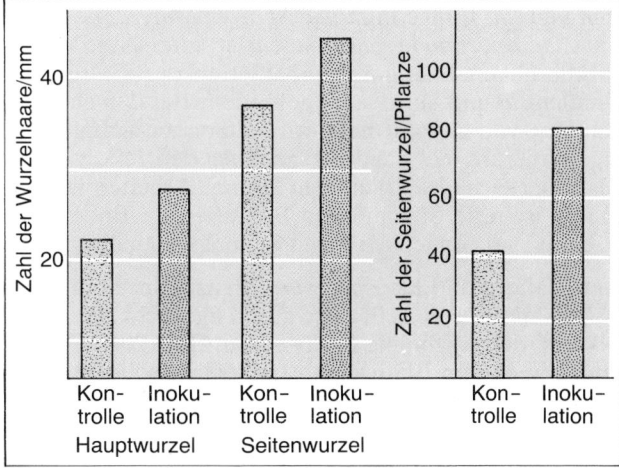

Abb. 2.**15** Zahl der Wurzelhaare an der Haupt- und den Seitenwurzeln von Mangold nach Inokulation mit *Azospirillum brasilense* (Kontrolle ohne bakterielle Beimpfung) (nach *Martin*)

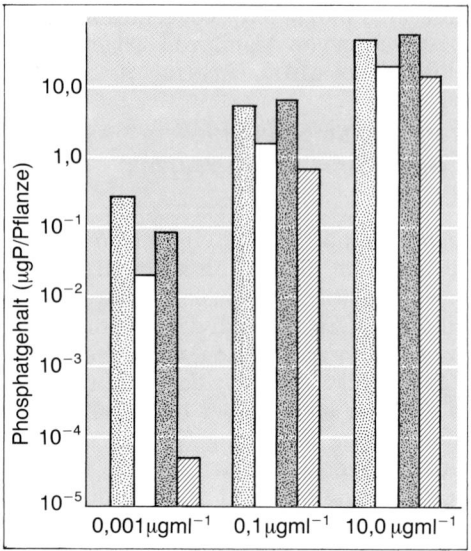

Abb. 2.16 Wirkung von Mikroorganismen auf den Phosphatgehalt der Gerste bei drei Phosphatkonzentrationen in der Nährlösung (0,001, 0,1 und 10 µg · ml^{-1}. P-Gehalt in der Wurzel, steril (▨), mit Mikroorganismen (☐), P-Gehalt im Sproß, steril (▨), mit Mikroorganismen (▨) (nach *Barber* u. *Loughman*)

2.2.   Phyllosphäre

Unsere Kenntnisse über die qualitative Zusammensetzung der Populationen der Mikroorganismen auf Blättern sind noch unvollständiger als die in der Rhizosphäre. Die in den Arbeiten aus unterschiedlichen Klimazonen aufgeführten Gattungen und Arten wiederholen sich relativ häufig. Dies darf jedoch nicht darüber hinwegtäuschen, daß viele schwierig zu identifizierende Keime nicht genannt werden. Die am häufigsten bestimmten **Bakterien** gehören zu den Gattungen *Pseudomonas, Xanthomonas, Flavobacterium, Achromobacter, Aerobacter, Bacillus, Mycobacterium, Beijerinckia, Azotobacter* und *Mycoplana*. Bei den **Hefen** sind die Gattungen *Rhodotorula, Cryptococcus* und *Torulopsis* weit verbreitet. Zu den primären Besiedlern von Blattoberflächen gehören weiterhin die Pilze *Aureobasidium pullulans, Cladosporium herbarum* und *Epicoccum nigrum*. Einige Pilze wie *Sporobolomyces* bevorzugen die Blattoberseiten, andere wie *Cladosporium herbarum* die Blattunterseite. Vor allem auf älteren Blättern werden darüberhinaus häufig **Cyanobakterien** der Gattungen *Anabaena, Calothrix, Nostoc, Oscillatoria* und *Scytonema* gefunden. Bei den chemoorganotrophen Bakterien ist die Häufung von gelb pigmentierten Stämmen auffällig. Es wird angenommen, daß diese Pigmentierung ein Schutz gegenüber den relativ hohen UV-Strahlungsdosen auf der Blattoberfläche ist. In einigen älteren Arbeiten wird betont, daß viele aus der Phyllosphäre isolierte Stämme von Bakterien im Boden nicht konkurrenzfähig sind. Diese Arbeiten müssen jedoch durch weitere systematische Untersuchungen bestätigt werden.

Auf Blättern und Knospen von Pflanzen im Freiland werden 10^3 bis 10^7 heterotrophe Bakterien und Hefezellen pro g Frischgewicht gefunden. Besonders hohe Werte sind auf Blättern der Sojabohne nachweisbar (Tab. 2.**4**). Dabei ist bemerkenswert, daß auf den jüngeren oberen Blättern 10- bis 100mal so viele Bakterien gefunden wurden wie auf älteren tieferliegenden Blättern. Dies kann sowohl auf die unterschiedliche Staubexposition zurückgeführt werden, wie auf eine unterschiedlich hohe Blattexsudation. Für die erste Vorstellung spricht, daß bei Pflanzen aus Gewächshäusern um 3–4 Zehnerpotenzen niedrigere Keimzahlen auf den Endknospen und jungen Hülsen anzutreffen sind. Die Resistenz von Pflanzensorten gegenüber einzelnen Stämmen hat auch einen Einfluß auf die Oberflächenbesiedlung (Abb. 2.**17**). So vermehrten sich auf den Hydathoden einer Reissorte Stämme von *Xanthomonas campestris* je nach Resistenz unterschiedlich (Tab. 2.**5**). Bei gleicher Inokulation ist bei den Stämmen, gegenüber denen die Sorte

Tabelle 2.**4** Assoziationen von Mikroorganismen mit oberirdischen Organen von Spermatophyten (Phyllosphäre) (nach *Leben*)

Pflanze	heterotrophe Bakterien $\cdot$ g^{-1} (Frischgewicht)	Hefezellen $\cdot$ g^{-1} (Frischgewicht)
	Durchschnittswerte von 6–10 Probennahmen	
Apfelknospen	$3{,}6 \cdot 10^2$	$1{,}3 \cdot 10^3$
Pappelknospen	$6{,}1 \cdot 10^3$	$2{,}0 \cdot 10^4$
Kiefernknospen	$2{,}2 \cdot 10^4$	$1{,}8 \cdot 10^4$
Sojabohne Endknospe	$2 \cdot 10^7$	
Sojabohne oberstes Blatt	$1{,}5 \cdot 10^7$	
Sojabohne 2. Blatt	$3 \cdot 10^6$	
Sojabohne ältere Blätter	$0{,}03–1{,}4 \cdot 10^6$	
Sojabohne Blüten	$5 \cdot 10^6$	
Sojabohne junge Hülsen	$5{,}4 \cdot 10^7$	
Sojabohnen aus Gewächshaus		
Endknospen	$0{,}2–5 \cdot 10^3$	
junge Hülsen	$< 1 \cdot 10^2$	

Tabelle 2.**5** Zellzahlen von *Xanthomonas campestris* CV *oryzae* auf Hydathoden von Reis der Sorte CAS 209. Diese Sorte ist resistent gegenüber den *Xanthomonas* Stämmen PX 086 und PX 0101, jedoch anfällig gegenüber Stamm PX 061 (nach *Mew* et al.)

Xanthomonas-Stamm	*Xanthomonas*-Zellen pro Hydathode		
	1 h	24 h	48 h nach Infektion
PX 061	5–20	100–200	100–200
PX 086	5–20	10–50	50–80
PX 0101	5–20	5–20	10–60

Tabelle 2.**6** Wirkung von *Beijerinckia* und *Klebsiella* spec. auf das Wachstum von Reis – IR 26 in N-freier Sandkultur nach 3facher Blattbesprühung; Analysen nach 8 Wochen Wachstum (nach *Nandi* u. *Sen*)

Behandlung der 14 Tage alten Reispflanzen	Frischgewicht pro Pflanze (mg)	Chlorophyll-Gehalt (μg $\cdot$ mg^{-1} Blattgewebe)	N-Gehalt pro Pflanze (mg)
Kontrolle	378	1,22	1,01
+ *Beijerinckia* spec.*	1080	1,54	4,32
+ *Klebsiella oxytoca* * (*K. pneumoniae*)	705	1,45	2,82

* N-Zugabe durch die Bakterieninokulationen: ca. 0,12 mg pro Pflanze

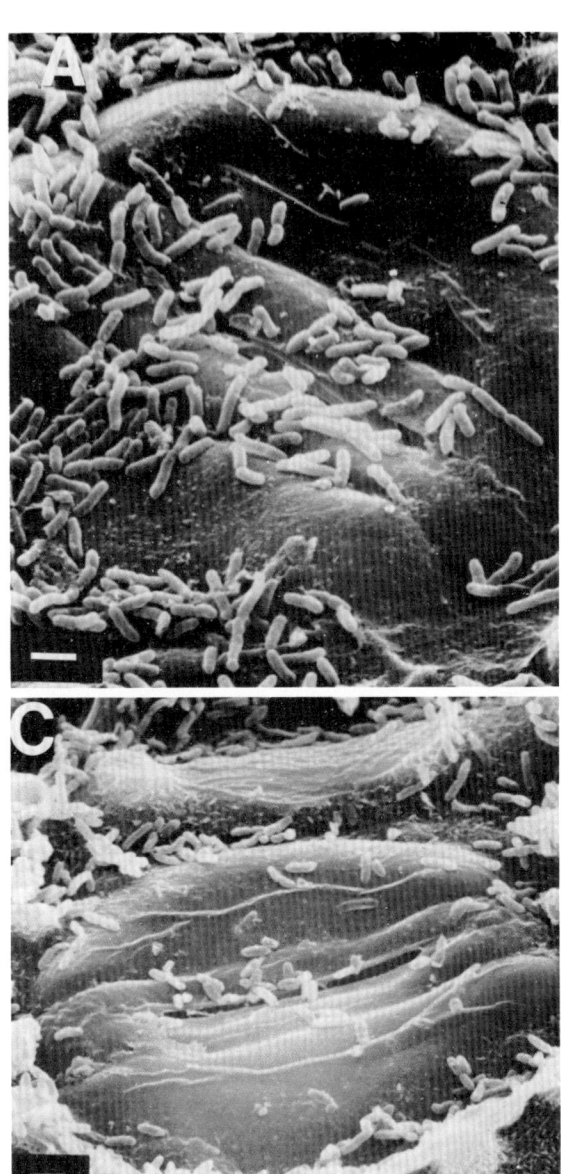

Abb. 2.**17**   Virulenter (A) und aviru-
lenter (C) Stamm von *Xanthomonas
campestris* auf Hydathoden von
Oryza sativa (Aufnahme *T. W. Mew,*
International Rice Res. Institute, Los
Banos, Philippinen; nach *Mew* et al.)

resistent ist, eine Vermehrung um den Faktor 2 innerhalb von 24 h zu beobachten,
während der Stamm, gegenüber dem die Sorte anfällig ist, seine Zellzahl um mehr als
den Faktor 10 erhöht. Vergleichbar einer mineralischen Blattdüngung können stickstoffixierende Bakterien das Wachstum von Reis unter N-Mangelbedingungen fördern
(Tab. 2.**6**). Im Vergleich zur Kontrolle ist das Frischgewicht von Reispflanzen nach
Beimpfung mit *Beijerinckia* oder mit *Klebsiella oxytoca* 2- bis 3fach, der N-Gehalt der
Pflanzen nach 8 Wochen Wachstum 3- bis 4fach erhöht.

2.3.   Spermosphäre

Über Bakterien- und Pilzpopulationen, die mit den Samen von Wildpflanzen assoziiert sind, liegen bisher kaum Untersuchungen vor. Bei Kultur- und Nutzpflanzen beschränkt sich die Identifizierung der assoziierten Bakterien und Pilze auf wenige Arten und Gattungen (Tab. 2.**7**). Auf Getreide besonders verbreitet ist *Aspergillus glaucus*, der in über 80% von Maisproben und 40% von Weizenproben gefunden wurde. Stichprobengröße bei diesen Untersuchungen waren 8000 verschiedene Herkünfte. *Aspergillus flavus* wurde in 35% der Maisproben jedoch nicht in den Weizensorten gefunden. Darüberhinaus ließen sich in über 70% aller Mais- und Weizenproben eine Vielzahl weiterer Pilze nachweisen. Sie gehören zu den Gattungen *Alternaria*, *Cladosporium*, *Fusarium* und *Helminthosporium*. Pilze wachsen nicht mehr in Getreide, wenn der Feuchtigkeitsgehalt unter 11–12% sinkt. Der durchschnittliche Feuchtigkeitsgehalt von Vorratsgetreide liegt jedoch bei 15%. Erst eine gleichzeitige Absenkung der Temperatur verhindert bei diesen Feuchtigkeitsgehalten die Vermehrung der assoziierten Pilze.

2.4.   Phycosphäre

Als Phycosphäre wird die Zone um Algenzellen herum definiert, die durch die photosynthetisch aktiven Zellen soweit verändert wird, daß sie sich durch physiologisch wirksame Faktoren signifikant vom umgebenden Wasser unterscheidet. Ebenso wie in der Rhizosphäre besteht ein Unterschied von mehreren Zehnerpotenzen zwischen der Lebendzellzahl der chemoorganotrophen Bakterien und den gezählten Partikeln. Zugleich läßt sich jedoch nachweisen, daß ca. 30% der gefundenen Keime stoffwechselaktiv sind. Dies läßt den Schluß zu, daß die für die Bestimmung der Lebendzellzahl verwendeten Kulturbedingungen in vielen Fällen nicht spezifisch genug sind, um den Nährstoffansprüchen der Phycosphärenkeime zu genügen. Man nimmt an, daß ein wesentlicher Teil der C- und Energiequellen für die chemoorganotrophen Bakterien aus bereits absterbenden Algenzellen stammen und nicht aus den kontinuierlich durch Exsudation zur Verfügung

Tabelle 2.**7**   Sukzession von Pilzen in Abhängigkeit vom Feuchtigkeitsgehalt in Getreidekaryopsen und Samen (nach *Christensen* u. *Kaufmann*)

Pilzspezies	Weizenkörner	*Sorghum*-Körner	Sojasamen
	Unteres Feuchtigkeitslimit für das Pilzwachstum (% Feuchtigkeit bezogen auf Frischgewicht)		
Aspergillus restrictus	13,5−14,5	14,0−14,5	12,0−12,5
Aspergillus glaucus	14,0−14,5	14,5−15,0	12,5−13,0
Aspergillus candidus und *Aspergillus ochraceus*	15,0−15,5	16,0−16,5	14,5−15,0
Aspergillus flavus	18,0−18,5	19,0−19,5	17,0−17,5
Alternaria spec. *Cladosporium* spec. *Fusarium* spec. *Helminthosporium* spec.	22−23	23−24	

stehenden Kohlenstoffquellen. Die Gesamtzahl der Bakterien folgt kurzfristig dem Maximum der **Phytoplanktonvermehrung**. 70% der von Planktonalgen isolierten Bakterienarten gehören zu den Gattungen *Aeromonas* und *Vibrio*, daneben sind Arten der Gattung *Pseudomonas, Flavobacterium* und *Achromobacter* häufig. Die Beziehung zwischen den heterotrophen Bakterien und den Algen bzw. Cyanobakterien können in einer Wachstumsförderung der Alge liegen, wie sie für *Chlamydomonas reinhardii* durch *Pseudomonas* spec. und für *Haematococcus lacustris* durch Flavobakterien nachgewiesen wurden (Tab. 2.**8**). Umgekehrt fördern z. B. extrazelluläre Produkte von *Skeletonema costatum* (Diatomeae) die Entwicklung von *Pseudomonas*-Zellen, so daß in Co-Kultur über 10^7 Bakterien pro ml nachweisbar sind. Im *Anabaena*-Schleim wird eine Anreicherung von *Zoogloea* um mehr als den Faktor 10^5 gegenüber dem umgebenden Medium nachgewiesen. Die spezifische Wachstumsförderung von Algen durch assoziierte Bakterien ist oft auf Vitamine zurückzuführen. Die **Vitamin-B$_{12}$-abhängige Wachstumsförderung** ist dabei besonders für viele Planktonalgen von Bedeutung.

Tabelle 2.**8**   Beziehung von Algen und Cyanobakterien mit heterotrophen Bakterien

Alge/Cyanobakterium	heterotrophes Bakterium	Art der Beziehung	Literaturhinweis
Chlamydomonas reinhardii	*Pseudomonas* sp.	Wachstumsförderung der Alge	Delucca, R., McCracken, M. O.: Hydrobiology 55 (1978) 71
Haematococcus lacustris	*Flavobacterium* sp.	Wachstumsförderung der Alge	Delucca, R., McCracken, M. O.: Hydrobiology 55 (1978) 71
Skeletonema costatum	*Pseudomonas* sp.	spezifische Aufnahme von extrazellulären Produkten der Alge in Co-Kultur, Entwicklung von über 10^7 Bakterien · ml^{-1}	Bell, W. H., Lang, S. U.: Limnol. Oceanogr. 19 (1974) 833
Acrochaetium sp.	*Arthrobacter globiformis* *Arthrobacter pascens* *Corynebacterium fascians* *Mycoplana bullata*	Morphologisch sehr enge Assoziation	Larpent-Gourgaud, M., Ducher, M.: Soc. Phycol. de France 22 (1977) 35
Anabaena sp.	*Zoogloea* sp.	Anreicherung der *Zoogloea* im *Anabaena* Schleim um den Faktor 10^5	Caldwell, D., Caldwell, S. J.: Can. J. Microbiol. 24 (1978) 922
Fischerella sp.	*Legionella* sp.	spezifische Wachstumsförderung von *Legionella*	Tison, D. L.: Appl. Environm. Microbiol. 39 (1980) 456

3. Die Rhizobium/Bradyrhizobium-Fabales-Symbiose

3.1. Der Mikrosymbiont: *Rhizobium* und *Bradyrhizobium*

In der Familie der **Rhizobiaceae** zusammengefaßte Bodenbakterien sind obligat aerobe, gramnegative, chemoorganotrophe oder auch chemolitotrophe Stämme. Die stäbchenförmigen Zellen bilden keine Sporen und sind beweglich mit Hilfe einer polaren oder subpolaren Geißel oder mit Hilfe von zwei bis sechs peritrichen Geißeln. Der G+C-Gehalt (mol %) der DNA liegt zwischen 57 und 65 (T_m). Aufgrund dieser und einiger anderer Eigenschaften werden die Rhizobiaceae systematisch in die Nähe der Pseudomonadaceae und Azotobacteriaceae gestellt.

3.1.1. Taxonomie und Systematik

Bis zum Jahre 1984 wurden alle Rhizobien-Stämme in einer Gattung zusammengefaßt und aufgrund unterschiedlicher Wirtsbereiche bei der Infektion der Leguminosen in Arten unterteilt. Die bereits seit langem bekannten zahlreichen Unterschiede zwischen den sogenannten schnell wachsenden und den sogenannten langsam wachsenden Rhizobien-Stämmen haben in der Ausgabe von 1984 des Bergey's Manual of Systematic Bacteriology dazu geführt, daß die Stämme zwei unterschiedlichen Gattungen zugeordnet und insgesamt vier Gattungen in der Familie der Rhizobiaceen aufgeführt werden.

1. Gattung **Rhizobium**   G+C (DNA): 59–64 mol%,
2. Gattung **Bradyrhizobium**   G+C (DNA): 61–65 mol%,
3. Gattung **Agrobacterium**   G+C (DNA): 57–63 mol%,
4. Gattung **Phyllobacterium**   G+C (DNA): 60–61 mol%.

Die systematische Unterteilung der Gattungen basiert weiterhin primär auf dem Wirtsbereich der infizierten Leguminosenarten, wobei sowohl Zusammenfassungen früher getrennter Arten vorgenommen wurden (bei *Rhizobium leguminosarum*) als auch neue Arten hinzugekommen sind wie *Rhizobium loti* und *Rhizobium fredii*. Die **Nodulationscharakteristik** dieser Arten ist in der Tab. 3.1 zusammengefaßt. Als Nodulation wird die morphologisch erkennbare Ausbildung von Knöllchen an den Wirtspflanzen bezeichnet. Neben hoch spezifischen Wirtsbereichen, wie für *Rhizobium meliloti*, gibt es andere Arten, die nach wie vor ausgesprochen heterogen sind, wie die unter *Bradyrhizobium japonicum* zusammengefaßten Stämme. Neben der Sojabohne werden von einem signifikanten Prozentsatz der Stämme auch *Phaseolus vulgaris*, *Vigna sinensis* und *Ornithopus sativus* noduliert. Die früher als selbständige Arten geführten *Rhizobium trifolii* und *Rhizobium phaseoli* sind jetzt als Biovarietäten (physiologische Rassen) in die Spezies *Rhizobium leguminosarum* integriert. Es ist anzunehmen, daß auch *Bradyrhizobium japonicum* nach weiteren systematischen Untersuchungen in verschiedene Biovarietäten unterteilt wird. Mit deutlich verschiedenem Wirtsbereich sind die neuen Arten *Rhizobium loti*, *Rhizobium fredii* und die aus *Galega* isolierten *Rhizobium*-Stämme abgetrennt worden.

Tabelle 3.1 Wirtsbereich der Knöllchenbildung durch die Gattungen *Rhizobium* und *Bradyrhizobium* (nach *Jordan* u. a.)

Wirtspflanze	*Rhizobium leguminosarum* Biovar *vicieae*	Biovar *trifolii*	Biovar *phaseoli*	*Rhizobium meliloti*	*Rhizobium loti*	*Rhizobium fredii*	*Rhizobium* sp. (*Galega*)	*Bradyrhizobium japonicum*	*Bradyrhizobium* sp. (*Vigna*)	*Bradyrhizobium* sp. (*Lupinus*)
Pisum sativum	⊕									
Vicia sativa	+–	+–	+–	–	–				–	–
Vicia hirsuta	+–	+––	–	–	–				–	–
Phaseolus vulgaris	+––	+––	⊕	–	+–				+–	+–
Trifolium repens	+–	⊕	+––	–	–				–	–
Lotus corniculatus	–	–	–	–	⊕				–	–
Medicago sativa	–	–	–	⊕	+––				–	–
Macroptilium atropurpureum	–	–	+–	–	+–			+–	+–	+–
Glycine max	–	–	–	–	–	+–		⊕	+–	+–
Glycine soja *	–	–	–	–	–	⊕		+–	+–	+–
Vigna sinensis	–	–	–	–	–			+–	+–	+–
Ornithopus sativus	–	–	–	–	–			–	–	⊕
Galega sp.	–	–	–	–	–		⊕	–	–	–

* Wildform der Sojabohne
⊕ Mehr als 90% der isolierten Stämme dieser Gruppe nodulieren mit effektiven (fix$^+$) Knöllchen
+– 20–90% der Stämme nodulieren, in vielen Fällen jedoch ineffektiv (fix$^-$)
+–– weniger als 20% der Stämme nodulieren, mit in der Regel ineffektiven (fix$^-$) Knöllchen
– Keine Nodulation

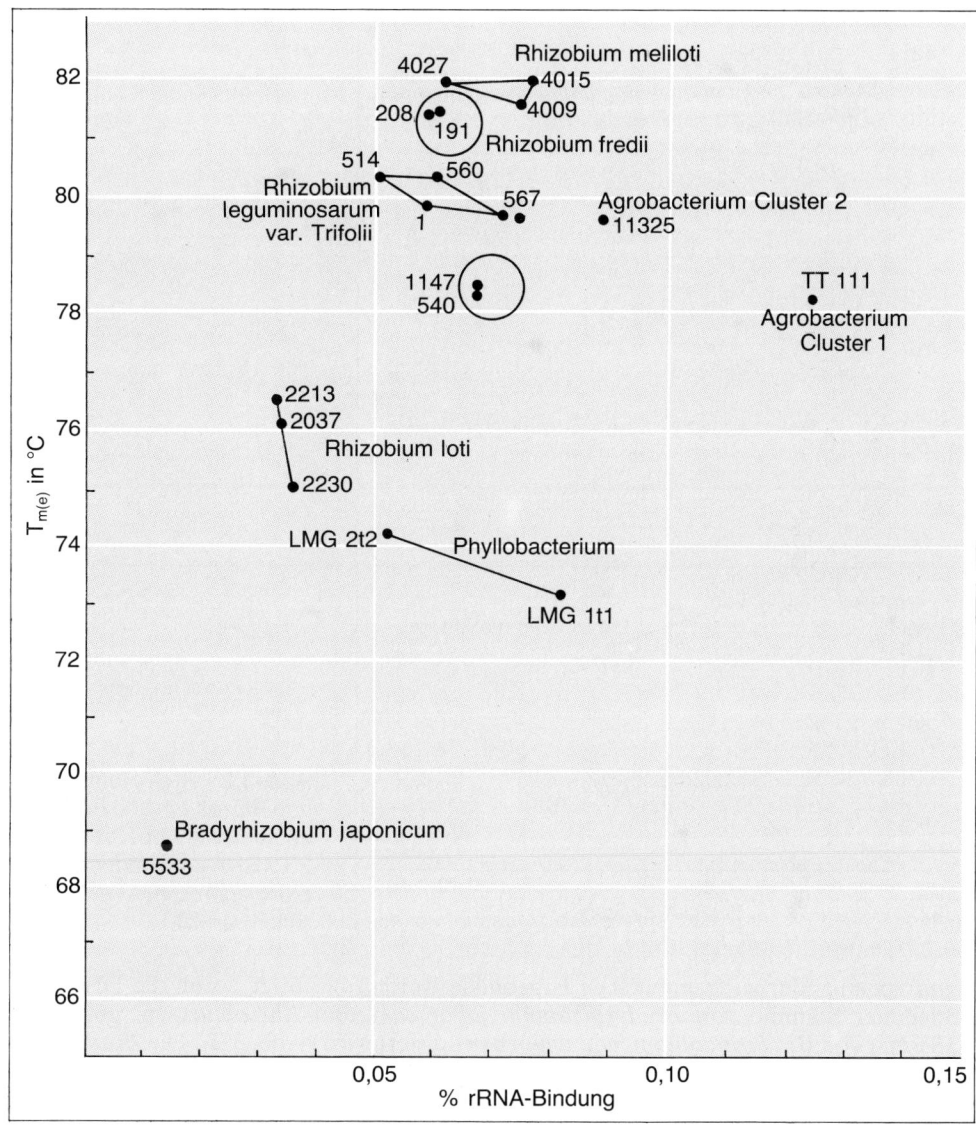

Abb. 3.**1**   RNA-Homologien von *Rhizobium* und *Bradyrhizobium*: Beziehung von $T_{m(e)}$ (Denaturierung von 50% eines Hybrids der 23 S RNA von *Rhizobium meliloti* SU 47 mit der DNA der angegebenen anderen Bakterien) mit der RNA-Bindung an auf Filter fixierter DNA (nach *Jarvis*)

Hybridisierungsexperimente mit DNA verschiedener Bakterien gegen die 23 S RNA aus *Rhizobium meliloti* zeigen deutliche Cluster einzelner Infektionsgruppen (Abb. 3.**1**). Relativ eng beieinander liegen die Cluster von *Rhizobium meliloti*, *Rhizobium fredii* und *Rhizobium leguminosarum*, deutlich weiter entfernt die untersuchten Stämme von *Rhizobium loti*. Noch sehr viel größer ist der Abstand zu *Bradyrhizobium japonicum*. Dieser Befund ist das wichtigste Kriterium gewesen, die Gattungen *Rhizobium* und *Bradyrhizo-*

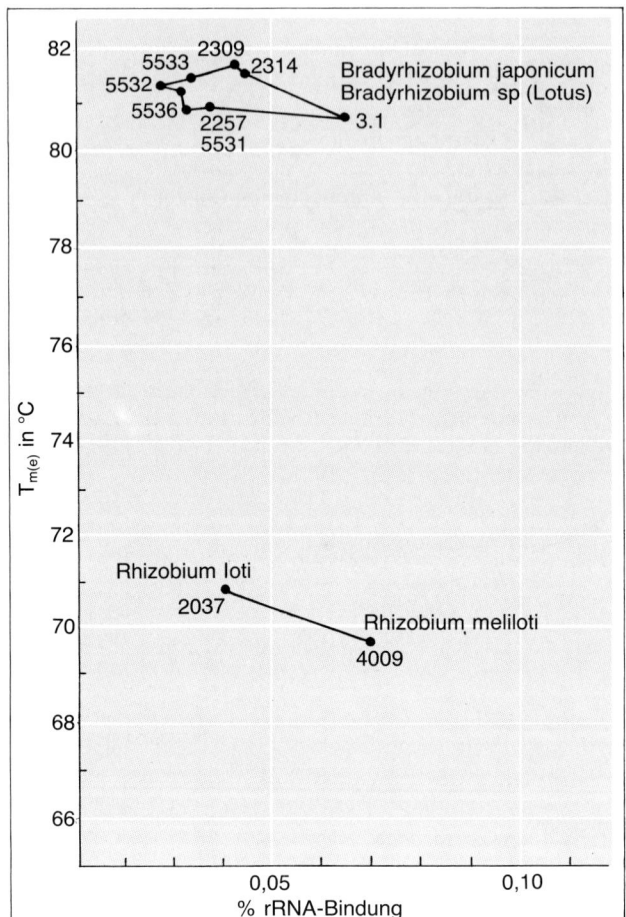

Abb. 3.**2**   RNA-Homologien von *Rhizobium* und *Bradyrhizobium*: wie Abb. 3.**1** mit der 23 S RNA von *Bradyrhizobium japonicum* ATCC 10324 (nach *Jarvis*)

bium voneinander zu trennen. Die Ergebnisse werden bestätigt, wenn die DNA verschiedener Stämme von *Bradyrhizobium japonicum* und *Rhizobium* sp. gegen die 23 S RNA von *Bradyrhizobium japonicum* hybridisiert wird (Abb. 3.**2**). Die *Bradyrhizobium*-Stämme liegen geclustert zusammen, die beiden Stämme von *Rhizobium loti* und *Rhizobium meliloti* weit davon entfernt und getrennt. Die entscheidende Bedeutung von Sym-Plasmiden für die Wirtspezifität in der Gattung *Rhizobium* wird in Abschnitt 3.1.3.1. behandelt.

Nach wie vor ist die eindeutige Identifizierung eines Bakterienstammes als *Rhizobium* erst durch einen positiven Nodulationstest und die Isolation des gleichen serologisch und biochemisch identifizierten Stammes aus den Knöllchen gesichert. Dies bedeutet, daß es äußerst schwierig ist, einen nicht nodulierenden *Rhizobium*-Stamm eindeutig systematisch zu identifizieren. So bildeten in einer Untersuchung über die Antibiotika-Resistenz bei *Rhizobium meliloti* 49 untersuchte Stämme hinsichtlich ihrer kombinierten Resistenzeigenschaft gegen 9 Antibiotika 9 deutlich verschiedene Gruppen. Eine eindeutige Zuordnung eines Stammes zur Art *Rhizobium meliloti* ist daher z.B. aufgrund der Antibiotika-Resistenz nicht möglich.

3.1.2. Physiologie und Wachstum

Die Gattungen *Rhizobium* und *Bradyrhizobium* unterscheiden sich hinsichtlich der Verwertung von Substraten und der Ausscheidung von Metaboliten deutlich. So können nahezu alle Stämme der Gattung *Rhizobium* mit Saccharose und mit Rhamnose als einziger C-Quelle wachsen. Sie scheiden 3-Ketoglykoside aus und säuern das Medium bei der Kohlenhydratverwertung an. In diesen Eigenschaften sind *Bradyrhizobium*-Stämme negativ (Tab. 3.2). Daneben stimmen beide Gattungen in einer Reihe von Merkmalen überein, wie dem Wachstum mit organischen Säuren als C-Quellen, dem Abbau von Kohlenhydraten über den Entner-Doudoroff-Weg und der geringen Anfärbung der Kolonien durch Kongo-Rot. Bei vielen weiteren physiologischen und biochemischen Eigenschaften ist hervorzuheben, daß nur sehr selten alle Stämme einer Infektionsgruppe oder einer Serumgruppe ein bestimmtes Merkmal aufweisen.

Sowohl *Rhizobium*- als auch *Bradyrhizobium*-Stämme können Nitrat und Ammonium als Stickstoffquelle verwerten. Einige Stämme von *Bradyrhizobium* sp. sind auch zur Nitratatmung und Denitrifikation befähigt. Stämme beider Gattungen haben ein Phosphat-Aufnahmesystem mit hoher Affinität, das dem von Stämmen von *Escherichia coli*

Tabelle 3.**2** Physiologische und biochemische Merkmale der Gattungen *Rhizobium* und *Bradyrhizobium*. +: über 90% der untersuchten Stämme positiv; −: negativ (mit Ausnahmen)

Merkmal	*Rhizobium*	*Bradyrhizobium*
Wachstum auf Hefeextrakt-Mannit Medium	schnell (2−4 h Generationszeit)	langsam (5−10 h Generationszeit)
Wachstum mit Saccharose als C-Quelle	+	−
Wachstum mit Rhamnose als C-Quelle	+	−
Wachstum mit organischen Säuren als C-Quellen	+	+
Alkalisierung des Mediums mit Zuckern (Pentosen) als C-Quellen	−	+
Säureproduktion auf Medien mit Kohlenhydraten als C-Quellen	+	−
Anfärbung der Kolonien durch Kongo-Rot (0,0025%)	−	−
Abbau von Kohlenhydraten über den Entner-Doudoroff-Weg	+	+
Wachstum in Medien mit 2% NaCl	einige Stämme von *R. meliloti*	−
H₂S-Bildung	einige Stämme von *R. meliloti*	−
Wachstumssteigerung durch Biotin	+	+
Nitratatmung	+ (viele Stämme)	+ (viele Stämme)
Phosphataufnahme mit hoher Affinität	+	+
Hoher Bedarf an Ca, Fe und Co	+	+
Abbau phenolischer Verbindungen über den β-Ketoadipat-Weg	+	+

Tabelle 3.**3**   Physiologische Kennzeichnung von Stämmen von *Bradyrhizobium japonicum* und von *Rhizobium fredii*, die Sojabohnen nodulieren (nach *Sadowsky* et al.)

Merkmale	% der Isolate mit positiver Reaktion	
	Bradyrhizobium japonicum	*Rhizobium fredii*
Catalaseproduktion	100	100
Oxidaseproduktion	100	100
Ureaseproduktion	100	100
Penicillinaseproduktion	71	100
Nitratreduktion	100	100
3-Ketolactoseproduktion	0	0
H_2S-Produktion	0	0
Citratverwertung	0	0
Gelatinaseproduktion	0	100
2% NaCl-Toleranz	0	100
pH-4,5-Toleranz	100	0
pH-9,0-Toleranz	0	100
pH-9,5-Toleranz	0	100

Tabelle 3.**4**   Wachstum von 46 Stämmen unterschiedlicher Effektivität (N_2-Fixierung in der Symbiose) von *Rhizobium meliloti* auf organischen Säuren als einziger C-Quelle (nach *Antoun* et al.)

C-Quelle	Zahl der positiven Stämme (Wachstum)			
	Konzentration mM	SE	E	I
Acetat	2	4	28	3
	20	5	33	4
Citrat	2	5	35	5
	20	0	0	0
Fumarat	2	5	35	5
	20	5	34	5
Glyoxylat	2	0	7	1
	20	3	32	3
α-Ketoglutarat	2	2	18	1
	20	0	0	0
Lactat	2	5	30	4
	20	5	32	4
Malat	2	5	35	5
	20	0	0	0
Oxalacetat	2	4	18	0
	20	3	12	0
Pyruvat	2	3	24	5
	20	5	32	5
Succinat	2	5	35	5
	20	5	34	5

SE = sehr effektive, E = effektive, I = ineffektive Stämme

und von *Bacillus subtilis* deutlich überlegen ist. Im Vergleich zu anderen Bodenbakterien haben *Rhizobium*- und *Bradyrhizobium*-Stämme einen hohen **Bedarf an Calcium, Eisen und Cobalt**. Die Abhängigkeit des Wachstums von Vitaminzusätzen ist sehr uneinheitlich. In der Gattung *Bradyrhizobium* stimuliert in der Regel nur Biotin das Wachstum, während in der Gattung *Rhizobium* daneben auch Thiamin und Pantothenat Wachstumsfaktoren sein können. Kein Bedarf besteht allgemein für den Zusatz von Nicotinsäure, Pyridoxin, Folsäure, p-Aminobenzoesäure, Riboflavin und Vitamin B_{12}. Auxotrophe Mutanten für diese Vitamine sind dagegen bekannt. Stämme beider Gattungen können phenolische Verbindungen über den β-Ketoadipatweg abbauen. Die Regulation dieses Stoffwechselweges durch Succinat ist aber z. B. bei *Bradyrhizobium japonicum* verschieden im Vergleich zu *Pseudomonas*-Stämmen.

Das Temperaturmaximum von *Rhizobium leguminosarum*-Stämmen liegt zwischen 32 °C und 38 °C, während das für *Rhizobium meliloti* und *Bradyrhizobium japonicum* bis zu 43 °C reicht. Stämme beider Gattungen wachsen in einem relativ breiten pH-Bereich zwischen pH 4,5 und 8,5. Das Optimum für *Rhizobium leguminosarum* Biovar. *trifolii* liegt zwischen pH 6,8 und 7,2, das für *Bradyrhizobium japonicum* zwischen 5,8 und 6,2. Eindeutigere Unterschiede lassen sich noch zwischen **Bradyrhizobium japonicum** und **Rhizobium fredii** feststellen, die beide Sojabohnen nodulieren können (Tab. 3.**3**). Hier tolerieren 100% der untersuchten Stämme von *Bradyrhizobium japonicum* noch einen pH von 4,5 während alle nicht mehr bei pH 9,0 und höher wachsen. Umgekehrt toleriert *Rhizobium fredii* alkalische pH-Werte, aber keine stark sauren Werte.

3.1.2.1. Energie-, C-, N- und H-Stoffwechsel

Die Verwertung von **organischen Säuren** als C- und Energie-Quelle ist bei *Rhizobium meliloti* besonders eingehend untersucht worden.

45 von 46 untersuchten Stämmen wuchsen auf Citrat, Fumarat, Malat und Succinat als einziger C-Quelle bei einer Konzentration von 2 mM (Tab. 3.**4**). Eine Erhöhung der Substratkonzentration auf 20 mM ergab für Succinat und Fumarat das gleiche Ergebnis, jedoch wuchs kein einziger Stamm mehr auf 20 mM Malat und Citrat. Umgekehrt war das Ergebnis für Glyoxylat. Während bei einer Konzentration von 2 mM nur 8 Stämme wuchsen, war das Ergebnis bei einer 20 mM Konzentration bereits für 38 Stämme positiv. Eine Korrelation zwischen der Verwertung verschiedener organischer Säuren und deren Effektivität (N_2-Fixierung in der Symbiose) ist nicht erkennbar (Tab. 3.**4**).

Neben der chemoorganotrophen Energiegewinnung ist für einige Stämme von *Bradyrhizobium japonicum* **Chemolitotrophie** nachgewiesen. Nach Derepression ihrer Hydrogenase bilden diese Stämme eine aktive Ribulose-bisphosphat-Carboxylase (E. C. 4.1.1.39) und können mit Hilfe von H_2 CO_2 reduzieren. Succinat hemmt die Derepression der Ribulose-bisphosphat-Carboxylase. Die Hydrogenase in *Bradyrhizobium japonicum* ist membrangebunden. Sie katalysiert die Reaktion von 2 mol Wasserstoff mit einem mol Sauerstoff. Der apparente K_M für H_2 liegt im Bereich von 0,05 µM bis 1,8 µM. Der K_M-Wert für Sauerstoff für das freie Enzym liegt im Bereich von 10 nM. Damit ist die Affinität dieses Enzyms für Sauerstoff so hoch, daß auch unter den niedrigen Sauerstoffpartialdrücken in Knöllchen im Gegenwart des Leghämoglobins das Enzym aktiv sein kann. Die Reaktion vom Wasserstoff mit Sauerstoff wird weder durch Acetylen noch durch Kohlenmonoxid gehemmt. Neben Succinat hemmen auch alle anderen von *Bradyrhizobium japonicum* verwerteten C-Quellen die Expression der Hydrogenase. Ein Zusatz von zyklischem AMP erlaubt jedoch eine Hydrogenasesynthese auch in Gegenwart von sonst hemmenden Konzentrationen von organischen Säuren. Die Abhängigkeit der chemolitotrophen Ernährungsphase von der Verfügbarkeit organischer C-Quellen wird dadurch evident. Eine wichtige zusätzliche Funktion der Sauerstoff-Wasserstoff-Reaktion ist eine Senkung des zellulären Sauerstoffpartialdruckes und damit ein Schutz der Nitrogenase vor O_2.

Rhizobium-, Bradyrhizobium- und *Agrobacterium*-Stämme enthalten eine spezielle Glutaminsynthetase (GS 2), die bisher nicht in anderen Bakterien gefunden wurde. Dieses Enzym unterscheidet sich deutlich von der GS 1, die generell bei Prokaryotenzellen verbreitet ist. In der Bakteroidenform von *Rhizobium* und *Bradyrhizobium* ist dieses Enzym ebenfalls nicht nachweisbar. Für Stämme von *Rhizobium leguminosarum* sind Transportsysteme mit hoher Affinität für die Aminosäuren Leucin, Isoleucin, Valin, Alanin, Threonin, Histidin, Serin und Methionin nachgewiesen. Bei einem kontinuierlichen Verlust von Ammoniak wird so ein Reimport von Aminosäuren in die Zellen wahrscheinlich. Neben diesem spezifischen aktiven Transportsystem für Aminosäuren ist auch ein passiver Austauschmechanismus für Aminosäuren vorhanden, der ohne Energieaufwand arbeitet. Auch für Ammoniumionen ist eine rasche Gleichgewichtseinstellung der Konzentrationen im Inneren der Zelle mit dem umgebenden Medium nachgewiesen.

3.1.2.2. Oberflächeneigenschaften (periplasmatische Proteine, EPS, LPS, CPS)

Stämme von *Rhizobium leguminosarum* scheiden keine extrazellulären Proteine aus, synthetisieren jedoch eine Anzahl periplasmatischer Proteine, zu denen alkalische Phosphatase (E.C.3.1.3.1), zyklische Phosphodiesterase (E.C.3.1.4.d) und anorganische Pyrophosphatase (E.C.3.6.1.1) gehören. Sowohl durch Phosphat wie auch durch Aminosäuren werden einzelne periplasmatische Proteine reprimiert.

Besondere Bedeutung für die Spezifität und die Oberflächeneigenschaften von *Rhizobium* und *Bradyrhizobium*-Stämmen haben die **Exo- und Kapselpolysaccharide**, die durch ihre Kohlenhydratzusammensetzung gekennzeichnet sind. Sehr ähnlich sind diese Komponenten für die Biovarietäten von *Rhizobium leguminosarum*, bei denen Glucose einen Gewichtsanteil von 48 bis 56% hat, Galactose zwischen 10 und 12%, Glucuronsäure zwischen 12 und 19%, Pyruvat zwischen 9 und 15% und Acetatgruppen zwischen 9 und 14%. Deutlich verschieden sind die Exo- und Kapselpolysaccharide bei *Rhizobium meliloti* durch das Fehlen von Glucuronsäure und einen entsprechend höheren Anteil von Glucose (Tab. 3.5). Innerhalb der Gattung *Bradyrhizobium japonicum* treten besonders große Unterschiede in der Zusammensetzung auf. Eine Gruppe von Stämmen, für die der Stamm USDA 110 charakteristisch ist, sind gekennzeichnet durch das Auftreten von Galacturonsäure und von Mannose.

Andere Gruppen von *Bradyrhizobium japonicum*, für die der Stamm 3I1b typisch ist, enthalten ausschließlich Rhamnose und 4-0-Methyl-Glucuronsäure und keine anderen Kohlenhydrate. Typische Strukturen der Exo- und Kapselpolysaccharide dieser drei Gruppen sind in Abb. 3.3 dargestellt. Neben diesen sauren Polysacchariden wurden bei *Bradyrhizobium japonicum* verzweigte Glucane nachgewiesen.

Dies ist deshalb von besonderem Interesse, weil Glucane aus Kulturfiltraten oder von Zellwänden pathogener und nicht pathogener Mikroorganismen Phytoalexinanreicherung bei Kulturpflanzen auslösen können. Auf eine Phytoalexinanreicherung in der Knöllchensymbiose wird im Abschnitt 3.3.4.2. näher eingegangen.

Die **Lipopolysaccharide** von *Rhizobium* und *Bradyrhizobium* sind noch heterogener als die Exo- und Kapselpolysaccharide. Sie ähneln denen anderer gramnegativer Bakterien und bestehen aus einer sich wiederholenden Oligosaccharidsequenz, die als O-Antigen

Tabelle 3.**5**   Relative Kohlenhydratzusammensetzung (%) der Exo- und Kapsel-Polysaccharide von *Rhizobium* sp. und *Bradyrhizobium japonicum* (nach *Carlson*)

Art/Stamm	Glucose	Galac-tose	Mannose	Glucuron-säure	Galactu-ronsäure	Pyruvat	Acetat-gruppen	4-0-Methyl-Galactose	4-0-Methyl-Rhamnose	4-0-Methyl-Glucuron-säure
Rhizobium leguminosarum Biovar trifolii										
Stamm 0266	56	11	0	12	0	9	11	0	0	0
Stamm Ar 3	48	10	0	13	0	15	14	0	0	0
Rhizobium leguminosarum Biovar vicieae PRE	48	11	0	19	0	13	9	0	0	0
Rhizobium leguminosarum Biovar phaseoli Stamm U 453	51	12	0	16	0	12	10	0	0	0
Rhizobium meliloti Stamm U 27	67	14	0	0	0	11	7	0	0	0
Bradyrhizobium japonicum Stamm USDA 110	36	24	18	0	12	0	4	5	0	0
Bradyrhizobium japonicum Stamm 311b	0	0	0	0	0	0	0	0	71	29

Rhizobium leguminosarum

$$\begin{array}{ccccccc} & \alpha & & \beta & & \beta & & \beta \\ \rightarrow & 4\,Glc & \rightarrow & 4\,GlcA & \rightarrow & 4\,GlcA & \rightarrow & 4\,Glc & \rightarrow \\ & 6 & & & & & \\ & \beta & & & & & \\ & \uparrow & & & & & \\ & Glc & & & & & \\ & 4 & & & & & \\ & \beta & & & & & \\ & \uparrow & & & & & \\ & Glc & & & & & \\ & 4 & & & & & \\ & \beta & & & & & \end{array}$$

Glc $\overset{4}{\underset{6}{\diamond}}$ Pyruvat

3

β

Gal $\overset{4}{\underset{6}{\diamond}}$ Pyruvat

Rhizobium meliloti

$\rightarrow 4 - \beta - \text{D-Glc} - (1 \rightarrow 4) - \beta - \text{D-Glc} - (1 \rightarrow 3) - \beta\text{-D-Gal} - (1 \rightarrow 4) - \beta\text{-D-Glc} - (1 \rightarrow$

6

↑

1

$\beta - \text{D-Glc} - (1 \rightarrow 3) - \beta - \text{D-Glc} - (1 \rightarrow 3) - \beta\text{-D-Glc} - (1 \rightarrow 6) - \beta - \text{D-Glc}$

$\overset{4}{\diagdown}\overset{6}{\diagup}$

$\underset{H_3C}{\diagup}C\underset{CO_2H}{\diagdown}$

Bradyrhizobium japonicum
3 I 1 b 138

$\rightarrow 3) - \text{Man} - (1 \rightarrow 3) - \text{Glc} - (1 \rightarrow 3) - \text{GalA} - (1 \rightarrow$

6

↑

1

$4\text{-O-Me-Gal} - (1 \rightarrow 3) - \text{Glc}$

Bradyrhizobium japonicum
71A, CC 708 und CB 1795

$\rightarrow 4) - \alpha - \text{L-Rha} - (1 \rightarrow 3) - \beta\text{-L-Rha} - (1 \rightarrow 4) - \beta\text{-L-Rha} - (1 \rightarrow$

3

↑

1

$4\text{-O-Me-}\beta\text{-D-GlcA}$

Abb. 3.**3**   Extrazelluläre Polysaccharide von *Rhizobium* und *Bradyrhizobium* (nach *Carlson*)

bekannt ist und einem Kernoligosaccharid. Dieses Kernoligosaccharid ist an das Lipid A gebunden durch eine säurelabile 2-Keto-3-Desoxyoktansäure. Bei 17 untersuchten Stämmen von *Rhizobium* und *Bradyrhizobium* finden sich bereits 11 verschiedene Chemotypen hinsichtlich der Lipopolysaccharid-Zusammensetzung. In den Exo- und Kapselpolysacchariden nicht vorkommende Komponenten sind Glucosamin, Fucose, 2-O-Me-6-Desoxyhexose und Heptose. Vorstellungen über die Funktionen von Exo- und Kapselpolysacchariden sowie von Lipopolysacchariden bei der Erkennung und der Infektion werden im Abschnitt 3.3.1. behandelt.

3.1.3.   Genetik

Die Analyse der Kopplungsgruppe der chromosomalen Gene ist bei *Rhizobium* in den letzten Jahren durch eine intensive Bearbeitung der auf Plasmiden lokalisierten Gene ergänzt worden. In manchen Stämmen liegt über 20% der gesamten DNA in Form von Plasmiden vor. Durch Verwendung von Transposon-Mutanten und Sequenzierung einzelner Gene ist die Analyse der an der Symbiose beteiligten Funktionen rasch vorangekommen.

3.1.3.1. Chromosomen und Plasmide

In der chromosomalen Anordnung von Genen biosynthetischer Stoffwechselwege unterscheidet sich *Rhizobium* generell von *Escherichia coli* dadurch, daß die Gene häufig **nicht in einem Cluster** zusammenliegen, sondern über das Chromosomen verteilt sind. So sind die Gene für die Tryptophanbiosynthese bei *Rhizobium leguminosarum* und bei *Rhizobium meliloti* auf drei verschiedene Regionen verteilt. Eine **Chromosomenkarte** von *Rhizobium meliloti* ist in Abb. 3.4 dargestellt. Bei *Rhizobium leguminosarum* können auch innerhalb einzelner Biovarietäten unterschiedliche Chromosomentypen enthalten sein, die größere Ähnlichkeit mit dem Chromosomen von *Agrobakterium tumefaciens* haben (Abb. 3.5). Innerhalb der gleichen Biovarietät tragen diese verschiedenen Chromosomentypen das gleiche Sym-Plasmid (mit den nod Genen). Umgekehrt kann der gleiche chromosomale Hintergrund auch verschiedene Sym-Plasmide enthalten und damit zu verschiedenen Biovarietäten gehören.

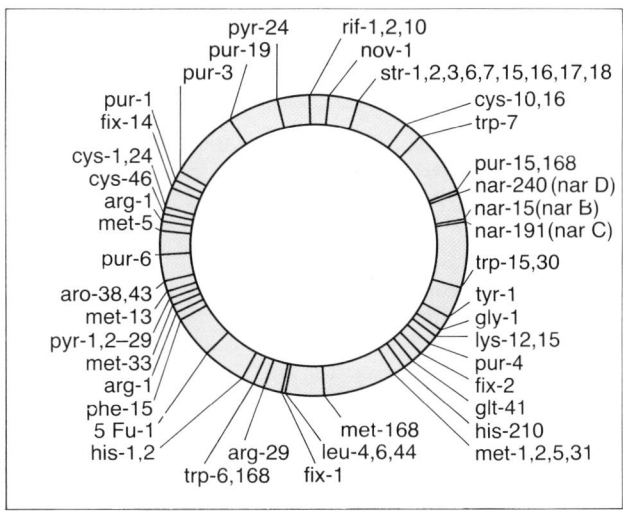

Abb. 3.**4** Chromosomenkarte von *Rhizobium meliloti* Stamm 41 (nach *O'Brien*)

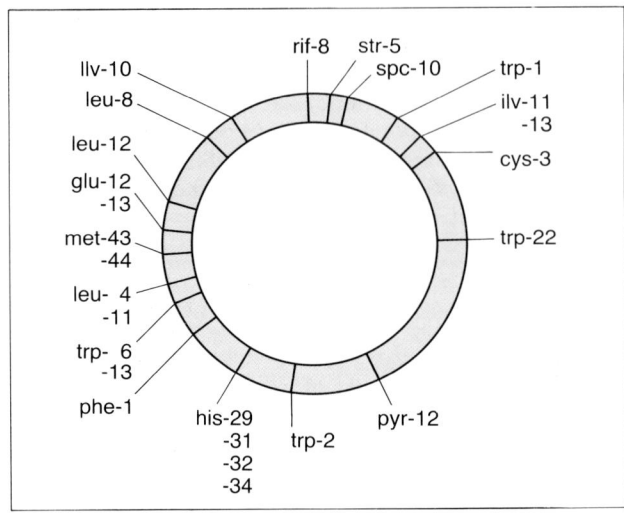

Abb. 3.5 Chromosomen-karte von *Agrobacterium tumefaciens* C 58 (nach *Hooykas* et al.)

Von den in *Rhizobium* bekannten Plasmiden sind die sogenannten **Sym-Plasmide** von besonderem Interesse, da sie die Information für die Auslösung der Knöllchenbildung, die Wirtsspezifität und für die Stickstoffixierung tragen (Tab. 3.6). Daneben können weitere Eigenschaften auf diesen Sym-Plasmiden lokalisiert sein wie die Produktion von Bakteriocinen und von speziellen Pigmenten. Die Sym-Plasmide der Gattung *Rhizobium* haben ein Molekulargewicht zwischen 100 MD bis über 300 MD. Einzelne Stämme von *Rhizobium leguminosarum* biovar. *trifolii* können bis zu 7 weitere Plasmide enthalten mit einem Molekulargewicht zwischen 40 und 800 MD. Bei *Rhizobium meliloti* wurden zwei Megaplasmide mit dem Molekulargewicht von 800 bis 1000 MD nachgewiesen, von denen eines die Gene für die Nodulation und die nif-Gene trägt, während das zweite ein Gen für extrazelluläre Polysaccharidproduktion trägt. Auch die Produkte dieses Gens sind für eine normale Nodulation bei der Luzerne essentiell. In Stämmen von *Rhizobium fredii* wurden bis zu 4 Plasmide mit einem Molekulargewicht von 100 M-Dalton oder größer gefunden. Bei den ebenfalls Sojabohnen nodulierenden Stämmen von *Bradyrhizobium japonicum* dagegen ist es in vielen Fällen schwierig, überhaupt Plasmide nachzuweisen. Ähnliche Unterschiede sind in der Gattung *Azotobacter* bekannt, wo in *Azotobacter chrococcum* bis zu 6 Plasmide im Bereich von 7 bis 200 M-

Tabelle 3.6 Auf Plasmiden von *Rhizobium* sp. lokalisierte Funktionen (nach *Rolfe* et al.)

Biosynthese und Funktion	auf Sym-Plasmiden nachgewiesen
Bakteriocinproduktion	+
Auslösung der Wurzelhaareinkrümmung („curling")	+
Auslösung der Knöllchenbildung	+
Wirtsspezifität	+
Fe-Protein der Nitrogenase (nif H)	+
Mo-Fe-Proteine der Nitrogenase (nif D, nif K)	+
Weitere, zur Expression der N_2-Fixierung erforderliche Funktionen	+
Pigmentproduktion (gelbbraunes Pigment)	+
Inkompatibilitätsreaktionen	+

Dalton gefunden wurden, während in *Azotobacter vinelandii* keine Plasmide elektrophoretisch abzutrennen waren. Durch Übertragung eines Sym-Plasmids läßt sich die Wirtsspezifität verändern, z. B. wird aus einem *Rhizobium leguminosarum*-Stamm, der Erbsen noduliert, ein Stamm, der Klee infizieren kann. Nach Aufnahme eines entsprechenden Sym-Plasmids können auch *Agrobacterium*-Stämme Leguminosen nodulieren. Die Funktionen von Genen auf den anderen Plasmiden sind weitgehend unbekannt. Die Unterschiede in der Zahl dieser Plasmide bei einzelnen Stämmen deutet darauf hin, daß sie keine essentiellen Funktionen für Stoffwechsel und Entwicklung tragen.

Die bei *Agrobacterium tumefaciens* nachgewiesene Inkompatibilität einzelner Plasmide kann dazu beitragen, daß die Aufnahme eines Plasmids zum Verlust anderer Plasmide führt. Die Expression der auf den Plasmiden lokalisierten Gene kann von der Wirtspflanze reguliert werden. So wird ein Teil des Ti-Plasmids von *Agrobacterium tumefaciens* nach Verwundung auch in einigen Liliaceen und Amaryllidaceen (Monokoledoneae) exprimiert, es kommt jedoch zu keiner Tumorbildung. Die Mobilisierung von Plasmiden kann gefördert werden durch Insertion einer sogenannten mob-Region in das Plasmid. Durch Kopplung der mob-Region mit einem Kanamycin-Resistenzmarker kann die Inkorporation in ein anderes Plasmid verfolgt werden. Je höher die Zahl der Plasmide in einem Stamm von *Rhizobium leguminosarum* biovar. *trifolii*, desto geringer ist die Effektivität bei der symbiotischen N_2-Fixierung. Die Konkurrenzfähigkeit der Stämme beim Wachstum nimmt jedoch zu.

3.1.3.2. nif-, fix- und nod-Gene

Die Aufklärung der an der symbiotischen Stickstofffixierung beteiligten Gene bei *Rhizobium* und bei *Bradyrhizobium* orientiert sich an den bereits vorliegenden Ergebnissen bei **Klebsiella. Die 17 nif-Gene** (nif = „*ni*trogen *f*ixation", bedeutet Stickstoff-(N_2-) Fixierung) liegen dort in einem zusammenhängenden Cluster auf dem zirkulären Bakterienchromosomen. Da die Übertragung dieses Gen-Clusters auf einen anderen nicht stickstofffixierenden Stamm der Enterobacteriaceen zur N_2-Fixierung führt, ist anzunehmen, daß mit diesen 17 Genen die N_2-Fixierung vollständig kodiert und reguliert wird.

Funktion und Anordnung dieser 17 nif-Gene sind in Abb. 3.**6** dargestellt. Die Strukturgene für die Untereinheiten der Nitrogenase sind die **Gene K, D und H.** Zwei dieser Untereinheiten bilden die Komponente 2 (KP 2), auch als Fe-Protein der Nitrogenase bezeichnet. Jeweils zwei identische Untereinheiten, Genprodukte von nif K und nif D, bilden das Molybdän-Eisen-Protein, die Komponente 1 (KP 1) der Nitrogenase. Fünf weitere Gene, **nif Q, B, V, N und E** bzw. deren Genprodukte sind an der Biosynthese bzw. dem Einbau des FeMo-Cofaktors in die Komponente I der Nitrogenase beteiligt. Genprodukte von **nif F und nif J** dienen dem Elektronentransport durch Synthese von Flavodoxin und Pyruvat-Flavodoxin-Oxidoreductase. Die Genprodukte von **nif S und nif U** sind an dem sogenannten „processing" der Komponente I der Nitrogenase, das Genprodukt von **nif M** am Processing des Eisenproteins der Nitrogenase (KP 2) beteiligt. Das Genprodukt von **nif A** ist ein Transkriptionsaktivator für alle nif Operons außer von nif L und nif A selber. Das Produkt ist thermolabil (über 37 °C). Das **nif L** Operon kodiert einen Transkriptionsrepressor, der in Gegenwart von höheren Sauerstoffkonzentrationen und von höheren Konzentrationen von gebundenem Stickstoff das Genprodukt von nif A inaktiviert. Auf diese Weise wird eine Regulation der N_2-Fixierung sowohl durch die Temperatur wie auch durch Sauerstoff und gebundenen Stickstoff erreicht. Die Funktionen von nif X und nif Y sind bisher nicht bekannt. Die Molekulargewichte der von den nif-Genen kodierten Proteine sind in Abb. 3.**6** angegeben. Die 17 nif-Gene sind in 8 Operons organisiert. Es ist bemerkenswert, daß nur die Transkriptionsrichtung der beiden Gene, deren Produkte am Elektronentransport beteiligt sind (nif F und nif J) in gegenläufiger Richtung erfolgt. Die Sequenz der 8 nif Promotoren

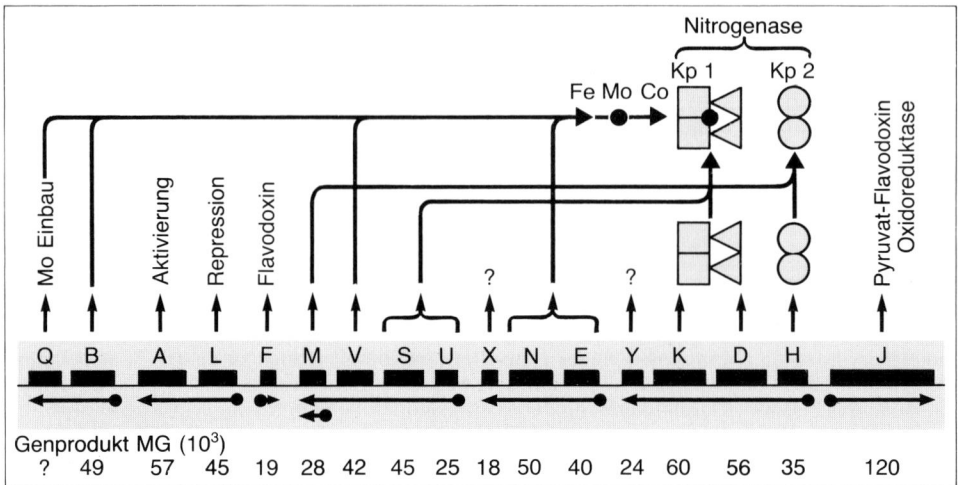

Abb. 3.**6**   Nif-Genkarte (nif Q bis nif J) von *Klebsiella oxytoca* (*K. pneumoniae*). Die horizontalen Pfeile zeigen die Transkriptionsrichtung an, die vertikalen Pfeile die Genfunktionen. Die Molekulargewichte der Genprodukte sind unten angegeben (nach *Cannon* et al.)

	−23	−10	+1
nifJ	C G A G C T G G C A C A G G C T G T G C T T G A G G C A A C A A		
nifH	A C G G C T G G T A T G T T C O C T G C A C T T C T C T G C T G		
nifE	G C T T C T G G A G C G C G A A T T G C A T C T T C C C C C T C		
nifU	T T C T C T G G T A T C G C A A T T G C T A G T T C G T T A T C		
nifM	G T G G C T G G C C G G A A A T T T G C A A T A C A G G G A T A		
nifF	C A A C C T G G C A C A G C C T T C G C A A T A C C C C T G C G		
nifB	A C C T C T G G T A C A G C A T T T G C A G C A G G A A G G T A		
nifL	G A T A A G G G C G C A C G G T T T G C A T G G T T A T C A C C		
glnA	A A A G T T G G C A C A G A T T T C G C T T T A T A T T T T T T		

Abb. 3.**7**   Nif und glnA Promoter-Sequenzen aus *Klebsiella oxytoca* (*K. pneumoniae*) (nach *Cannon* et al.)

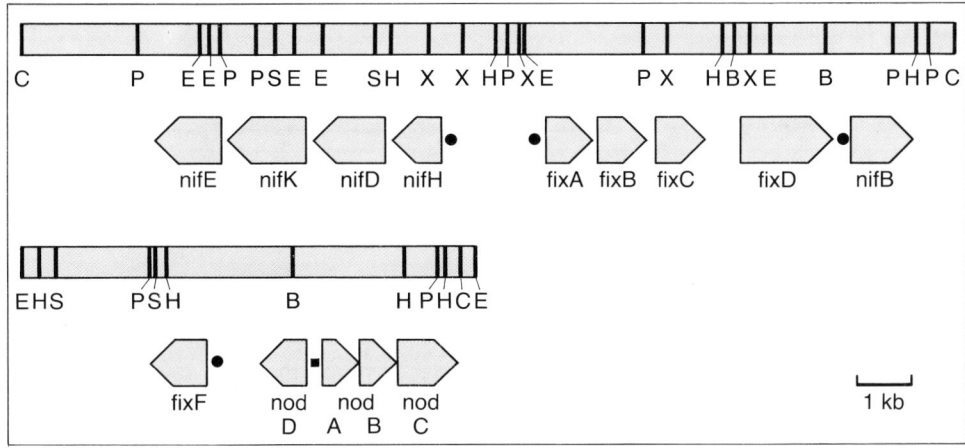

Abb. 3.**8**   Nif-Genregion von *Rhizobium meliloti*. Die Funktionen der Gene nif E, K, D, H und B entsprechen denen von *Klebsiella oxytoca* (Abb. 3.**6**). Nach Aufklärung der Funktionen der Gene fix A bis fix F können diese auch entsprechenden nif-Genen zugeordnet werden. Die Gene nod A bis nod D sind an der Entwicklung der *Nod*ulation (Knöllchenbildung) beteiligt. Die Kennzeichnung der Gene erfolgt auch über die spezifischen Schnittstellen von Restriktionsenzymen: C = Cla I; P = Pst I; E = Eco RI; S = Sma I; H = Hind III; X = Xho I; B = BamHI. Maßstab: 1 kb: 1 Kilobasenpaar (nach *Pühler* et al.)

zeigt zwei konservierte Regionen, die durch 8 Basenpaare getrennt sind, eine Sequenz CTGG bei Basenpaar −26 bis −23 und die Sequenz TGCA bei Basenpaar −13 bis −10. Die gleichen Sequenzen sind auch in den nif Promotoren von *Rhizobium*-Arten gefunden worden. Die Gene nif A und nif F stehen ihrerseits unter der regulatorischen Kontrolle der sogenannten ntrBC Gene und des Gens glnA (Abb. 3.**7** u. 3.**8**).

Die bisher bekannten an der N_2-Fixierung beteiligten Gene bei *Rhizobium*-Arten liegen nicht in einem Gen-Cluster zusammen. Neben den **drei Strukturgenen nif H, nif D und nif K**, die in einem Cluster vereinigt sind, ist ein zweites Gen mit der Bezeichnung nif B identifiziert worden und ein drittes Cluster mit den Bezeichnungen fix A, fix B, fix C und fix D (Abb. 3.**8**). Von den in dieser Abbildung dargestellten Genen mit der Abkürzung nif nimmt man für die Genprodukte eine gleiche Funktion wie bei *Klebsiella oxytoca* an. Demgegenüber ist über die Funktionen der als fix A, fix B und fix C bezeichneten Gene bisher nichts bekannt. Es ist jedoch anzunehmen, daß sie drei weiteren Genen des 17 Gene enthaltenden Clusters bei *Klebsiella oxytoca* entsprechen. Nach Aufklärung der Funktion kann dann die Terminologie auch dieser Gene (fix A − fix D) der Terminologie bei *Klebsiella* angepaßt werden und statt der Abkürzung fix die Abkürzung nif verwendet werden.

Wiederum deutlich verschieden ist die Anordnung der nif Gene bei *Bradyrhizobium japonicum* Stamm USDA 110, bei dem auch das Strukturgen für die Komponente II der Nitrogenase (nif H) um mehr als 15 K-Basenpaare von den beiden anderen Strukturgenen (nif D und nif K) getrennt ist (Abb. 3.**9**). Zwischen diesen beiden Genen liegen als aufgeklärte Abschnitte die Gene nif E, nif N, nif S und nif B. In einem Cluster II wurden in Nachbarschaft zur nod-Box die Gene nif A und fix A lokalisiert. Die Genkarten (Abb. 3.**8** und Abb. 3.**9**) deuten darauf hin, daß bei weiterer Aufklärung der nif-Gene

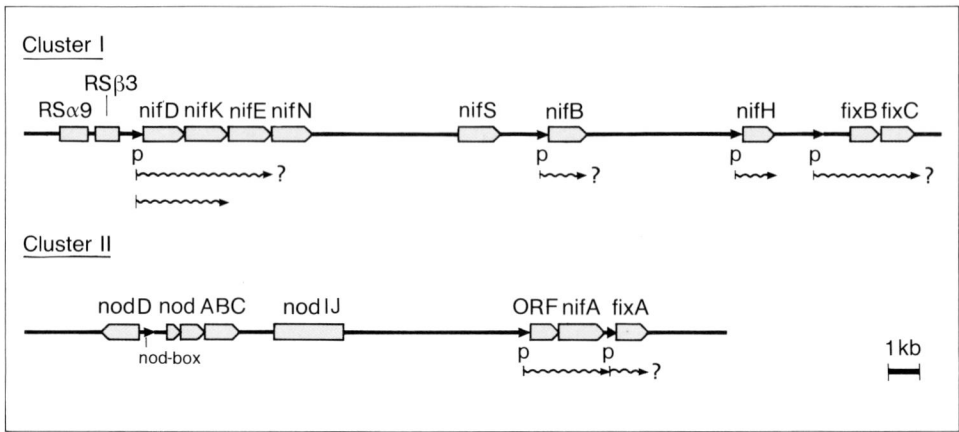

Abb. 3.**9**   Nif-, fix- und nod-Gene von *Bradyrhizobium japonicum* (nach *Hennecke* et al.)

bei *Rhizobium* und *Bradyrhizobium* sich ein funktionell ähnliches Ergebnis wie bei *Klebsiella* herausstellen kann, die Anordnung der Gene und deren Regulation, speziell durch nif A, jedoch verschieden sind.

Die **Gene für die Nodulation** (Nodulation bedeutet erfolgreiche Infektion mit nachfolgender Knöllchenentwicklung) sind spezifisch für die Gattung *Rhizobium* und *Bradyrhizobium*. *Rhizobium leguminosarum* enthält mindestens 8 solcher Nodulationsgene, die für die Knöllchenentwicklung auf der Seite des Mikrosymbionten erforderlich sind (s. Abb. 3.**10**). Das Genprodukt des Gens nod E hat eine Rolle bei der Regulation der Wurzelhaareinkrümmung, das Gen nod D wiederum reguliert die Gene nod A bis C. Für die Gene nod A und nod C ist bisher nur bekannt, daß das Genprodukt eine Komponente der bakteriellen Membran ist.

Gen	nod E (1)	nod H (2)	nod D (3)	nod A (4)	nod B (5)	nod C (6)	nod F (7)	nod G (8)
Genprodukt MG in Kilodalton	46		33	18	23	46	27	36
Genfunktion	(1) Regulation der Wurzelhaareinkrümmung							
			(3) Regulation der Gene nod A-C					
				(4) Membrankomponente				
						(6) Membrankomponente		
							(7) Acyl-Carrier Protein	

Abb. 3.**10**   Nodulationsgene von *Rhizobium leguminosarum* mit Angabe der Molekulargewichte der Genprodukte und deren Funktionen (nach *Downie* et al.)

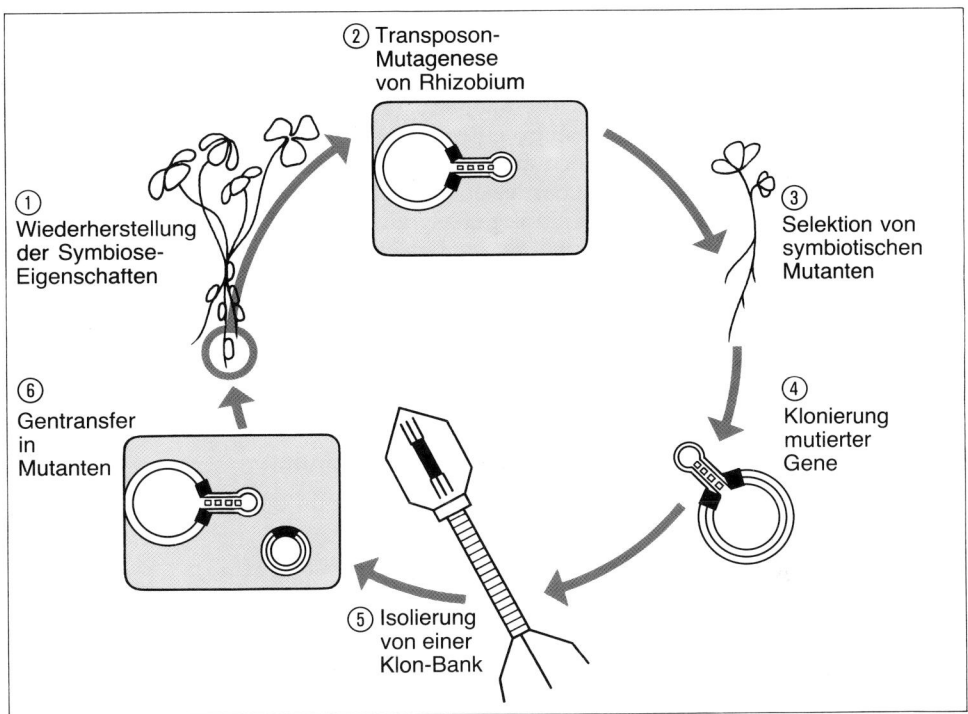

Abb. 3.**11**   Isolierung und Nachweis symbiotischer Gene bei *Rhizobium* und *Bradyrhizo-bium* (nach *Scott* et al.)

Die Aufklärung der Funktionen von nod Genen ist schwieriger als die der nif Gene, da sie nur in Wechselwirkung mit der höheren Pflanze exprimiert werden und eine Interaktion mit einer noch nicht genau bekannten erheblich höheren Zahl pflanzlicher Gene erfordert. Eine Methode zur Aufklärung solcher symbiotischer Gene in *Rhizobium* ist in Abb. 3.**11** veranschaulicht. Aus effektiven (N_2-fixierenden) Knöllchen z.B. von *Trifolium* wird ein Wildstamm von *Rhizobium leguminosarum* biovar. *trifolii* isoliert. In diesen Stamm werden lokalisierbare Mutationen eingebaut durch die sogenannte Transposon-Mutagenese. Dieses Transposon (Tn5) wird durch Konjugation mit *E. coli* K12 mit einer Häufigkeit von 10^{-6} bis 10^{-7} in *Rhizobium* transferiert. Da das Transposon eine Kanamycinresistenz trägt, kann die auftretende Resistenz bei *Rhizobium* zur Selektion der Transposonmutanten verwendet werden. Anstelle einer Kanamycinresistenz können auch Transposons mit einer Gentamycin- oder einer Spectinomycinresistenz verwendet werden. In einem relativ aufwendigen Verfahren werden die isolierten Mutanten hinsichtlich ihrer Defekte in der symbiotischen Interaktion mit dem Wurzelsystem selektioniert. 0,3 bis 0,5% der Tn5 induzierten kanamycinresistenten Stämme, die auf Minimalmedium wachsen, haben Defekte in der symbiotischen Interaktion.

3.1.4.   Ökologie

In natürlichen oder nur wenig von Menschen beeinflußten Ökosystemen ist die vollständige Abwesenheit von Leguminosen selten. Deshalb läßt sich die Frage, ob *Rhizobium* und *Bradyrhizobium* auch während einer mehrjährigen Abwesenheit von Wirtspflanzen im Boden überdauern können nur in kontrollierten landwirtschaftlich genutzten Böden untersuchen. Das überzeugendste Beispiel dafür ist das sogenannte „Broadbalk-Projekt" der landwirtschaftlichen Versuchsstation in Rothamstead (England), in dem kontinuierlich seit 1843 Weizen angebaut wird. In diesen Böden wurden von *Rhizobium leguminosarum* biovar. *vicieae* etwa 10^5 Zellen pro g Boden gefunden, von der Biovarietät *trifolii* jedoch nur etwa 10^2 Zellen pro g Boden. Das gelegentliche Vorkommen von Unkrautleguminosen stand in keiner statistischen Beziehung zu den genannten Zahlen von *Rhizobium* im Boden. Damit ist bewiesen, daß sich *Rhizobium* auch in **Abwesenheit von Wirtspflanzen** über Jahrzehnte hinweg erfolgreich gegenüber anderen chemoorganotrophen konkurrierenden Bodenbakterien behaupten kann. In mit Leguminosen bewachsenen Feldern der gleichen Versuchsstation wurden erwartungsgemäß wesentlich höhere Zahlen von *Rhizobium* gefunden, so unter *Medicago lupulina* 5×10^5 Zellen pro g Boden von *Rhizobium meliloti*, unter *Vicia faba* 2×10^6 *Rhizobium leguminosarum* biovar. *vicieae* und unter *Trifolium pratense* 7×10^5 *Rhizobium leguminosarum* biovar. *trifolii*.

3.1.4.1. Konkurrenz und Überlebensfähigkeit im Boden

Die Population eines bestimmten Stammes von *Rhizobium* oder *Bradyrhizobium* im Boden wird durch drei Faktorengruppen bestimmt:

1. durch **abiotische Faktoren**,
2. durch **mikrobielle biotische Faktoren**,
3. durch die vom **pflanzlichen Wurzelsystem** ausgehenden biotischen Faktoren.

1. Abiotische Faktoren

A. **Wassergehalt:** Bei Versuchen in Südfrankreich mit einmaligem Inokulum der Böden mit *Bradyrhizobium japonicum* war der Bakteriengehalt in bewässerten Feldern über mehrere Jahre hinweg um eine Zehnerpotenz höher als in nicht bewässerten Böden (Abb. 3.**12**). Bemerkenswert ist hier die hohe Konstanz des nach zwei Jahren erreichten Titers von *Bradyrhizobium* von 10^4 Zellen in den nicht bewässerten und 10^5 Bakterien pro g Boden in den bewässerten Versuchsfeldern.

B. **Temperatur:** Oberhalb einer Temperatur von 40 °C nimmt die Überlebensfähigkeit der meisten Stämme von *Rhizobium* und *Bradyrhizobium* sehr deutlich ab. *Rhizobium*-Stämme, die aus wärmeren und trockenen Gebiet isoliert wurden, zeigen in der Regel größere Hitzetoleranz als die aus gemäßigten Klimaten. Die erhöhte Toleranz einzelner Stämme gegen höhere Temperaturen ist oft verbunden mit einer erhöhten Resistenz gegenüber Austrocknung. Temperatureffekte sind damit auch vom Wassergehalt des Bodens abhängig. Die Abhängigkeit der Dominanz endogener Stämme von *Rhizobium* von der Bodentemperatur wird dadurch deutlich, daß z.B. in den USA eine Zunahme der Reaktion auf ein *Rhizobium*-Inokulum von Norden nach Süden hin zu beobachten ist. Dies wird zunächst auf die höheren Bodentemperaturen im Süden und damit ein geringeres Überleben der Rhizobien zurückgeführt, darüber hinaus auf den geringeren N-Gehalt des Bodens im Süden.

C. **Bodentyp:** Wachstum und Überlebensfähigkeit der *Rhizobium*-Stämme wird auch durch die verschiedenen Bodentypen beeinflußt. So hat Montmorillonit einen Schutzeffekt gegenüber Austrocknung bei *Rhizobium leguminosarum* biovar. *trifolii* und bei *Rhizobium meliloti* bei höheren Temperaturen (50 °C), jedoch keinen Effekt bei *Bradyrhizobium japonicum*-Stämmen. Die Wirkung weiterer Bodenkomponenten ist auch meist nur in Modellversuchen untersucht worden. Es ist nahezu unbekannt, welche Bodenkomponenten in situ wesentlich Wachstum und Überleben von *Rhizobium*-Stäm-

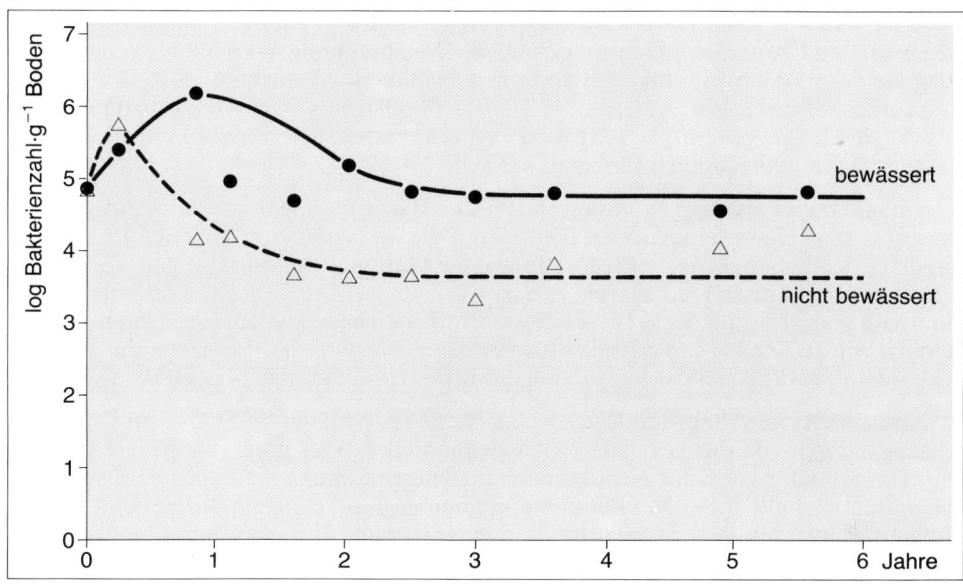

Abb. 3.**12**   Überlebensraten von *Bradyrhizobium japonicum* in bewässerten und nicht bewässerten Böden nach einem einmaligen Sojabohnenanbau im ersten Jahr (nach *Crozat* et al.)

men fördern oder hemmen. In Böden wachsen *Rhizobium*-Stämme generell sehr langsam, so beträgt die Generationszeit von *Bradyrhizobium japonicum* 10 bis 15 Tage, während sie in der Rhizosphäre von Leguminosenwurzeln nur 9 bis 10 Stunden beträgt. Die Wanderung von *Rhizobium* in landwirtschaftlich genutzten Böden ist in erster Linie vom Massenfluß des Wassers abhängig, in zweiter Linie von weiteren Komponenten des Bodens wie z. B. Phytinaggregaten, die *Rhizobium*-Stämme stärker adsorbieren als Huminsäuren.

D. **pH:** Die untere pH-Grenze für Wachstum und Überleben von *Rhizobium* spielt besonders in sauren Böden eine große Rolle für den Anbau von Leguminosen. Im pH-Bereich von 4,0 bis 5,0 können sich säuretolerante Stämme herausselektionieren. Wenn sie zugleich effektiv nodulieren und N_2 fixieren, sind sie von großer praktischer Bedeutung in ausgedehnten Gebieten der Tropen mit relativ sauren Böden.

E. **Salzgehalt:** Während einige Stämme von *Bradyrhizobium japonicum* noch Salzgehalte bis zu 500 mM tolerieren, werden andere Stämme der gleichen Art bereits durch 80 mM NaCl deutlich gehemmt. Einige Stämme von *Rhizobium meliloti* tolerierten bis zu 600 mM Natriumchlorid. Die Hemmung der Leguminosennodulation in versalzten Bewässerungsanbaugebieten beruht jedoch primär auf einer Hemmung des Infektionsvorganges und der Knöllchenbildung an der Pflanzenwurzel.

2. Biotische, mikrobielle Faktoren

A. In Böden sehr verbreitete **Pilze** wie *Alternaria* sp., *Cephalosporium* sp., *Rhizopus* sp. und *Trichoderma* sp. können das Wachstum von *Rhizobium*-Stämmen in Böden hemmen. Ähnliche Ergebnisse wurden mit verbreiteten Boden-Actinomyceten und Bodenbakterien wie *Streptomyces* sp. und *Actinomyces* sp. sowie *Bacillus* sp., *Pseudomonas* sp., *Xanthomonas* sp., *Flavobacterium* sp., *Alcaligenes* sp., *Achromobacter* sp., *Arthrobacter* sp. und *Corynebacterium* sp. gefunden. Die Hemmungen könnten sowohl auf die Ausscheidung von Antibiotika bei einzelnen Stämmen wie auch auf Nährstoffkonkurrenz zurückzuführen sein. Auch die Nodulation durch *Rhizobium/Bradyrhizobium* kann sowohl durch die genannten Pilze und Actinomyceten wie auch durch die anderen Bakteriengattungen deutlich gehemmt werden.

B. **Parasiten und Räuber:** Während spezifische Bacteriophagen und auch *Bdellovibrio bacteriovorus* keinen signifikanten Einfluß auf die im Boden vorhandenen *Rhizobium*-Populationen haben, können Protozoen wie die Gattung *Colpoda* sp., den *Rhizobium*-Titer im Boden deutlich reduzieren, z. B. von 2×10^8 auf weniger als 1×10^7 pro g Boden innerhalb von 60 Tagen. Kein Effekt dieser Protozoen ist bei einem *Rhizobium*-Titer im Bereich von 10^3 Zellen pro g Boden festzustellen. Werden die Protozoen durch Cycloheximid unterdrückt, läßt sich eine Steigerung der Nodulation beobachten.

C. **Konkurrenz** innerhalb von *Rhizobium*- oder *Bradyrhizobium*-Stämmen: Die Eigenschaften, durch die die sich im Boden behauptenden Stämme von *Rhizobium* und *Bradyrhizobium* gegenüber nicht konkurrenzfähigen Stämmen auszeichnen, sind weitgehend unbekannt. *Rhizobium*-Stämme können gegen die eigene Art gerichtete Antibiotika produzieren. So scheidet der Stamm *Rhizobium leguminosarum* biovar. *trifolii* T24 in Kultur ein Antibiotikum aus, das andere Stämme der gleichen Biovarietät wie auch *Rhizobium phaseoli* und *Rhizobium fredii* in Wachstum hemmt. Die taxonomisch weiter entfernten Arten wie *Bradyrhizobium*, *Rhizobium meliloti* und *Agrobacterium*-Stämme werden nicht durch dieses Antibiotikum gehemmt.

3. Biotische Faktoren: Wirkungen der Pflanze

Fabales sind ausgezeichnet durch eine im Vergleich zu vielen anderen Pflanzenfamilien hohe Wurzelexsudation. Dadurch können sich sowohl *Rhizobium (Bradyrhizobium)* wie auch andere Bodenbakterien in der Rhizosphäre deutlich anreichern. In der Rhizosphäre von Leguminosen dominieren in vielen Böden gramnegative Stämme, wenn zugleich in dem umgebenden Boden grampositive Bakterien quantitativ überwiegen. 10 Tage alte Keimlinge von *Cicer arietinum* z. B. können ca. 80 µg Aminosäuren und 30 µg Zucker und Uronsäuren ausscheiden. Diese Substanzmenge reicht für das Wachstum von ca. 3×10^8 Zellen von *Bradyrhizobium* aus. *Rhizobium* und *Bradyrhizobium* sp. können durch Wurzelexsudate chemotaktisch angelockt werden (Abb. 3.**13**). Für *Rhizobium* spezifische, chemotaktisch wirksame Substanzen sind jedoch in den Wurzelexsudaten von Leguminosen nicht bekannt. In Böden durch Inokulation eingeführte Stämme von *Rhizobium* oder *Bradyrhizobium* haben oft Schwierigkeiten sich gegen bereits vorhandene Stämme durchzusetzen. Die natürlicherweise im Boden vorhandenen Stämme weisen erhebliche Unterschiede in ihrer Serumspezifität, ihrer Antibiotikaresistenz, ihrem Plasmidmuster und dem Grad der Auxotrophie auf. Knöllchen, die sich in unterschiedlicher Bodentiefe einer Pflanze entwickeln, können dadurch unterschiedliche Populationen von *Rhizobium*-Stämmen enthalten. Die Verwendung monoklonaler Antikörper zur Identifizierung von einzelnen Stämmen von *Rhizobium* oder *Bradyrhizobium*, die sich bei Laborkulturen sehr bewährt hat, ist bei ökologischen Arbeiten oft nicht anwendbar, da sich einzelne bakterielle Oberflächenantigene sehr rasch verändern können.

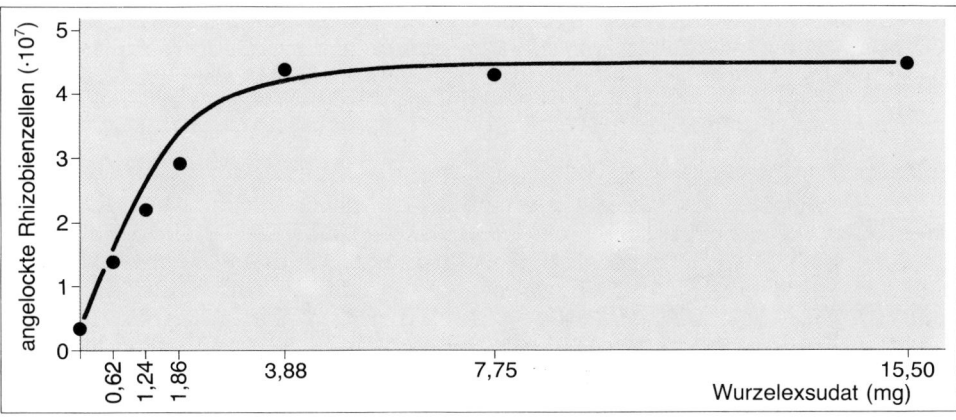

Abb. 3.**13**　Chemotaxis von *Bradyrhizobium* sp. (cowpea) durch Wurzelexsudate von *Cicer arietinum* (nach *Gitte* et al.)

3.1.4.2.　Wachstum, Konkurrenz und Überlebensrate unter definierten Bedingungen und in Inokulumprodukten

Rhizobium und *Bradyrhizobium*-Stämme sind weder hinsichtlich ihrer C-Quellen noch hinsichtlich der Tolerierung der physikalisch-chemischen Faktoren im Boden sehr spezialisiert. Da sie im Vergleich zu anderen Bodenbakterien wie *Pseudomonas* und *Arthrobacter*-Stämmen relativ langsam wachsen, bleibt nach den bisher dargestellten Eigenschaften der Zellen unverständlich, wie diese sich über Jahre hinweg auch ohne den Infektionszyklus erfolgreich im Boden behaupten können. In diesem Zusammenhang wichtig sind Aufnahmesysteme mit hoher Affinität für bestimmte Substrate. Ein Dialyse-Kultursystem (Abb. 3.**14**), in dem bis zu sechs verschiedene Stämme von Bodenbakterien gleichzeitig miteinander um **niedrige Konzentrationen von Nährstoffen** konkurrierend wachsen können, ermöglicht die Reduzierung der Substratkonzentration auf viel niedrigere Werte als sie in Chemostatkulturen oder in Fermenterkulturen möglich sind. Die Durchflußrate kann bei entsprechender Rührung stark erhöht werden, ohne daß eine Auswaschung der Zellen möglich ist. In diesem Dialyse-Kultursystem läßt sich zeigen, daß bei einer Konkurrenz von *Bradyrhizobium japonicum* (Generationszeit unter optimalen Bedingungen 8 bis 10 Stunden) gegenüber *Enterobacter aerogenes* (Generationszeit unter optimalen Bedingungen 30 Minuten) bei Substratkonzentrationen von 10^{-2} bis 10^{-3} M Succinat im Dialysekulturmedium die *Enterobacter*-Zellen noch deutlich rascher wachsen als die Zellen von *Bradyrhizobium japonicum* (Abb. 3.**15**). Bei 10^{-4} M Succinat im durchfließenden Medium hat *Bradyrhizobium japonicum* eine Generationszeit von ca. 20 Stunden, während der *Enterobacter aerogenes* Stamm bereits ca. 50 Stunden für eine Teilung braucht. Unterhalb dieser Konzentration wächst *Enterobacter aerogenes* nicht mehr, während der *Bradyrhizobium*-Stamm auch noch bei um drei Zehnerpotenzen niedrigeren Succinatkonzentrationen eine Generationszeit von 40 bis 45 Stunden aufweist. Bei der niedrigsten Konzentration von 10^{-7} M Succinat im durchfließenden Medium läßt sich errechnen, daß bereits andere im Nährmedium vorhandene Spurenkonzentration (Verunreinigungen) von C- und Energiequellen genutzt werden müssen, da die Gesamtmenge an Succinat auch bei vollständiger Aufnahme nicht ausreicht für den Bau- und Energiestoffwechsel der in den Dialyse-Kulturgefäßen wachsenden *Bradyrhizobium*-Zellen. Inzwischen ist bestätigt, daß Zellen von *Bradyrhizobium japonicum* neben einem Succinat-Aufnahmesystem durchschnittlicher Affinität ein

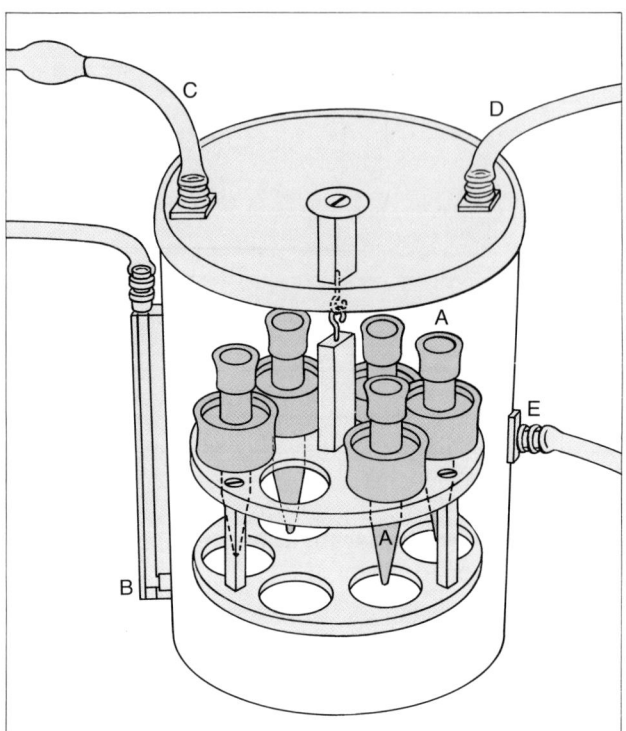

Abb. 3.**14** Dialysekultursystem zur gleichzeitigen konkurrierenden Kultivierung von 6 verschiedenen Stämmen von Bakterien in Dialysesäckchen (A) auf Glasringen, die oben mit einer Gummikappe (zum Beimpfen) verschlossen sind. D: Zufluß des Mediums; E: Abfluß des gerührten Mediums; B: Begasung; C: Gasauslaß (nach *C. Humbeck* u. *Werner*)

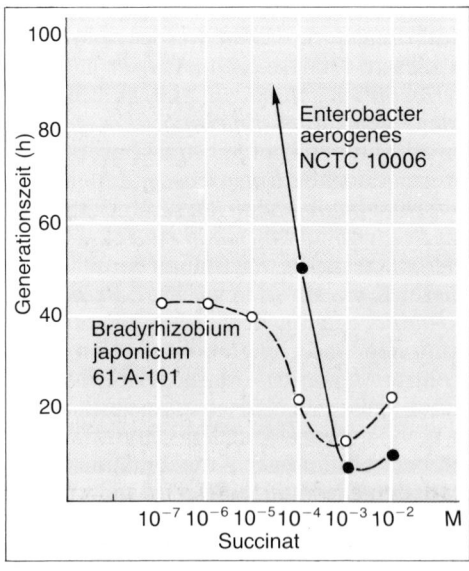

Abb. 3.**15** Generationszeiten von *Bradyrhizobium japonicum* und von *Enterobacter aerogenes* in Dialysekultur mit unterschiedlichen Succinatkonzentrationen im durchfließenden Medium (nach *C. Humbeck* u. *Werner*)

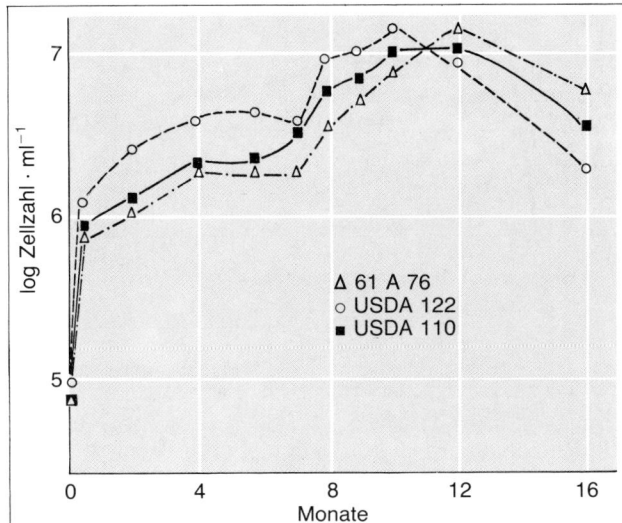

Abb. 3.**16** Wachstum und Überlebensfähigkeit von drei Stämmen von *Bradyrhizobium japonicum* bei Aufbewahrung in destilliertem Wasser für 16 Monate bei 24 °C (nach *Christ* et al.)

zweites Aufnahmesystem mit hoher Affinität für Succinat besitzen, das bei *Enterobacter aerogenes* fehlt.

Neben dem Wachstum ist auch die **Überlebensfähigkeit** von *Bradyrhizobium*-Stämmen an sehr niedrige Konzentrationen von C-Quellen angepaßt. So überleben Stämme von *Bradyrhizobium japonicum* in durch reversible Osmose und Ionenaustausch gereinigtem Wasser 16 Monate ohne wesentliche Abnahme der Lebendzellzahl. In den ersten Tagen der Inkubation nimmt die Zellzahl sogar um eine Zehnerpotenz von 10^5 auf 10^6 Zellen pro ml destilliertem Wasser zu (Abb. 3.**16**). Diese Ergebnisse müssen jedoch erst noch für andere Stämme bestätigt werden, bevor sie generalisiert werden können. Bei Verwendung optimaler Bedingungen ist auch die Überlebensrate von *Rhizobium*- und *Bradyrhizobium*-Stämmen in Humus recht gut. Sterilisierter Humus ist gegenüber einer nicht sterilisierten Präparation als Träger überlegen. Sterilisation durch Gammastrahlen ist jedoch bei einer Produktion von Inokulumpräparaten in vielen Entwicklungsländern bisher nicht praktikabel, so daß in diesen Gebieten mit nicht sterilisiertem Humus als Träger gearbeitet wird. Neben Humus sind auch andere Substrate wie Holzkohle, Zuckerrohr-Abfälle oder Kompost mit unterschiedlichem Erfolg bei einzelnen Stämmen als Träger verwendet worden. Die kommerziell verfügbaren **Inokulum-Produkte** enthalten in den USA in der Regel mehrere Stämme von *Rhizobium*, während z. B. in Australien und Neuseeland jeweils nur ein Stamm enthalten ist. Bei Aufbewahrung von *Bradyrhizobium japonicum* in Humus weichen die Veränderungen der Zellzahlen deutlich ab gegenüber denen bei Aufbewahrung in destilliertem Wasser. Zunächst steigt die Zellzahl rasch an auf Werte bis zu 10^{10} Zellen pro g Erde. Unabhängig davon, in welchem Medium die Zellen vorher gewachsen waren, fällt dann die Zellzahl im Verlauf von sechs Monaten langsam aber stetig auf Werte von 10^8 bis 10^9 Zellen pro g ab (Abb. 3.**17**).

Bei Aufbewahrung bei -135 °C beträgt die Überlebensrate nach einem Jahr bei *Rhizobium leguminosarum* biovar. *vicieae* 100 %, bei *Bradyrhizobium japonicum* 70 % und bei *Rhizobium meliloti* 60 %. Wichtig für das Erreichen dieser Werte ist ein rasches Auftauen der Kulturen. Ein Vorteil der Inokulation durch Suspensionen an die bereits gekeimten Wurzeln in der Erde liegt darin, daß hier das Absterben eines großen Teils der *Rhizobium*-Zellen des Inokulums auf der Oberfläche der Samen verhindert wird.

Auch bei höchsten Überlebensraten in den verwendeten Trägermaterialien ist die Verdrängung endogener *Rhizobium*-Stämme durch ein Inokulum aus quantitativen Gründen schwierig. Nach einer Leguminosenernte kann ein durchschnittlicher Boden bis zu

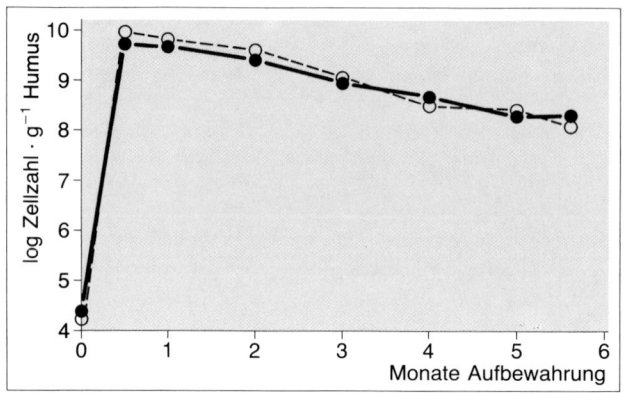

Abb. 3.**17** Wachstum und Überlebensfähigkeit von *Bradyrhizobium japonicum* USDA 110 bei Aufbewahrung in Humuserde bei 28 °C. Verdünnungsreihen (nach Aufbewahrung) in destilliertem Wasser (○) in Hefeextrakt-Mannit-Zusatz (●) (nach *Somasegaran* u. *Halliday*)

10^{15} Rhizobien pro Hektar in den oberen 10 cm enthalten. Im Vergleich dazu werden bei Inokulation von Samen ca. 10^{12} Rhizobien pro Hektar verwendet. Um sich gegenüber den endogenen Stämmen quantitativ durchzusetzen, müssen Inokulumstämme daher erhebliche Selektionsvorteile besitzen. Liegt der Ausgangstiter endogener Stämme im Boden jedoch im Bereich von 10^4 bis 10^5 Zellen pro g Boden, so läßt sich für *Rhizobium phaseoli* nach einer Inokulation nachweisen, daß 50 bis 65 % der sich in den Knöllchen entwickelnden Bakteroide von den inokulierten Stämmen abstammen. Dem stehen wiederum Berichte gegenüber, daß in subtropischen Trockengebieten schon eine endogene Population von 10^2 Zellen pro g Boden einen Inokulumseffekt mit bis zu 10^9 *Rhizobium*-Zellen pro Pflanze verhindern können.

3.1.5.   N$_2$-Fixierung in Reinkulturen von *Bradyrhizobium japonicum*

1975/76 gelang Arbeitsgruppen in mehreren Ländern gleichzeitig der Nachweis, daß bestimmte Stämme der Gattung *Bradyrhizobium* **Nitrogenaseaktivitäten in Reinkulturen** erreichen, die vergleichbar sind mit der von **Bakteroiden in Leguminosenknöllchen**. Nachdem zunächst gezeigt wurde, daß Nitrogenaseaktivität auftritt in Assoziationen von pflanzlichen Gewebekulturen (von Leguminosen- wie anderen Pflanzen-Ordnungen) mit einigen *Bradyrhizobium*-Stämmen, wurde dann deutlich, daß die Funktion der Pflanzenzellen nur in einer Konditionierung des Mediums und in einer zusätzlichen Senkung des Sauerstoffpartialdruckes besteht. Simuliert man dies im Kulturverfahren, so wird eine Nitrogenase auch in Reinkulturen der Bakterien dereprimiert. Kulturtechnisch wird dies in Suspensionskulturen dadurch erreicht, daß die Bakterien mit einem Gasgemisch von nicht mehr als 1 % Sauerstoff in einer genau dosierten Rate begast werden und zugleich die Medien mit C-Quellen versehen werden, die hohe Atmungsraten der *Bradyrhizobium*-Zellen gewährleisten, und wenn ein signifikanter Teil der Zellen in ein sich nicht mehr teilendes Entwicklungsstadium eintritt (Abb. 3.**18**). In Oberflächenkulturen auf Agar läßt sich die Nitrogenase sogar unter Luft dereprimieren, da sich in den wachsenden Kolonien eine hinreichend große Zone mit mikroaeroben Bedingungen entwickelt. Voraussetzung ist hier aber ebenfalls, daß Substrate wie Succinat im Medium vorhanden sind, die eine hohe Atmungsrate gewährleisten. Nach Überführung in diese Kulturbedingungen wird die Nitrogenase neu synthetisiert, wie sich durch Zusatz von Chloramphenicol und Rifampicin nach dem Transfer nachweisen läßt (Abb. 3.**19**). Mit einer erhöhten Nitrogenaseaktivität in Reinkultur ist eine Abnahme des ATP-Gehaltes und der „Energy Charge" verbunden. Sowohl in Suspensionskulturen wie auch in Oberflächenkulturen bleibt die spezifische Aktivität von *Bradyrhizobium*

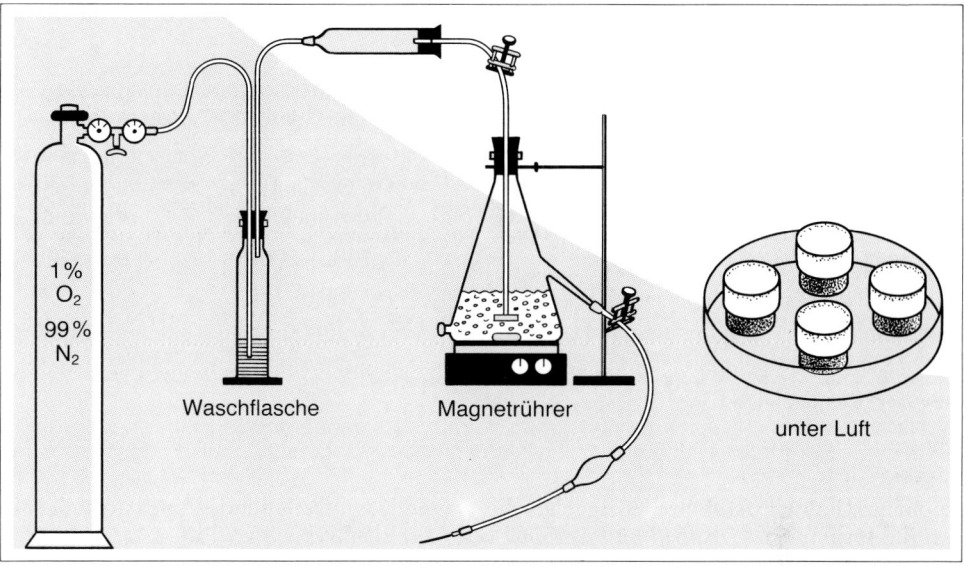

Abb. 3.**18**   Kultivierungsmethoden zur Derepression der Nitrogenase bei *Bradyrhizobium japonicum*. Links: In Suspensionskultur mit Begasung eines Gasgemisches von 1% O$_2$ und 99% N$_2$. Rechts: In Oberflächenkulturen (Kolonien) unter Luft. Aufsetzen von oben mit einer Gummikappe verschlossenen Glasringen über die gewachsenen Kolonien zur Messung der C$_2$H$_2$-Reduktion.

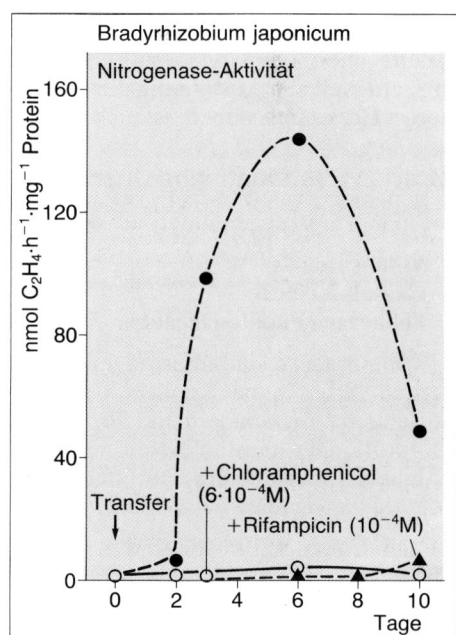

Abb. 3.**19**   Derepression der Nitrogenase bei *Bradyrhizobium japonicum* in Reinkultur (●). Transfer der Suspension unter mikroaerobe Bedingungen zum Zeitpunkt 0. Zusatz von Chloramphenicol (○) und Rifampicin (▲) (nach *Werner*)

Tabelle 3.**7** Vergleich der Nitrogenaseaktivität von *Bradyrhizobium japonicum* in Reinkulturen mit der weiterer diazotropher Bodenbakterien

Spezies	Spezifische Nitrogenaseaktivitäten $(nmol\ C_2H_4 \cdot mg^{-1}\ Protein \cdot h^{-1})$	
	Suspensionskulturen (1% O_2 Gasphase oder anaerob)	Oberflächen- kulturen unter Luft
Azospirillum brasilense ATCC 29145	1000−2000	60−120
Bradyrhizobium japonicum 61-A-101	80− 150	8− 12
Klebsiella oxytoca (pneumoniae) K 11	2400 (anaerob)	600
Erwinia herbicola CDS 219-71	2400 (anaerob)	0

japonicum jedoch deutlich niedriger als die von anderen freilebenden stickstoffixierenden Bakterien wie *Azospirillum brasilense* oder *Klebsiella oxytoca* (Tab. 3.7).

3.2.   Der Makrosymbiont (Wirtspflanzen): Fabales

Die Fabales (Leguminosen) gehören mit über 17000 Arten in über 700 Gattungen zu den großen Ordnungen des Pflanzenreiches. Mehr als 90% aller Arten werden durch Stämme der verschiedenen Infektionsgruppen von *Rhizobium* und *Bradyrhizobium* infiziert und eine Knöllchenbildung bei ihnen ausgelöst. Weitere charakteristische Merkmale der Leguminosen sind die Synthese von insgesamt mehr als 300 verschiedenen, nicht proteinogenen Aminosäuren sowie die Synthese spezifischer Alkaloide. Ebenfalls ausgeprägt ist bei vielen Arten die Anreicherung von Lectinen und von Proteinaseinhibitoren in den Samen. Ob diese spezifischen biochemischen Leistungen direkt oder indirekt mit der Fähigkeit zur Ausbildung der Symbiose mit *Rhizobium* und *Bradyrhizobium*-Stämmen in Beziehung stehen, ist nicht bekannt.

3.2.1.   Systematische Übersicht

Arten und Gattungen innerhalb der Fabales werden drei Familien zugeordnet:

1. **Mimosaceae**,
2. **Caesalpiniaceae**,
3. **Fabaceae (Papilionaceae)**.

Die Mimosaceae sind überwiegend noduliert. Nur in 5 von 30 untersuchten Gattungen werden Arten ohne Knöllchen gefunden. Von diesen sind jedoch bisher nur zwei Gattungen *(Adenanthera* und *Strombocarpa)* durch Inokulationsexperimente daraufhin überprüft. Die meisten Arten werden durch Bakterien der Gattung *Bradyrhizobium* noduliert. Innerhalb der Gattungen *Leucaenea, Acacia* und *Mimosa* sind jedoch sowohl *Rhizobium* wie auch *Bradyrhizobium*-Stämme als Symbionten nachgewiesen.

Bei den Caesalpiniaceaen sind in mehr als der Hälfte der untersuchten Gattungen keine Knöllchen gefunden worden. Nodulierte Arten sind jedoch in allen fünf Unterfamilien der Caesalpiniaceae vertreten. Die Caesalpiniaceae sind, abgesehen von ihrem Blütenbau, die ursprünglichste Familie der Fabales. Dabei wird angenommen, daß die *Rhizo-*

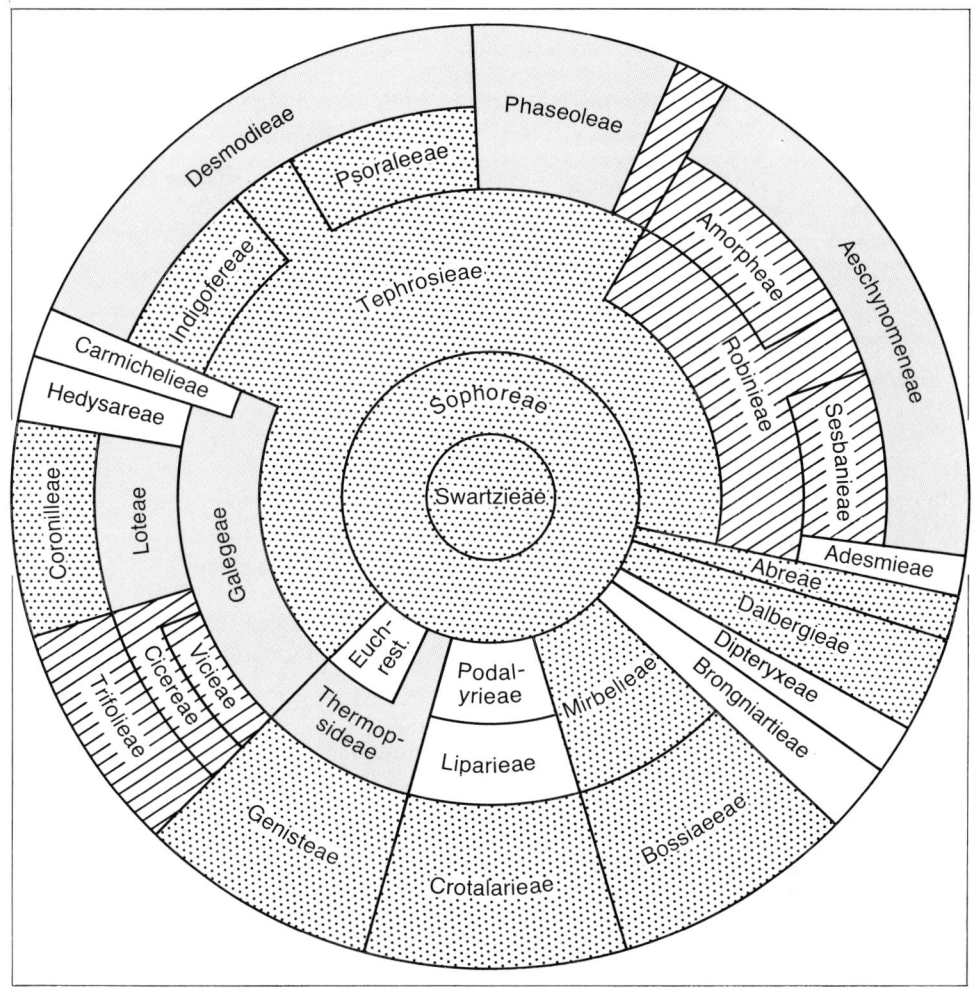

Abb. 3.20 Nodulation von Unterfamilien der Fabaceae ausschließlich durch Stämme der Gattung *Rhizobium* (grau), ausschließlich durch Stämme der Gattung *Bradyrhizobium* (punktiert) sowie durch Stämme aus beiden Gattungen (schraffiert). Weiße Felder: keine Angaben (nach *Young*)

bium/Bradyrhizobium-Symbiose sich erst in einem relativ späten Stadium der Leguminosenevolution entwickelt hat, und daß sie polyphyletischen Ursprungs ist. Leguminosen existierten bereits im späten Tertiär vor 55 Millionen Jahren auch in Formen, die den heutigen Fabaceen und den Mimosaceen ähnlich sind.

Innerhalb der Fabaceae sind die untersuchten Arten in nahezu allen Gattungen noduliert. Eine Ausnahme sind die experimentell überprüften Gattungen *Chaetocalyx* und *Cladrastis*. Die Infektion durch Stämme der Gattung *Rhizobium* oder durch Stämme der Gattung *Bradyrhizobium* ist einzelnen Unterfamilien zuzuordnen (Abb. 3.**20** und 3.**21**). So werden die Arten der Trifolieae, der Cicereae und der Vicieae ausschließlich durch *Rhizobium*-Stämme infiziert, die Genistae und die Sophoreae dagegen nur durch *Bra-*

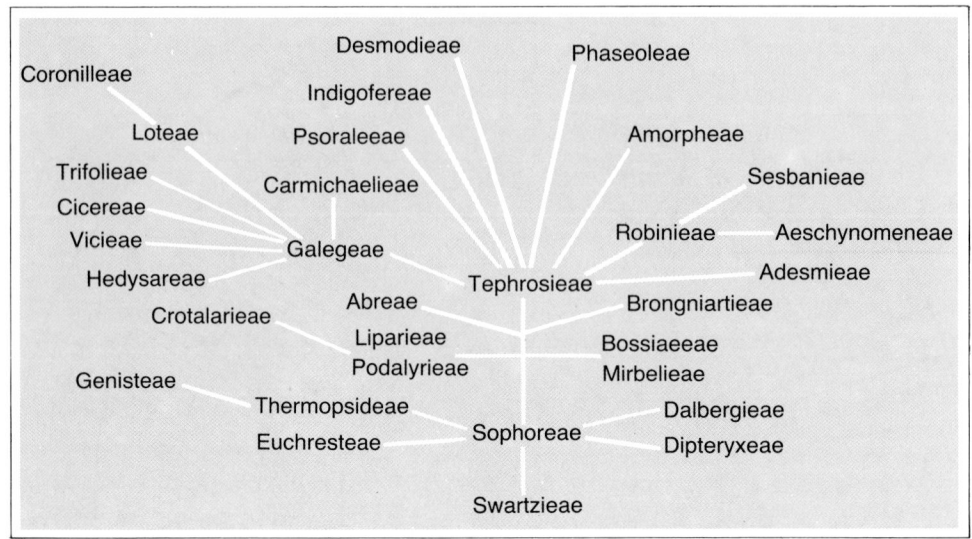

Abb. 3.**21**   Verwandtschaftsbeziehungen von Unterfamilien der Fabaceae

dyrhizobium-Stämme. Daneben gibt es Arten aus Unterfamilien, wie bei den Loteae und Phaseoleae, die sowohl durch *Rhizobium* als auch *Bradyrhizobium*-Stämme noduliert werden.

Karyologisch unterscheiden sich die drei Familien durch die vorherrschenden **Chromosomenzahlen**. Bei den Fabaceen haben 28% der untersuchten Arten 8 Chromosomen (Haploidenzahl), 15% haben 11, 12% 7 und 6% 16 Chromosomen. Zwischen 4 und 27 Chromosomen sind alle Zahlen als haploide Chromosomenzahl vertreten, die höchsten berichteten Zahlen sind 80 und 90 Chromosomen. Die häufigsten Chromosomenzahlen in den beiden anderen Familien liegen deutlich höher. Bei den Caesalpiniaceen ist bei 28% der Arten n = 14, bei 30% n = 12 und nur bei 11% n = 8. Bei den Mimosaceen dominieren die Zahlen n = 13 (bei 57% der untersuchten Arten), n = 14 (bei 15%) und n = 26 (bei 12%).

3.2.2.   Spezielle physiologische und biochemische Eigenschaften

Wurzel, Sproß und Samen von Leguminosen unterscheiden sich von vielen anderen Pflanzen durch Anreicherung sehr spezieller biochemischer Komponenten:

A. **Spezielle Aminosäuren:** Mehr als 300 spezielle Aminosäuren, die in der Regel nicht für die Proteinsynthese verwendet werden, sind aus Organen von Leguminosen nachgewiesen worden. Dazu gehören Aminosäuren wie γ-Methylen-Glutamin, weit verbreitet in Leguminosen, Canavanin, das in der Unterfamilie der Lotoideae anzutreffen ist und Lathyrin, das in der Gattung *Lathyrus* nachgewiesen wurde. Vorkommen und Fehlen bestimmter Aminosäuren in einzelnen systematischen Einheiten spielt bei der Chemotaxonomie der Leguminosen eine Rolle. Die physiologischen oder ökologischen Funktionen dieser Aminosäuren sind nicht genau bekannt. Bei den für Tiere nicht toxischen Verbindungen wird in der Regel eine N-Speicherung angenommen, bei stark toxischen Verbindungen ein Schutz gegenüber tierischen Konsumenten (Tab. 3.**8**). Ob eine Beziehung zwischen dem „Luxurieren" im Bereich der Biosynthesewege für seltene Aminosäuren bei Leguminosen mit der Fähigkeit zur symbiotischen N_2-Fixierung besteht, ist

Tabelle 3.**8**   Spezielle Aminosäuren aus Fabales (nach *Bell* et al.)

Unterfamilie Gattung/Art	Aminosäure	Eigenschaften, hypothetische Funktionen
Lotoideae: in mehr als 55 Gattungen	Canavanin	N-Speicherung Chemischer Schutz
Lathyrus	Homoarginin Lathyrin α-Amino-β-Oxalyl-propionsäure	N-Speicherung Abwehr von Tieren verursacht Lathyrismus (Nervenkrankheit)
Phaseolus	Pipecolinsäure	
Astragalus	Selenocystein Selenomethionin	Ersatz von S-haltigen Amino-säuren
Acacia	Albizziin	
Pisum sativum	Homoserin Canalin	Abbauprodukt des Canavanins über das stark toxische Canalin
Vicia	γ-Glutamyl-β-Cyanalanin	
Medicago sativa (Wurzeln)	δ-Hydroxylysin	

unbekannt. Neben speziellen Aminosäuren sind auch besondere Peptide in Leguminosen nachgewiesen. So wurde im Wurzelexsudat der Erbse γ-L-Glutamyl-D-Alanin gefunden.

B. **Alkaloide:** In Leguminosen sind bisher ca. 300 verschiedene Alkaloide nachgewiesen worden. Dies sind ca. 10% der bekannten pflanzlichen Alkaloide. In vielen Leguminosen vorkommende Alkaloide gehören zu den tertiären Chinolizidin-Alkaloiden wie das α-Isospartein aus *Sarothamnus scoparius* oder das 17-Oxalupanin aus *Lupinus polyphyllus* (Tab. 3.**9**). Sehr spezielle Alkaloide werden z. B. in der Gattung *Erythrina* gefunden, wie das Erythratinon. Spezifische Funktionen dieser Alkaloide für Wachstum, Entwicklung oder Resistenz der Pflanze sind nicht bekannt. Hohe N-Gehalte wie im Agmatin aus *Pisum sativum* oder dem Vicin aus *Vicia faba* könnten auf eine N-Speicherfunktion hindeuten. Da Nitrile auch Substrate der Nitrogenase sind, könnte ein Alkaloid wie das 2-Aminoproprionitril aus *Latyrus adoratus* in einer Beziehung zu N_2-Fixierung stehen.

Tabelle 3.**9**   Alkaloide aus Fabales

Alkaloid	Vorkommen z. B. in
Vicin	*Vicia faba*
Homostachydrin	*Medicago sativa*
2-Aminoproprionitril	*Lathyrus odoratus*
Erythratinon	*Erythrina glauca*
17-Oxalupanin	*Lupinus polyphyllus*
α-Isospartein	*Sarothamnus scoparius*
Agmatin	*Pisum sativum*

C. Phytoalexine: Diese Verbindungen werden von Höheren Pflanzen nach Infektion durch Pilze oder Bakterien oder auch nach anderen Streßeinwirkungen synthetisiert und können antibiotische Funktionen haben. Sie gehören bei den Leguminosen zu chemisch sehr unterschiedlichen Verbindungen. In der Gattung *Lotus* werden Isoflavane synthetisiert, in der Gattung *Trifolium* einfache Pterokarpane. In der Gattung *Phaseolus* sind komplexe Pterokarpane nachgewiesen, in den Gattungen *Vicia* und *Lens* Furanoacetylene.

D. Lectine: Lectine sind Kohlenhydrate erkennende Proteine und in über der Hälfte von 200 untersuchten Gattungen von Leguminosen nachgewiesen worden. Sie sind besonders konzentriert in den Samen, wo sie bis zu 10% des löslichen Proteins darstellen können. Sie sind überwiegend in den Proteinkörpern der Kotyledonenzellen lokalisiert. Während der Keimung nimmt der Lectingehalt in den Kotyledonen rasch ab, wobei bei *Vicia faba* der Abbau der Lectine erst nach dem Abbau der anderen Speicherproteine erfolgt, während bei *Dolichos biflorus* der Abbau etwa gleichzeitig erfolgt. In anderen Organen ist der Gehalt an Lectinen sehr viel geringer. In den wenigen daraufhin untersuchten Pflanzenarten haben diese Lectine eine unterschiedliche Spezifität und auch eine unterschiedliche Aminosäurezusammensetzung. Dabei kann es sich sowohl um Produkte verschiedener Gene wie auch um eine posttranskriptionale Modifikation handeln.

Auf die möglichen Funktionen von Wurzellectinen bei der Erkennung und Infektion während der Symbioseentwicklung wird in Abschnitt 3.3.1. näher eingegangen. Weitere Funktionen von Lectinen könnten in der Abwehr von Pflanzenpathogenen liegen, bei der Zellwandstreckung, bei der Wachstumsregulation oder beim Kohlenhydrattransport. Spezifitäten wichtiger Lectine aus den Samen von Fabales sind in der Tab. 3.**10** angegeben.

3.2.3.   Ökologische Verbreitung und landwirtschaftliche Bedeutung

Körnerleguminosen werden auf eine Fläche von 1,3 bis 1,5 Millionen km² mit einer Jahresproduktion von 200 Millionen Tonnen und einem Durchschnittsertrag von ca. 15 dt pro Hektar auf der Welt angebaut. Dies entspricht der Gesamtfläche von Frank-

Tabelle 3.**10**   Lectine aus Fabales

Herkunft	MG Untereinheiten (kD)		Spezifität
Glycine	30	(4×)	N-Acetyl-Galactosamin, D-Galactose
Lotus	120		a-L-Fucose
	58		
	117		
Phaseolus	250		N-Acetyl-Galactosamin
	125		
Pisum	53		N-Acetyl-Glucosamin, D Mannose
Robinia	100		N-Acetyl-Neuraminsäure
Trifolium	50		2-Desoxy-D-Glucose
Vicia	5,6	(2×)	D-Glucose, D-Mannose
	20	(2×)	

reich, England, der Bundesrepublik Deutschland und Italien. Auf nahezu der Hälfte dieser Fläche werden **Sojabohnen** angebaut, auf ca. 20% verschiedene subtropische Leguminosen wie **Cajanus-** und Cicer-Arten, auf 10% der Fläche **Erdnüsse**. Den Rest teilen sich **Phaseolus**-Arten, Ackerbohnen **(Vicia faba)** und Futtererbsen **(Pisum** sp.). Der Wert dieser jährlichen Produktion von Körnerleguminosen liegt bei über 50 Milliarden DM.

Auf den Dauer-Grünlandflächen in den fünf Kontinenten von über 31 Millionen km² bedecken Leguminosenarten nach den Gräsern die größte Fläche. In den gemäßigten Klimaten sind **Trifolium** sp., **Lotus** sp. und **Medicago**-Arten quantitativ am bedeutsamsten. Die Verbreitung der Leguminosen im Grünland hängt u. a. von der Versorgung mit Phosphat ab. Eine regelmäßige Düngung mit Superphosphat erhöht den Anteil des Klees in einer Wiese von 3% auf über 60% (Tab. 3.**11**). Durch das bevorzugte Grasen von Kühen und Schafen an Leguminosen wird das Gras-Leguminosen-Verhältnis zugunsten der Gräser verschoben. *Medicago sativa* (Luzerne) allein wird auf einer Fläche von über 300 000 km² angebaut.

In tropischen und subtropischen Grünlandgebieten sind *Stylosanthes humilis, Macroptilium arthropurpureum* und *Mimosa*-Arten von besonderer Bedeutung. Aufgrund der starken Verbreitung baumförmiger Leguminosen in den Tropen und Subtropen ist deren Anteil an den Waldgebieten dieser Regionen größer als in den gemäßigten Klimaten. Dies trifft besonders zu auf die mehr als 700 **Akazienarten** in den Strauch- und Waldgebieten Australiens sowie in den Savannen Ostafrikas und Südamerikas.

Schnellwachsende Baumleguminosen sind von Bedeutung für Bemühungen, die tropischen Regenwälder vor der Abholzung zu bewahren. Unter günstigen Bedingungen zeigen Arten wie **Leucaena leucocephala** und *Leucaena diversifolia* Zuwächse von bis zu 4 Metern pro Jahr. Durch Schneiden der Äste auf einem ca. 1 m hohen Baumstumpf können auf diese Weise jährlich beträchtliche Mengen Holz auf einer begrenzten Fläche gewonnen und zugleich die Blätter dieser Arten zur Fütterung von Haustieren verwendet werden. Die Arbeiten an *Leucaena* als einer neuen landwirtschaftlich und forstwirtschaftlich verwendbaren Kulturpflanze konzentrieren sich auf folgende Schwerpunkte:

1. Züchtung und Selektion von *Leucaena*-Sorten, die an Böden und Klimabedingungen in verschiedenen subtropischen und tropischen Ländern angepaßt sind;
2. Selektion und Charakterisierung von *Rhizobium*-Stämmen, die diese Neuzüchtungen und Sorten von *Leucaena* effektiv (mit hoher N$_2$-Fixierungsaktivität) nodulieren.
   Rhizobium-Stämme aus *Leucaena*-Knöllchen gehören zu den schnellwachsenden, säureproduzierenden Stämmen, von denen einige auch *Medicago sativa* infizieren;
3. Eigenschaften und Verwertung des *Leucaena*-Holzes;
4. Ernährungsphysiologische Wertigkeit und Toxizität von *Leucaena*-Blättern als Futtermittel;
5. *Leucaena*-Blätter als Gründünger für andere Nutzpflanzen wie Reis, Mais, Kaffee oder Kokosnüsse.

Tabelle 3.**11**   Abhängigkeit der Leguminosenverbreitung (% Bedeckung) im Grünland von der Phosphatdüngung (nach 20jähriger Düngung) (nach *Crocker* u. *Tiver*)

Komponente	Superphosphatdüngung (kg · ha^{-1} · Jahr^{-1})		
	0	100	200
Gräser	80	25	14
Klee	3	45	63
andere Kräuter	17	30	23

Tabelle 3.**12**   Wirkung von Leguminosen und Actinorhiza-Pflanzen auf das Wachstum von *Pinus densiflora* in N-freier Nährlösung mit Entfernung der abfallenden Blätter. Versuchsdauer: 30 Monate. *Pinus densiflora* Monokultur Werte gleich 100% gesetzt (nach *Demura*)

Kultur	Pflanzen-höhe	Sproß-gewicht	Gesamt-gewicht
Pinus densiflora Monokultur	100	100	100
mit *Robinia pseudoacacia*	222	1112	748
mit *Acacia mollissima*	154	471	798
mit *Alnus tinctoria*	167	393	314
mit *Elaeagnus umbellata*	160	363	276

Die fördernde Wirkung von Leguminosenbäumen auf benachbarte Bäume unter N-Mangelbedingungen ist nicht an den Laubfall stickstoffreicher Blätter gebunden. So wird das Wachstum von *Pinus densiflora* durch eine Mischkultur mit *Robinia pseudoacacia* oder mit *Acacia mollisima* um mehr als das achtfache innerhalb von 30 Monaten gesteigert (Tab. 3.**12**). Die Steigerung des Gesamtgewichtes durch eine Mischkultur mit *Alnus tinctoria* oder *Elaeagnus umbellata* ist deutlich niedriger.

3.3.   Die Symbiose

Von den über **17 000 Leguminosenarten** sind erst ca. 10% hinsichtlich ihrer Symbioseentwicklung und den daran beteiligten *Rhizobium*-Arten und Biovarietäten sowie der Effizienz der N_2-Fixierung experimentell untersucht. Bekannt ist, daß über 90% der Arten Wurzelknöllchen bilden können. Dabei ist die Feststellung, daß eine Art wie *Delonix regia* (Royal poinciana) an allen geprüften Standorten im Freiland nicht noduliert ist und auch in Laborversuchen nicht durch verschiedene Stämme von *Rhizobium* noduliert wird, experimentell viel aufwendiger als der Befund einer positiven Nodulation bei einer anderen Art. Wegen ihrer wirtschaftlichen Bedeutung und den zahlreichen zur Verfügung stehenden gut definierten Neuzüchtungen von Sorten sind die Weltwirtschaftspflanzen *Glycine max* (Sojabohne), *Arachis hypogaea* (Erdnuß), *Medicago sativa* (Luzerne), *Pisum sativum* (Erbse), *Trifolium* sp. (Klee), und *Vicia faba* (Ackerbohne) experimentell am besten untersucht.

Die Entwicklung der Symbiose läßt sich als eine **Signalkette** mit Signalaufnahme, Signalumwandlung und Signalverarbeitung darstellen (Abb. 3.**22**). Die Signalaufnahme umfaßt die wechselseitige Erkennung von Wirt und Symbiont und die frühen Stadien der Infektion der Wurzelhaare oder anderer Epidermis- oder Rhizodermis-Zellen. Die Signalumwandlung beschreibt die Differenzierung von freilebenden *Rhizobium/Bradyrhizobium*-Zellen zu Bakteroiden (s. Abschnitt 3.3.3.4.). Die Signalverarbeitung enthält die frühen Wirtsreaktionen auf die symbiotische Infektion mit der Synthese knöllchenspezifischer Proteine (Noduline) von denen funktionell bisher nur die Leghämoglobine, die pflanzlichen Glutaminsynthetasen und wenige weitere Proteine wie z.B. die Cholin-Kinase II, die an der Peribakteroidenmembran-Differenzierung beteiligt ist, näher untersucht worden sind.

3.3.1.   Erkennung

Die spezifische und wechselseitige **Erkennung** von **Wirt** und **Mikro-Symbiont** ist in ihrem Mechanismus und in den daran beteiligten Komponenten nur teilweise bekannt. Eine

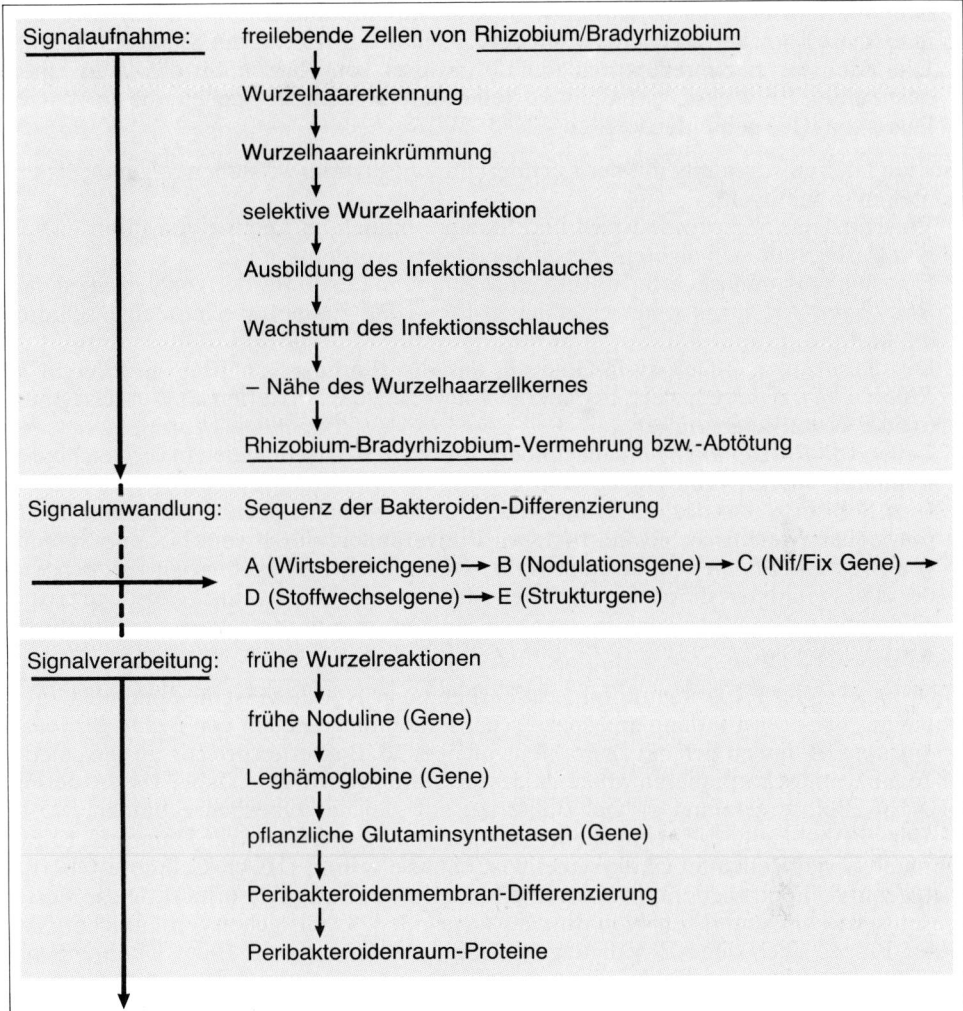

Signalaufnahme: freilebende Zellen von Rhizobium/Bradyrhizobium
↓
Wurzelhaarerkennung
↓
Wurzelhaareinkrümmung
↓
selektive Wurzelhaarinfektion
↓
Ausbildung des Infektionsschlauches
↓
Wachstum des Infektionsschlauches
↓
– Nähe des Wurzelhaarzellkernes
↓
Rhizobium-Bradyrhizobium-Vermehrung bzw.-Abtötung

Signalumwandlung: Sequenz der Bakteroiden-Differenzierung

A (Wirtsbereichgene) → B (Nodulationsgene) → C (Nif/Fix Gene) →
D (Stoffwechselgene) → E (Strukturgene)

Signalverarbeitung: frühe Wurzelreaktionen
↓
frühe Noduline (Gene)
↓
Leghämoglobine (Gene)
↓
pflanzliche Glutaminsynthetasen (Gene)
↓
Peribakteroidenmembran-Differenzierung
↓
Peribakteroidenraum-Proteine

Abb. 3.**22**   Signalkette in der Fabales-*Rhizobium/Bradyrhizobium*-Symbiose

Reihe von bestätigten Ergebnissen sprechen dafür, daß an der Erkennung die Wechselwirkung von Lectinen (bei den Pflanzen) mit Exo- und Lipopolysacchariden (bei den Mikrosymbionten) an dem Erkennungsvorgang beteiligt ist. Eine Anzahl weiterer und anderer Experimente lassen den Schluß zu, daß die Lectinerkennungshypothese die spezifische Interaktion bei weitem nicht vollständig beschreibt.

Für die **Lectinerkennungshypothese** sprechen folgende Befunde:
1. Ein Lectin aus Sojasamen bindet spezifisch an Stämme von *Bradyrhizobium japonicum*, jedoch nicht mit einer großen Zahl heterologer *Rhizobium*-Stämme.
2. Das Lectin aus Klee, Trifoliin A, reagiert spezifisch mit den Lipo- und Kapselpolysacchariden von *Rhizobium trifolii*.
3. Antigenisch wirksame Komponenten aus Polysacchariden von *Rhizobium trifolii* binden spezifisch an das Kleelectin Trifoliin A.

4. Die während der Wachstumsphase veränderte Infektiosität von *Bradyrhizobium japonicum* korreliert mit dem Anteil der Zellen in der Kultur, der Sojalectin bindet.
5. Die Zahl der Lectinrezeptoren auf der Kapsel von *Rhizobium trifolii* in einem bestimmten Entwicklungsstadium korreliert mit der Zahl der Zellen, die an Wurzelhaare von Klee gebunden werden.

Nicht in Übereinstimmung mit der Lectinerkennungshypothese stehen folgende experimentellen Ergebnisse:
1. Verschiedene *Rhizobium*-Arten und Stämme binden an Lectine von Pflanzen, die von diesen Stämmen nicht infiziert und noduliert werden.
2. Einzelne Leguminosenarten mit einem bestimmten Lectin werden von verschiedenen *Rhizobium*-Arten mit unterschiedlichen Lipo- und Exopolysaccharideigenschaften infiziert.
3. Der Zusatz von 2-Desoxy-D-Glucose, das die Bindung von Kleewurzellectin an *Rhizobium trifolii* reduziert, hemmt die Anheftung der Bakterien an Wurzelsegmente oder Wurzelhaare *nicht*.
4. Zellen von *Rhizobium trifolii* und andere *Rhizobium*-Arten binden in vergleichbaren Zahlen an Wurzeln von *Trifolium* spec.
5. Eine Sojasorte, bei der die Synthese des 120 000-D-Samenlectins durch eine Insertionssequenz genetisch blockiert ist, wird unverändert durch verschiedene Stämme von *Bradyrhizobium japonicum* infiziert. Dieses wichtige Ergebnis wird jedoch wieder etwas relativiert durch den Nachweis, daß in diesen Sorten ein zweites, wurzelspezifisches Lectin, wenn auch in sehr viel geringeren Konzentrationen, synthetisiert wird.

Ein Mangel vieler Experimente zur Lectinerkennungshypothese ist die fehlende Unterscheidung zwischen Bindung und spezifischer Erkennung. Zellen von *Bradyrhizobium japonicum* z. B. lassen sich mit Zellzahlen von über 10^6 Bakterien pro cm^2 an verschiedene Ionenaustauscherpapieren ad- und desorbieren (Tab. 3.**13**). Dabei lassen sich an DEAE-Cellulose zehnmal so viel Bakterien auf gleicher Oberfläche binden wie an Carboxymethyl-Cellulose. Umgekehrt werden von *Escherichia coli* Stamm K 12 fast zehnmal so viel Zellen an Carboxymethyl-Cellulose wie an DEAE-Cellulose-Oberflächen gebunden und wieder durch erhöhte Ionenkonzentration desorbiert. Diese Versuche zur selektiven und reversiblen Bindung an geladene Oberflächen verdeutlichen, daß dieser Prozeß auch ohne Beteiligung von Lectinen möglich ist. Beim Übergang von

Tabelle 3.**13** Adsorption und Desorption von *Bradyrhizobium japonicum* und *Escherichia coli* an/von Ionenaustauscherpapieren. Inkubation in 5 ml Suspension mit $1,5 \times 10^9$ Zellen·ml^{-1} bei *E. coli* und $4,2 \times 10^9$ Zellen bei *B. japonicum*

Ionenaustauscher-Typ	Bakterien desorbiert von 24 cm² Ionenaustauscherpapier	
	Bradyrhizobium japonicum 3 I 1b85	*Escherichia coli* K 12
1 Stark basisch	$3,7 \times 10^7$	$3,2 \times 10^6$
2 Stark sauer	$1,6 \times 10^7$	$3,6 \times 10^6$
3 Schwach basisch	$2,0 \times 10^7$	$3,8 \times 10^7$
4 Schwach sauer	$1,7 \times 10^7$	$2,8 \times 10^6$
5 Carboxymethyl-Cellulose	$6,4 \times 10^6$	$3,2 \times 10^6$
6 DEAE-Cellulose	$5,8 \times 10^7$	$4,0 \times 10^5$

unspezifischen Bindungen zu spezifischer Erkennung wird die Beteiligung von extrazellulären **Cellulosemikrofibrillen** und von **Pili** diskutiert. So wird die Nodulation von Sojabohnen durch *Bradyrhizobium japonicum* um 80% reduziert, wenn die Zellsuspensionen mit einem gereinigten Antikörper gegen isolierte Pili behandelt werden. Der Befund, daß in einer Zellsuspension nur ein geringer Prozentsatz der Zellen (1 bis maximal 16%) mit Pili versehen ist, steht der Annahme der Beteiligung dieser Strukturen nicht entgegen, da allgemein ein hoher Überschuß von Symbionten beim Infektionsvorgang angewendet wird. Neben Lectinen und Polysacchariden sind in Extrakten aus Wirtsgewebe eine Reihe weiterer undefinierter Komponenten nachgewiesen, die physiologische Reaktionen bei den Mikrosymbionten oder in bestimmten Geweben des Wirtes hervorrufen können (Tab. 3.**14**). So steigert eine Komponente aus Sojabohnenwurzeln die Promoteraktivität bei *Rhizobium fredii* und ein im Sproß der Sojabohne synthetisierter Faktor reguliert die Zahl der Knöllchen in verschiedenen Zonen des Wurzelsystems.

3.3.2. Spezielle Eigenschaften von Wurzelhaaren von Fabales

Ein besonderes Problem in der Analyse der Erkennung von Wirt und Symbiont und den primären Schritten der Infektion ist die geringe Kenntnis, die wir von den pflanzlichen „Target"-Zellen haben, den sich entwickelnden oder ausgebildeten **Wurzelhaaren** der Fabales. Über die spezielle Physiologie und Biochemie von Wurzelhaarzellen ist ganz generell nur sehr wenig bekannt. Dies trifft auch für die Leguminosen zu. Mit einer Methode, die die unterschiedliche Empfindlichkeit gegen mechanische Einwirkungen von Wurzelhaaren und Wurzeln nach Einfrieren mit flüssigem Stickstoff ausnutzt, ist die Isolierung von Wurzelhaaren im präparativen Maßstab möglich geworden. An diesen

Tabelle 3.**14** Signalmoleküle in der *Rhizobium/Bradyrhizobium*-Fabales Symbiose (nach *Halverson* u. *Stacey* u. a.)

Identifizierte Signalmoleküle	Undefinierte Komponenten	Physiologische Reaktion bei Wirt oder Mikrosymbiont
Soja-Lectin		Induziert Kompetenz zur Nodulation bei *Bradyrhizobium japonicum*
Cyclisches B-1,2 Glucan		Steigert die Wurzelhaarinfektion bei Klee
Lipopolysaccharide		Steigern die Wurzelhaarinfektion bei Klee
Exo- und Kapselpolysaccharide		Steigern die Wurzelhaarinfektion bei Klee
Saure Exopolysaccharide		Fördern die Wurzelhaareinkrümmung
	Sojabohnen-Wurzelextrakt	Steigert die Promoteraktivität bei *Rhizobium fredii*
	Im Sproß synthetisierter Faktor	Reguliert die Zahl der Knöllchen in verschiedenen Zonen des Wurzelsystems (bei Sojabohnen)
Flavonoide		aktivieren nod Gene bei *Rhizobium* oder hemmen spezifisch die Aktivierung durch andere Flavonoide

Präparationen sind bereits einige spezifische Eigenschaften und Zusammensetzungen von Wurzelhaaren von Leguminosen nachgewiesen worden (Tab. 3.**15**). So sind in den Wurzelhaaren der Sojabohne im Vergleich zum Gesamtwurzelsystem Eisen, Cobalt und Calcium ungefähr 8- bis 10fach angereichert. Gegenüber den Wurzelhaaren von Weizen sind die Konzentrationen dieser Elemente ebenfalls 3- bis 8fach erhöht. So liegen die Calciumkonzentrationen für das Wurzelhaar der Sojabohne bei 2200 ppm gegenüber ca. 250 ppm im Wurzelhaar des Weizens. Die Calciumkonzentrationen in Keimwurzeln der Sojabohne und von Weizen sind mit ca. 280 ppm annähernd gleich. Keine Anreicherung im Wurzelhaar gegenüber dem Gesamtwurzelsystem bei der Sojabohne wurde für Kalium (11000 bis 13000 ppm) und für Schwefel (530 bis 560 ppm) gefunden. Der Phosphorgehalt ist sowohl in den Wurzelhaaren der Sojabohne wie in Wurzelhaaren von Weizen verringert gegenüber dem Gesamtwurzelsystem.

Die Anreicherung von Fe, Co und Ca in den Wurzelhaaren der Sojabohne ist deshalb interessant, weil der Mikrosymbiont, *Bradyrhizobium japonicum*, speziell für diese drei Elemente einen im Vergleich zu anderen Bakterien besonders hohen Bedarf hat. Aus dieser Beziehung ergibt sich die interessante Hypothese, daß der Mikrosymbiont nach der Infektion der Wurzelhaarzellen dort nicht nur einen Anschluß an die C- und Energieversorgung durch die Wirtspflanze findet, sondern auch seinen spezifischen Mineralsalzbedarf dort decken kann.

Eine Differenzierung von Wurzelhaaren im Vergleich zu dem übrigen Wurzelgewebe müßte sich durch spezielle **wurzelhaartypische Proteine** nachweisen lassen. Bei Sojabohnen und bei Erbsen sind wurzelhaarspezifische Proteine nachgewiesen worden, sowohl bei den löslichen wie bei den membrangebundenen Proteinen. Die Funktionen dieser Proteine sind unbekannt. Von besonderem Interesse sind membrangebundene Proteine mit einer äußeren Domäne, die als Signal- oder Rezeptor-Moleküle bei der Interaktion der Symbionten eine Rolle spielen könnten. Durch Fluoreszenzmarkierung in situ und nachfolgende Auftrennung läßt sich in der Erbse ein membrangebundenes Protein des Wurzelhaares mit dem Molekulargewicht von etwa 32000 D nachweisen (Abb. 3.**23**). Dieses erstmals für Wurzelhaare überhaupt nachgewiesene membrangebundene Protein mit einer äußeren Domäne ist nicht identisch mit dem für Erbsen bekannten Lectin mit dem Molekulargewicht von 53000 D (Tab. 3.**10**). Ob das 32000 D Membranprotein in den Wurzelhaaren der Erbse eine Funktion bei der Erkennung der Symbionten und bei den primären Infektionsschritten hat, ist bisher unbekannt.

Tabelle 3.**15**   Mineralsalzkonzentration in Wurzelhaaren und dem gesamten Wurzelsystem von Keimlingen (8 Tage alt) von *Glycine max* cv. Maple Arrow (Soja) und *Triticum aestivum* cv. Kolibri (Weizen). Keimung auf Mineralagar (1/2 konzentrierte Hoagland Nährlösung). Konzentrationen in µg pro g Trockensubstanz (ppm) ± Standardabweichung.

Element	Soja-Wurzelhaar	Soja-Wurzel	Weizen Wurzelhaar	Weizenwurzel
Fe	414 ± 138	31 ± 5	120 ± 35	44 ± 26
Co	7,9 ± 3,8	0,88 ± 0,4	2,6 ± 0,8	1,3 ± 1,1
Ca	2200 ± 460	287 ± 70	246 ± 60	288 ± 70
Mo	3,1 ± 0,5	5,4 ± 0,7	0,6 ± 0,12	0,5 ± 0,3
K	11740 ± 2450	12840 ± 2640	4670 ± 1010	4780 ± 990
S	530 ± 165	560 ± 170	180 ± 55	190 ± 60
P	1326 ± 410	2590 ± 790	526 ± 165	1570 ± 475

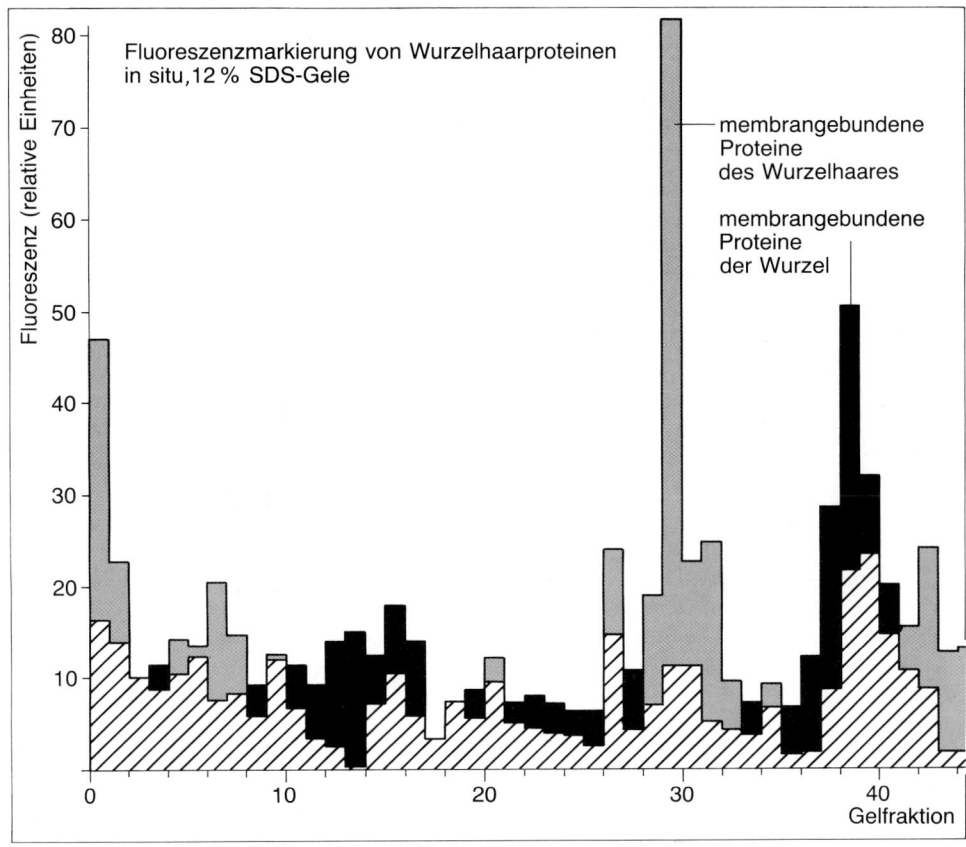

Abb. 3.**23**   SDS-Gelelektrophorese fluoreszensmarkierter, membrangebundener Proteine von isolierten Wurzelhaaren und von Wurzeln von *Pisum sativum* (nach *M. Röhm* u. *Werner*)

3.3.3.   Infektion und Knöllchenentwicklung

Die Knöllchenentwicklung beginnt mit der Infektion eines Wurzelhaares oder einer anderen kompetenten Zelle der Wurzeloberfläche. Die erste morphologisch erkennbare Reaktion der Wirtspflanze ist bei Wurzelhaaren deren **Einkrümmung („curling")** (Abb. 3.**24**). Nach einem für Sojabohnen gültigen Modell (Abb. 3.**25**) durchdringt eine an der Wurzeloberfläche angeheftete Zelle von *Bradyrhizobium japonicum* zunächst eine Schleimschicht und wird dann durch ein sich entwickelndes Wurzelhaar bei dessen Einkrümmung an die Zellwand der Wurzelhaarzelle oder einer benachbarten Epidermiszelle gedrückt. Anschließend wird an dieser Stelle die Zellwand lokal aufgelöst und mit dem eindringenden Bakterium entwickelt sich ein Infektionssack intrazellulär im Wurzelhaar. Die Bakterien sind eingebettet in ein elektronenoptisch durchsichtig erscheinendes Matrixmaterial (Abb. 3.**26**). Darüber schließt sich eine Schicht ungerichteter Zellwandfibrillen an, die in die äußere Wandschicht mit einer regelmäßigeren Fibrillenanordnung übergeht. Vom umgebenden Cytoplasma der Wurzelhaarzelle sind diese Wandschichten durch eine Membran abgegrenzt, die sich vom Plasmalemma der Wurzelhaarzelle ableitet. Im benachbarten Wurzelhaarcytoplasma ist eine besondere Häu-

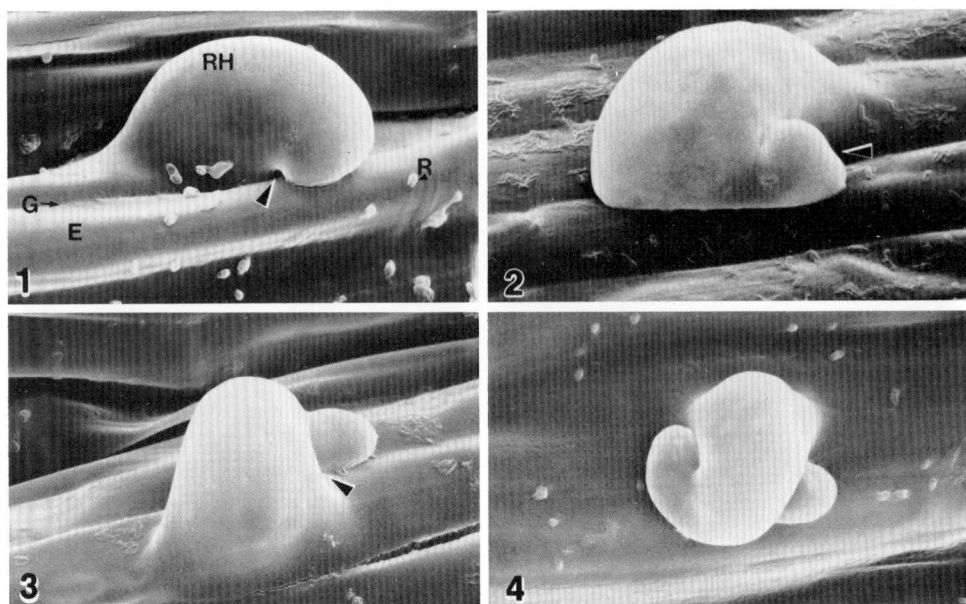

Abb. 3.**24**   Eingekrümmte Wurzelhaare der Sojabohne nach Beimpfung der Wurzel mit *Bradyrhizobium japonicum*. RH: Wurzelhaarzelle; E: benachbarte Rhizodermiszelle; R: *Bradyrhizobium*-Zelle; G: Vertiefung zwischen eingekrümmtem Wurzelhaar und benachbarter Epidermiszelle (nach *Turgeon* u. *Bauer*)

fung von Golgivesikeln, ER und von Mikrotubuli festzustellen (Abb. 3.**26**). Dieser **Infektionssack** wächst unter Verzweigung und Infektion der benachbarten Rindenzellen schlauchförmig aus (Abb. 3.**27**). Diese **Rindenzellen** haben in diesem Stadium bereits **meristematischen Charakter** mit nur einem geringen Vakuolenanteil am Zellvolumen, mit großen Zellkernen und deutlichen Nukleoli. Weiter vom **Infektionsschlauch** entfernten Zellen haben deutlich größere Vakuolenanteile. Die Wurzelhaarzelle selbst bleibt auch weitgehend vakuolisiert. Nur rings um den Infektionssack und den Infektionsschlauch selber ist eine Anhäufung von Cytoplasma mit weiteren Zellorganellen zu erkennen. An der Spitze des wachsenden Infektionsschlauches wird nur eine dünne Schicht von Zellwandmaterial abgelagert. 72 Stunden nach einer Inokulation mit Bakterien dringt der Infektionsschlauch in die benachbarten Rindenzellen ein, vorzugsweise zwischen zwei Zellen, die sich gerade geteilt haben.

Die lichtmikroskopisch erkennbare Sequenz der Zellteilungen, die zur Knöllchenentwicklung führen, ist in der Abb. 3.**28** dargestellt. Bereits 12 Stunden nach Inokulation können in der Hypodermis die ersten Zellteilungen beobachtet werden. Durch antikline Teilungen werden 4 bis 8 Tochterzellen gebildet (Abb. 3.**28**–A). Nach 48 Stunden sind Zellteilungen in der gesamten Rindenregion zu erkennen (Abb. 3.**28**–B). Zu diesem Zeitpunkt ist auch bereits eine kleine Gruppe meristematischer Zellen (dunkelgefärbte Zellen) an der Infektionsstelle zu erkennen. 3 bis 4 Tage nach Inokulation hat sich die meristematische Zone soweit entwickelt, daß eine morphologisch erkennbare Auswölbung der Wurzeloberfläche sichtbar wird (Abb. 3.**28**–C). Sechs Tage nach Inokulation ist die Verbindung zwischen dem Knöllchenmeristem und dem Leitbündelsystem der Wurzeln hergestellt (Abb. 3.**28**–D).

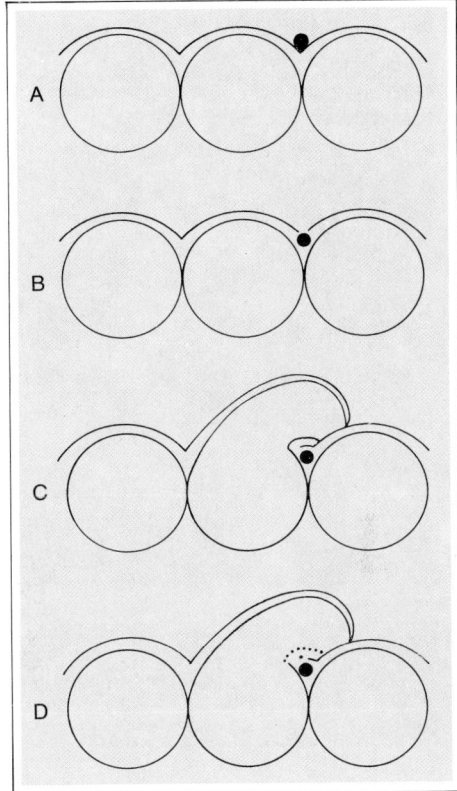

Abb. 3.**25** Modell der Wurzelhaarinfektion bei der Sojabohne, A und B: Eine Zelle von *Bradyrhizobium japonicum* (●) dringt zwischen zwei Rhizodermiszellen durch die Wurzelschleimschicht („mucigel").
C: Entwicklung einer Rhizodermiszelle zum Wurzelhaar, Deformation des Wurzelhaares und Einkesselung der Bakterienzelle.
D: Lokale Veränderung der Wurzelhaarzellwand (...) und Synthese von neuem Wandmaterial zwischen Bakterium und der alten Zellwand (nach *Turgeon* u. *Bauer*)

Neben dieser typischen Sequenz von Wurzelhaarinfektion, Ausbildung des Infektionsschlauches und Meristembildung werden zahlreiche sogenannte Pseudoinfektionen in der Wurzelrinde beobachtet. Dabei werden Zellteilungen in der Rinde initiiert, ohne daß gleichzeitig Infektionsschläuche ausgebildet werden. Die Zellteilungen bleiben hier jedoch auf die äußerste Schicht der Hypodermis und die benachbarten 2 oder 3 Schichten der Rinde beschränkt. Sie führen nicht zu einem makroskopisch erkennbaren Knöllchen. Auch bei der typischen Knöllchenentwicklung kann die Stimulierung der Zellteilungen in den Rindenzellen der Ausbildung des Infektionsschlauches in den Wurzelhaarzellen vorangehen. Ob unterschiedliche **Signalsubstanzen** die Induktion des Infektionsschlauches im Wurzelhaar und die Auslösung der Zellteilung in den Rindenzellen verursacht, ist unbekannt. Nach Übertragung des Sym-Plasmids aus *Rhizobium meliloti* auf *Agrobacterium tumefaciens* oder *Escherichia coli* können diese ebenfalls die Zellteilungen in den Rindenzellen auslösen, ohne notwendigerweise Infektionsschläuche in den Wurzelhaarzellen zu bilden. Zellteilungen, die durch *Agrobacterium tumefaciens* mit dem Sym-Plasmid von *Rhizobium meliloti* ausgelöst werden, ohne daß ein Infektionsschlauch ausgebildet wird, können auch zu einer makroskopisch erkennbaren Knöllchenbildung führen, bei der jedoch keine Bakterien in den Zellen auftreten. Drei Tage nach Inokulation werden an einem 7 cm langen Wurzelstück über 80 Pseudoinfektionen und 50 erfolgreiche Wurzelhaarinfektionen beobachtet. Da sich an diesem Wurzelstück später nicht mehr als 5 Knöllchen voll entwickeln, sind von den Primärinfektionen der Wurzelhaare mit Infektionsschlauchausbildung mehr als 90% abortiv.

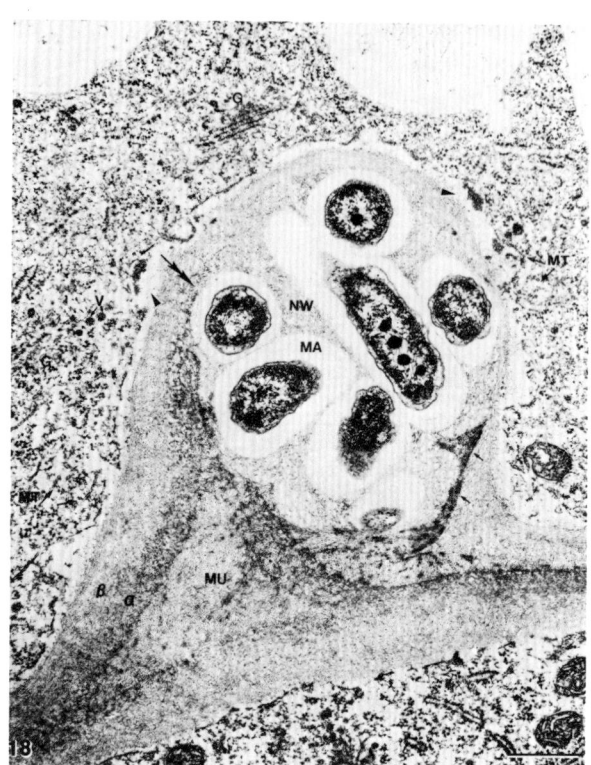

Abb. 3.**26**   Infektionssack an der Basis einer Wurzelhaarzelle von *Glycine max*. Die Bakteroide sind von einer hellen Matrix (MA) umgeben, dem sich eine Schicht ungerichteter Wandfibrilen (NW) anschließt. Im benachbarten Cytoplasma sind Golgivesikel (G) und Mikrotubuli (MT) gehäuft; MU: Schleim (Mucigel) (nach *Turgeon* u. *Bauer*)

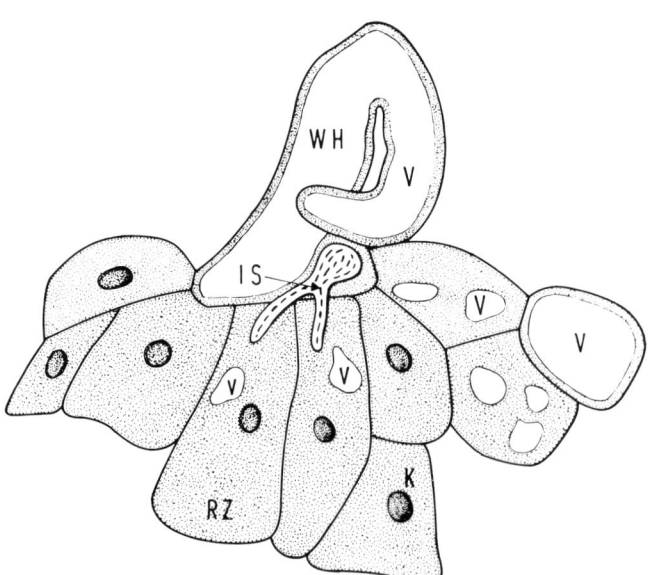

Abb. 3.**27**   Entwicklung eines sackförmigen, dann schmalen und verzweigten Infektions-schlauches (IS) aus der Wurzel-haarzelle (WH) in die benachbar-ten, meristematischen Rinden-zellen (RZ) der Sojabohne mit nur noch geringer Vakuolisierung (V) und großen zentralen Zellker-nen (K). Der Infektionsschlauch und *Bradyrhizobium-japonicum*-Zellen sind nicht maßstabsgetreu (vergrößert) dargestellt.

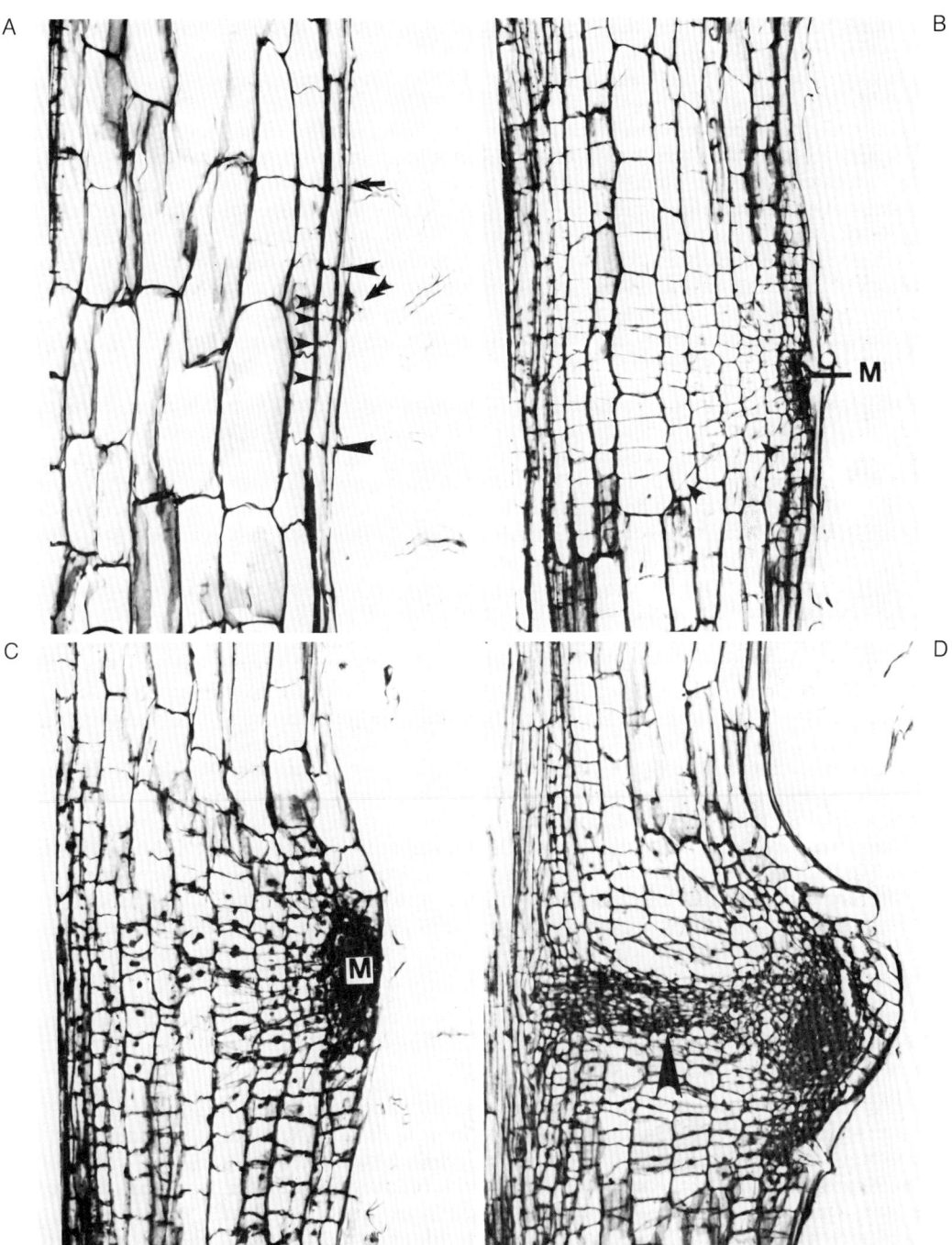

Abb. 3.**28**   A-D: Längsschnitte durch die Rindenschicht der Wurzel und eines sich entwik-
kelnden Knöllchens bei *Glycine max*, infiziert mit *Bradyrhizobium japonicum*. M: Meristem
(nach *Calvert* et al.)

Aus dem Infektionsschlauch, der die meristematischen Rindenzellen erreicht hat, werden Bakterien in diesen Zellen freigesetzt unter Einschluß in eine sich von Plasmalemma her ableitende Membran, der sogenannten **Peribakteroidenmembran**. An diesem Prozeß sind bakterielle Genprodukte beteiligt. Es gibt Mutanten von *Bradyrhizobium japonicum*, die nicht aus dem Infektionsschlauch freigesetzt werden. Zum Zeitpunkt der Freisetzung sind die meristematischen Zellen noch nicht polyploid, da Knöllchen, die mit Mutanten infiziert sind, die nicht aus dem Infektionsschlauch freigesetzt werden, keine polyploiden Zellen enthalten. Damit ist die alte Streitfrage, ob polyploide Zellen in den infizierten Zonen der Knöllchen eine Folge oder die Voraussetzung der Infektion sind, zugunsten der ersten Alternative für Sojabohnen und für Klee entschieden. Es ist offen, ob diese Aussage auf alle Leguminosenarten zu übertragen ist. Der Ploidie-Grad steigt bei *Lathyrus-, Medicago-, Pisum-, Trifolium-* und *Vicia*-Arten von 2 n in den Rindenzellen auf die tetraploide Stufe in den infizierten Knöllchenzellen, während er bei *Pisum sativum* n= 8 bis 16 erreicht.

Knöllchen von Leguminosen enthalten hohe Konzentrationen von Auxinen, Kininen und Gibberellinen. Der Gehalt von **Auxin** (Indolessigsäure, IES) kann in Knöllchen von Erbsen und Luzerne 40- bis 60mal höher sein als in Wurzelgewebe. *Rhizobium*-Kulturen können exogen zugesetztes L-Tryptophan in Auxin umwandeln. Ob die hohen Auxinkonzentrationen in Knöllchen bakteriellen oder pflanzlichen Ursprungs sind, ist noch nicht geklärt. Da die IES-Oxidaseaktivität im Knöllchen deutlich geringer ist als im vergleichbaren Wurzelgewebe, könnte der erhöhte IES-Gehalt (10^{-7} bis 10^{-6} g IES pro g Frischgewicht) auch nur eine Folge des verringerten Abbaus sein. Der **Cytokiningehalt** in Knöllchen von *Phaseolus vulgaris* liegt bei $1,5 \cdot 10^{-7}$ g Kinetinäquivalenten pro g Frischgewicht, bei *Vicia-faba*-Knöllchen ist er 10- bis 15mal höher als in gleichaltem Wurzelgewebe. Reinkulturen von *Rhizobium leguminosarum* können extrazellulär Cytokinine bis zu einer Konzentration von 10^{-9} g pro ml anreichern. Lipopolysaccharide von *Rhizobium*-Kulturen können ebenfalls erhebliche Mengen von Cytokininen enthalten (bis zu 2×10^{-7} g pro g Lipopolysaccharid). Ob *Rhizobium*-Zellen in situ in den Infektionsschläuchen jedoch Cytokinine produzieren und auf diese Weise die Zellteilung im Rindengewebe stimulieren, ist ebenfalls nicht nachgewiesen. Die Konzentrationen von Gibberellinen in Knöllchen liegen 40- bis 100fach höher als im Wurzelgewebe. Stämme von *Rhizobium leguminosarum* können ebenfalls verschiedene **Gibberelline** in das Medium ausscheiden. Die Beteiligung dieser drei Phytohormone an den einzelnen Differenzierungsschritten der Knöllchen lassen sich allerdings erst dann weiter aufklären, wenn der Ort ihrer Biosynthese und ihres Abbaus in den einzelnen Zelltypen (*Rhizobium*-Zellen im Infektionsschlauch, nicht infizierte Rindenzellen, infizierte Rindenzellen) geklärt ist.

Über die Wirkung von Abszisinsäure und Ethylen ist wenig bekannt. Beide Phytohormone hemmen die Knöllchenentwicklung bereits in Konzentrationen, die das Wachstum von Seitenwurzeln noch nicht unterdrücken.

Bei der Knöllchenform und Morphologie werden zwei grundsätzlich verschiedene Typen unterschieden (Abb. 3.**29**). Der Typ A hat ein apikales Meristem, mit einem nicht determinierten Wachstum und einer **zylindrischen Knöllchenform**, z.B. bei *Vicia-* und *Trifolium*-Arten. Diese Knöllchen haben ein verzweigtes Leitbündelsystem, dessen oberes Ende an die dort liegende meristematische Zone des Knöllchens anschließt. Biochemisch ist dieser Knöllchentyp dadurch charakterisiert, daß die N-Transportform Amide (Asparagin oder Glutamin) sind. Dieser Knöllchentyp enthält außerdem Transferzellen in Perizykelgewebe. Der zweite Knöllchentyp (Abb. 3.**29**-B) ist ein **sphärisches Organ** mit einem begrenzten Wachstum. Die Leitbündel dieses Knöllchentyps bilden

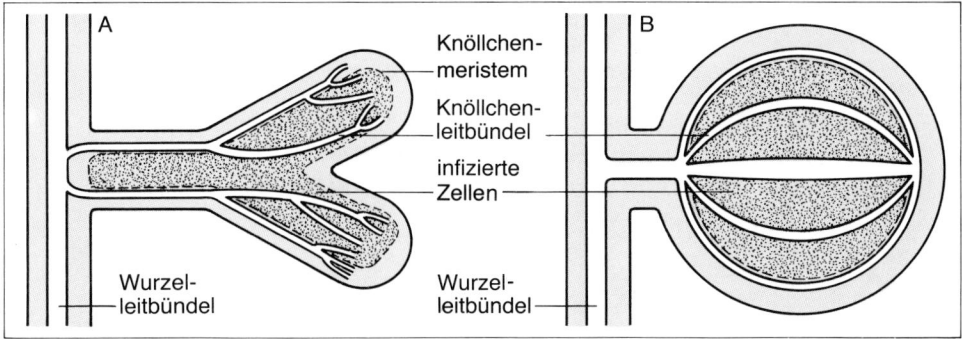

Abb. 3.**29** Schematischer Bau von A: zylindrischen (nichtdeterminierten) und B: sphärischen (determinierten) Knöllchen mit der Anordnung der Leitbündel und der infizierten Gewebebereiche (nach *Pate* u. *Atkins*)

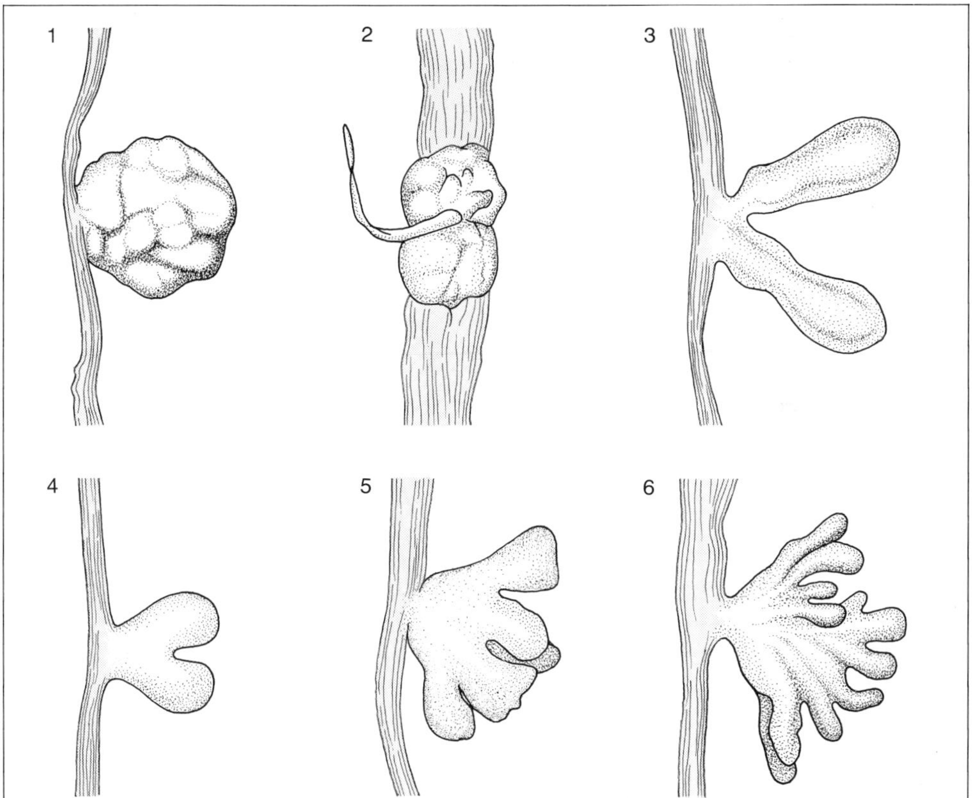

Abb. 3.**30** Formen von Knöllchen von Fabales; 1: sphärische Form, z.B. bei *Glycine, Erythrina* und *Vigna*; 2: sphärische Doppelform, z.B. bei *Arachis*; 3: zylindrische Form, z.B. bei *Vicia*; 4: gegabelte Form, z.B. bei *Medicago, Leucaena*; 5: fingerförmig, z.B. bei *Acacia*; 6: korallenförmig, z.B. bei *Ibizia moluccana* (nach *Allen* u. *Allen*)

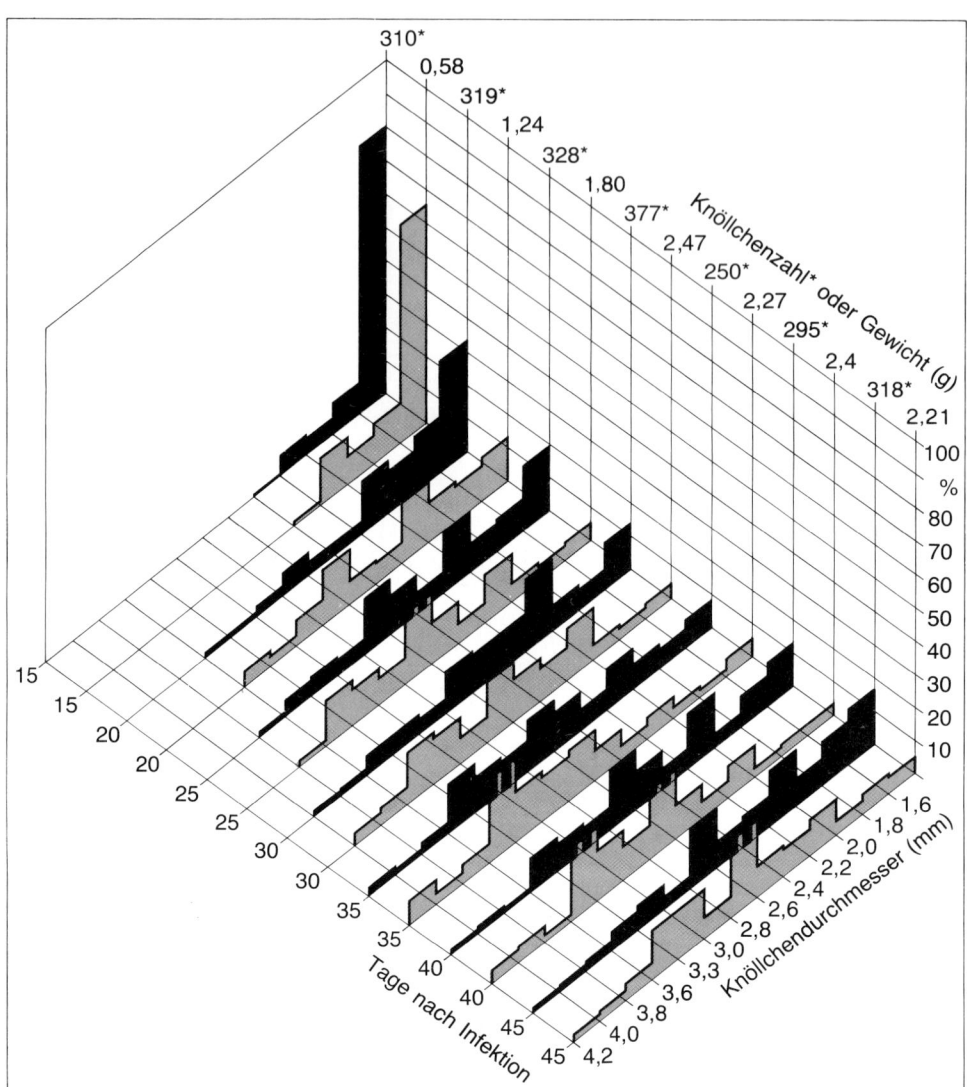

Abb. 3.31 Größenverteilung der Knöllchen von *Glycine max* cv. Caloria, infiziert mit *Bradyrhizobium japonicum* 61-A-101, 15 bis 45 Tage nach Infektion. Schwarze Säulen: Anteil an der Gesamtzahl der Knöllchen von 10 Pflanzen in Abhängigkeit vom Knöllchendurchmesser (1,6 bis 4,0 mm Durchmesser). Graue Säulen: Prozentualer Anteil am Gesamtgewicht der Knöllchen von 10 Pflanzen

halbkreisförmige Stränge, die sich an der Basis vereinigen und dort mit dem Leitbündelsystem der Wurzel verbunden sind. Transferzellen werden hier nicht beobachtet. Die N-Transportform in diesem Knöllchentyp sind Ureide wie Allantoin und Allantoinsäure. Dieser Knöllchentyp ist charakteristisch für *Phaseolus*- und *Glycine*-Arten. Eine direkte Beziehung zwischen dem Knöllchentyp und der N-Transportform wird darin gesehen, daß Ureide mit ihrer geringeren Wasserlöslichkeit im Vergleich zu den Amiden

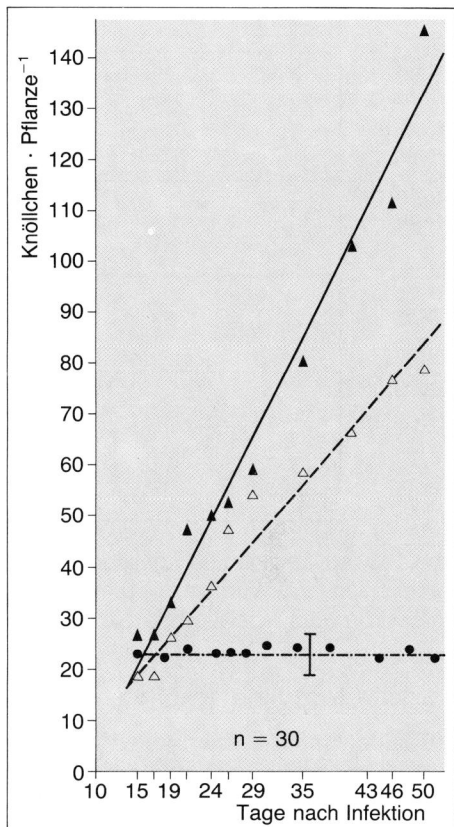

Abb. 3.**32** Knöllchenzahl von *Glycine max* cv. Caloria (▲) und cv. Mandarin (△), infiziert mit dem ineffektiven Stamm 61-A-24 von *Bradyrhizobium japonicum*. Die Knöllchenzahl nach Infektion mit dem effektiven Stamm 61-A-101 (●) von *Bradyrhizobium japonicum* variiert je nach Sojabohnensorte nur in der Größenordnung der senkrechten Linie (nach *Stripf*)

besser in dem geschlossenen Leitbündelsystem des Typs B transportiert werden können. Knöllchen von anderen Leguminosen wie z. B. *Aotus ericoides* sind Übergangsformen zwischen determinierten und nicht-determinierten Knöllchen. Der entscheidende Einfluß der Wirtspflanze auf die Knöllchenmorphologie wird durch weitere Knöllchentypen (Abb. 3.**30**) belegt.

Die Knöllchen, die sich am Wurzelsystem einer Sojabohne entwickeln, zeigen eine diskontinuierliche Größenverteilung (Abb. 3.**31**). Unabhängig vom Entwicklungsalter kommen bestimmte Klassen von Knöllchengrößen gehäuft vor (Größenbereiche um 2 mm, 2,6 mm und 3,3 mm). Die dazwischenliegenden Größenklassen sind in deutlich geringeren Knöllchenzahlen vertreten. Ob diese Größenverteilung in einem Zusammenhang steht mit der unterschiedlichen Nährstoffversorgung der Knöllchen in verschiedenen Teilen des Wurzelsystems, ist ungeklärt. Eine wichtige Schlußfolgerung aus diesen Ergebnissen ist weiterhin, daß Knöllchengröße und Knöllchenalter nicht immer voneinander abhängig sind. Es kann sowohl junge und relativ große Knöllchen geben als auch alte und kleine Knöllchen.

Die Zahl der Knöllchen, die sich an einem Wurzelsystem entwickelt, hängt davon ab, ob die Knöllchen Stickstoff fixieren (effektiv sind) oder ob sie ineffektiv sind (ohne N_2-Fixierung). In einer ineffektiven Symbiose der Sojabohne können sich weit über 100 Knöllchen pro Wurzelsystem entwickeln, während bei einer effektiven Symbiose nur 20 bis 30 Knöllchen innerhalb von 50 Tagen festzustellen sind (Abb. 3.**32**).

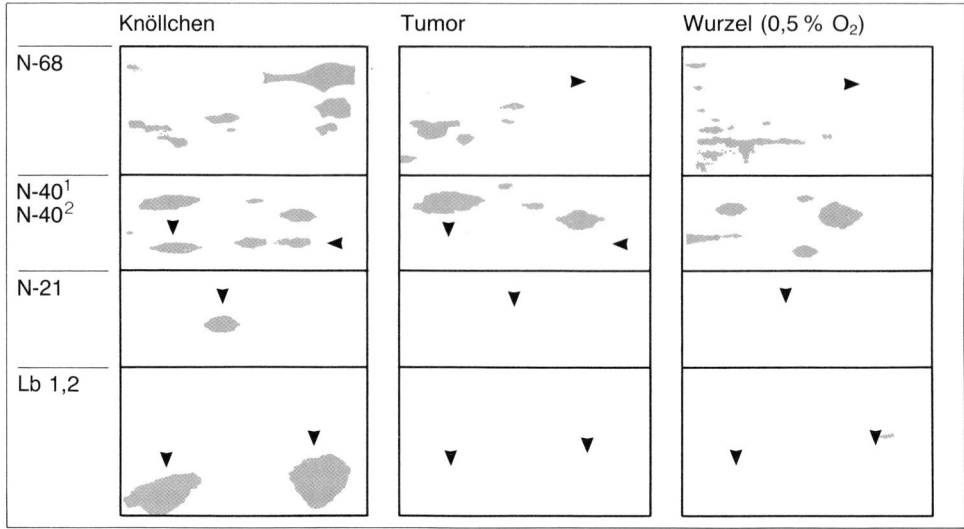

Abb. 3.**33** Noduline aus Knöllchen (15 Tage alt) der Erbse im Vergleich zu Proteinen aus Tumoren und aus Wurzeln, die unter 0,5% O_2 gewachsen waren. Nachweis durch Fluorographie von in vitro translatierter RNA (nach *Bisseling* et al.)

3.3.3.1. Noduline: Knöllchenspezifische Proteine

Mit Hilfe von molekularbiologischen Techniken sind in den letzten Jahren mehr als 40 **knöllchenspezifische Proteine** nachgewiesen worden, von denen jedoch in den meisten Fällen nur die Molekulargewichte und nicht die Funktionen bekannt sind. Durch Isolierung von RNA, In-vitro-Translation mit einem System, das nur Eukaryoten m-RNA translatiert, und anschließender zweidimensionaler Gelelektrophorese der Translationsprodukte nach 35S Methionin-Inkorporation, lassen sich über 500 Polypeptide aus Knöllchen auftrennen. Bakteroiden-RNAs werden in diesem eukaryotischen System nicht translatiert. In isolierten Wurzelhaaren läßt sich mit dieser Methode auch mindestens ein Nodulin nachweisen. Im Wurzelgewebe wird 8 Tage nach Infektion ein Nodulin mit einem Molekulargewicht von 40000 D synthetisiert. 15 Tage nach Infektion sind neben den 4 Leghämoglobinen mehr als 15 knöllchenspezifische Proteine erkennbar. Quantitativ besonders hervorragend sind die Noduline N-68 (Molekulargewicht 68000 D) und N-21 (Abb. 3.**33**). Diese Ergebnisse lassen sich bestätigen mit cDNA-Klonen von knöllchenspezifischer mRNA, die stadienspezifisch mit der Gesamtknöllchen-RNA hybridisieren.

Die Funktionen sind nur von wenigen Nodulinen bekannt. **Glutaminsynthetase** ist in Knöllchen gegenüber Wurzeln 10- bis 100fach angereichert. Das Enzym besteht, wie andere pflanzliche Glutaminsynthetasen auch, aus 8 Untereinheiten mit einem Gesamtmolekulargewicht von 320000 bis 380000 D. Das Enzym aus Knöllchen enthält eine spezifische Untereinheit (γ-Untereinheit) mit dem Molekulargewicht 43000 D, die in Wurzelgewebe nicht exprimiert wird. Eine zweite Untereinheit (β-Untereinheit) wird sowohl in Knöllchen wie in Wurzeln exprimiert. Eine dritte Untereinheit (α-Untereinheit) ist wurzelspezifisch (Abb. 3.**34**). Aus diesen drei verschiedenen Typen von Untereinheiten werden zwei knöllchenspezifische Holoenzyme und ein davon unterschiedliches wurzelspezifisches Holoenzym synthetisiert.

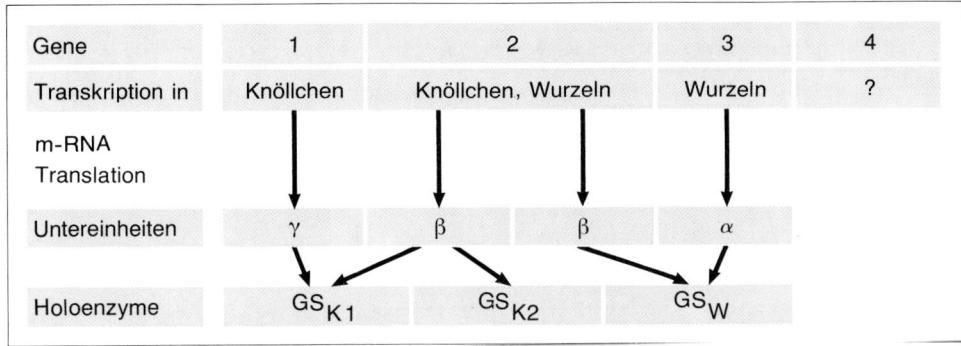

Abb. 3.34 Expression der pflanzlichen Glutaminsynthetasegene in Knöllchen und Wurzeln von *Phaseolus vulgaris* (nach *Cullimore*)

In Sojabohnen ist das Nodulin-35 als eine knöllchenspezifische **Uricase** (Uratoxydase) identifiziert worden. Eine knöllchenspezifische Form der **PEP-Carboxylase** gehört ebenfalls zu den Enzymen des Primärstoffwechsels in Knöllchen. Als erstes funktionell an der Biosynthese der wichtigsten symbiotischen Struktur, der Peribakteroidenmembran, beteiligtes Nodulin ist eine knöllchenspezifische **Cholin-Kinase (CK II)** erkannt worden.

3.3.3.2. Leghämoglobingene

7 bis 8 Tage nach Infektion werden bei der Sojabohne die Leghämoglobingene aktiviert und weitere 4 Tage später wird die Transkription dann noch einmal erheblich gesteigert. Zu diesem Zeitpunkt sind die Nitrogenasegene in den Bakteroiden noch nicht dereprimiert. Die funktionellen Änderungen im Knöllchen, die mit der N_2-Fixierung einhergehen, sind also nicht Voraussetzung für die Synthese des Leghämoglobins. Die **vier Leghämoglobingene** der Sojabohne (Lba, Lbc$_1$, Lbc$_2$, Lbc$_3$) haben alle drei Introns an identischen Positionen, und zwar bei Codon 32, bei Codon 68 bis 69 und bei Codon 103 bis 104. Damit entspricht deren Position genau der von Introns bei allen anderen Globingenen. Daraus läßt sich folgern, daß die Leghämoglobingene sich von einem gemeinsamen Globingen ableiten. Ein Hämoglobingen aus *Parasponia andersonii* hat über 50% Homologie in der Nukleotidsequenz mit einem Leghämoglobingen aus Leguminosen und zeigt ebenfalls Homologie mit den Hämoglobingenen aus *Casuarina*. Die vier Leghämoglobingene werden nacheinander aktiviert in der Reihenfolge Lbc$_3$, Lbc$_2$, Lbc$_1$ und Lba. Verbunden mit diesen vier Strukturgenen sind noch mindestens zwei weitere Leghämoglobingene, die möglicherweise regulatorische Funktionen haben.

Die Leghämoglobine sind im Cytoplasma der infizierten Wirtszellen lokalisiert. Die Vorstellung, daß der Hämanteil des Leghämoglobins von *Rhizobium*-Zellen synthetisiert wird, ist nicht gesichert. Die Hämbiosynthese der Bakterien ist unter mikroaeroben Bedingungen in Reinkultur zwar stimuliert. Aussagekräftiger ist aber der Befund, daß Defektmutanten der Hämsynthese von *Rhizobium* auch in der Lage sind, die Synthese des Leghämoglobins zu induzieren.

3.3.3.3. Weitere pflanzliche Gene, die an der Nodulation beteiligt sind

Neben Genen, die für Proteine wie Leghämoglobine und knöllchenspezifische Glutaminsynthetasen codieren, müssen weitere pflanzliche Gene für die Regulation der

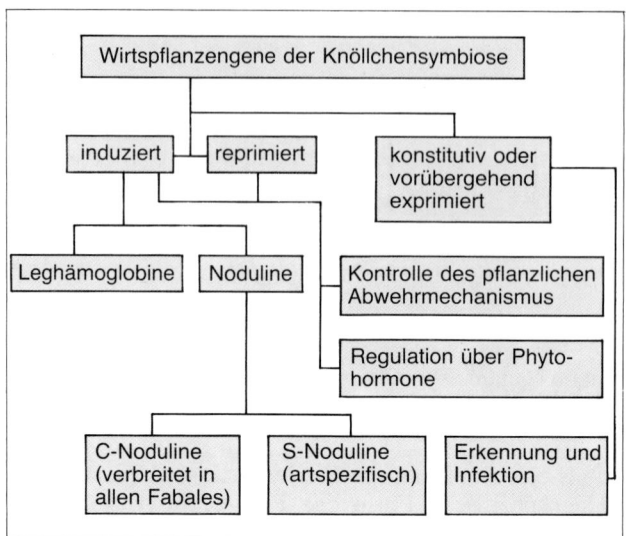

Abb. 3.**35** Wirtspflanzenge-
ne, die an der Knöllchenentwicklung und -funktion beteiligt sind bzw. postuliert werden (nach *Verma*)

Entwicklung angenommen werden (Abb. 3.**35**). Gene, die den Phytohormonspiegel
direkt oder indirekt regulieren, und Gene, die den pflanzlichen Abwehrmechanismus
kontrollieren, sind von besonderem Interesse. Das wichtigste Strukturelement bei der
Kontrolle des pflanzlichen Abwehrmechanismus ist die Peribakteroidenmembran (s.
Abschnitt 3.3.4.2.).

Durch direkte genetische Analyse und durch Verwendung von Pflanzenmutanten sind
bei Erbsen insgesamt 10 verschiedene Gene bisher identifiziert, die die Knöllchenentwicklung und die Knöllchenfunktion bestimmen und regulieren (Tab. 3.**16**). Die Gene

Tabelle 3.**16** Pflanzliche Gene, die an der Knöllchen-Entwicklung und Funktion bei *Pisum
sativum* beteiligt sind (nach *LaRue* et al.)

Gen	Phänotyp
nod_1 und nod_2	Beeinflussen die Zahl der Knöllchen pro Pflanze
nod_3	Nodulation auch in Gegenwart von höheren Nitratkonzentrationen (15 mM)
sym_1	Temperaturabhängigkeit der Nodulation (keine Nodulation unter 20 °C mit bestimmten *Rhizobium leguminosarum* Stämmen)
sym_2	Bestimmung des Wirtsbereichs in Kombination mit nod-Genen der Rhizobien
sym_3	Ineffektive (fix⁻) Nodulation
sym_4	Resistenz gegenüber Nodulation durch einen einzelnen Stamm von *Rhizobium leguminosarum*
sym_5	Resistenz gegenüber Nodulation durch alle getesteten Stämme von *Rhizobium leguminosarum*
sym_6	Reduzierte Effektivität (N_2-Fixierung) in Knöllchen
sym_7	Resistenz gegenüber Nodulation. Nicht allel mit sym_5

nod 1 und nod 2 beeinflussen die Zahl der Knöllchen pro Pflanze, während das Gen nod 3 eine Nodulation auch in Gegenwart höherer Nitratkonzentrationen zuläßt. Das Gen Sym 1 beeinflußt die Temperaturabhängigkeit der Nodulation in der Weise, daß keine Nodulation mit bestimmten Stämmen von *Rhizobium leguminosarum* unter 20°C möglich ist. Das Gen Sym 2 bestimmt den Wirtsbereich in Kombination mit einzelnen nod-Genen von *Rhizobium leguminosarum*. Die Gene Sym 3 und Sym 6 beeinflussen die Effektivität der N_2-Fixierung, während die Gene Sym 4, Sym 5 und Sym 7 Resistenz der Nodulation gegenüber einzelnen oder allen getesteten Stämmen von *Rhizobium leguminosarum* verursachen. Die Zahl der Struktur- und Regulationsgene der Pflanzen, die an Entwicklung und Funktion der Knöllchen spezifisch beteiligt sind, ist bisher nicht abzuschätzen.

Die geringe Zahl der bisher bekannten pflanzlichen Gene, die an der Nodulation beteiligt sind, muß in Relation gesehen werden zu den ca. 100 000 Genen, die in Höheren Pflanzen vorhanden sein können und den ca. 70 000 verschiedenen angenommenen m-RNAs.

3.3.3.4. Bakteroidendifferenzierung

Während ihrer Vermehrung in den infizierten Wirtszellen des Knöllchens wandeln sich die Zellen von *Rhizobium* und *Bradyrhizobium* zu sogenannten Bakteroiden um (Tab. 3.17). Nach vollständiger räumlicher Ausfüllung können sich die Bakteroide nicht weiter teilen und sind dann vergleichbar mit biotechnologisch immobilisierten Zellen. Funktionell lassen sich **Bakteroide** auch als **stickstofffixierende Zellorganelle** ansehen. Die Lebensfähigkeit der Bakteroide ist, entgegen früheren Annahmen, nicht generell reduziert. Der Nachweis ihrer Teilungsfähigkeit läßt sich aber oft nur erbringen, wenn der osmotische Wert des Kulturmediums entsprechend hoch eingestellt wird, bei der Isolierung ein niedriger Sauerstoffpartialdruck aufrechterhalten wird, und die Bakteroide vor den phenolischen Verbindungen aus den Knöllchen geschützt werden. Unver-

Tabelle 3.**17**   Die *Rhizobium/Bradyrhizobium* Bakteroidendifferenzierung

---

Lebensfähigkeit (inkl. Ineffektivität und Effektivität): generell nicht reduziert (mit unbestätigten Ausnahmen)

Abhängigkeit vom osmotischen Wert: erhöht

Zellwand-, Zellmembran-Veränderungen: Heptosen in Lipo- und Exopolysacchariden reduziert

DNA-Gehalt: unverändert in Bezug auf eine normale Zellgröße

Proteinsynthese: Proteinmuster qualitativ und quantitativ verändert

Kohlenhydratstoffwechsel: organische Säuren (Succinat) als Substrat, trotz Malonatanreicherung

Lipidstoffwechsel: PHB-Anreicherung, direkte Beziehung zur Nitrogenase-Aktivität

Elektronentransportsystem: Anwesenheit von Cytochromen c 552 und p 450 in den Bakteroiden, Ubichinon-Gehalt erhöht

Hämsynthese: erhöht, auch in freilebenden Zellen unter reduziertem O_2-Partialdruck

Nitrogenasesynthese: voll dereprimiert, bis zu 10% des löslichen Proteins; auch in freilebenden Zellen unter reduziertem O_2-Partialdruck bei einigen Stämmen von *Bradyrhizobium*

Stickstoffstoffwechsel: Ammoniumausscheidung, auch in Nitrogenase dereprimierten freilebenden Zellen und mit reprimierten Zellen aus Asparagin-Medium

ändert ist auch der DNA-Gehalt der Zellen, wenn als Bezugswert die „einzellige" Zellgröße verwendet wird. Die zuweilen deutlich verzweigten und vergrößerten Bakteroide bei *Rhizobium leguminosarum* oder *Rhizobium meliloti* sind physiologisch mehrzellige Formen, bei denen die Teilung nicht durch eine folgende Zellwandbildung abgeschlossen wird. In diesen Formen ist der DNA-Gehalt pro Bakteroid natürlich erhöht. Das Muster der löslichen und der membrangebundenen Proteine ist qualitativ und quantitativ in den Bakteroiden verändert. So ist z. B. die Aktivität der bakteriellen Glutaminsynthetase in N_2-fixierenden Bakteroiden deutlich reduziert gegenüber der freilebenden Bakterienform. Erhöht ist dagegen die Aktivität der β-Hydroxybutyratdehydrogenase. Dies steht in Beziehung zu einer Veränderung des Lipidstoffwechsels, wo eine deutliche Anreicherung von Poly-β-Hydroxybuttersäure (PHB) in den Bakteroiden auch direkt cytologisch nachweisbar ist. Diese PHB-Anreicherung steht in einer Beziehung zu Nitrogenaseaktivität, denn nichtfixierende Bakteroide reichern deutlich weniger PHB an. Im voll dereprimierten Stadium kann die **Nitrogenase bis 10% des löslichen Proteins** der Bakteroide ausmachen. Die Bakteroide scheiden über 90% des fixierten Stickstoffs in Form von Ammoniak in die umgebende Wirtszelle durch den Peribakteroidenraum hindurch aus. Die Veränderungen im Bereich der Zellwand und der Zellmembran sind bisher nur unvollständig bekannt, so sind die Heptosen in den Lipo- und Polysacchariden reduziert. Verändert sind speziell viele Enzyme des periplasmatischen Raumes der Bakterien. Deutliche Unterschiede zwischen Bakteroidenform und den freilebenden Zellen sind auch im Elektrontransportsystem nachgewiesen, sowohl in der Veränderung des Cytochrommusters wie auch im Ubiquinongehalt. Dabei bestehen erhebliche Unterschiede innerhalb der gleichen Art. So wird z. B. in der DNA-Homologiegruppe 1 von *Bradyrhizobium japonicum* das Cytochrom aa_3 nahezu nicht verändert in der Bakteroidenform, während es in der DNA-Homologiegruppe 2 nicht mehr nachweisbar ist.

3.3.4.   Cytologie und Ultrastruktur der Knöllchen

Eine voll effektive Symbiose ist feinstrukturell dadurch gekennzeichnet, daß die Symbionten sowohl in direkter Nachbarschaft des Zellkerns der Wirtszelle (Abb. 3.**36**) wie auch an der Peripherie (Abb. 3.**40**) von einer **stabilen Peribakteroidenmembran** umgeben sind. Mutationen im Genom der *Rhizobium/Bradyrhizobium*-Zellen können diesen Wildtypzustand erheblich modifizieren. Drei Beispiele sind in den Abb. 3.**37** bis 3.**39** dargestellt: Im ersten Beispiel sind die Peribakteroidenmembranen sehr frühzeitig während der Entwicklung aufgelöst, während die Bakteroide stabil sind und enzymatisch aktiv im langsam degenerierenden Cytoplasma der Wirtszelle verbleiben. Im zweiten Beispiel (Abb. 3.**38**) fusionieren die Peribakteroidenmembranen zu großen lytischen Kompartimenten, in denen die Bakteroide verdaut werden. Diese Entwicklung ist jedoch nur im Zentrum der Wirtszelle in der Nähe des Zellkerns zu beobachten. In der Peripherie der Zellen bleiben die Bakteroide und die Peribakteroidenmembranen stabil. Im dritten Beispiel (Abb. 3.**39**) degenerieren die Bakteroide frühzeitig in den stabilen Peribakteroidenmembranen. Neben den bereits beschriebenen nod- und nif-Genen bei *Rhizobium/Bradyrhizobium* muß es weitere Gene geben, die an der Biosynthese und der Stabilität der Peribakteroidenmembran beteiligt sind.

An der Peripherie der Wirtszellen ist eine Anhäufung von Zellorganellen zu beobachten (Abb. 3.**40**). Bei einigen Sorten von Sojabohnen besonders auffallend sind hier enge **Assoziationen von Mitochondrien mit Amyloplasten**. Diese Mitochondrien sind für Pflanzen auffällig Cristae-reich. Die Stärke in Amyloplasten der Wirtszellen wird bereits in den ersten Stadien der Knöllchenentwicklung quantitativ verbraucht (Abb. 3.**41**). Eine veränderte Knöllchenfeinstruktur läßt sich auch durch Abwandlung des pflanzli-

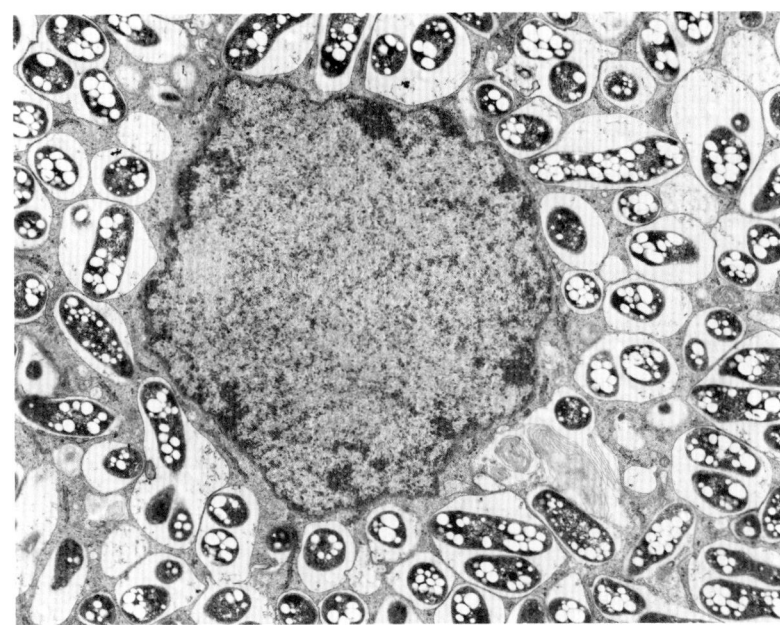

Abb. 3.**36** Ausschnitt aus einer Wirtszelle der Knöllchen von *Glycine max* cv. Mandarin, infiziert mit *Bradyrhizobium japonicum* 61-A-101 (fix⁺), 29 Tage nach Infektion. Vergr. 8300fach

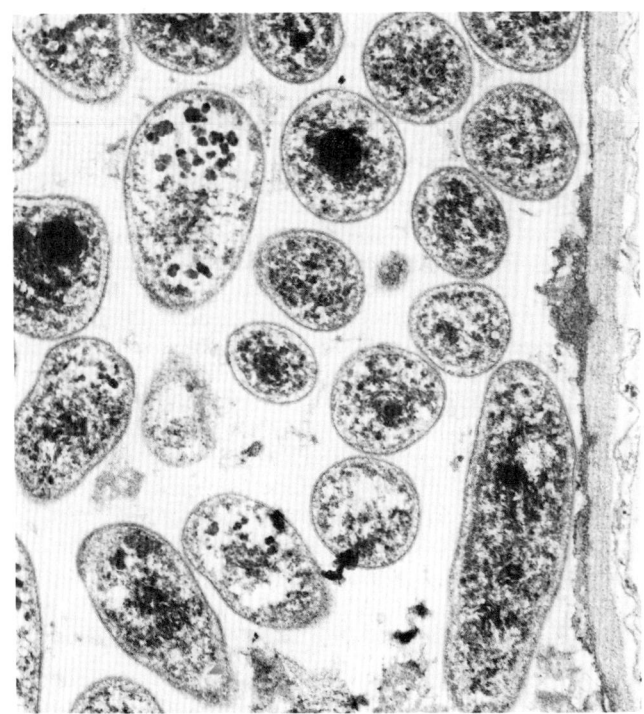

Abb. 3.**37** Ausschnitt aus einer Wirtszelle der Knöllchen von *Glycine max* cv. Mandarin, infiziert mit *Bradyrhizobium japonicum* 61-A-24 (fix⁻), 29 Tage nach Infektion. Vergr. 27 000fach

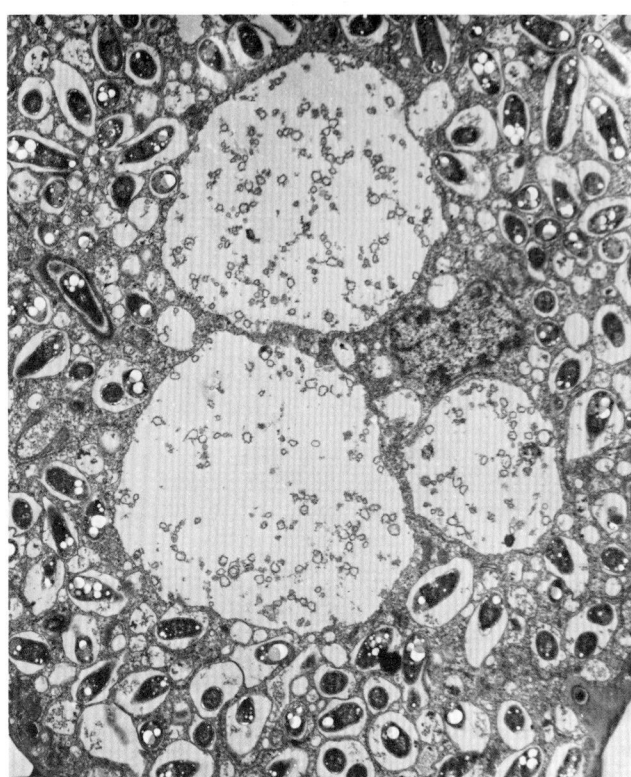

Abb. 3.**38**   Ausschnitt aus einer Wirtszelle der Knöllchen von *Glycine max* cv. Mandarin, infiziert mit *Bradyrhizobium japonicum* RH 31-Marburg, 34 Tage nach Infektion. Vergr. 4700fach (nach *Werner*)

chen Genotyps produzieren. So entwickelt der Genotyp MnPl-480 tumorähnliche Knöllchen mit den meisten Wildtypstämmen von *Rhizobium meliloti*. In diesen Knöllchen sind nur sehr wenige Infektionsschläuche zu beobachten und auch die Zahl der infizierten Zellen ist gering. Diese Knöllchenzellen behalten einen hohen Stärkegehalt über längere Zeit. Die durch pflanzliche Gene determinierten ineffektiven Genotypen bei der Luzerne haben reduzierte Aktivitäten von Glutaminsynthetase, Glutamatsynthase (GOGAT) und Phosphoenolpyruvat-Carboxylase. Voll infizierte Knöllchenzellen enthalten nur noch geringe Zentralvakuolenanteile, wie bei der Erbse, oder keine, wie bei der Sojabohne. Streng zu unterscheiden von diesen frühen Stadien der Knöllchenentwicklung ist die **Seneszenz** der Knöllchen. Bei Erbsen leitet die Auflösung des Tonoplasten der Zentralvakuole die Lysis der Bakteroide ein. Mit der Seneszenz verbunden ist auch eine Abnahme des Volumens der Zellkerne, eine teilweise Fragmentierung des ER und eine Reduzierung der Ribosomenzahl. Durch Entfernung der Blätter beim Mähen wird die Seneszenz vorübergehend beschleunigt, anschließend erholen sich jedoch die Wirtszellen wieder und die intakt gebliebenen Infektionsschläuche infizieren neue Zellen. Das Gewebe infizierter Zellen leitet sich bei der Sojabohne primär aus den äußeren Schichten der Wurzelrinde ab, während bei der Erbse auch die inneren Rindenschichten beteiligt sind.

3.3.4.1.   Infizierte und nichtinfizierte Wirtszellen

Die großen, dicht mit Bakteroiden angefüllten Zellen im Knöllchengewebe liegen oft benachbart zu deutlich kleineren, stark vakuolisierten nichtinfizierten Zellen

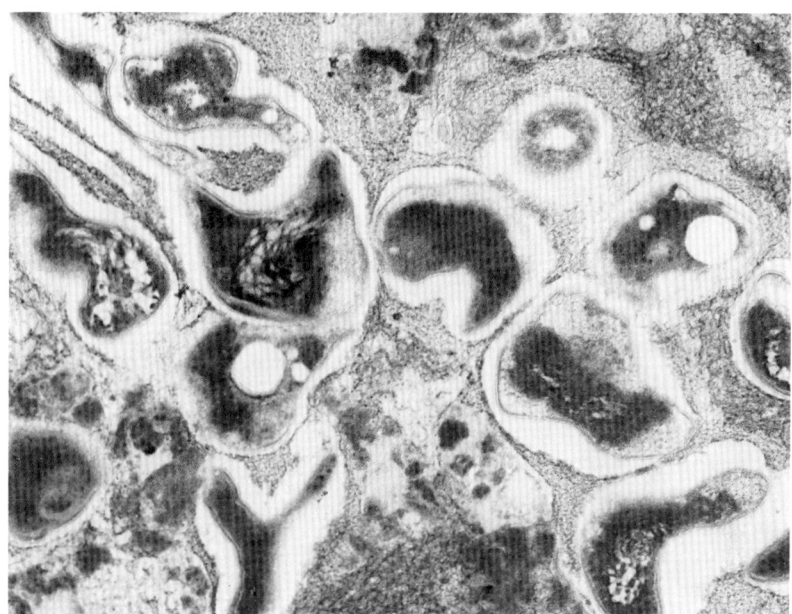

Abb. 3.**39**   Ausschnitt aus einer Wirtszelle der Knöllchen von *Glycine max* cv. Mandarin, infiziert mit *Bradyrhizobium japonicum* USDA 24 (fix⁻), 34 Tage nach Infektion. Vergr. 42000fach (nach *Werner*)

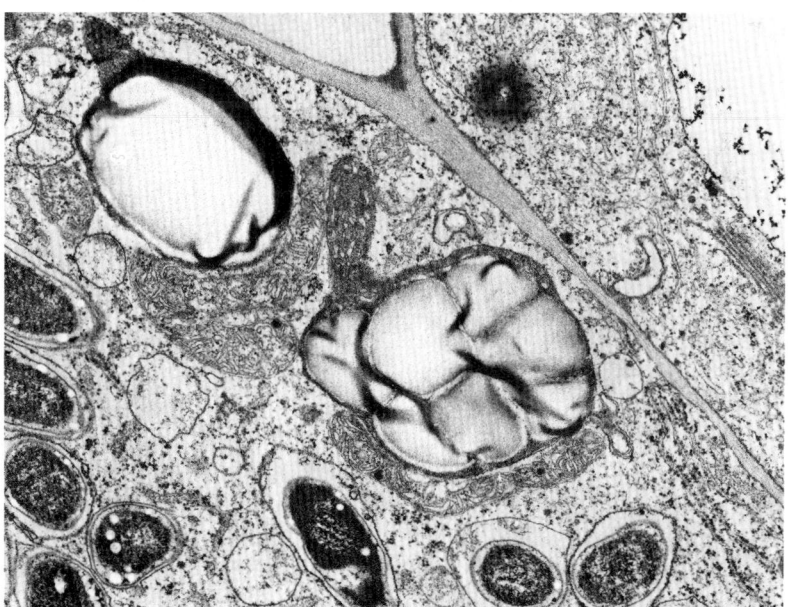

Abb. 3.**40**   Amyloplastenmitochondrien-Assoziation in einer Wirtszelle von *Glycine max* cv. Caloria, infiziert mit *Bradyrhizobium japonicum* 3 l 1b85 (fix⁺), 15 Tage nach Infektion. Vergr. 15000fach

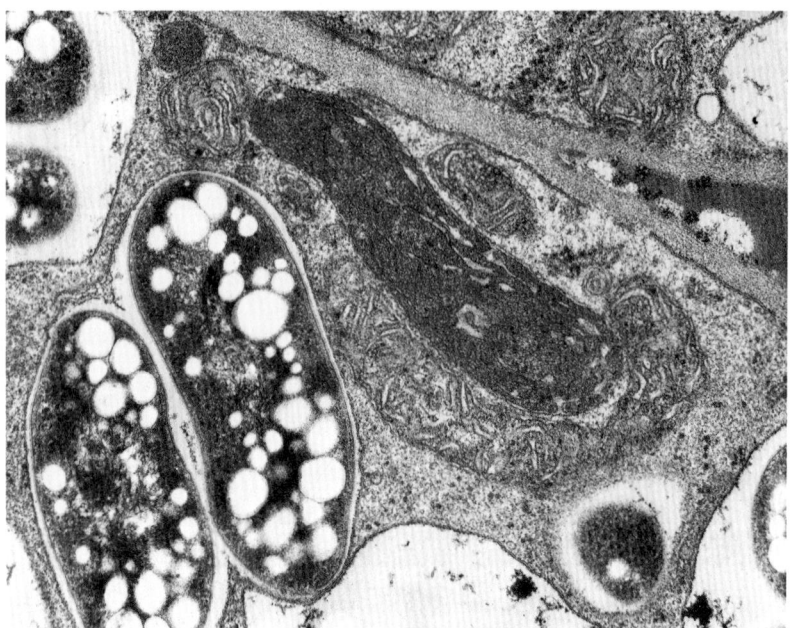

Abb. 3.**41**   Plastiden-Mitochondrien-Assoziation in enger Nachbarschaft zu einem Bakteroid in einer Wirtszelle von *Glycine max* cv. Caloria, infiziert mit *Bradyrhizobium japonicum* 3 I 1b85 (fix⁺), 29 Tage nach Infektion. Vergr. 30000fach

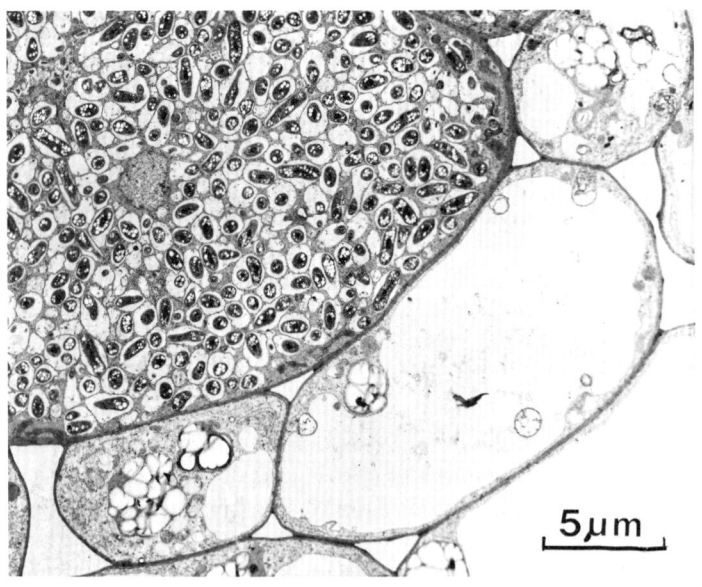

5µm

Abb. 3.**42**   Infizierte Wirtszelle aus Knöllchen von *Glycine max* cv. Caloria, angefüllt mit Bakteroiden in Peribakteroidenmembranen. Benachbart sind mehrere kleinere, nichtinfizierte Zellen mit großen Zentralvakuolen und stärkereichen Amyloplasten (nach *Werner* et al.)

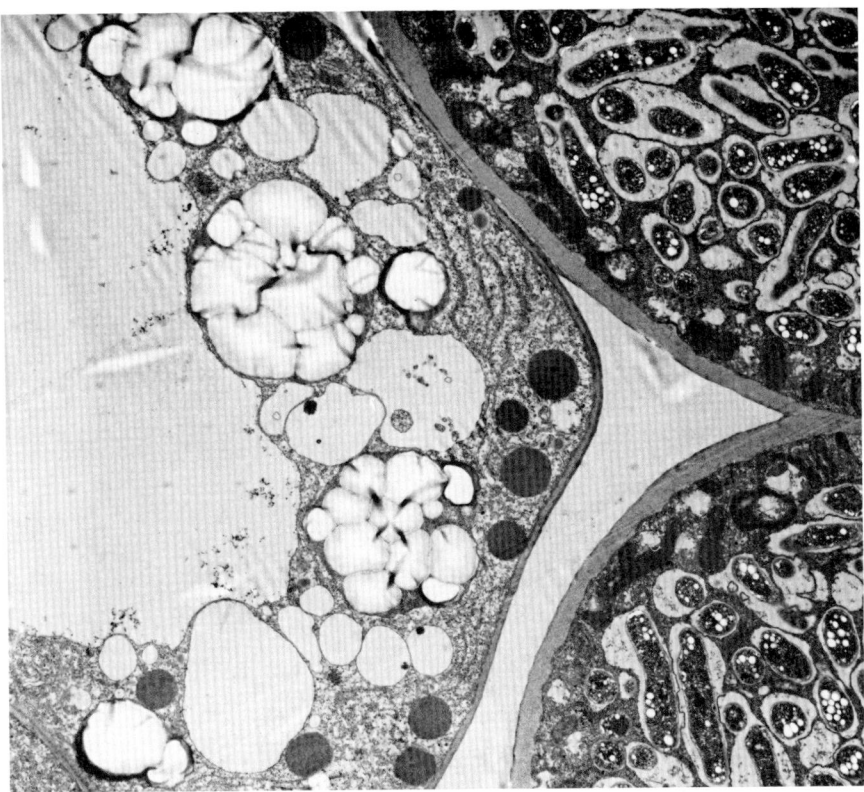

Abb. 3.**43**   Ausschnitt einer nichtinfizierten Zelle im Knöllchengewebe von *Glycine max* cv. Mandarin (links) mit dunkel kontrastierten vergrößerten Peroxisomen an der Peripherie der Zelle. Vergr. ca. 12000fach (Originalaufnahme *E. Mörschel*, Marburg)

(Abb. 3.**42**). Die Form der Zellwand zwischen den infizierten und nichtinfizierten Zellen läßt auf einen höheren osmotischen Druck im ersten Zelltyp schließen. Durch stärkere Kontrastierung läßt sich eine andere Besonderheit der nichtinfizierten Zellen darstellen (Abb. 3.**43**): stark vergrößerte **Peroxisomen**, die als dunkle rundliche Zellorganelle an der Peripherie der nichtinfizierten Zellen angehäuft im Cytoplasma liegen. In diesen Peroxisomen sind die Enzyme des Purinabbaus wie Uratoxidase (Uricase, E.C.1.7.3.3.) und Xanthindehydrogenase durch Immunogoldmarkierung zu lokalisieren. Die entstehenden Produkte Allantoin und Allantoinsäure sind die wichtigsten N-Transportformen bei vielen tropischen Leguminosen (Abb. 3.**57**). Für die Ureide exportierenden Knöllchen wird eine höhere Ökonomie angenommen, da das N/C-Verhältnis in diesen Transportmetaboliten höher ist als bei Glutamin oder Asparagin.

3.3.4.2.   Peribakteroidenmembran und Peribakteroidenraum

Bei der Freisetzung der Bakterien aus dem Infektionsschlauch leitet sich die Peribakteroidenmembran vom Plasmalemma der Wirtszelle herab. Im Verlauf der folgenden Infektion einer Zelle vergrößert sich die Oberfläche dabei innerhalb von nur einer Woche auf das etwa 20fache der Fläche des Plasmalemmas. Zwei unterschiedliche

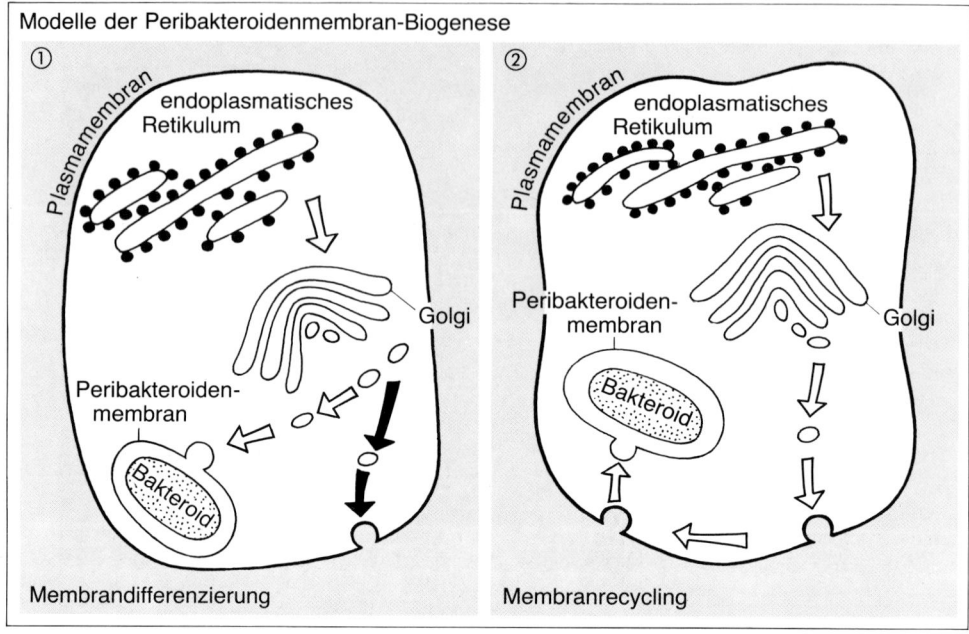

Modelle der Peribakteroidenmembran-Biogenese

① Plasmamembran — endoplasmatisches Retikulum — Golgi — Peribakteroidenmembran — Bakteroid

Membrandifferenzierung

② Plasmamembran — endoplasmatisches Retikulum — Peribakteroidenmembran — Golgi — Bakteroid

Membranrecycling

Abb. 3.**44**   Modelle der Peribakteroidenmembran-Biogenese (nach *Mellor* et al.)

Modelle über den Membranfluß bei der Bildung der Peribakteroidenmembran sind in der Abb. 3.**44** zusammengefaßt. Das 1. Modell der **Membrandifferenzierung** nimmt an, daß Membranvesikel direkt vom Golgi-Apparat zu der wachsenden Peribakteroidenmembran gerichtet werden und dort fusionieren. Bei dem 2. Modell (Membran-Recycling) wird postuliert, daß die Peribakteroidenmembran auch in späteren Stadien relativ ähnlich dem Plasmalemma der Wirtszelle bleibt, und die Vesikel über die Plasmamembran zur Peribakteroidenmembran hin transportiert werden. Cytologische Beobachtungen und biochemische Daten lassen sich eher mit dem Modell 1 in Einklang bringen. Dazu gehört der Nachweis, daß im Peribakteroidenraum Protease- und Glycosidaseaktivitäten nachweisbar sind (Tab. 3.**18**). Dabei muß sichergestellt sein, daß bei der Präparation dieses Kompartiments keine Verunreinigung durch Wirtszellcytoplasma oder Bakteroidencytoplasma vorliegt. Damit enthält dieses Kompartiment ähnliche Komponenten wie das Vakuom von Zellen, in dem Protease A und B, Carboxypeptidase Y, RNase, Mannosidase und Phosphatasen nachgewiesen sind. Beim Modell 2 ist nur schwer vorstellbar, wie diese Komponenten bei einem Membran-Recycling über das Plasmalemma in dieses Kompartiment innerhalb der Peribakteroidenmembran hineinkommen können. Durch welche Signalmoleküle und in welchem Stadium die Bakteroiden die Membranbiosynthese modifizieren und regulieren, ist nicht bekannt. Nachgewiesen sind dagegen deutliche Aktivitätssteigerungen einiger an der Membranbiosynthese beteiligter Enzyme in Knöllchen nach Infektion mit verschiedenen Stämmen von *Bradyrhizobium japonicum* (Tab. 3.**19**). Gegenüber nichtinfiziertem Wurzelgewebe sind die Cholinkinase 350% und die Cholin-Phosphotransferase 200% gesteigert. Noch ausgeprägter sind die Aktivitätssteigerungen einiger spezifischer **Glycosyltransferasen**. So ist die Aktivität der UDP-ASGF-N-Acetylgalactosamin-Transferase im Wildtypknöllchen um das 16fache gegenüber nichtinfiziertem Wurzelgewebe stimuliert. Diese

Ergebnisse sind Grundlage für die Hypothese, daß an der Spezifität der Peribakteroidenmembran unterschiedlich glycosylierte Membranproteine beteiligt sind.

Die Peribakteroidenmembran ist eine entscheidende physiologische Barriere zwischen Mikrosymbiont und Wirtscytoplasma. Unter Verwendung der in den Abb. 3.**36** bis 3.**39** dargestellten Knöllchentypen läßt sich zeigen, daß nur bei einer frühzeitigen Auflösung der Peribakteroidenmembran die Wirtszelle die Bakterien als Fremdorganismen erkennt. Dies wird nachgewiesen durch die Biosynthese von **Glyceollin I**, einem **Phytoalexin der Sojabohne** (Tab. 3.**20**). Von den drei Isomeren des Glyceollins (Abb. 3.**45**) ist Glyceollin I quantitativ am wichtigsten. Während in Wildtypknöllchen und in Knöllchen mit fusionierender Peribakteroidenmembran keine Anreicherung von Glyceollin gegenüber dem Wurzelgewebe beobachtet wird, ist dies im Knöllchentyp, infiziert mit dem Stamm 61-A-24, sehr deutlich. Die 20 Tage nach Infektion erreichte Anreicherung von Glyceollin von über 6000 pmol · mg^{-1} Trockensubstanz entspricht der Glyceollinan-

Tabelle 3.18   Nachweis von Protease- und Glucosidaseaktivitäten im Peribakteroidenraum von Knöllchen von *Glycine max.* Kontrollenzyme zum Nachweis von Wirtszellcytoplasma: Asparaginsynthetase und α-Galactosidase. Kontrollenzym zum Nachweis von Bakteroidencytoplasma: Alanin-Dehydrogenase. Prozent der Aktivitätsverteilung (nach *Mellor* et al.)

Enzym	Wirtszellcytoplasma	Peribakteroidenraum	Bakteroidencytoplasma
Alanin-Dehydrogenase	11,4	0	88,6
Asparagin-Synthetase	100	0	0
α-Galactosidase	100	0	0
α-Glucosidase	74,8	9,2	16,0
α-Mannosidase*	56,6	43,4	0
Protease	35,0	17,5	47,5
Protein	96,5	1,4	2,1**

*   100% der Aktivität entsprechen hier 23% der Gesamtaktivität, da 77% als partikulär gebundene Aktivität vorher abgetrennt wurden.

**   Dieser Wert ist nicht bezogen auf die Proteinanteile im Gesamtknöllchen. Bei der Fraktionierung wurde ein großer Teil der Bakteroide ohne intakte Peribakteroidenmembran vorher abgetrennt.

Tabelle 3.19   Aktivitätssteigerungen einiger an der Membranbiosynthese beteiligter Enzyme in Knöllchen von *Glycine max* (Sojabohne), infiziert mit verschiedenen Stämmen von *Bradyrhizobium japonicum.* Prozent Stimulierung über nichtinfiziertes Wurzelgewebe (nach *Mellor* et al.)

Knöllchen infiziert mit *Bradyrhizobium japonicum* Stamm	Cholinkinase	1 Cholinphosphotransferase	2 GDP-DMP Mannosyl-Transferase	3 UDP-ASGF Galactosyl-Transferase	3 UDP-ASGF N-acetylgalactosamin-Transferase
61-A-101	350	200	300	780	1600
RH 31-Marburg	80	120	280	800	800
61-A-24	50	90	180	550	570

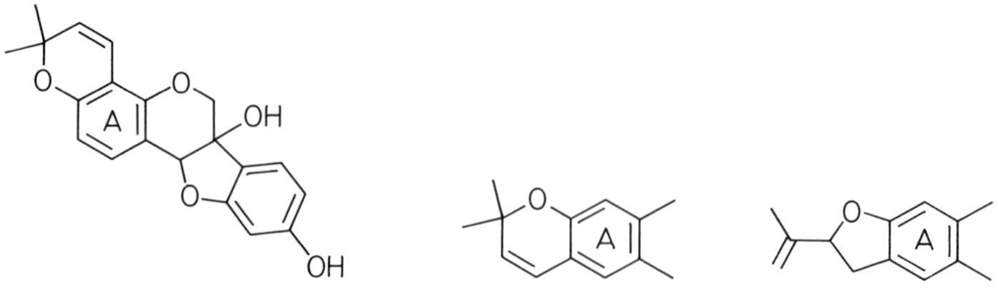

Abb. 3.45 Glyceollin Isomere (I–III), die sich nach Infektion durch *Phytophthora megasperma* f. sp. *glycinea* im Hypokotyl der Sojabohne anreichern

reicherung, die in Hypokotylen von Sojabohnen nach Infektion mit *Phytophthora* meßbar wird. In Wildtyp-Knöllchengewebe erkennt die Wirtspflanze die über 10 000 Endosymbionten pro Zelle also nicht als Parasiten. Die intakte Peribakteroidenmembran ist dafür die Voraussetzung.

3.3.5.   N₂-Fixierung

Physiologisch herausragendes Ergebnis der Symbioseentwicklung ist die Derepression der Nitrogenase in den Bakteroiden. Entwicklung und Stoffwechsel der Knöllchen kann als eine Optimierung für diesen biochemischen Prozeß aufgefaßt werden, in dem die Wirtspflanze die C- und Energiequellen, die Sauerstoffschutzmechanismen und die Enzyme für die Ammoniumassimilation bereitstellt, und dafür im Austausch den von den Bakteroiden ausgeschiedenen Ammoniak über mehrere Wochen hinweg aus diesen Organen heraus für die Synthese in Wurzeln, Blättern und Samen nutzen kann.

Tabelle 3.20 Glyceollin I Anreicherung in Knöllchen von *Glycine max* cv. Mandarin, infiziert mit N₂-fixierenden (fix⁺) und nicht fixierenden (fix⁻) Stämmen von *Bradyrhizobium japonicum*

Gewebe	*Bradyrhizobium japonicum* Stamm	Tage nach Infektion (Knöllchen) und nach Keimung (Wurzel)	Glyceollin I ($pmol \cdot mg^{-1}$ Trockensubstanz)
Knöllchen	61-A-101 (fix⁺)	20	140
Knöllchen	61-A-101 (fix⁺)	34	< 50
Knöllchen	110 USDA (fix⁺)	20	630
Knöllchen	110 USDA (fix⁺)	34	< 50
Knöllchen	RH 31-Marburg (fix⁻)	20	< 50
Knöllchen	RH 31-Marburg (fix⁻)	34	< 50
Knöllchen	61-A-24 (fix⁻)	20	6250
Knöllchen	61-A-24 (fix⁻)	34	1600
Wurzel	–	20	650
Wurzel	–	34	410

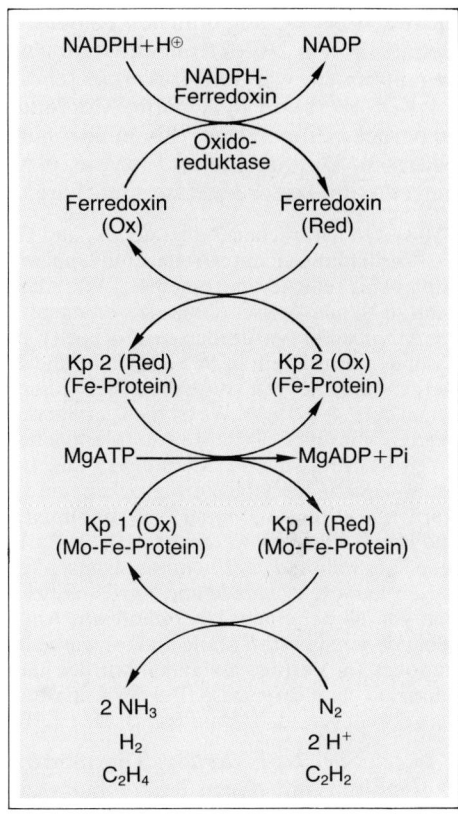

NADPH+H⊕   NADP

NADPH-
Ferredoxin

Oxido-
reduktase

Ferredoxin   Ferredoxin
(Ox)   (Red)

Kp 2 (Red)   Kp 2 (Ox)
(Fe-Protein)   (Fe-Protein)

MgATP————————→MgADP+Pi

Kp 1 (Ox)   Kp 1 (Red)
(Mo-Fe-Protein)   (Mo-Fe-Protein)

2 NH_3 N_2

H_2 2 H^+

C_2H_4 C_2H_2

Abb. 3.**46**   Elektronentransportsystem zur
Nitrogenase

3.3.5.1. Nitrogenase: Struktur, Funktion und Regulation

Nitrogenase mit dem systematischen Namen Distickstoff-Oxidoreduktase (ATP-hydro-lisierend) (E. C. 1.18.6.1.) gehört zu den aus Untereinheiten zusammengesetzten En-zymsystemen. Sie besteht aus zwei Komponenten, einem **Mo-Fe-Protein** mit einem Molekulargewicht von 245000 D und vier Untereinheiten, von denen jeweils zwei iden-tisch sind, also einem $\alpha\alpha\beta\beta$-Typ. Eine zweite Komponente ist ein **Fe-Protein** mit einem Molekulargewicht von 64000 D und zwei identischen Untereinheiten. Nach einer neue-ren, aber noch nicht allgemein anerkannten Terminologie wird das Mo-Fe-Protein auch als Dinitrogenase bezeichnet, das Eisenprotein als Dinitrogenasereductase. Die Nitro-genasekomponenten aus verschiedenen Organismen sind mit einigen Ausnahmen bio-chemisch und molekular sehr ähnlich, so daß Mo-Fe-Protein und Fe-Protein von aero-ben, mikroaeroben, anaeroben und von symbiotischen Bakterien miteinander kombi-niert werden können. Beide Nitrogenasekomponenten sind hochgradig sauerstofflabil, und zwar sowohl aus Organismen mit einem anaeroben wie aus Zellen mit einem aeroben Stoffwechsel. In **Azotobacter choococcum** wurde außerdem eine alternative Nitrogenase nachgewiesen, bei der das Molybdoprotein durch ein Vanadoprotein ersetzt ist und das bei Molybdänmangel funktionsfähig wird.

Ein vereinfachtes Schema des **Elektronentransportes** über das Fe-Protein zum Mo-Fe-Protein und zum Substrat ist in der Abb. 3.**46** dargestellt. Aus diesem Schema wird deutlich, daß der ATP-Bedarf bereits bei der Aktivierung des Fe-Proteins auftritt, und nicht erst bei der eigentlichen Reduktion des Substrates N_2 zu Ammoniak. Der ATP-Bedarf für den 2-Elektronenübergang wird heute allgemein mit zwei ATP pro Elektron angenommen, während früher auch höhere Werte vereinzelt berichtet wurden. Daraus folgt ein Wert von 16 ATP pro Mol reduziertem N_2, wobei die reduzierten Protonen mit zu berücksichtigen sind. Als Elektronencarrier zur Nitrogenase sind Ferredoxine nachgewiesen. Die beteiligten Enzyme, NADPH-Ferredoxinoxidoreductase bzw. Pyruvat-Ferredoxin-Oxidoreductase sind charakterisiert.

Neben den natürlichen Substraten N_2 und H^+ kann die Nitrogenase eine Reihe anderer **CN- und CC-Verbindungen mit Dreifachbindungen** reduzieren (Tab. 3.**21**). Azid (N_3) wird zu N_2 und Ammoniak reduziert mit einem K_M-Wert der Nitrogenase von 0,2–1,0 mM. Distickstoffoxid (N_2O) kann zu N_2 und Wasser reduziert werden mit sehr geringen Anteilen von Ammoniak. Auch hier ist die Affinität der Nitrogenase relativ hoch mit einem K_M-Wert von 1,0 mM. Bei der Reduktion von Cyaniden entstehen zu 90% Methan und zu ca. 10% Methylamin. Daneben werden noch Spuren von Ethen (C_4H_4) und Ethan (C_2H_6) gebildet. Die K_M-Werte für Cyanide liegen bei 0,4–1,0 mM. Wesentlich geringere Affinitäten zeigt das Enzym für Alkylcyanide mit K_M-Werten von über 500 mM. Aus Methylnitril entstehen Ethan und Ammoniak, aus Acrylnitril Propylen, Propan und Ammoniak. Die Isonitrile gehören zu den hochreaktiven Substraten, bedingt durch die hohe Verfügbarkeit von Elektronen am terminalen C-Atom. Für Vinylisonitril wurden K_M-Werte von unter 1 mM bestimmt. Die Fähigkeit der Nitrogenase, auch Cyanide, Nitrile und Isonitrile zu reduzieren, ist auch die Basis für eine Theorie über die Entstehung des Nitrogenasesystems während der Evolution. Danach soll dieses Enzym in den frühen Phasen der Entwicklung der Prokaryoten Cyanide und Nitrile reduziert (entgiftet) haben, während gleichzeitig die Reduktion von N_2 bei einem Überschuß von Ammoniak im Milieu noch keine Rolle spielte. Erst als gebundener Stickstoff Mangelfaktor wurde und Cyanide und Nitrile nicht mehr in Substratkonzentrationen zur Verfügung standen, wurden nach dieser Vorstellung N_2 und Protonen die eigentlichen Substrate der Nitrogenase. Bei der Entgiftung von Cyaniden unter anaeroben Bedingungen ist zu berücksichtigen, daß Cyanide z. B. die CO-Dehydrogenase aus Clostridien hemmen.

Energetik der N_2-Fixierung: Thermodynamisch ist die Reduktion von N_2 zu Ammoniak exergonisch, mit einem $\Delta G°$ von $= -54,5$ kJ pro mol reduziertem N_2. Bei physiologischen pH-Werten zwischen pH 6,0 und 8,0 ist jedoch ein ΔG^- von $+160$ kJ/mol N_2 bestimmt worden. Da bei phototrophen stickstofffixierenden Organismen direkt, bei chemoorganotrophen indirekt Wasser das eigentliche Reduktionsmittel ist, ist folgende Gleichung zu formulieren:

$$N_2 + 3\,H_2O = 2\,NH_3 + 1,5\,O_2$$
mit einem $\Delta G° = +670$ kJ $\cdot$ mol^{-1} N_2.

Tabelle 3.**21**   Substrate der Nitrogenase

Substrate	Produkte
*N_2	$2NH_3$
*$2H^+$	H_2
N_3^-	N_2, NH_3
N_2O	N_2, H_2O (wenig NH_3)
HCN	CH_4, NH_3, CH_3NH_2, (C_2H_4 und C_2H_6 in Spuren)
CH_3CN	C_2H_6, NH_3
$CH_2=CH-C\equiv N$	$CH_3-CH=CH_2$, C_3H_8, NH_3
CH_3NC	CH_3NH_2, CH_4, C_2H_6, C_3H_8, C_3H_6
CH_2CHCN	C_3H_6, NH_3, C_3H_8
C_2H_2	C_2H_4

* Natürliche Substrate der Nitrogenase

Wird die durch Photosynthese bereitgestellte „assimilatory power" mit in die Gleichung einbezogen, lautet sie folgendermaßen:

$$N_2 + 6\,Fd\,(red) + 12\,ATP + 12\,H_2O$$
$$\rightarrow 2\,NH_4^{\oplus} + 6\,Fd\,(ox) + 12\,ADP + 12\,Pi + 4\,H^+$$
$$(\Delta\,G° = -570\,kJ \cdot mol^{-1}\,N_2\,reduziert).$$

Der energetische Aufwand von N_2-Reduktion, Nitratreduktion und NH_4-Assimilation ist in Tab. 3.**22** vergleichend zusammengefaßt. Summiert man den Glucoseverbrauch für die Bereitstellung von Reduktionsäquivalenten und ATP, so kann **pro mol Glucose 1 mol N_2 fixiert** werden. Der gegenüber der Nitratreduktion zusätzliche Energiebedarf beträgt 0,67 mol Glucose $\cdot$ mol^{-1} N_2 (entsprechend 16 mol ATP $\cdot$ mol^{-1} N_2). Für die Ammoniumassimilation selbst ist bei Nitratreduktion und N_2-Fixierung ein gleicher Energieaufwand anzunehmen. Damit verbraucht die **N_2-Fixierung** wesentlich **mehr Energie** als zur Assimilation anderer Makroelemente benötigt wird. So beträgt der ATP-Verbrauch bei der CO_2-Fixierung im Calvinzyklus bei C_3-Pflanzen 3 mol ATP $\cdot$ mol^{-1} CO_2, bei C_4-Pflanzen 5 mol ATP $\cdot$ mol^{-1} CO_2.

Regulation durch Sauerstoff und Ammoniak: Die optimale Sauerstoffkonzentration für die N_2-Fixierung in freilebenden Zellen von *Bradyrhizobium japonicum* beträgt 1 bis 6 µM Sauerstoff, abhängig von der Kohlenstoffquelle. Höhere Sauerstoffkonzentrationen reprimieren die Nitrogenasesynthese und inaktivieren die Nitrogenaseaktivität. Die Regulation erfolgt über das nif LA Operon (Abb. 3.**6**). Die Regulation der N_2-Fixierung durch Ammoniak ist bei *Bradyrhizobium japonicum* schwierig nachzuweisen, da die Zellen zum Wachstum nicht den von ihnen fixierten Ammoniak verwenden können, sondern auf eine exogene Ammoniumquelle (Aminosäuren) angewiesen sind. Eine

Tabelle 3.22 Energetik von N_2-Reduktion, Nitratreduktion und Ammoniumassimilation (nach *Schubert* und *Albrecht* u. *Gaskins*)

Physiologischer Prozeß	mol-Glucoseverbrauch mol N_2 (NO_3^-/NH_4^+ fixiert)	ATP-Äquivalente
1. Redukion von N_2		
– Bereitstellung von Reduktionsäquivalenten	0,25	9
– ATP Bereitstellung	0,50	12
2. H_2-Entwicklung durch Nitrogenase		
– Bereitstellung von Reduktionsäquivalenten	0,08	3
– ATP Bereitstellung	0,17	4
Summe von 1. und 2.	1,00	28
3. Nitratreduktion		
– Bereitstellung von Reduktionsäquivalenten	0,33	12
– ATP Bereitstellung	–	–
4. Ammoniumassimilation		
– Bereitstellung von Reduktionsäquivalenten	0,08	3
– ATP Bereitstellung	0,11	4

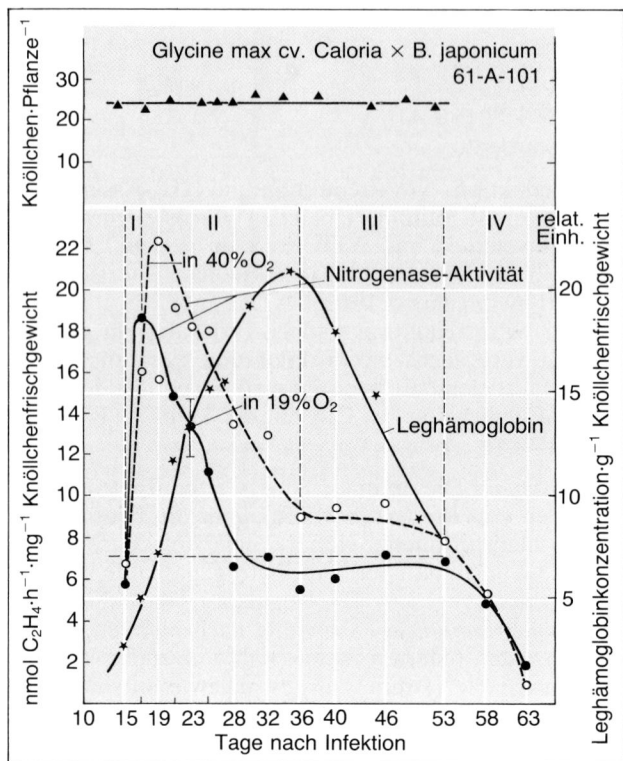

Abb. 3.**47** Knöllchenzahl, Steigerung der Nitrogenaseaktivität unter erhöhtem O_2-Partialdruck (inkubiert unter 40% O_2 im Vergleich zu 19% O_2) und Leghämoglobinkonzentration (1 Einheit = 10^{-2} μmol) in *Glycine max* cv. Caloria, infiziert mit dem effektiven Stamm 61-A-101 von *Bradyrhizobium japonicum,* 15–63 Tage nach Infektion

Ausnahme bilden die Stämme von *Rhizobium* aus dem Sproßknöllchen von *Sesbania* (s. Abschnitt 3.3.6). Höhere Ammoniakkonzentrationen haben bei *Bradyrhizobium japonicum* keinen Effekt auf die N_2-Fixierung unter niedrigen Sauerstoffpartialdrücken. Das „nif R" Gen koppelt die Regulation der N_2-Fixierung an die Regulation des allgemeinen Stickstoff-Stoffwechsels. Ob die Funktionen der Gene GlnA (Glutaminsynthetase) und der Gene NtrBC bei *Rhizobium* ähnlich sind wie bei *Klebsiella oxytoca*, ist noch nicht aufgeklärt. Das für die hitzestabile Glutaminsynthetase II in *Rhizobium* kodierende Gen spielt wahrscheinlich keine Rolle bei der nif-Regulation.

3.3.5.2. O_2-Schutzmechanismen: Korkschichten, Leghämoglobin, Atmungsraten, wassergefüllte Diffusionsbarrieren

Die Absenkung des Sauerstoffpartialdruckes in den infizierten Wirtszellen der Knöllchen wird durch 4 voneinander unabhängige Komponenten und Prozesse gewährleistet:

1. durch die äußere **Korkschicht** der Knöllchen;
2. durch **Leghämoglobine**;
3. durch die **Atmung der Bakteroide** und der **Wirtszellen**,
4. durch **wassergefüllte Diffusionsbarrieren**.

Die Bakteroidenzone der Knöllchen enthält ein engmaschiges Netz von Interzellularen, durch das ein freier Gasaustausch gewährleistet ist. In einem Knöllchen der Sojabohne sind bis zu 100 000 solcher miteinander in Verbindung stehender Interzellularen vorhanden.

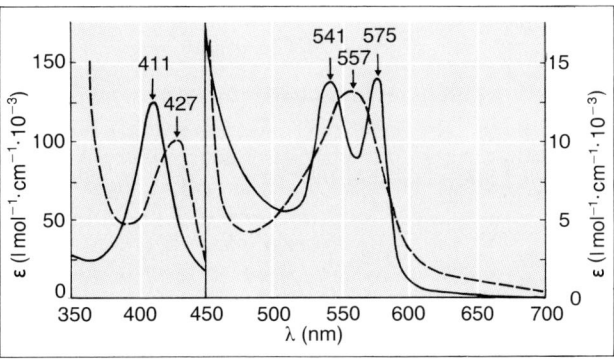

Abb. 3.**48** Absorptionsspektren von unfraktionier-
tem Leghämoglobin aus Soja-
bohnenknöllchen. Fe (II) Oxy-
Leghämoglobin (——); Fe (II)
Deoxygeniertes Leghämo-
globin (– –) (nach *Appleby* u.
Bergersen)

Abgesehen von einem sehr frühen, 2 bis 3 Tage umfassenden Entwicklungsstadium (Stadium 1 in Abb. 3.**47**) und der Seneszenzphase (Stadium 4) ist der Sauerstoffgehalt im Knöllchen suboptimal für die N_2-Fixierung trotz des großen Interzellularennetzes. Dies korreliert mit einem kontinuierlichen Anstieg des Leghämoglobingehaltes, wenn die Nitrogenaseaktivität bereits deutlich wieder abfällt. Erst wenn der Leghämoglobinge-halt unter einen bestimmten kritischen Wert sinkt, verschwindet dieser Sauerstoff-„Enhancementeffekt" der N_2-Fixierung im Knöllchen.

Leghämoglobin ist auch mit sehr empfindlichen immunologischen Methoden nicht in Blättern, in Sprossen oder nicht inokulierten Wurzeln von Leguminosen nachweisbar. In voll entwickelten Knöllchen kann es dagegen bis zu 40% des gesamten löslichen Proteins des Makrosymbionten ausmachen. Seine Konzentration in den infizierten Wirtszellen kann damit 0,5 bis 1 mM erreichen. Entsprechend den Genen für Leghämoglobine enthält das Sojaleghämoglobin 4 Hauptkomponenten: a, c_1, c_2, c_3. Sie unterscheiden sich im Molekulargewicht, im isoelektrischen Punkt und in der Sequenz der Aminosäuren. Die immunologischen Unterschiede sind jedoch gering. Unfraktioniertes Fe-(II-)Oxy-leghämoglobin hat ein typisches Absorptionsmaximum bei 411 nm und zwei weitere kleinere Maxima bei 541 und 575 nm (Abb. 3.**48**). Für deoxygeniertes Leghämoglobin verschiebt sich das Maximum im kurzwelligen Bereich nach 427 nm und im längerwelli-gen Bereich ist nur noch ein Maximum bei 557 nm zu erkennen. Ein Experiment, bei dem der Übergang des Sauerstoffs vom Leghämoglobin auf Zellen von *Bradyrhizobium* sp. innerhalb von 30 Minuten gemessen wird ist in der Abb. 3.**49** vorgestellt. Die isobesti-schen Punkte liegen bei 527, 552, 569 und 587 nm. Die Halbwertszeit des Leghämoglo-binproteins beträgt ca. 2 Tage.

Neben den äußeren Korkschichten als Diffusionsbarriere und dem Leghämoglobin als Transportmolekül für Sauerstoff ist die Atmungsrate der Bakteroide eine entscheidende Größe für die Aufrechterhaltung eines niedrigen Sauerstoffpartialdruckes. Bedingt durch den hohen Energieaufwand für die N_2-Fixierung ist die Atmungsrate bei effekti-ven (N_2-fixierenden) Knöllchen mit ca. 6 mmol $CO_2 \cdot min^{-1} \cdot g^{-1}$ Knöllchentrockensub-stanz etwa 6mal so hoch wie bei ineffektiven Knöllchen (Abb. 3.**50**). Durch eine Redu-zierung des externen Sauerstoffgehaltes nimmt die Atmungsrate in den effektiven Knöll-chen deutlich ab, während sie in den ineffektiven Knöllchen auf dem niedrigeren Niveau unverändert bleibt (Abb. 3.**50**). Mit Hilfe einer Sauerstoffmikroelektrode mit einer nur 4 µm großen Spitze wurde der Sauerstoffgehalt in der Bakteroidenzone eines N_2-fixie-renden Knöllchens mit 1 µM bestimmt, dagegen in einem nichtfixierenden Knöllchen mit 60 bis 100 µM. Unter Berücksichtigung der Atmungsraten, der Konzentration an freiem

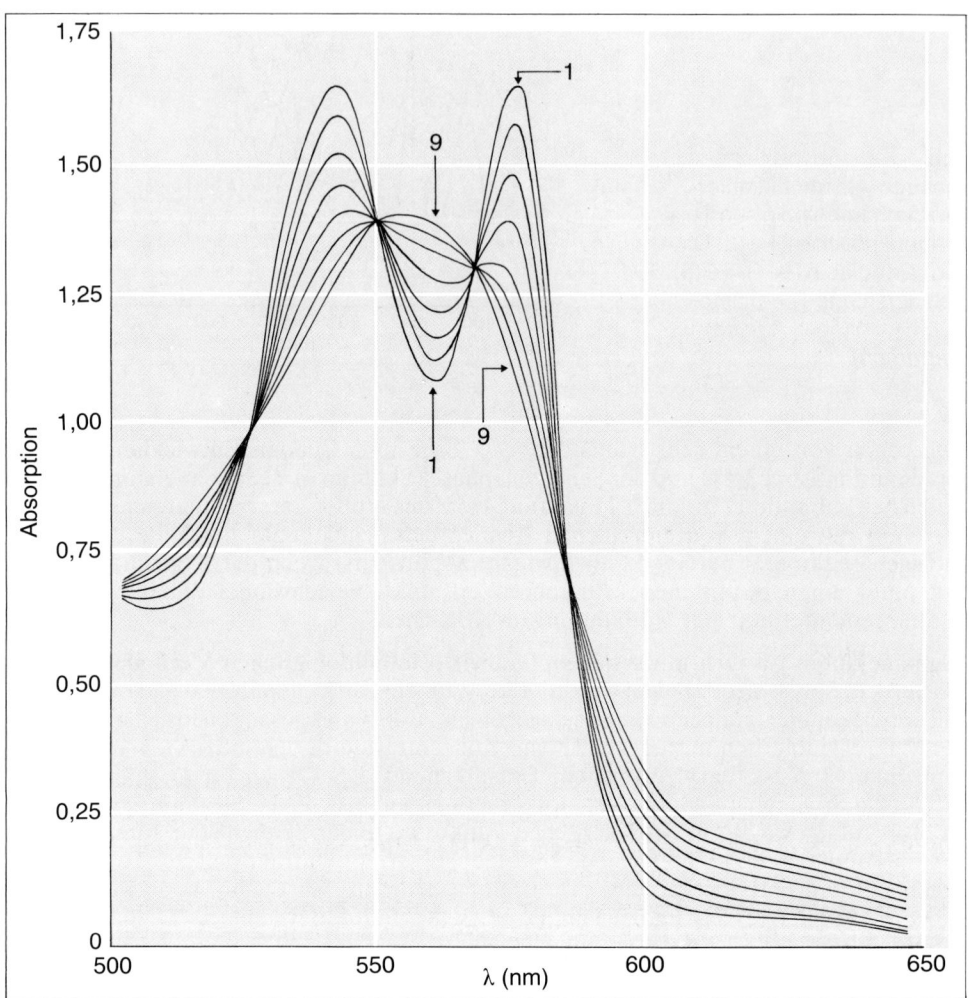

Abb. 3.**49**   Deoxygenierung von Leghämoglobin in Gegenwart von *Bradyrhizobium* sp. (cowpea). Messung von 9 Spektren im Abstand von 3,5 min (nach *Appleby* u. *Bergersen*)

Sauerstoff und der Kapazität des vorhandenen Leghämoglobins wurde ein mathematisches Modell entwickelt, das noch eine variable Diffusionsbarriere für Sauerstoff postuliert. Sie soll aus einem wassergefüllten Diffusionsweg bestehen, der dann größer wird, wenn die Atmungsrate der Knöllchen durch Mangel an Photosyntheseprodukten absinkt. Diese Regulation ist besonders für Futterleguminosen wichtig, bei denen durch Schnitt oder durch Abweiden ein mehrere Tage anhaltender Mangel an Photosyntheseprodukten auftritt.

3.3.5.3.   Fixierungsraten pro g Knöllchen, pro Pflanze und pro Hektar

Die Fixierungsraten der Knöllchen von Sojabohnen, Erbsen, Klee und Ackerbohnen liegen im Bereich von 10 bis 50 µmol $C_2H_4 \cdot h^{-1} \cdot g^{-1}$ Frischgewicht. In den Stadien 1 und

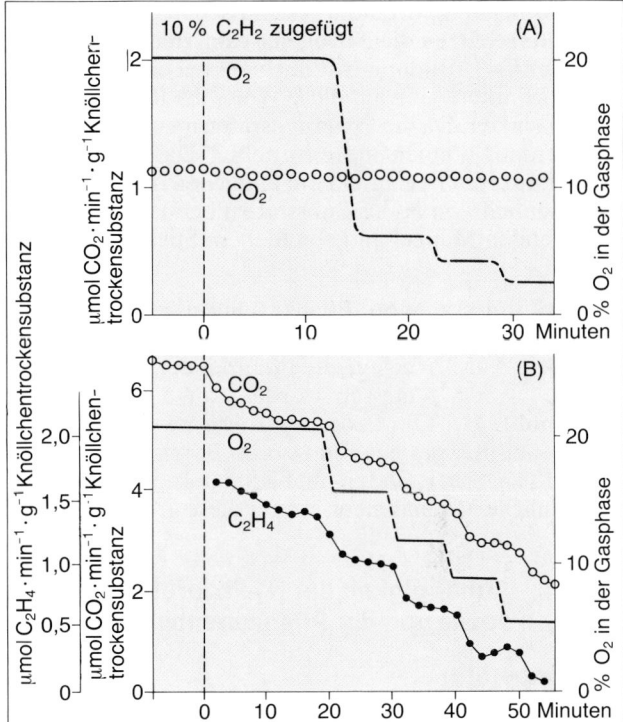

Abb. 3.**50** Zeitabhängigkeit von Acetylenreduktion und Atmung bei stufenweise abgesenktem O_2-Partialdruck von isolierten Knöllchen von *Pisum sativum*; A: ineffektive Knöllchen; B: effektive Knöllchen (nach *Witty* et al.)

4 der Knöllchenentwicklung (Abb. 3.**47**) liegen die Werte deutlich darunter. Der **Umrechnungsfaktor** von Acetylenreduktion zu N_2-Reduktion weicht von dem theoretisch zu erwartenden Wert von 3:1 in vielen Fällen deutlich ab. Der Umrechnungsfaktor von 3:1 basiert auf der Berechnung der Elektronübertragung, da die N_2-Reduktion zu Ammoniak ein **6-Elektronenprozeß**, die Reduktion von C_2H_2 zu C_2H_4 ein **2-Elektronenübergang** ist. Dieses Verhältnis berücksichtigt jedoch nicht den Abzug von Elektronen bei der Wasserstoffentwicklung durch die Nitrogenase und die teilweise Unterdrückung der Wasserstoffentwicklung durch Acetylen. Mit N_2 als Substrat wird sogar die **Hälfte des Elektronenflusses** durch die Nitrogenase zur Reduktion von Protonen zu Wasserstoff verbraucht (Tab. 3.**23**). Acetylen unterdrückt zwar die Wasserstoffentwicklung weitgehend, aber nicht vollständig, denn auch mit Acetylen als Substrat werden ca. 10% der Elektronen zur Wasserstoffentwicklung verbraucht. Das experimentell ermittelte Verhältnis von $C_2H_4 + H_2$ (in Gegenwart von C_2H_2) zu N_2 liegt zwischen 5 und 6.

Tabelle 3.**23** Acetylenreduktion, $^{15}N_2$-Reduktion und H_2-Produktion in Gegenwart von C_2H_2 und N_2 durch Knöllchen von Fabales. Raten angegeben als $\mu mol \cdot h^{-1} \cdot g^{-1}$ (Knöllchen-Trockengewicht) (nach *van Kessel* u. *Burris*)

Spezies	C_2H_4	H_2 in Gegenwart von C_2H_2	H_2 in Gegenwart von N_2	$^{15}N_2$
Trifolium pratense	145	9	69	33
Trifolium repens	99	9	59	19
Medicago lupulina	209	21	94	58

Die üblicherweise in einem geschlossenen Gefäß gemessenen Werte der **Acetylenreduktion unterschätzen die Nitrogenaseaktivität**: die in Abb. 3.**50** dargestellte Abnahme der Rate der C_2H_4-Bildung tritt auch ein bei einem konstanten Sauerstoffgehalt. Innerhalb von 30 Minuten kann auf diese Weise die Rate auf Werte von 30 bis 50% der maximalen Rate absinken. Da die Fixierungsraten meistens in einer einstündigen Inkubation gemessen werden, können die ermittelten Daten um bis zu 50% unter den tatsächlichen Maximalwerten liegen. Da ein ähnlicher Abfall auch für die Wasserstoffentwicklung in Abwesenheit von N_2 als Substrat zu beobachten ist, wird dieser Abfall auf einen rasch eintretenden Mangel an gebundenem Stickstoff in Gegenwart von Acetylen zurückgeführt.

Die Fixierungsraten pro Pflanze hängen entscheidend vom Pflanzenalter ab, da sich mit weiterentwickelndem Wurzelsystem auch die Zahl und die Größe der Knöllchen weiter verändert. Für 8 Wochen alte Pflanzen der Luzerne sind Werte von 1,5 bis 2 μmol $C_2H_4 \cdot$ Pflanze$^{-1} \cdot$ h^{-1} gemessen worden, für 5 bis 9 Wochen alte Erbsenpflanzen 1,5 bis 12,5 μmol C_2H_4. Die Fixierungswerte pro Hektar und Jahr liegen für die wichtigsten Futter- und Körnerleguminosen im Bereich von 50 bis maximal über 600 kg N $\cdot$ ha$^{-1} \cdot$ Jahr^{-1} (Tab. 3.**24**). Boden- und Klimafaktoren, Sortenwahl, Bestandsdichte und weitere landbauliche Maßnahmen sind für diese großen Unterschiede verantwortlich.

3.3.5.4. Abhängigkeit der N_2-Fixierung von Klima- und Bodenfaktoren sowie von der Pflanzenentwicklung

A. Temperatur

Das Temperaturoptimum der Stickstofffixierung liegt für *Vicia sativa* und *Medicago truncatula* bei 20 °C, für *Trifolium subterraneum* und *Trifolium pratense* zwischen 25 und 30 °C und für *Medicago sativa* bei 35 °C (Abb. 3.**51**). Für Pflanzen aus gemäßigten Klimaten beträgt die untere Temperaturgrenze der N_2-Fixierung 2 °C, für tropische Arten 10 °C. Sowohl bei tiefen wie bei hohen Temperaturen wird die symbiotische N_2-Fixierung früher limitiert als das Wachstum mit Nitrat- oder Ammoniumernährung. Besonders ausgeprägt ist dieser Effekt bei der unteren Temperaturgrenze der tropischen Leguminose *Vigna unguiculata* (Abb. 3.**52**). Bereits bei 15 °C ist die N_2-Fixierung auf einen unwesentlichen Wert gesunken, während die Trockengewichtzunahme gegenüber dem Optimum bei 30 °C nur um ca. 25% reduziert ist. Innerhalb der Knöllchenentwicklung ist die Wurzelhaarinfektion bei niedrigen Temperaturen noch eher gehemmt als das

Tabelle 3.**24** N_2-Fixierung durch Fabales (nach *Quispel*)

Spezies	Fixierung (kg N $\cdot$ ha$^{-1} \cdot$ Jahr^{-1})	
	Grenzwerte	Durchschnittswerte
Klee	45−670	250
Erbse	50−500	150
Luzerne	90−340	250
Lupine	140−200	150
Sojabohne	60−300	100
Erdnuß	50−150	100
Linse	50−150	80
Ackerbohne	100−300	200

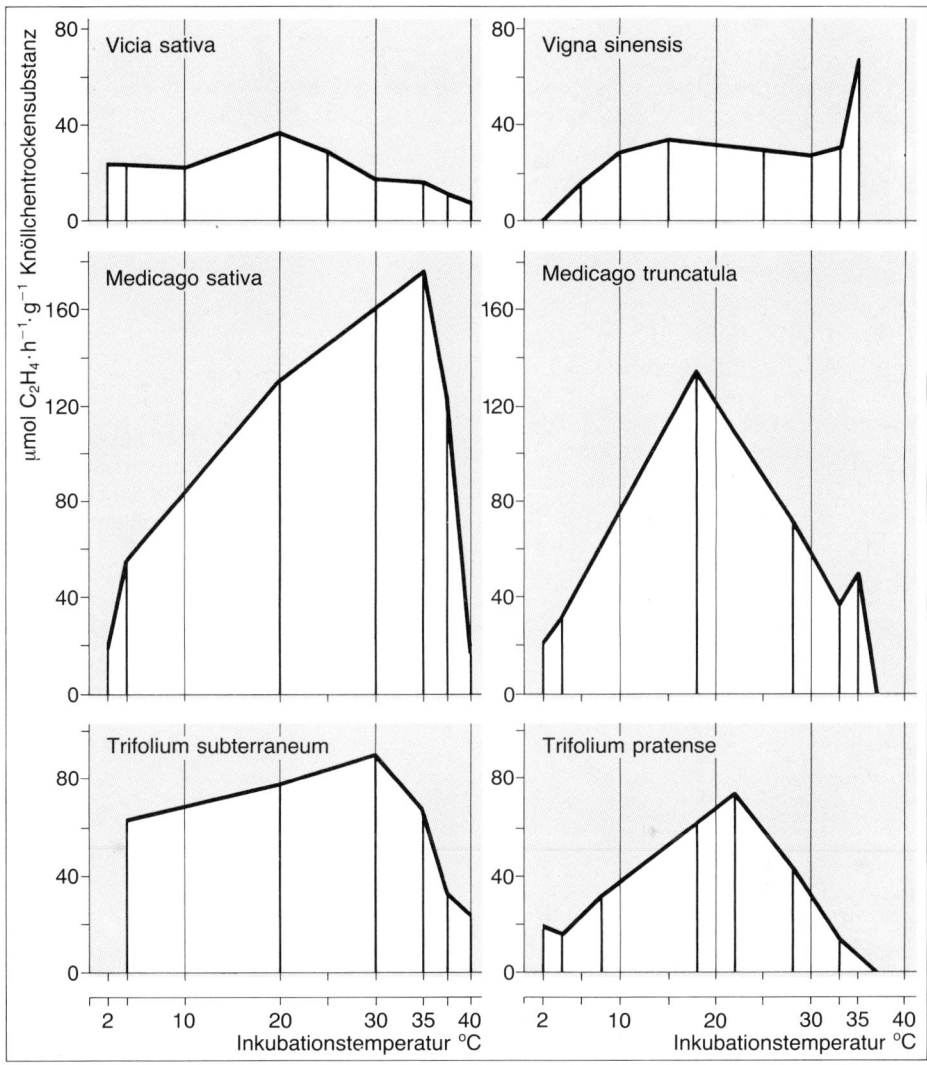

Abb. 3.**51** Temperaturabhängigkeit der Nitrogenaseaktivität von 6 Leguminosenarten

sich anschließende Wachstum der Knöllchen. Davon zu unterscheiden ist das höhere Temperaturoptimum von Klee gegenüber Gräsern, auf das die Sommerdominanz der Leguminosen und die folgende Herbst-, Frühjahrs- und Winterdominanz der Gräser in gemäßigten Klimaten zurückgeführt wird. Sehr deutlich verschiebt sich bei höheren Temperaturen auch das Verhältnis der Elektronen, die zur Protonenreduktion im Vergleich zur Reduktion von N_2 verbraucht werden (Abb. 3.**53**). Bei 14 °C liegt das Verhältnis bei 0,5, bei 38 °C jedoch bei 1,3. Die Nitrogenase verliert also bei höherer Temperatur ihre Spezifität zum Substrat N_2 zugunsten des Substrats H^+.

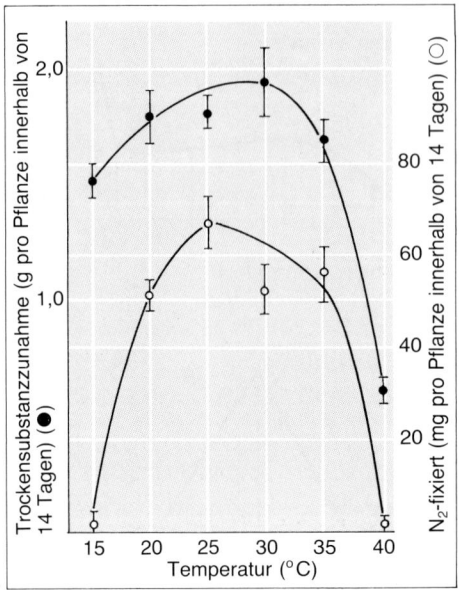

Abb. 3.**52**   Temperaturabhängigkeit von Wachstum und Stickstoffixierung bei *Vigna unguiculata*. Verändert wurde nur die Temperatur für das Wurzelsystem, die Sproßtemperatur blieb einheitlich bei 30 °C/20 °C im Tag/Nacht-Wechsel (nach *Rainbird* et al.)

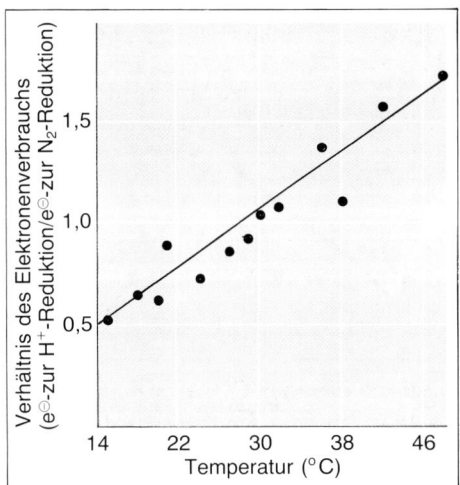

Abb. 3.**53**   Temperaturabhängigkeit der Protonen- und N_2-Reduktion in Knöllchen von *Vigna unguiculata* (nach *Rainbird* et al.)

B. **Wassergehalt**

Veränderte Wassergehalte im Boden beeinflussen die Nitrogenaseaktivität bei der Ackerbohne primär über die Zahl der Knöllchen (Abb. 3.**54**). Bei Wassermangelpflanzen liegt die Zahl der nach 11 Wochen gebildeten Knöllchen bei unter 200, während in den Kontrollpflanzen mit durchschnittlicher Wasserversorgung etwa 500 Knöllchen, in Pflanzen mit Wasserüberschuß sogar 800 Knöllchen pro Pflanze registriert werden. Die Nitrogenaseaktivitäten pro Pflanze erreichen $20\,\mu mol \cdot h^{-1}$ für die Pflanze mit Wassermangel, $40\,\mu mol$ für die Pflanze mit durchschnittlicher Wasserversorgung und $60\,\mu mol$ für die Pflanzen mit Wasserüberschuß im Boden (Abb. 3.**54**-B). Die unterschiedlichen

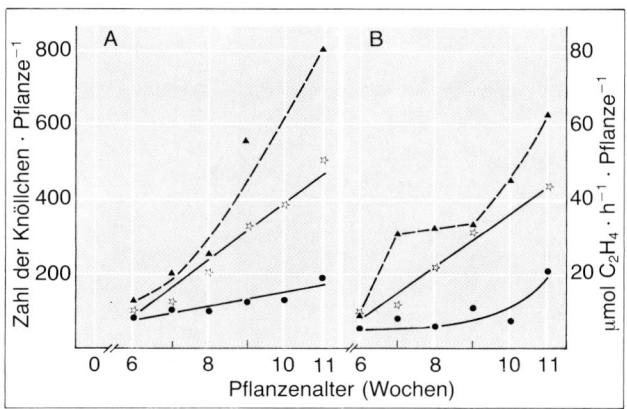

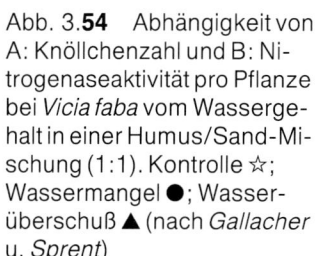

Abb. 3.**54** Abhängigkeit von A: Knöllchenzahl und B: Nitrogenaseaktivität pro Pflanze bei *Vicia faba* vom Wassergehalt in einer Humus/Sand-Mischung (1:1). Kontrolle ☆; Wassermangel ●; Wasserüberschuß ▲ (nach *Gallacher* u. *Sprent*)

Knöllchenzahlen pro Pflanze werden ihrerseits wiederum primär bedingt durch die unterschiedliche Größe der Sprosse. Nach 11 Wochen liegt das Sproßgewicht der Pflanzen mit Wassermangel bei ca. 2 g Trockensubstanz, der Pflanzen mit normaler Wasserversorgung bei 7 g und der Pflanzen unter Wasserüberschuß bei 10 g Trockensubstanz pro Pflanze. Bemerkenswerterweise entwickelt sich das Wurzelsystem jedoch in umgekehrter Reihenfolge: das höchste Gewicht mit 2,7 g wird unter Wassermangelbedingungen, das zweithöchste Gewicht mit 2,6 g unter den Pflanzen mit normaler Wasserversorgung und ein Wurzelgewicht von 2,0 g in Pflanzen mit Wasserüberschuß erhalten. Knöllchenzahl und Nitrogenaseaktivität hängen also nicht von der Größe des Wurzelsystems ab, sondern von der Ausbildung des Sproßsystems (Blattfläche) und damit auch von der Photosyntheseleistung unter unterschiedlicher Wasserversorgung. Führt ein Wasserüberschuß jedoch zu einem Sauerstoffdefizit im Boden, so wird die Nitrogenaseaktivität von Leguminosen deutlich reduziert. Auf Nitrat als N-Quelle gewachsene Pflanzen sind gegenüber O_2-Mangel weniger empfindlich als N_2-fixierende.

C. O_2- und CO_2-Gehalte im Boden

Da bereits die atmosphärische Sauerstoffkonzentration nicht ausreicht für eine maximale N_2-Fixierungsrate in Knöllchen (Abb. 3.**47**), limitiert ein deutlich niedrigerer O_2-Gehalt in verschiedenen Bodenbereichen die N_2-Fixierung oft erheblich. Die meisten Fabales bevorzugen daher lockere, gut durchlüftete Böden. Die durch die intensive Atmung in Knöllchen und in Wurzeln entstandenen relativ hohen CO_2-Konzentrationen sind für die Knöllchenfunktion im Zusammenhang mit der PEP-Carboxylase-Reaktion fördernd.

D. Krankheiten

Alle pathogenen Pilze, Bakterien, Viren und Mycoplasmen, die die Entwicklung von Sproß und Wurzel von Fabales hemmen, reduzieren dadurch auch die N_2-Fixierung. Spezifisch werden die Knöllchen von Leguminosen durch die Larven von *Sitona lineatus* (einem Rüsselkäfer) angegriffen. Die Käfer sind auf Kleefeldern häufig.

3.3.5.5. Wirkung von NH_4- und Nitratdüngung, Nitrattolerante Pflanzenmutanten

Nitrat hemmt in Konzentrationen von 3 bis 10 mM sowohl die Knöllchenentwicklung wie auch die N_2-Fixierung bereits ausgebildeter Knöllchen. Nitrat kann die Synthese des

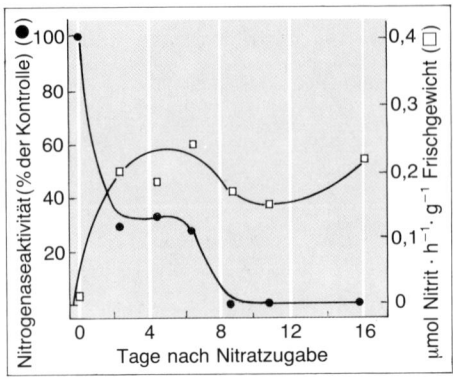

Abb. 3.**55** Wirkung von 10 mmol Nitrat auf die Nitrogenaseaktivität und die Nitratreduktion bei *Trifolium repens* (nach *Carrol* u. *Gresshoff*)

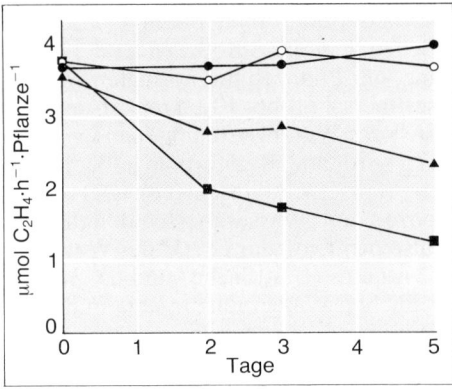

Abb. 3.**56** Wirkung von $NH_4^{\oplus}$ und Methioninsulfoximin (MSX) auf die Nitrogenaseaktivität intakter Pflanzen von *Pisum sativum*. Zum Zeitpunkt 0 wurden die nodulierten Pflanzen in Nährmedien überführt mit 20 mmol KCl (○), 20 mmol NH_4Cl (■), 20 mM KCl und 10 μmol MSX (●), 20 mmol NH_4Cl und 10 μM MSX (▲) (nach *Houwaard*)

Lectins Trifoliin, die Wurzelhaareinkrümmung, die Infektionsschlauchbildung und auch die weitere Knöllchenmorphogenese hemmen. Die Einwirkung auf die N_2-Fixierungsrate bereits ausgebildeter Knöllchen folgt einem zweistufigen Verlauf (Abb. 3.**55**).

Nach einem sehr raschen Abfall innerhalb von 1 bis 2 Tagen auf 30% der Kontrollwerte folgt ein zweiter Abfall mit hundertprozentiger Hemmung 4 bis 6 Tage später. Der erste Abfall korreliert mit einem entsprechenden Anstieg der Aktivität der Nitratreduktase, der zweite Abfall dagegen nicht. Die frühe teilweise Hemmung (um 70%) kann durch erhöhte Verfügbarkeit von Photosyntheseprodukten kompensiert werden, die spätere vollständige Hemmung dagegen nicht.

Die Reaktion nodulierter Pflanzen auf Zusatz von Ammoniumionen ist zunächst ähnlich wie beim Zusatz von Nitrat. Innerhalb von zwei Tagen fällt die Aktivität (nach Zugabe von 20 mM $NH_4^{\oplus}$) auf ca. 50% ab (Abb. 3.**56**). In der anschließenden Periode fällt die Aktivität jedoch nur noch geringfügig ab. Da die Nitrogenaseaktivität isolierter Bakteroide durch den Zusatz von Ammoniumionen nicht gehemmt wird, wird auch für die Primärwirkung der Ammoniumionen in Knöllchen ein durch die Ammoniumassimilation eintretender Mangel an Kohlenstoffverbindungen (Photosyntheseassimilaten, α-Ketosäuren) angenommen. Diese Überlegung wird bestätigt durch den Befund, daß Methionin-Sulfoximin (MSX), ein effizienter Hemmstoff der Glutaminsynthetase, den reprimierenden Effekt von Ammoniumionen auf die Nitrogenaseaktivität der Knöllchen reduziert (Abb. 3.**56**). Mit **Mutanten von Sojabohnen**, die durch klassische Samenmutagenese mit Hilfe von Ethyl-Methyl-Sulfonsäure gewonnen wurden, läßt sich zeigen, daß die Hemmung der Knöllchenentwicklung durch Nitrat von der Pflanze genetisch kontrolliert wird. Bei einer Anzahl reingezüchteter Mutanten wird die gebildete Knöllchenzahl durch Nitrat nicht mehr gehemmt, sondern sogar stimuliert. Mit der Aufhebung der Hemmung durch Nitrat ist auch eine auffällige Erhöhung der Knöllchenzahlen in Abwesenheit von Nitrat verbunden. Diese von P. M. GRESSHOFF (Canberra) entdeckten Mutanten bilden 5- bis 20mal mehr Knöllchen pro Pflanze und erreichen damit bei der Sojabohne **Knöllchenzahlen**, die sonst z. B. nur bei der Ackerbohne zu finden sind (Tab. 3.**25**). Die Nitrogenaseaktivität pro Pflanze ist in diesen Mutanten durch Nitrat auch nur noch geringfügig gehemmt, während sie beim Wildstamm vollständig blockiert ist. Durch Pfropfungsexperimente läßt sich zeigen, daß der vom Wildtyp synthetisierte Faktor für die Nitrathemmung, der bei den Mutanten nicht mehr vorhanden ist, im Sproß der Pflanze synthetisiert wird. Solche nitrattoleranten Mutanten sind bei Sojabohnen von besonderem praktischem Interesse, da sie dazu beitragen können, den Anteil der N_2-Fixierung am Gesamtbedarf des Stickstoffs deutlich über die 50% zu erhöhen, die unter Feldbedingungen gemessen werden (Tab. 3.**26**). Dieser Anteil liegt bei anderen Fabales wie Klee, Luzerne und Ackerbohne bei 80 bis 90% Anteil der N_2-Fixierung an der gesamten Stickstoffassimilation.

Mit verringerter Nitrataufnahme gegenüber symbiotischer N_2-Fixierung ist auch eine erhöhte Kationenaufnahme verbunden, die mit einem Efflux von Protonen in die Rhizo-

Tabelle 3.**25**   Eigenschaften von nitrattoleranten, supernodulierenden Mutanten von Sojabohnen (26 Tage alt) (nach *Gresshoff* u. *Delves*)

Genotyp	Knöllchenzahl pro Pflanze		Knöllchen-Trockengewicht (mg) pro Pflanze		Nitrogenaseaktivität nmol $C_2H_4 \cdot min^{-1} \cdot$ Pflanze^{-1}	
	$-NO_3$	$+NO_3$	$-NO_3$	$+NO_3$	$-NO_3$	$+NO_3$
Wildtyp cv Bragg	26	19	34	5	71	1
Mutante nts382	576	1007	166	193	119	69
Mutante nts1007	334	991	92	179	98	88
Mutante nts183	351	712	101	141	62	66
Mutante nts2264	478	907	124	188	99	55
Mutante nts1116	101	74	66	30	85	23
Mutante nts733	457	797	115	172	88	54

Tabelle 3.**26**   Anteil der N_2-Fixierung an der Gesamt-Stickstoffassimilation von Fabales unter Feldbedingungen

Art	Anteil (%)
Sojabohne	50
Buschbohne	50
Linse	70
Erbse	70
Ackerbohne	80
Luzerne	90
Klee	90

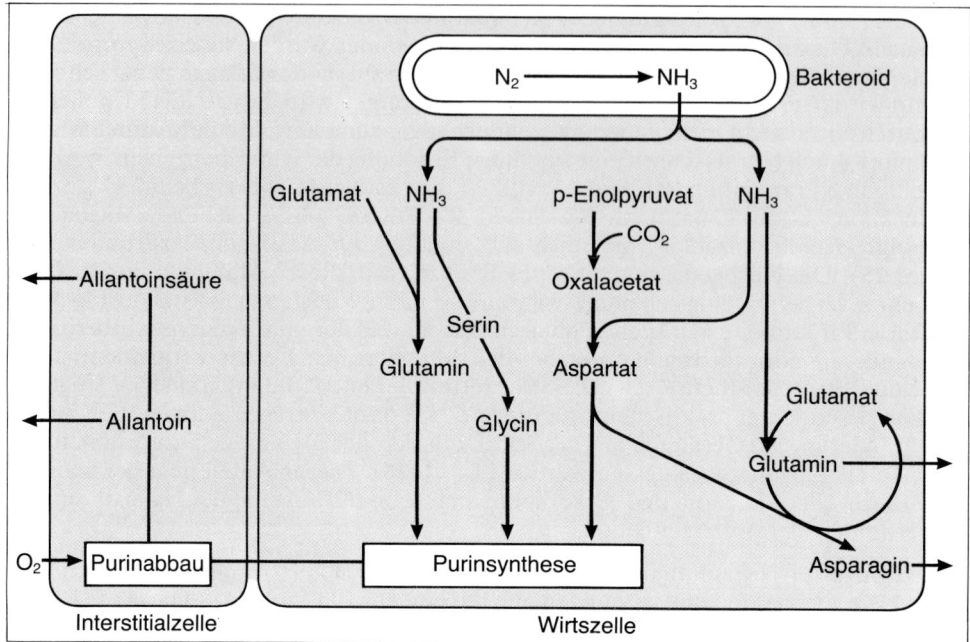

Abb. 3.57   N-Stoffwechselwege in Knöllchen von Leguminosen, getrennt in die infizierten Wirtszellen und die nichtinfizierten Interstitialzellen (nach *Dilworth* u. *Glenn*)

sphäre der Wirtspflanze gekoppelt ist. Dabei entsprechen 100 kg $NH_4^{\oplus}$ ca. 6 kg H^+. Zur Neutralisation dieser 6 kg H^+ werden ca. 300 kg $CaCO_3$ benötigt oder andere Komponenten zum Ausgleich des Protonenhaushalts im Boden.

3.3.5.6.   N- und C-Stoffwechsel, Beziehung von N_2-Fixierung zu Atmung, Photosynthese und H_2-Produktion

Der von den Bakteroiden fixierte Stickstoff wird in Form von **Ammoniak in das Wirtscytoplasma** ausgeschieden. Dieser wird primär über den Glutaminsynthetase/Glutamatsynthaseweg organisch gebunden, Aspartat entsteht direkt durch Aminierung von Oxalacetat, Asparagin durch Amidierung des Aspartats (Abb. 3.57). **Glutamin** und **Asparagin** sind die wichtigsten Aminosäuretransportformen in Knöllchen mit nichtdeterminiertem Wachstum (Erbse, Ackerbohne). Die wichtigste N-Transportform für determinierte (sphärische) Knöllchen sind **Allantoin** und **Allantoinsäure**. Deren Biosynthese erfolgt in den Interstitialzellen im Stoffwechselweg des Purinabbaus. Die Purinsynthese selbst aus Aspartat, Glycin und Glutamin findet in den infizierten Wirtszellen statt (Abb. 3.57). Die Konzentration an organische Stickstoffverbindungen in Knöllchen selber und im Xylemsaft können sich dabei noch deutlich unterscheiden. Bei Erniedrigung des Sauerstoff-Partialdruckes in den Knöllchen ist der Einbau des Ammoniaks in die Aminosäuren und in Allantoin deutlich stärker reduziert als die N_2-Fixierung (Tab. 3.27). Die atomare $^{15}N_2$-Anreicherung sinkt bei einem Sauerstoffgehalt von 0% O_2 nur auf 29% des Wertes bei einem pO_2 von 20 kPa, während der Einbau in die Aminosäuren auf fast Null sinkt. Bemerkenswerte Unterschiede finden sich auch bei einer Absenkung des pO_2 auf 10 und 5 kPa. Hier ist der $^{15}N_2$-Einbau in Serin und Valin deutlich weniger reduziert als der in Glutamin oder Aspartat. Die Hemmung des $^{15}N_2$-

Einbaues in Allantoin unter Sauerstoffmangel läßt sich erklären durch den Sauerstoffbedarf bei der Purinbiosynthese. Die starke Hemmung des ^{15}N$_2$-Einbaues in Asparaginsäure und Glycin kann durch einen Mangel der entsprechenden α-Ketosäure, Oxalacetat und Glyoxylat aus dem Tricarbonsäurezyklus bei Abhängigkeit von der Atmung erklärt werden.

Die Biosynthese des Glutamins im Wirtscytoplasma wird von der **Glutaminsynthetase** (E. C. 6.3.1.2) nach folgender Gleichung katalysiert:

$$\text{L-Glutamat} + \text{ATP} + \text{NH}_4^{\oplus} \xrightarrow{\text{Mg}^{++}} \text{Glutamin} + \text{ADP} + \text{P}_i$$

Dieses Enzym kann bis zu 2% des löslichen Proteins im Knöllchencytosol ausmachen. Es hat ein Molekulargewicht von ca. 380000 D mit 8 identischen Untereinheiten. Die Aktivität des Enzyms wird durch ADP und AMP gehemmt, unterliegt also damit der Kontrolle über die „Energy Charge". Die hohe Aktivität der Glutaminsynthetase im Wirtscytoplasma ist nicht eine Folge der morphogenetischen Vorgänge bei der Knöllchenentwicklung, sondern ist gekoppelt an die N$_2$-Fixierung (Abb. 3.**58**). Im Vergleich zu einem nicht N$_2$-fixierenden (ineffektiven) Knöllchen steigt die Aktivität in einem effektiven Organ auf mehr als den 10fachen Wert an. Die umgekehrte Regulation ist in den Bakteroiden dieser Knöllchen zu beobachten (Abb. 3.**59**). Die Aktivität der Rhizobien-Glutaminsynthetase ist in den ineffektiven (fix$^-$) Bakteroiden 4mal höher als in effektiven (fix$^+$) Bakteroiden.

Die **Asparaginsynthetase** (E. C. 6.3.1.1.) ist in den Zellen der infizierten Zone der Knöllchen von Sojabohnen mehr als 150fach gegenüber den Rindenzellen der Wurzel angereichert. Der apparente K_M-Wert für Aspartat liegt bei 1,24 mM, für Mg-ATP bei 0,08 mM und für Glutamin bei 0,16 mM. Der K_M-Wert für Ammoniumionen als N-Donor ist 40fach höher als der für Glutamin.

Der Kohlenhydratverbrauch bei der symbiotischen N$_2$-Fixierung in Knöllchen der Sojabohne liegt bei 12 g Kohlenhydrat pro g fixiertem N (Tab. 3.**28**). 7,3 g Kohlenhydrat werden für die N$_2$-Fixierung bzw. die H$_2$-Entwicklung verbraucht, 2,7 g für den Erhaltungsstoffwechsel der Knöllchen und nur 0,3 g für das Knöllchenwachstum. In die Bilanz geht noch ein der Aufwand für Assimilation und Transport von NH$_4^{\oplus}$ in Höhe von 1,9 g. Dieser Betrag ist natürlich auch erforderlich bei Nitrat- oder Ammoniumernährung.

Tabelle 3.**27**   Einfluß des Sauerstoffpartialdruckes auf die ^{15}N-Inkorporation in N-Metabolite nach ^{15}N$_2$-Applikation an intakten Knöllchen von *Glycine max* (nach *Ohyama* u. *Kumazawa*)

	% atomare Anreicherung			
pO$_2$ (kPa)	20	10	5	0
Ammonium	0,76 (100)	0,37 (57)*	0,20 (31)*	0,22 (29)*
Glutamin	0,79 (100)	0,65 (49)	0,28 (37)	0,01 (1,3)
Asparagin	0,16 (100)	0,08 (50)	0,05 (31)	0,00 (0)
Glutamat	3,98 (100)	2,68 (67)	1,03 (26)	0,00 (0)
Aspartat	1,68 (100)	–	0,12 (7)	0,00 (0)
Alanin	3,26 (100)	2,30 (71)	1,10 (34)	0,00 (0)
Serin	1,50 (100)	1,73 (115)	1,04 (69)	0,00 (0)
Glycin	1,58 (100)	1,09 (69)	0,13 (8)	0,00 (0)
γ-Aminobuttersäure	1,27 (100)	1,14 (90)	0,51 (40)	0,00 (0)
Isoleucin, Leucin	0,56 (100)	0,54 (96)	–	0,00 (0)
Valin	0,38 (100)	0,45 (118)	0,14 (37)	0,01 (2,6)
Allantoin	2,03 (100)	0,73 (36)	0,43 (21)	0,01 (0,5)

*   Werte in Klammern: % des ^{15}N-Einbaues bei pO$_2$ von 20 kPa

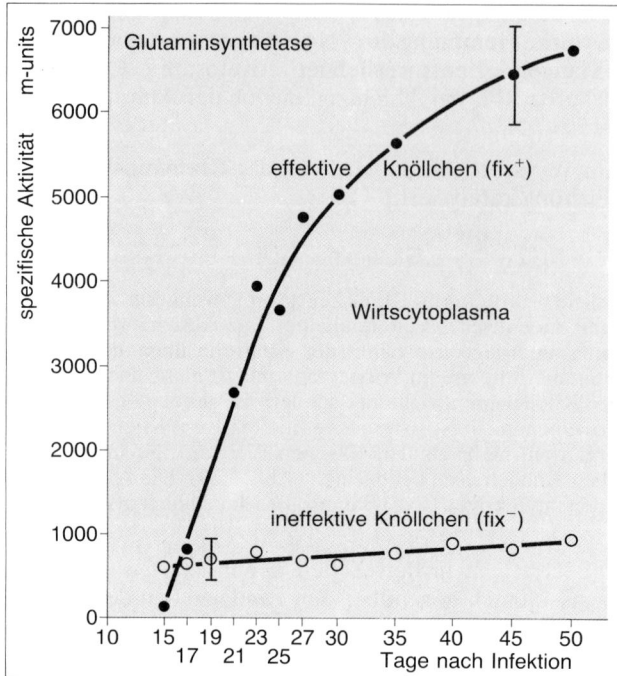

Abb. 3.**58** Glutaminsynthe-
tase-Aktivitäten im Wirtscytoplasma von effektiven (N_2-
fix$^+$) und ineffektiven (N_2-fix$^-$)
Knöllchen der Sojabohne, 15
bis 50 Tage nach Infektion mit
fix$^+$ und fix$^-$ Stämmen von
Bradyrhizobium japonicum

In welcher Verbindung oder in welchen Verbindungen die C- und Energiequelle von den
Bakteroiden aus dem Wirtscytoplasma aufgenommen wird, ist nicht zweifelsfrei geklärt.
Die Nitrogenaseaktivität isolierter Bakteroide wird durch organische Säuren deutlich
gefördert, nicht jedoch durch Zucker. Mutanten mit einem Defekt im Succinataufnahmesystem sind nicht in der Lage, als Bakteroide N_2 zu fixieren. Diese Ergebnisse
sprechen dafür, daß organische Säuren (speziell **Succinat**) die C-Transportform sind.
Nicht in Widerspruch zu dieser Aussage steht der Befund, daß in Knöllchen der Sojabohnen Malonat, Malat und Fumarat in deutlich höheren Konzentrationen vorliegen als
Succinat (Tab. 3.**29**). Die Anreicherung dieser Säuren ist nicht knöllchenspezifisch,
sondern findet sich auch in Wurzeln, Stengeln und Blättern der Sojabohnen. **Malonat** ist
in allen Organen die dominierende organische Säure mit Ausnahme des Stengels, wo
bemerkenswerterweise sehr hohe Konzentrationen von Fumarat vorhanden sind. Der

Tabelle 3.**28**   Kohlenhydratverbrauch bei der symbiotischen N_2-Fixierung in Knöllchen von
Glycine max (nach *Streeter*)

Physiologischer Teilprozeß	g Kohlenhydrat pro g fixiertem N
N_2-Fixierung und H_2-Entwicklung	7,3
Erhaltungsstoffwechsel der Knöllchen	2,7
Knöllchenwachstum	0,3
Assimilation und Transport von NH_4^+	1,9
Summe	12,2

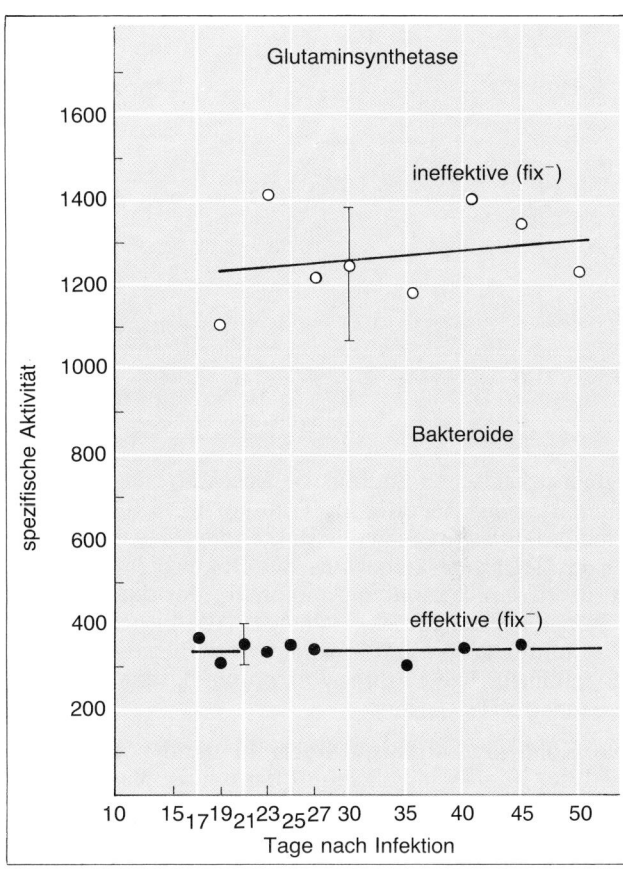

Abb. 3.**59** Glutaminsynthe-
tase-Aktivitäten in Bakteroiden aus Knöllchen der Sojabohne, 15 bis 50 Tage nach
Infektion mit fix$^+$ und fix$^-$
Stämmen von *Bradyrhizo-
bium japonicum*

Malonatgehalt in Knöllchen und auch in Wurzeln liegt bei N_2-Ernährung deutlich höher
als bei zusätzlicher Nitrat- und Ammoniumernährung. Malonat wird in den Wurzeln
über Acetyl-CoA-Carboxylase synthetisiert.

Freilebende Zellen von *Bradyrhizobium japonicum* und deren Bakteroide können Ma-
lonat mit einer Rate von 1,5 µmol $\cdot$ h^{-1} $\cdot$ mg^{-1} Protein endoxidieren. Substratsättigung
liegt erst im Konzentrationsbereich über 10 mM vor. Der Umsatz von Malonat wird
jedoch durch Succinatkonzentrationen, wie sie in Knöllchen vorliegen (0,7 mM), nahezu
vollständig gehemmt (Abb. 3.**60**). Gleiche Konzentrationen von Arabinose lassen die
Malonatverwertung unberührt. Umgekehrt wird die Verwertung von Succinat durch
Malonat bei Bakteroiden und freilebenden Zellen von *Bradyrhizobium japonicum* bei
einem 100fachen Überschuß von Malonat nur geringfügig reduziert (Abb. 3.**61**). Bakteroide und freilebende Zellen von *Bradyrhizobium japonicum* können also Malonat mit
hohen Raten umsetzen, jedoch nur bei sehr niedrigen Konzentrationen von Succinat.
Sowohl die Konzentrationen der Säuren im Gesamtknöllchen wie auch die Umsetzungen
der Säuren durch isolierte Bakteroide lassen jedoch noch keine Schlußfolgerung für die
In-situ-Situation der Bakteroide im Peribakteroidenraum zu. Poolgrößenbestimmungen
für den Peribakteroidenraum zeigen, daß dort kein Malonat nachweisbar ist. Umgekehrt
ist Malat im Peribakteroidenraum 5fach gegenüber dem umgebenden Cytoplasma der
Wirtszellen angereichert.

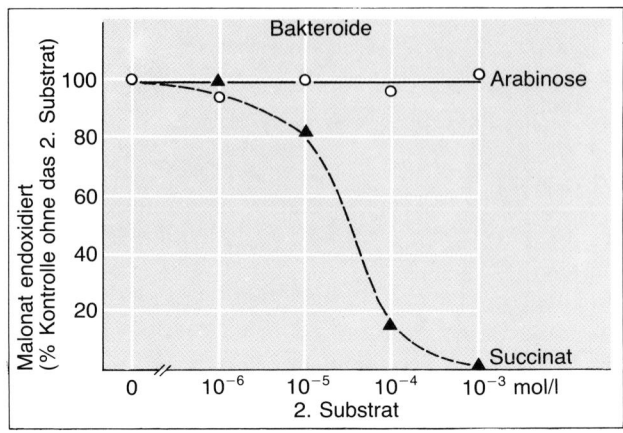

Abb. 3.**60**   Veratmung von Malonat (10^{-4} mol) durch Bakteroide von *Bradyrhizobium japonicum* in Gegenwart steigender Konzentrationen von Arabinose und Succinat (nach *Werner* et al.)

Neben organischen Säuren wie Succinat und Malat könnten auch Aminosäuren wie Glutamat oder Aspartat als Transportform für die C- und Energiequelle dienen. Die Aminosäuren würden in den Bakteroiden desaminiert und die entstehenden α-Ketosäuren im Tricarbonsäurezyklus der Bakteroide abgebaut. Der freigesetzte Ammoniak würde zusätzlich zu dem Ammoniak, der durch N_2-Fixierung produziert wird, in das Wirtscytoplasma zurückgeschleust. Alle bisher vorliegenden enzymologischen Ergebnisse und Transportdaten widersprechen diesem von Kahn (Pullmann) vorgestellten Modell nicht. Die Gattung *Rhizobium* besitzt ebenso wie andere N_2-fixierende Bakterien einen $NH_4^{\oplus}$-Carrier.

Die **Kohlenhydrattransportform** in die Knöllchen ist Saccharose. Invertase (E. C. 3.2.1.26) ist ausschließlich im Pflanzencytoplasma lokalisiert und hier wiederum über-

Tabelle 3.**29**   Gehalt an organischen Säuren in Organen der Sojabohne, infiziert mit *Bradyrhizobium japonicum* USDA 110, in Abhängigkeit von zusätzlicher Stickstoffdüngung bei 33 Tage alten Pflanzen (nach *Stumpf* u. *Burris*)

| Gewebe | N-Ernährung | Säure* | | | |
		Malonat	Succinat	Fumarat	Malat
		μmol $\cdot$ g^{-1} (Frischgewicht)			
Blatt	N_2	3,51 ± 0,2	0,38	0,68	0,79
	+ NO_3^-	3,26 ± 0,2	0,26	0,64	0,94
	+ NH_4^+	3,40 ± 0,3	0,30	0,54	0,91
Stengel	N_2	3,38	0,50 ± 0,02	8,81	0,84
	+ NO_3^-	3,04	0,41 ± 0,02	8,51	0,79
	+ NH_4^+	2,15	0,41 ± 0,02	2,16	0,86
Wurzel	N_2	4,99	0,26	0,20 ± 0,03	1,79
	+ NO_3^-	3,30	0,17	0,14 ± 0,01	1,40
	+ NH_4^+	2,20	0,17	0,23 ± 0,02	1,58
Knöllchen	N_2	5,40	0,72	1,27	4,18 ± 0,2
	+ NO_3^-	1,72	0,77	0,91	4,00 ± 0,2
	+ NH_4^+	2,70	0,45	0,78	3,80 ± 0,1

* Mittelwert ± Standardabweichung (n = 15)

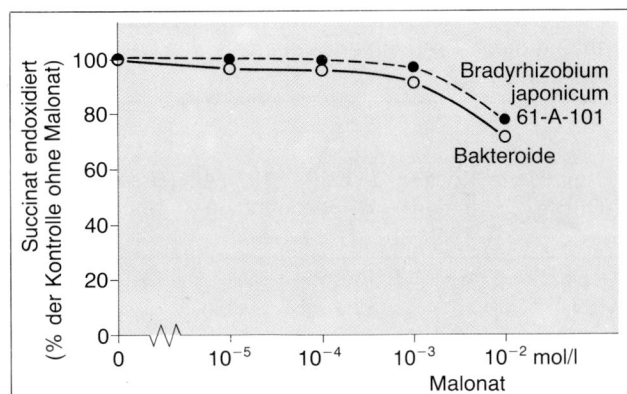

Abb. 3.**61**   Veratmung von Succinat (10^{-4} mol) durch *Bradyrhizobium japonicum* und dessen Bakteroide in Gegenwart steigender Konzentrationen von Malonat (nach *Werner* et al.)

wiegend in der Rinde des Knöllchens. Bakteroide haben keine Invertaseaktivität. Demgegenüber werden ca. 10% der Maltase (E. C. 3.2.1.20) und der Trehalase (E. C. 3.2.1.28) in den Bakteroiden nachgewiesen (Tab. 3.**30**). Die spezifische Aktivität der Maltase und der Trehalase sind in den Bakteroiden sogar deutlich höher als im pflanzlichen Cytoplasma. Die Funktion der Maltase könnte beim Abbau der Knöllchenstärke liegen. Die hohe Aktivität der Trehalase steht sicher in Beziehung mit der hohen Konzentration von Trehalose, die in den Zellen von *Bradyrhizobium japonicum* gefunden werden, wenn die Zellen auf Glucose oder Mannit als C-Quelle wachsen.

Knöllchen von Fabales enthalten weiterhin erhebliche Konzentrationen sehr unterschiedlicher phenolischer Verbindungen. Deren physiologische Funktionen sind weitgehend unbekannt. *Bradyrhizobium japonicum* kann Phenol über den β-Ketoadipat-Stoffwechselweg metabolisieren (Tab. 3.**31**). In Gegensatz zu *Pseudomonas putida* wird der Phenolabbau bei *Bradyrhizobium japonicum* durch Succinat jedoch vollkommen gehemmt, während Pyruvat den Abbau fördert. Phenolische Verbindungen können also Substrate der Bakteroide sein, jedoch nur, wenn die Succinatkonzentration sehr niedrig ist. Die spezifische Aktivität der l-**Phenylalanin-Ammoniumlyase** (PAL) und der O-Methyl-Transferase sind in Knöllchen deutlich höher als in Wurzeln. Auf dem Abbauweg von Zuckern zu organischen Säuren sind zwei weitere Enzyme in Knöllchen mit hoher Aktivität nachweisbar. Die spezifische Aktivität der PEP-Carboxylase (E. C. 4.1.1.31) ist 20fach höher in Knöllchen als im umgebenden Wurzelgewebe. Der apparente K_M-

Tabelle 3.**30**   Disaccharidasen in der Bakteroidenfraktion und der Cytoplasmafraktion von Knöllchen der Sojabohne (nach *Streeter*)

Fraktion	Invertase Gesamtaktivität	Maltase (μmol Disaccharid $\cdot$ h^{-1} $\cdot$ Fraktion^{-1})	Trehalase
Bakteroide	0	2,7	6,1
Pflanzen-cytoplasma	416	33	80
	Spezifische Aktivität	(μmol Disaccharid $\cdot$ h^{-1} $\cdot$ mg Protein^{-1})	
Bakteroide	0	1,7	3,9
Pflanzen-cytoplasma	6,3	0,5	1,2

Tabelle 3.**31** Phenolabbau durch *Bradyrhizobium japonicum* 61-A-101, seine Bakteroidenform und durch *Pseudomonas putida* 548 in Gegenwart von Succinat und Pyruvat (nach *M. Röhm* u. *Werner*)

^{14}C-markierte C-Quelle	Konzen-tration mM	Weitere C-Quelle	Konzen-tration mM	Maximale Atmungsrate (μmol $^{14}CO_2 \cdot h^{-1} \cdot 10^{-9}$ Zellen) *Bradyrhizobium japonicum*	Bakteroide	*Pseudomonas putida*
Succinat	10	Phenol	0,1	11,8	17,4	76
Pyruvat	10	Phenol	0,1	1,6	0,9	6,8
Phenol	0,1	–	–	0,3	0,03	5,6
Phenol	0,1	Succinat	10	0,0	0,00	5,0
Phenol	0,1	Pyruvat	10	0,8	0,04	5,6

Tabelle 3.**32** Wasserstoffentwicklung und Nitrogenaseaktivität der Knöllchen von Fabaceen
und von Actinorhizapflanzen (nach *Schubert* u. *Evans*)

Spezies	*H_2-Entwicklung in Luft	Argon	*C_2H_2-Reduktion	Effizienz H_2-Entwicklung in Luft $1-\dfrac{}{C_2H_2\text{-Reduktion}}$
Medicago sativa	7,1	16,4	15,0	0,51
Melilotus albus und				
M. officinalis	4,0	10,2	9,8	0,59
Trifolium fragiferum	4,5	11,1	10,0	0,55
Trifolium hybridum	2,6	5,7	8,8	0,68
Trifolium repens	3,8	7,5	6,9	0,45
Trifolium pratense	2,0	4,1	4,0	0,49
Trifolium subterraneum	1,6	2,7	2,1	0,20
Lotus corniculatus	2,4	6,0	4,3	0,44
Lupinus sp.	1,5	3,8	4,9	0,69
Glycine max	3,7	9,1	7,3	0,52
Pisum sativum	6,3	12,5	17,3	0,63
Sarothamnus scoparius	0,5	1,0	2,2	0,78
Vigna sinensis	0,03	10,5	14,2	0,99
Phaseolus aureus	1,8	6,3	12,3	0,82
Actinorhizapflanzen				
Alnus rubra	0,03	0,5	6,9	0,99
Purshia tridentata	0,03	0,03	1,2	0,97
Elaeagnus angustifolia	0,3	2,9	14,8	0,97
Ceanothus velutinus	0,3	0,8	1,8	0,77
Myrica californica	0,001	0,1	1,4	0,99

* H_2-Entwicklung und C_2H_2-Reduktion sind angegeben als μmol $\cdot h^{-1} \cdot g^{-1}$ Frischgewicht der Knöllchen

Wert dieses Enzyms für PEP liegt bei $9,4 \cdot 10^{-2}$ mM, für HCO_3^- bei $4,1 \cdot 10^{-1}$ mM. Die Isoenzyme der PEP-Carboxylase gehören zu den Nodulinen (s. Abschnitt 3.3.3.1). Mit Hilfe dieses Enzyms wird in Knöllchen in erheblichem Umfang CO_2 fixiert, das entstehende Oxalacetat ist Substrat der Aspartat-Aminotransferase bei der Biosynthese der Asparaginsäure. Die Pyruvatkinase (E. C. 2.7.1.40) ist in Knöllchen ebenfalls in hohen Aktivitäten nachweisbar. Sie nimmt eine zentrale Rolle bei der Regulation des Kohlenhydratstoffwechsels ein, da sie aktiviert wird durch AMP und durch Fructose-1,6-Bisphosphat, und gehemmt wird durch organische Säuren und ATP.

Der energetische Verlust durch Wasserstoffentwicklung zeigt große Unterschiede bei verschiedenen Arten der Fabaceen (Tab. 3.**32**). Die Effizienz wird angegeben mit der Beziehung

$$1 - \frac{H_2 \text{ Entwicklung in Luft}}{C_2H_2 \text{ Reduktion}}$$

Dieser Wert liegt für *Medicago-*, *Trifolium-*, *Lotus-* und *Glycine-*Arten bei 0,5 bis 0,6. Für *Sarothamnus scoparius*, *Vigna sinensis* und *Phaseolus aureus* kann er jedoch zwischen 0,8 und 1,0 liegen. Sehr hoch ist diese Effizienz auch für die meisten Actinorhizapflanzen. Die Synthese des **H_2-Aufnahmesystems** bei *Bradyrhizobium japonicum* wird durch Sauerstoff und durch Kohlenhydrate reprimiert. Damit wird auch dieser Stoffwechselbereich eng an den allgemeinen C- und Energiestoffwechsel gekoppelt. Durch die Aufnahmedehydrogenase können sowohl Reduktionsäquivalente wie auch ATP zusätzlich bereitgestellt werden. Die Wurzelatmung nitraternährter Leguminosen verbraucht 11 bis 16% der Gesamtassimilate, die Atmung nodulierter Wurzeln dagegen 22 bis 33%. Symbiosen mit einer Aufnahmedehydrogenase können diesen zusätzlichen Energieaufwand reduzieren. In welchem Umfang die Verwendung von *Rhizobium-*Stämmen mit einer Aufnahmedehydrogenase auch die Pflanzenerträge steigert, ist bisher nicht abschließend zu beurteilen. Ein **funktionelles Schema** eines Knöllchens der Sojabohne veranschaulicht die beschriebenen Interaktionen des Kohlenhydratstoffwechsels, des Aminosäurestoffwechsels, der N_2-Fixierung und der Wasserstoffentwicklung in ihrer Kompartimentierung im Wirtscytoplasma, im Peribakteroidenraum und in den Bakteroiden selber (Abb. 3.**62**).

3.3.6.   Sproß-Knöllichen: *Sesbania* sp.

Die Entwicklung des Sproß-Knöllchens bei *Sesbania-*Arten weicht deutlich von der der Wurzelknöllchen ab. Die zur Infektion befähigten *Rhizobium-*Stämme haben eine Generationszeit von 3 bis 4 Stunden, können Saccharose und Lactose verwerten, nicht jedoch Citrat, Malat und Fumarat. Damit haben sie Eigenschaften sowohl der Gattung *Rhizobium* wie auch die der Gattung *Bradyrhizobium*. Von allen anderen Stämmen unterscheiden sie sich dadurch, daß sie nach Derepression ihrer Nitrogenase in Reinkultur mit dem dadurch **fixierten Stickstoff selbst wachsen können**, also nicht auf die Zuführung einer organischen Stickstoffquelle angewiesen sind. Die Knöllchen entwickeln sich nur an präformierten Stellen entlang der Sproßachse, den sogenannten Mammillen, die Seitenwurzelanlagen enthalten. Die Entwicklung der Knöllchen (Abb. 3.**63**) beginnt in degenerierten (toten) Rindenzellen des Stengels. Die Bakterien vermehren sich dann in den Interzellularen und induzieren ein meristematisches Gewebe. Infektionsschläuche entwickeln sich zunächst interzellulär und danach erst intrazellulär. Intrazellulär erfolgt dann die Freisetzung der Rhizobien durch einen der Endocytose vergleichbaren Vorgang. Die N_2-Fixierung bei den bis zu 3 m hohen *Sesbania-*Pflanzen erreicht Werte von 0,5 mmol Ethylen pro Pflanze und Stunde und entspricht damit einer

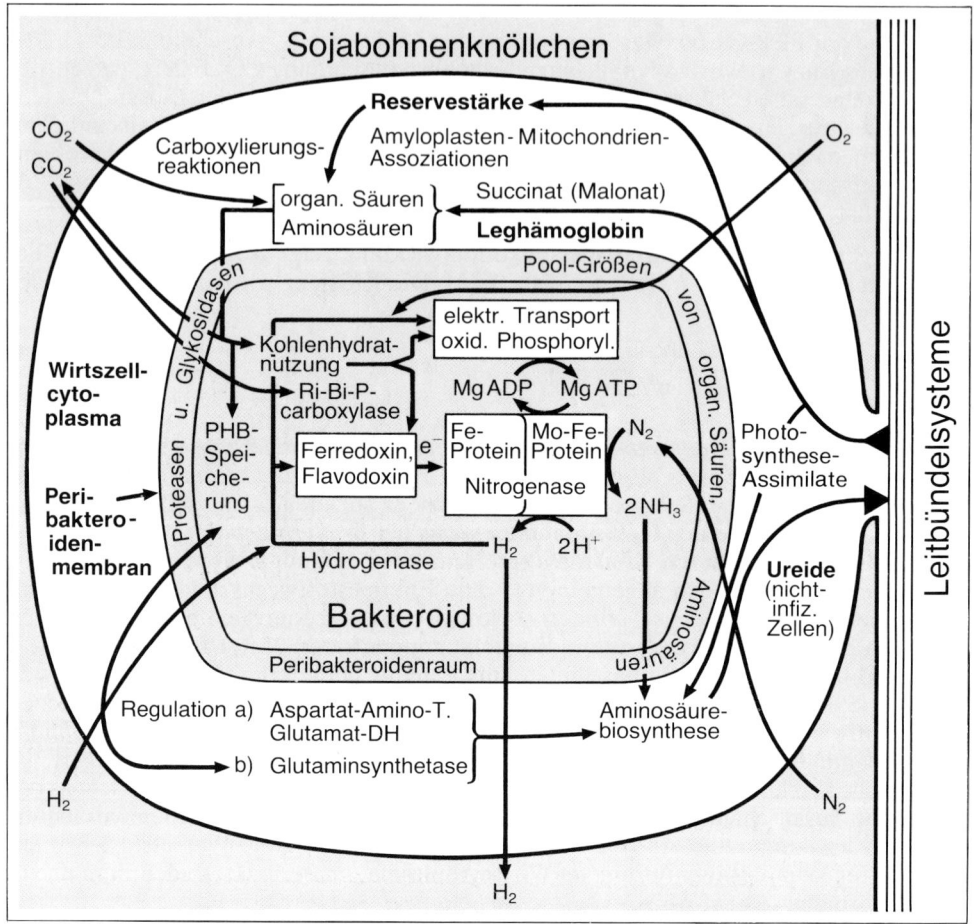

Abb. 3.**62**   Funktionelles Schema eines Knöllchens der Sojabohne

Rate von über 200 kg N pro Hektar innerhalb von 2 Monaten. Der Anbau von *Sesbania* hat damit ein hohes Potential zur Gründüngung als Vorfrucht für den **Naßreisanbau** in den Tropen.

3.3.3.7.   Gentechnologie für neue N₂-fixierende Symbiosen

Eukaryotische Zellen können nicht N_2 fixieren. Die genetische Information für diese biochemische Leistung ist auf ca. 200 prokaryotische Arten beschränkt. Die ungefähr 500 000 bekannten eukaryotischen Pflanzenarten (davon ca. 340 000 Arten von Blütenpflanzen und mindestens 100 000 Pilzarten) und die mehr als 1 000 000 Tierarten können sich diese biochemische Leistung nur in einer Symbiose oder in einer engen Assoziation mit diesen Prokaryoten direkt nutzbar machen. Es ist ein bemerkenswertes Faktum der Evolution, daß in keinem Falle ein stabiler Transfer der 17 nif-Gene in das Eukaryotengenom erfolgt ist, sondern das **Prinzip der Symbiose** für die Nutzung der N_2-Fixierungsgene für Eukaryoten verwendet wurde. Phylogenetisch voneinander getrennt entwickelten sich Symbiosen mit den diazotrophen Gattungen *Rhizobium, Bradyrhizobium,*

Abb. 3.**63**   Sproßknöllchen von *Sesbania rostrata*

Frankia, Anabaena und einer Anzahl weiterer Cyanobakteriengattungen. Offensichtlich war es phylogenetisch erfolgreicher, mehrere Dutzend Nodulationsgene im Falle der Symbiose von Fabales mit *Rhizobium* oder *Bradyrhizobium* zu entwickeln, als die nif-Gene in das Eukaryotengenom zu integrieren und funktionsfähig zu exprimieren.

Gentechnisch könnten nif-Gene prinzipiell in drei verschiedene Genome integriert werden: 1. in das Kerngenom, 2. **in** das **Genom von Plastiden**, 3. in das Genom von Mitochondrien. Da Mitochondrien von Höheren Pflanzen, von Pilzen und von Tieren einen etwas veränderten DNA-Code haben, ist die erfolgreiche Translation von nif-Genen in Mitochondrien sehr unwahrscheinlich. Demgegenüber sind Transkription und Translation in Plastiden relativ ähnlich der von Enterobakterien. So kann die RNA-Polymerase aus *E. coli* die Initiationscodons der Chloroplasten-Transkription erkennen. Auf der anderen Seite können die Chloroplastengene für die große Untereinheit der Ribulose-Bisphosphat-Carboxylase mit einem korrekten Genprodukt in *E. coli* transkribiert und translatiert werden. Die Chloroplasten-r-RNA und -t-RNA-Gene zeigen eine beträchtliche Homologie mit der von *E. coli*. Die chloroplasteneigene DNA-abhängige RNA-Polymerase ist jedoch auch verschieden von bakteriellen Polymerasen. Die DNA-Sequenzen, die den Initiationscodons vorausgehen, sind in Chloroplasten in der Genregion von -10 bis -35 wiederum recht ähnlich mit denen von Bakterien. Insgesamt erscheinen Plastiden noch am ehesten geeignet, nif-Gene in die DNA zu integrieren und funktionsfähige Proteine zu synthetisieren. Die Integration des nif-Genclusters alleine würde jedoch nicht zu einer nif-Expression führen, da die Genprodukte von zwei weiteren Genen, ntrC und ntrA zur Aktivierung der nif-Transkription erforderlich sind.

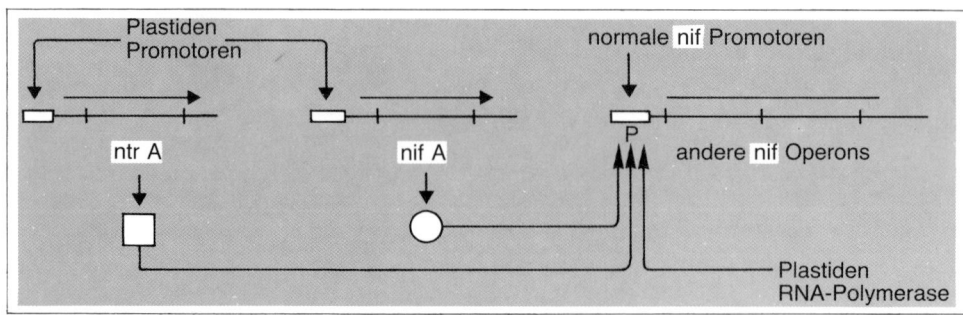

Abb. 3.**64**   Schema für ein „Genetic Engineering" von Regulationsgenen zur Expression von nif-Genen in Plastiden von Pflanzen (nach *Merrick* u. *Dixon*)

Gelingt es jedoch, die Synthese des nif-A-Genproduktes konstitutiv zu machen, entfällt das ntrC-Genprodukt. Um eine optimale Expression des nif-A- und des ntrA-Produktes zu gewährleisten, müßten diese Gene an geeignete **Chloroplasten-Promotorsequenzen** angekoppelt werden (Abb. 3.**64**). Eine weitere Voraussetzung bleibt, daß die Plastiden-RNA-Polymerase die nif-Gene effektiv transkribiert. Falls die nif-Promotoren nicht von dem Enzym erkannt werden, müßten 6 oder 7 Promotoren gegen plastideneigene Promotoren ausgetauscht werden. Dieses scheint in jedem Falle noch wesentlich einfacher als die Modifikation von 17 nif-Genen bei der Expression im Pflanzenzellkern. Die einfachste Methode, die klonierten Gene direkt in das Plastidengenom einzuführen, ist eine Mikroinjektion. Nach der Translation der Genprodukte wären folgende Probleme zusätzlich zu lösen:

1. Die **Bereitstellung von Reduktionsäquivalenten** (reduziertes Ferredoxin oder reduziertes Flavodoxin) für die nif-spezifische Elektronentransportkette.
2. Die **Bereitstellung eines effizienten ATP-liefernden Systems**.
3. Die Fixierung des produzierten Ammoniaks durch den Glutaminsynthetase-Glutamatsynthase-Stoffwechselweg.
4. Der **Schutz der Nitrogenasesynthese und der Nitrogenasefunktion vor Sauerstoff**.

Während die ersten drei Anforderungen in Plastiden vorhanden sind, bringt die vierte Anforderung prinzipielle Probleme bei photosynthetisch-aktiven Plastiden. In keine Heterocysten enthaltenden Cyanobakterien wie *Gloeocapsa* wird dieses Problem durch eine zeitliche Trennung von Stickstofffixierung (im Dunkeln) und Photosynthese (in der Lichtperiode) erreicht. Bei Heterocysten bildenden Cyanobakterien (der Mehrzahl der N_2-fixierenden Cyanobakterien) wird dieses Problem durch eine Differenzierung verschiedener Zelltypen gewährleistet (s. Kapitel 7). Für die Vermeidung der photosynthetischen Sauerstoffproduktion unter gleichzeitiger Aufrechterhaltung der Bereitstellung von Reduktionsäquivalenten, ATP und einem ammoniumassimilierenden Enzymsystem wären die **Amyloplasten** in Wurzelzellen Höherer Pflanzen ein geeigneter Ort.

Möglicherweise erfolgversprechender ist die Ausweitung des Wirtsspektrums der Symbiose von stickstofffixierenden Zellen. Der relativ weite Artenbereich der *Frankia*-Symbiose und der Symbiosen mit Cyanobakterien und auch der Nachweis einer Symbiose von *Rhizobium* mit einer Nicht-Leguminose (*Parasponia*, Ulmaceae) ist Anlaß für diese Überlegungen. Erst die Aufklärung aller Wirtsgene, die an der Nodulation bei den Fabales oder den Actinorhizen (Kapitel 5) beteiligt sind, wird eine Basis für die Ausarbeitung einer entsprechenden Strategie geben können.

4.   Die *Bradyrhizobium* sp.-*Parasponia*-Symbiose

Die Wurzelknöllchen an *Parasponia* (Ulmaceae) sind die einzige gesicherte Symbiose zwischen *Bradyrhizobium/Rhizobium* und einer **Nichtleguminosen-Art**. Die Knöllchen wurden bereits 1909 an den Wurzeln der *Parasponia*-Bäume in Indonesien entdeckt, der Mikrosymbiont jedoch erst 1973 von Trinick als ein Vertreter der Gattung *Bradyrhizobium* identifiziert und durch gleichzeitige Infektionsversuche an Leguminosen *(Vigna)* abgesichert. *Parasponia*-Arten sind Bäume von bis zu 15 m Höhe, die als Pionierpflanzen auf vulkanischen Böden in Indonesien und in einigen Gebieten Malaysias und in Neuguinea vorkommen. Wurzelknöllchen wurden bisher an 4 Arten von *Parasponia* gefunden und bestätigt: *P. rugosa, P. parviflora, P. andersonii* und *P. rigida.*

Die aus den Wurzelknöllchen von *Parasponia* isolierten Bakterienstämme sind physiologisch und serologisch denen der sogenannten „cowpea"-Gruppe von *Bradyrhizobium* sehr ähnlich. Die meisten der isolierten Stämme nodulieren jedoch die entsprechenden tropischen Leguminosen oft nur schlecht oder bilden ineffektive Knöllchen. Es wurden jedoch auch einzelne Stämme isoliert, die sowohl *Parasponia* wie auch z. B. *Macroptilium atropurpureum* effektiv nodulieren. Einige Stämme sind auch in der Lage, Nitrogenase in Reinkultur zu dereprimieren (s. Abschnitt 3.1.5).

Tabelle 4.1   Vergleich der Knöllchen von *Parasponia rugosa* (Ulmaceae) und von *Macroptilium atropurpureum* (Fabaceae), beide infiziert mit *Bradyrhizobium* sp. ANU 289 (nach *Mohapatra* et al.)

	Parasponia	Macroptilium
Knöllchentyp	Nicht determiniert, modifizierte Seitenwurzel, 5–10 mm lang	Determiniert, sphärisch, 1–4 mm Durchmesser
N_2-Fixierungsrate (μmol C_2H_4 $\cdot$ h^{-1} $\cdot$ mg^{-1} Frischgewicht der Knöllchen)	9 ± 2	16 ± 4
Bakteroidenzahl pro 1000 μm^3 voll infiziertem Knöllchengewebe	300	650
Leitbündelsystem	Zentrales Leitbündelsystem mit Seitenverzweigungen	Peripheres Leitbündelsystem
Morphologie infizierter Zellen	Bakteroide verbleiben im Infektionsschlauch, Mitochondrien verteilt in den Zellen	Bakteroide in Peribakteroidenmembran, Mitochondrien konzentriert an den Zellwänden
O_2-Transport und O_2-Schutz	Hämoprotein	Leghämoglobin

Keimlinge von *Parasponia andersonii* entwickeln nach Infektion innerhalb von 2 bis 4 Wochen Knöllchen mit einer signifikanten Nitrogenaseaktivität. Die Infektion der Wurzelhaare von *Parasponia* erfolgt an der Basis und nicht an der Spitze. Während der weiteren Entwicklung besteht der wichtigste Unterschied jedoch darin, daß bei *Parasponia* die Bakterien im Infektionsschlauch verbleiben (mit wenigen Ausnahmen). Der Infektionsschlauch verzweigt sich sehr stark in den Wirtszellen und wird in diesem Stadium auch als **„Fixierungsschlauch"** bezeichnet. Es ist nicht geklärt, ob der Erhalt des Infektionsschlauches in erster Linie durch eine Fortdauer der Synthese des Wandmaterials oder durch einen Mangel an abbauenden Enzymen für diese Struktur bedingt ist. *Parasponia*-Knöllchen sind modifizierte Seitenwurzeln mit einem zentralen Leitbündelsystem. Das meristematische Gewebe verzweigt sich, so daß Knöllchenbündel von 1 bis 2 cm Durchmesser entstehen. Eine 3 Monate alte Pflanze von *Parasponia* kann bis zu 15 g Knöllchen Frischgewichtmasse ausbilden. Die durchschnittliche Zahl von Bakteroiden in einem bestimmten Volumen infizierten Knöllchengewebes und auch die spezifische Nitrogenaseaktivität ist bei *Parasponia rugosa* etwa halb so groß wie bei *Macroptilium atropurpureum* (Tab. 4.**1**). Ein aus *Parasponia* isoliertes Hämoglobin hat 39% Homologie in der Aminosäuresequenz mit dem Leghämoglobin der Sojabohne. Die Sauerstoffablöserate ist beim Oxyhämoglobin aus *Parasponia* ungefähr ⅓ des Wertes vom Oxyleghämoglobin.

5. Actinorhiza

5.1. Der Mikrosymbiont: *Frankia*

Frankia ist ein langsam wachsender filamentöser Actinomycet, der als **Actinorhiza** bezeichnete Wurzelknöllchen (Rhizothamnien) an mehr als 140 Pflanzenarten aus acht verschiedenen Familien bilden kann. Die Fortschritte in unserem Verständnis der Biologie der Actinomycetengattung *Frankia* in den letzten Jahren wurden möglich durch die erstmalige Kultivierung und durch erfolgreiche Reinfektionen mit den Isolaten. Dies gelang 1978 gleichzeitig Laboratorien in Holland und in den USA. Unter geeigneten physiologischen Bedingungen können *Frankia*-Stämme auch in Reinkulturen N_2 fixieren. Dabei besteht eine enge Korrelation zwischen der Bildung von **Vesikeln** und der Aktivität der Nitrogenase, vergleichbar der bei vielen Cyanobakterien zu beobachtenden Beziehung zwischen der Heterocystenbildung und der N_2-Fixierungsrate.

5.1.1. Taxonomie und Systematik

Die in der achten Ausgabe von BERGEY's Manual of Determinative Bacteriology (1974) vorgeschlagene Unterteilung der Gattung *Frankia* in zehn Arten (*Frankia allnii*, *Frankia casuarinae* usw.) ist in der neunten Ausgabe des Manuals in dieser Form nicht aufrecht erhalten worden. So war ein *Frankia*-Stamm, der aus *Elaeagnus* isoliert wurde, auch in der Lage, *Alnus*-Arten zu infizieren. Die Taxonomie für die Gattung *Frankia* versucht daher, biochemische und zellphysiologische Eigenschaften der Bakterien ebenso wie die spezifisch pflanzlichen Reaktionen bei der Infektion und Actinorhizaausbildung zu berücksichtigen.

Der GC-Gehalt der Gattung *Frankia* liegt zwischen 68 und 72 mol%. Die Größe des Genoms von *Frankia*-Stämmen beträgt zwischen 7×10^6 und 1×10^7 kb (Kilo-Basenpaaren). Dies ist ca. die doppelte Größe des Genoms von *E. coli*. Nach DNA-Hybridisierungsversuchen zeigen die Isolate aus den Wirtsgattungen *Alnus*, *Myrica* und *Comptonia* einen hohen Grad an Übereinstimmung. Diese Stämme werden zur sogenannten „B-Gruppe" zusammengefaßt und die Stämme, die Ähnlichkeit mit den Isolaten aus *Elaeagnus* haben, zur „A-Gruppe". Beide Gruppen unterscheiden sich auch hinsichtlich der Stabilität der bei ihnen nachgewiesenen Plasmide. In B-Gruppen-Stämmen sind die Plasmide sehr stabil, in Stämmen der A-Gruppe sind sie nach Subkultur der Zellen relativ instabil. Lectine mit einer Spezifität für N-Acetylglucosamin und Sialinsäure binden bevorzugt an Hyphen, Vesikel und Sporangien von Stämmen der B-Gruppe (*Alnus*-Typ). Auch die Ausbildung von Pigmenten, die Verwertung von Kohlenhydraten in niedriger Konzentration (0,5%) und die Zuckerzusammensetzung sind in den beiden Gruppen von *Frankia*-Isolaten verschieden. Eine klare Korrelation dieser Gruppierungen mit morphologischen Eigenschaften wie der Ausbildung von Sporen und Vesikeln ließ sich bisher nicht feststellen. Erst die systematische Untersuchung einer hinreichend großen Zahl von Isolaten aus allen Infektionsgruppen durch DNA-DNA-

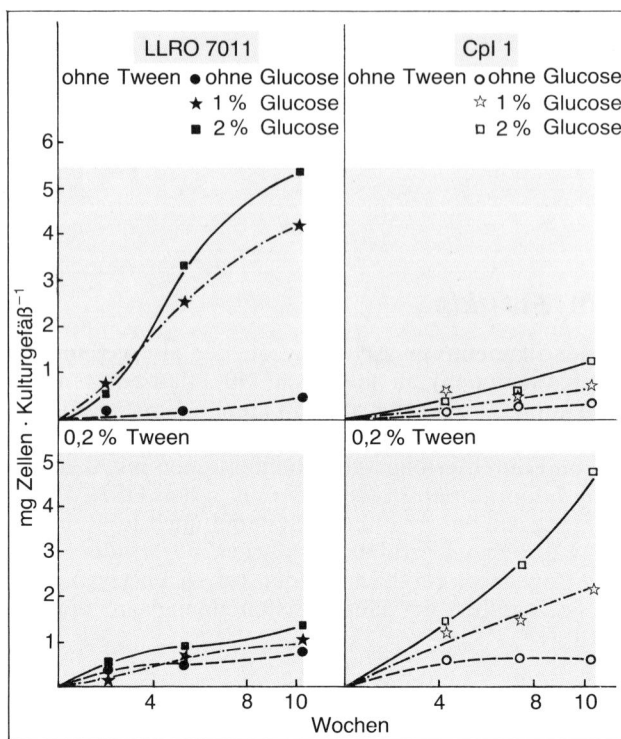

Abb. 5.**1** Wachstum von zwei *Frankia*-Stämmen, isoliert aus *Comptonia peregrina*, auf Glucose in Abhängigkeit eines Zusatzes von Tween 80 (nach *Lechevalier* u. *Ruan*)

Hybridisierungen, durch detaillierte Zellwandanalysen und durch serologische Methoden werden zu einer befriedigenden Taxonomie und Systematik dieser Gattung führen.

5.1.2.   Physiologie, Biochemie und Genetik

Frankia-Stämme aus *Comptonia peregrina* wachsen in einem volldefinierten Medium mit Succinat und Glutamin als C-Quellen, der Zugabe von 4 Vitaminen sowie mit den üblichen Mineralsalzen. Demgegenüber wachsen *Frankia*-Isolate aus *Alnus incarna* auf Acetat und Propionat, jedoch nicht auf Succinat, Fumarat, Malat oder Glucose. Ein für *Frankia*-Stämme allgemein geeignetes einfaches Kulturmedium enthält neben den üblichen Makronährstoffen und Spurenelementen Propionsäure als einzige C-Quelle. Ohne Zusatz von Ammonium erlaubt dieses Medium auch die Differenzierung von Vesikeln. Die optimale Wachstumstemperatur beträgt 30 °C. Unterhalb 14 °C und oberhalb 36 °C wird kein Wachstum mehr beobachtet. Da auch freilebende Arten der Gattung *Actinomyces* große Unterschiede in der C-Quellen-Verwertung und der Säureproduktion aus verschiedenen Kohlenstoffquellen zeigen, sind diese Unterschiede in der Gattung *Frankia* nicht überraschend. Als Reservestoffe werden Trehalose mit bis zu 20% vom Zelltrockengewicht angereichert, sowie Glykogen mit bis zu 10%. Die Konzentration beider Reservestoffe nimmt rasch ab, wenn in den Zellen die Nitrogenaseaktivität ansteigt.

Hinsichtlich der Verwertung von Glucose können sich einige *Frankia*-Stämme grundsätzlich von freilebenden Actinomycetenarten unterscheiden, die in acht Arten bei mehr als 400 daraufhin untersuchten Stämmen alle Glucose verwerten können. Auch *Frankia*-

Isolate aus der gleichen Wirtspflanze zeigen große Unterschiede hinsichtlich der Verwertung von Glucose (Abb. 5.1). So vermag ein Stamm (LLR 07011) Glucose auch ohne Zusatz von Tween 80 zu verwerten, während er durch Zusatz von 0,2% Tween 80 deutlich in seinem Wachstum gehemmt wird. Demgegenüber kann der Stamm CpI 1 auf Glucose nur nach Zusatz von 0,2% Tween 80 wachsen.

Um nichtinfizierende und nichtsporulierende *Frankia*-Stämme identifizieren zu können, hat man nach biochemischen Komponenten gesucht, durch die sich *Frankia* generell von anderen Actinomyceten unterscheidet. Ein solches Merkmal ist das Vorkommen von 2-O-Methyl-Mannose in *Frankia* aus *Alnus, Myrica, Comptonia* und *Elaeagnus.*

Phenolische Verbindungen, die auch in Actinorhiza-Gewebe in relativ hohen Konzentrationen vorkommen, beeinflussen Wachstum und Differenzierung des Mikrosymbionten. Ferulasäure und Paracoumarsäure hemmen das Wachstum, erhöhen die Verzweigung der Hyphen und reduzieren Größe und Zahl der Sporangien. Benzoesäure und p-Hydroxybenzoesäure dagegen hemmen das vegetative Wachstum nicht und stimulieren die Bildung von Vesikeln.

In *Frankia*-Stämmen sind **zwischen 1 und 6 Plasmide pro Zelle** nachgewiesen worden. Die Plasmide ließen sich vier Größenklassen mit 7–9, 18–20, 30–35 und 50–55 Kilo-Basenpaaren zuordnen. Auch Plasmide mit gleicher Größe können nach dem Muster der Bruchstücke nach Restriktionsenzym-Analyse heterolog sein. Der Transfer eines Plasmids in die taxonomisch verwandte Art *Streptomyces lividans* ergab keine stabile Replikation.

5.2. Der Makrosymbiont: die Wirtspflanzen

Im Vergleich zur Symbiose von *Rhizobium/Bradyrhizobium* mit Leguminosen ist das Wirtsspektrum der Actinorhiza deutlich weiter. Neunzehn verschiedene Gattungen aus 8 Familien und 7 verschiedenen Ordnungen sind bisher als Wirte nachgewiesen. Als Wirtspflanzen neu erkannt wurden in den letzten Jahren die Gattungen *Datisca, Rubus, Cowania* und *Chamaebatia.*

5.2.1. Systematische Übersicht

Die Verbreitung der Actinorhiza innerhalb der Wirtsgattungen ist sehr unterschiedlich. So sind die bisher daraufhin untersuchten Arten der Gattungen *Casuarina, Coriaria, Alnus* und *Elaeagnus* mit Actinorhiza besetzt (Tab. 5.1). Jedoch auch bei diesen Gattungen sind nicht alle Arten auf Actinorhiza-Bildung hin bestätigt. So wurden in einer Felduntersuchung in Victoria (Australien) von 9 *Casuarina*-Arten nur bei drei Arten *(Casuarina littoralis, C. paludosa* und *C. verticillata)* Actinorhiza festgestellt. Zwei weitere Arten *(Casuarina paradoxa, C. pusilla)* nodulierten nach Sameninokulation mit den entsprechenden Böden im Gewächshaus, hatten aber *in situ* keine Actinorhiza ausgebildet. Deutlich verschieden davon ist offensichtlich die Gattung *Rubus*, bei der bisher nur eine Art mit Actinorhiza bestätigt ist, während drei andere Arten eindeutig negativ waren. Die sieben Ordnungen, in denen eine Actinorhiza ausgebildet wird, gehören zu den drei benachbarten Unterklassen der Hamamelididae, der Rosidae und der Dilleniidae. In den fünf anderen Unterklassen der Dicotyledoneae ist kein Beispiel für eine Actinorhiza-Bildung bekannt geworden, ebenso wie für alle Unterklassen der Monocotyledoneae. Es ist z. B. innerhalb der Familie der Betulaceae bemerkenswert, daß in der Gattung *Betula* mit über 40 Arten in keinem Falle eine Actinorhiza nachgewiesen wurde, obwohl sie ihre überwiegende Verbreitung in armen Sandböden hat. Weitere Arten mit Actinorhiza werden speziell in der Familie der Rhamnaceen erwartet.

Tabelle 5.1 Systematische Übersicht und Verbreitung der Actinorhiza

Ordnung	Familie	Gattung	Artenzahl	Bisher bestätigte Zahl der Arten		Überwiegende geographische Verbreitung
				mit Actinorhiza	ohne Actinorhiza	
Casuarinales	Casuarinaceae	Casuarina	45	18	0	Australien
Coriariales	Coriariaceae	Coriaria	15	13	0	Europa, Asien oberhalb 23° geogr. Breite, Nordamerika, Peru
Fagales	Betulaceae	Alnus	35	33	0	
Cucurbitales	Dastiscaceae	Datisca	2	2	0	
Myricales	Myricaceae	Myrica	35	20	0	Westliches Nordamerika
		Comptonia	1	1	0	
Rosales	Rosaceae	Rubus	>200	1	3	
		Dryas	4	3	1	
		Purshia	2	2	0	Nordamerika
		Cercocarpus	20	3	0	Westl. Nordamerika
		Chamaebatia		1	0	
		Cowania		1	0	
Rhamnales	Elaeagnaceae	Elaeagnus	45	14	0	Europa, Japan
		Hippophae	3	1	0	
		Shepherdia	3	2	0	
	Rhamnaceae	Ceanothus	55	31	0	Westl. Nordamerika
		Trevoa	1	1	0	
		Discaria	10	5	2	Südamerika, Neuseeland, Ostaustralien
		Colletia	17	3	0	Südamerika, Chile
		Retanilla		2	0	Südamerika, Chile
		Talguenea		1	0	

Zur Absicherung von Reinfektionstests an homogenem Pflanzenmaterial ist die in vitro Vermehrung von Sproßspitzen in steriler Organkultur sehr hilfreich. Dies ist z. B. für die sieben wichtigsten *Alnus*-Arten gelungen, wobei die Bewurzelung innerhalb von 3 Wochen in Gegenwart von 1 µM Indolbuttersäure erfolgt. Die auf diese Weise vermehrten Pflanzen zeigen eine normale Actinorhiza-Entwicklung nach Infektion mit *Frankia*.

5.2.2.   Ökologische und wirtschaftliche Bedeutung

Die geographische Verbreitung der Arten mit Actinorhiza ist auf die gemäßigten Klimate konzentriert (Tab. 5.1). Auch in den Tropen kommen die Arten mit Actinorhiza in der Regel nur in höher gelegenen Berglagen vor. Eine bedeutende Ausnahme von dieser Regel ist die **Gattung Casuarina**, die in nahezu allen Klimazonen Australiens verbreitet ist.

Die größte wirtschaftliche Bedeutung haben Arten der **Gattung Alnus**, wie *Alnus glutinosa* und *Alnus incana* in der europäischen Forstwirtschaft und *Alnus rubra* und *Alnus crispa* in den nordamerikanischen Wäldern. Unter optimalen Bedingungen produzieren 60–90 Jahre alte Bestände von *Alnus glutinosa* zwischen 500 und 700 Raummeter Holz/ha. Allein in den US-Staaten Oregon und Washington wird der Bestand an *Alnus rubra* auf 500 Mill. Raummeter Nutzholz geschätzt. Dies ist etwa die Hälfte des gesamten Hartholzbestandes in diesen Staaten. Die Bedeutung der Erlen in der Forstwirtschaft geht über die Produktion von Erlenholz hinaus. In Mischkulturen mit Pappeln wurde innerhalb von 3 Jahren ein Zuwachs von 220% erreicht gegenüber 68% von Pappeln in Monokultur und 55% von Pappeln in Mischkultur mit *Prunus*-Arten (Tab. 5.2). Versuche in den USA mit Mischkulturen von *Alnus crispa* und *Populus trichocarpa* bestätigen die Wachstumssteigerungen der Pappeln in Mischanpflanzungen. Wachstumssteigerungen von *Pinus radiata* nach Zusatz von Erlen sind in der Tab. 5.3 dokumentiert. Es liegen jedoch auch Berichte vor, bei denen keine Wachstumssteigerungen anderer Baumarten in Mischanpflanzungen mit *Alnus* gefunden werden.

Tabelle 5.**2**   Wachstum von Pappeln *(Populus deltoides x canadensis* cv *marilandica)* in Mischanpflanzungen mit *Alnus glutinosa* und *Prunus* sp. (nach *Becking*)

Pflanzung	Pappeln, durchschnittliche Höhe (cm) und % Zuwachs			
	1956	1958	1959	% Zuwachs
Pappeln allein	141 cm	186 cm	237 cm	68%
Pappeln mit *Alnus glutinosa*	144 cm	289 cm	460 cm	219%
Pappeln mit *Prunus sp.*	142 cm	181 cm	220 cm	55%

Tabelle 5.**3**   Ertrag und N-Gehalt von Sprossen von *Pinus radiata* Keimlingen, nach Zusatz von N-Dünger und Streu von *Alnus rubra* und *Pseudotsuga mentziesii* auf Granitboden (nach *Wollum* II u. *Youngberg*)

Zusatz von	Ertrag (mg Trockensubstanz/Pflanze) (Mittelwerte von 48 Pflanzen)	N-Gehalt/ Pflanze
o ppm N (als NH_4NO_3)	240	0,82
Streu von *Pseudotsuga*	200	0,68
25 ppm N	470	1,87
Streu von *Alnus*	570	8,06

5.2.3.   N₂-Fixierung pro Hektar und Jahr

Für *Alnus glutinosa* und *Alnus rubra* sind Werte zwischen 50 und 200 kg $N_2 \times ha^{-1}$ gefunden worden. Für *Hippophae rhamnoides* variieren die gemessenen Werte, abhängig vom Standort, zwischen 2 und 58 kg $N_2 \times ha^{-1} \times Jahr^{-1}$. Noch stärker variieren die Angaben, die für *Ceanothus* und *Purshia*-Arten gemessen werden, die z. T. deutlich unter 1 kg $N_2 \times ha^{-1} \times Jahr^{-1}$, aber auch bis zu 60 kg N_2 fixieren. In Bergregionen der französischen Alpen werden aber auch für *Alnus*-Bestände deutlich niedrigere Werte gemessen. Für *Alnus viridis* wurde für eine Wachstumsperiode (Juni–Oktober) eine Fixierung von ca. 8 kg N/ha bestimmt. Dies ist nur etwa 10 % des Stickstoffbedarfs dieser Bestände der Grünerle. In neuaufgeforsteten Beständen von *Casuarina equisetifolia* auf den Kapverdischen Inseln wurde über einen Zeitraum von 13 Jahren hinweg eine Fixierung von 58 kg N_2 pro ha und Jahr ermittelt. Dabei wurde sowohl die Zunahme im Bodenstickstoff wie auch im Baumstickstoff als Meßwert zugrunde gelegt. Neben den Boden- und Klimafaktoren ist besonders das Alter der Bestände maßgebend für die unterschiedlichen Fixierungswerte. So wurde für 13 Jahre alte Bäume von *Hippophae* eine Fixierung von 180 kg $N \times ha^{-1} \times Jahr^{-1}$ ermittelt, während auf der gleichen Fläche drei Jahre alte Pflanzen nur 27 kg N/Jahr fixierten.

5.3.   Infektion und Entwicklung der Actinorhiza

Actinorhizen sind in der Regel mehrjährig, haben jedoch bei älteren Pflanzen ein deutlich geringeres Alter als die übrigen Teile des Hauptwurzelsystems. Das mittlere Actinorhizenalter von 20 Jahre alten Bäumen von *Alnus glutinosa* beträgt 3–4 Jahre mit einem Maximum von 8 Jahren. Sowohl mit *Alnus* wie mit *Ceanothus* ist nachgewiesen, daß bei längerer Abwesenheit der Wirtspflanzen die *Frankia*-Endophyten im Boden allmählich völlig verschwinden oder zu so niedrigen Konzentrationen absinken, daß sie nicht mehr erfolgreich Jungpflanzen infizieren. Actinorhizen entwickeln sich nur an Wurzelbereichen in Bodenzonen, die gut durchlüftet sind. Dies trifft auch zu für Erlen an Bach- und Flußläufen und in Feuchtgebieten, bei denen sich die Actinorhiza nur gerade oberhalb des Wasserpegels entwickelt. Bei sehr hohen Bodentemperaturen und bei Wassermangel wird die Nodulation ebenfalls gehemmt. Die im folgenden dargestellten einzelnen Schritte von Infektion und Entwicklung sind überwiegend bei *Alnus*-Arten untersucht worden. Unter N-Limitierung ist die Wachstumssteigerung durch die Beimpfung mit dem Endophyten *Frankia* sehr deutlich (Abb. 5.**2**).

5.3.1.   Infektion der Wurzelhaare und Rindenzellen, Bildung der primären Actinorhiza

Ebenso wie bei den meisten Leguminosen sind bei *Alnus* die Wurzelhaarzellen der Ort der Primärinfektion. Die Interaktion zwischen Wirt und Mikrosymbiont (Endophyt) beginnt bereits in der Rhizosphäre, in der die Actinomyceten eine Deformation der Wurzelhaare und die Ausscheidung von polysaccharidhaltigem Kapselmaterial induzieren. Dieses Kapselmaterial kann sowohl von den Wurzelhaaren wie auch von der übrigen Wurzeloberfläche ausgeschieden werden. Es wird außerhalb der Wurzelhaarzellen als Exokapsel bezeichnet. Über ein deformiertes Wurzelhaar dringt der Endophyt in die Pflanzenzelle ein. Aber nur eine von bis zu mehreren tausend Endophyten sind dabei erfolgreich. Während des weiteren Durchdringens der Wurzelhaarzelle wird die Hyphe kontinuierlich von weiterem Kapselmaterial umgeben, das jetzt als Endokapsel bezeichnet wird. Hyphe und Kapsel sind von einer Membran umschlossen, die sich vom Wirtsplasmalemma ableitet. Der Zellkern der infizierten Wurzelhaarzelle wandert mit

Abb. 5.**2**   Wachstum von *Alnus glutinosa* in N-freier Nährlösung.
Rechts: mit Actinorhiza, links: ohne Inokulation (Aufnahme *J. H. Bekking*, ITAL, Wageningen)

der wachsenden Hyphenspitze zur Basis des Wurzelhaares. Dort durchdringt die Hyphe die Zellwand und breitet sich in die benachbarten Rindenzellen aus. In der Nähe der Zellwand der infizierten Zellen bilden sich aus den Hyphen Vesikel. Dieses Stadium wird als primäre Actinorhiza bezeichnet. Sie sind als lokale Verdickungen an der Wurzel zu erkennen, die sich bei *Alnus* nach Belichtung rot färben. In Gegenwart anderer Bakterien wie z. B. *Pseudomonas*-Arten ist bei limitierter *Frankia*-Population die Nodulation z. B. bei *Alnus rubra*, deutlich gesteigert. Dies kann durch ein erhöhtes „Curling" der Wurzelhaare durch die Pseudomonaden erklärt werden.

Eine deutliche Abweichung von dieser typischen Actinorhiza-Primärinfektion zeigen die Elaeagnaceae. Bei ihnen werden nicht die Wurzelhaare infiziert, sondern die Hyphen dringen durch andere Rhizodermiszellen ein und besiedeln den Interzellularraum der Wurzeln.

5.3.2.   Bildung der sekundären Actinorhiza, Entwicklung von Hyphen, Vesikeln und Sporen des Symbionten

Die weitere Entwicklung der Actinorhiza (Abb. 5.**3**) beginnt mit der Ausbildung einer Seitenwurzel am Perizykel der Wurzel, die durch den Mikrosymbionten induziert wird. Diese Seitenwurzel entwickelt sich zu einer sekundären Actinorhiza, die zwei bis drei Wochen nach Infektion makroskopisch zu erkennen ist und physiologisch durch eine Nitrogenaseaktivität gekennzeichnet ist. Die Anordnung der verschiedenen Zonen dieser sekundären Actinorhiza im Längsschnitt ist in Abb. 5.**4** dargestellt. An der Spitze befindet sich eine meristematische Zone mit Rindenzellen, die nicht infiziert werden (A). Darauf folgt eine Zellzone, die mit Hyphen des Symbionten angefüllt ist (B). Es schließt sich eine ausgedehnte Zone von Rindenzellen mit aktiven *Frankia*-Vesikeln an

Abb. 5.**3**   Actinorhiza von
Alnus glutinosa (Originalaufnahme *A. Wolff*, Mar-
burg)

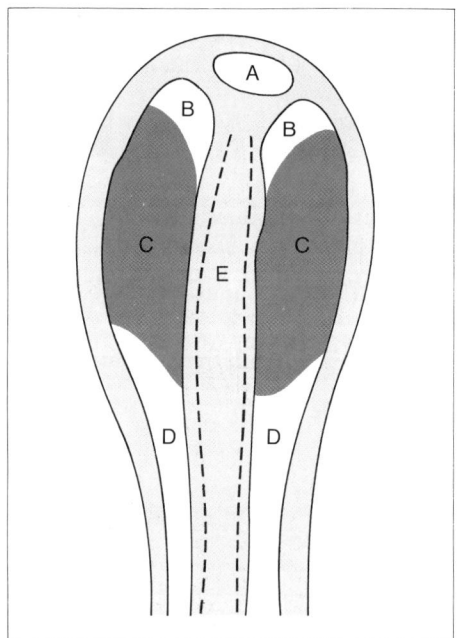

Abb. 5.**4**   Anordnung der Endophytenregion
in einem Endstück einer Actinorhiza von *Alnus
glutinosa*. A: meristematische Zone mit Rindenzellen, die nicht infiziert werden; B: mit
Hyphen gefüllte Zellen; C: Zellen mit aktiven
Frankia-Vesikeln; D: Seneszenz-Zone;
E: Leitbündel (nach *Ackermans* u. *van Dijk*)

(C), der die Seneszens-Zone (D) folgt. Transportphysiologisch versorgt wird die sekundäre Actinorhiza durch ein eigenes Leitbündelsystem (E). Andere Wirtspflanzen zeigen
von dieser für *Alnus* typischen Anordnung deutliche Abweichungen. So sind in der
Actinorhiza von *Coriaria* die infizierten Zellen auf eine Seite des Leitbündelsystems
beschränkt. In den meisten *Myrica*-Arten sind nur ein oder zwei Zellschichten infiziert.
Ein Querschnitt bei *Alnus glutinosa* zeigt, daß bis zu fünf Zellschichten der Rinde
infiziert sein können (Abb. 5.**5**). Eine Quantifizierung der einzelnen *Frankia*-Entwick-

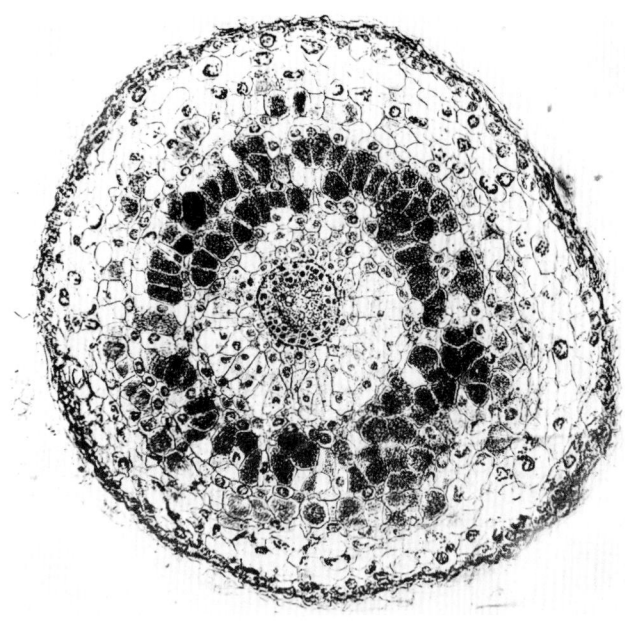

Abb. 5.**5**   Querschnitt durch die Actinorhiza von *Alnus glutinosa*. Dicht mit Endophyten angefüllte Zellen in den inneren Rindenschichten (Aufnahme *J. H. Becking*, ITAL, Wageningen)

Abb. 5.**6**   Vesikel und Sporen in infizierten Rindenzellen der Actinorhiza von *Ceanothus* sp. (Originalaufnahme *K. Fishbeck* u. *J. Kummerow*)

lungsstadien in der Längsachse der Actinorhiza verdeutlicht, daß den Zellen, die ausschließlich mit **Hyphen** gefüllt sind, eine viel größere Zahl von Zellen mit **Vesikeln** folgen (Abb. 5.**6**). Erst in größerer Entfernung von der Knöllchenspitze (0,5–0,6 mm) befinden sich dann Zellen mit **Sporen** (Abb. 5.**7**). Ob die Fähigkeit zur Sporenbildung bzw. deren Verlust mit der Anwesenheit einzelner in *Frankia*-Stämmen nachgewiesenen kleinen Plasmide zusammenhängt, ist ungeklärt.

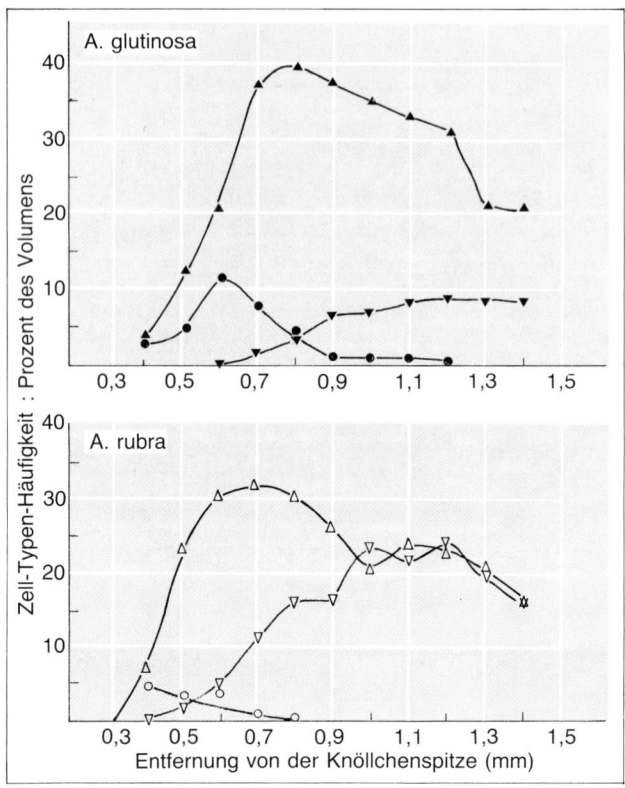

Abb. 5.**7**   Verteilung infizierter Zellen im Längsschnitt einer Actinorhiza von *Alnus glutinosa* und von *Alnus rubra*. ●, ○ Zellen als Hyphen; ▲, △ Zellen als Vesikel; ▼, ▽ Zellen als Sporen (nach *Wheeler* et al.)

Die *Frankia*-Hyphen sind stark septiert und verzweigt. Das Cytoplasma ist besonders reich an Ribosomen und Lipidtröpfchen. Die Entwicklung von Vesikeln aus diesen Hyphen beginnt in der Regel in der Nähe der Zellwand der Wirtszelle. Die Vesikel entstehen durch Anschwellen der Hyphenspitzen und werden im reifen Zustand ebenfalls durch Septen abgetrennt. Mit Reinkulturen von *Alnus*-Endophyten läßt sich die direkte Korrelation zwischen der Ausbildung von Vesikeln und der Nitrogenaseaktivität demonstrieren (Abb. 5.**8**). Fünf Tage nach Kulturbeginn steigt die Nitrogenaseaktivität auf 5 µmol $C_2H_4 \cdot mg^{-1}$ Protein $\cdot h^{-1}$, gleichzeitig nimmt die Zahl der Vesikel auf ca. $6 \cdot 10^8$ pro mg Protein zu. Nach erneuter Zugabe von 5 mM Propionat steigen beide Parameter um ca. 50% an, und fallen danach rasch ab. Die Ausbildung des dritten Entwicklungsstadiums der Endophyten, der Sporen, ist nur bei einzelnen *Frankia*-Stämmen und Wirtspflanzen bisher beobachtet worden. Glutamin hemmt die Entwicklung von Vesikeln und von Sporen. Die Sporen sind von einer dicken Pektinkapsel umschlossen, die ihrerseits wie alle anderen Entwicklungsstadien der *Frankia*-Endophyten, von einer von der pflanzlichen Wirtszelle gebildeten Membran abgegrenzt sind. Die Bildung von Sporen (0,5–1,0 µm Durchmesser) ist auch in Reinkulturen von *Frankia*-Stämmen, isoliert aus *Alnus* und aus *Comptonia peregrina*, nachgewiesen. In den degenerierenden Zonen der Actinorhiza werden Hyphen und Vesikel oft von den Wirtszellen verdaut, während die Sporen überdauern. Sporen sind jedoch nicht essentiell für ein erfolgreiches Inokulum, denn auch Stämme ohne Sporenbildung bleiben infiziös. Die Sporenkeimung wird durch noch nicht definierte Komponenten von Wurzelexsudaten gefördert.

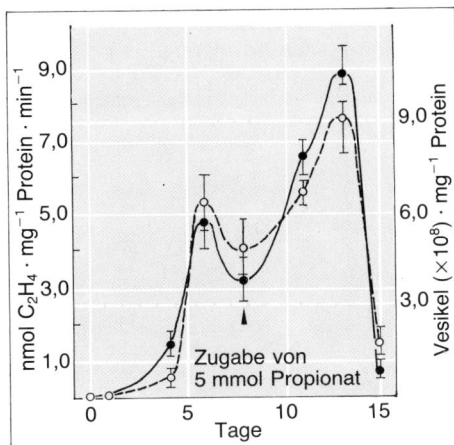

Abb. 5.**8**   Beziehung von Vesikeldifferenzierung (O) und Nitrogenaseaktivität (●) des *Frankia*-Stammes ArI3 in Reinkultur (nach *Murry* et al.)

5.3.3.   Überkreuzinokulationen

Die Inkompatibilitäten verschiedener *Frankia*-Herkünfte sind bisher nur unzureichend bekannt. Bestätigt sind Versuche, daß die Endophyten von *Alnus glutinosa*, *Alnus incarna*, *Alnus crispa* und *Alnus rubra* keine Actinorhiza bei *Myrica gale*, *Casuarina equisetifolia*, *Hippophae rhamnoides*, *Elaeagnus angustifolia*, *Ceanothus velutinus* und *Coriaria myrtifolia* auslösen können. Umgekehrt produzieren die Endophyten von *Casuarina equisetifolia* keine Actinorhiza bei den genannten *Alnus*-Arten, aber auch keine Actinorhiza bei *Myrica gale*, bei *Coriaria myrtifolia* und *Coriaria japonica*. Innerhalb der Elaeagnaceen dagegen ist eine Überkreuzinokulation möglich. *Frankia*-Stämme aus *Hippophae rhamnoides* und *Elaeagnus angustifolia* sind jeweils bei dem anderen Wirt infektiös. Mit Endosymbionten aus *Hippophae rhamnoides* kann an *Shepherdia canadensis* ebenfalls eine Actinorhiza induziert werden. Erfolgreich sind auch wechselseitige Infektionen und Actinorhizaentwicklung aus *Casuarina equisetifolia*, *Casuarina cristata* und *Casuarina glauca*.

Genauere Untersuchungen zeigen, daß auch innerhalb der gleichen Gattung noch verschiedene **Abstufungsgrade von Inkompatibilität** bestehen können. So werden mit einem Inokulum aus *Alnus glutinosa* Actinorhiza zwar zu 95% bei *Alnus crispa* und *Alnus incarna* induziert, jedoch nur bei 28% der Pflanzen von *Alnus rubra*. Darüber hinaus ist diese Actinorhiza bei *Alnus rubra* untypisch durch Ausbildung negativ geotroper Wurzeln, wie sie für die Actinorhiza von *Myrica* und *Casuarina*-Arten kennzeichnend ist. Eine ähnliche abgestufte Kompatibilität ist auch bei den Endophyten von *Coriaria myrtifolia* und *Coriaria japonica* zu beobachten. Eine Übersicht über erfolgreiche und nicht erfolgreiche Überkreuz-Inokulationen gibt Tab. 5.**4**.

5.3.4.   Einfluß von Bodenfaktoren auf die Infektiosität und die Entwicklung

Luftgetrocknete Actinorhiza, aufbewahrt bei 6 °C, ist nach drei Monaten noch hochgradig infektiös (10^5–10^6 infektiöse Einheiten pro g). Nach 6 Jahren Aufbewahrung ist die Infektiosität jedoch auf 0,01% des ursprünglichen Wertes abgesunken. Diese Ergebnisse deuten darauf hin, daß ein erheblicher Teil der infektiösen Zellen im Boden aus absterbendem Actinorhizagewebe stammen kann. Die in Abschnitt 5.4.2 näher behandelten Reinkulturen des Symbionten zeigen, daß diese Stämme sich auch in Abwesenheit der Wirtszellen vermehren können. Die geringe Infektiosität von Bodenproben

Tabelle 5.**4**   Kompatibilität der Infektion von Wirtspflanzen mit *Frankia*-Endophyten (Reinkulturstämme) (nach *Normand* u. *Lalonde*)

Frankia-Stamm aus

Wirtspflanze	*Alnus glutinosa*	*Alnus crispa*	*Alnus rugosa*	*Alnus sinuata*	*Alnus rubra*	*Comptonia peregrina*	*Myrica gale*	*Myrica pennsylvanica*	*Hippophae rhamnoides*	*Elaeagnus angustifolia*	*Elaeagnus umbellata*	*Casuarina equisetifolia*	*Colletia spinosissima*
Alnus glutinosa	E	E	E		E	E	E/I				I		
Alnus crispa	E	E	E	I	E	E	E	E			0		
Alnus rugosa	E	E	E	0	E	E		E				.	
Alnus sinuata	E			E									
Alnus rubra	E	E		I	E	E		E			0		
Comptonia peregrina	E	E		I	E	E		E			0		
Myrica gale	E	E		E	E	E	E/I	E			0	I	
Myrica pennsylvanica	E							E					
Hippophae rhamnoides	0	0	0		0		E		E		E	E	E
Elaeagnus angustifolia	0				0				E	E	E/I	E	E
Elaeagnus umbellata	0				0					E	E/I		
Casuarina equisetifolia									0			E	0
Colletia spinosissima		0				0	0		E			E	E

E: effektive Actinorhizabildung; I: ineffektive Actinorhizabildung (ohne N_2-Fixierung); 0: keine Actinorhizabildung

nach langjähriger Abwesenheit von Wirtspflanzen weist darauf hin, daß im Boden die aktive Vermehrung von *Frankia*-Stämmen ökologisch von untergeordneter Bedeutung ist. Versuche, die jährliche Freisetzung von Endophyten aus einer Actinorhizapopulation unter Feldbedingungen zu quantifizieren, wurden mit *Alnus glutinosa* durchgeführt. Bei einem Abbau von 10 g Actinorhiza-Trockensubstanz/m^2 Boden wurde eine Freisetzung von 10–100 infektiösen Partikeln für keine Sporen enthaltende Knöllchen errechnet, dagegen 10^3–10^5 infektiöse Partikel bei sporenbildenden Actinorhizen. Die Werte sind bestätigt durch direkte Bestimmung der Populationsdichte von *Frankia* mit sporenbildenden und nichtsporenbildenden Stämmen in Böden. Im großtechnischen Maßstab (Inokulation von mehreren Millionen Erlen-Keimpflanzen) hat sich die Verwendung von Reinkulturstämmen gegenüber Actinorhizahomogenaten als überlegen erwiesen.

5.4.   Funktion und Struktur der Actinorhiza

Die herausragende Funktion der Actinorhiza besteht in der Entwicklung eines intrazellulären Mikrohabitats, das eine konkurrenzlose Vermehrung der *Frankia*-Zellen und ihre Differenzierung zu Vesikeln ermöglicht, deren hohe Nitrogenaseaktivität in vielen Fällen den Stickstoffbedarf der Wirtspflanzen vollkommen deckt.

Tabelle 5.**5**   Nitrogenaseaktivitäten von Actinorhiza

Wirtspflanze (Pflanzen aus dem Gewächshaus (G) oder Freiland (F)	Nitrogenaseaktivität in μmol $C_2H_4 \cdot h^{-1} \cdot g$ Actinorhiza-Frischgewicht^{-1}	Literaturhinweis
Alnus glutinosa (G)	2–20	Lalonde, M.: Bot. Gaz. 140 (1979) 35
Alnus glutinosa (F)	20	van Straten, J. et al.: Nature 266 (1977) 257
Alnus crispa (F)	5	Dalton, D. A., A. W. Naylor: Amer. J. Bot. 62 (1975) 76
Elaeagnus angustifolia (F)	15	Schubert, K. R., H. J. Evans: Proc. Nat. Acad. Sci. USA 73 (1976) 1207
Casuarina cunninghamiana (G)	1,5–3,7	Bond, G., A. H. Mackintosh: Proc. R. Soc. B 192 (1975) 1
Comptonia peregrina (G)	9,6–22	Callaham, D. et al.: Science N.Y. 199 (1978) 899
Myrica gale (G)	6,5–14	Wheeler, C. T.: New Phytol. 68 (1969) 675
Ceanothus velutinus (F)	1,8	Schubert, K. R., H. J. Evans: Proc. Nat. Acad. Sci. USA 73 (1976) 1207
Colletia spinosa (F)	2,1	Ackermans, A. D. L. et al.: Nature 274 (1978) 190
Purshia tridentata (F)	0–5,1	Dalton, D. A., D. B. Zobel: Plant Soil 48 (1977) 57
Chamaebatia foliosa (G)	0,7	Heisey, R. M. et al.: Amer. J. Bot. 67 (1980) 429

5.4.1.   Nitrogenaseaktivität pro Gramm Actinorhiza

Die Nitrogenaseaktivitäten, die üblicherweise als μmol gebildetes C_2H_4 pro Stunde und g Actinorhiza-Frischgewicht angegeben werden, liegen bei Werten von unter 1 bis über 20 μmol (Tab. 5.**5**). Damit erreichen die Maximalwerte nur etwa 30–50% der Aktivität, die für optimal ausgebildete Leguminosenknöllchen gemessen werden. Berücksichtigt man aber, daß nur ein relativ geringer Bezirk in vielen Actinorhizen mit aktiven Endosymbiontenvesikeln erfüllt ist, ergibt sich eine hohe spezifische Aktivität in den infizierten Zellen. Neben artspezifischen Unterschieden spielt vor allem die Jahreszeit für die gemessenen Aktivitätswerte eine entscheidende Rolle (Abb. 5.**9**). An 20 bis 30 Jahre alten Beständen von *Alnus glutinosa* wurden in der Nähe von Nancy (Frankreich) die höchsten Aktivitäten im April und im Oktober/November gemessen. Ein Aktivitätsminimum war in den Monaten Juni und Juli zu registrieren. Dieser Jahresgang der Aktivität wurde jedoch nur bei der *In-vivo*-Messung gefunden. Die Nitrogenaseaktivität in einem zellfreien System ergab keine großen Unterschiede während des Jahresganges zwischen den Monaten April bis November. Daraus läßt sich schließen, daß für die jahreszeitlichen Maxima im Frühjahr und im Spätherbst eine Veränderung der C- und Energiequellen für die Actinorhizagewebe verantwortlich ist und nicht der Enzymlevel in den *Frankia*-Vesikeln. Unabhängig von jahreszeitlichen und anderen klimatischen Faktoren läßt sich feststellen, daß bei *Alnus*-Arten, bei *Comptonia* und *Myrica*-Arten deutlich

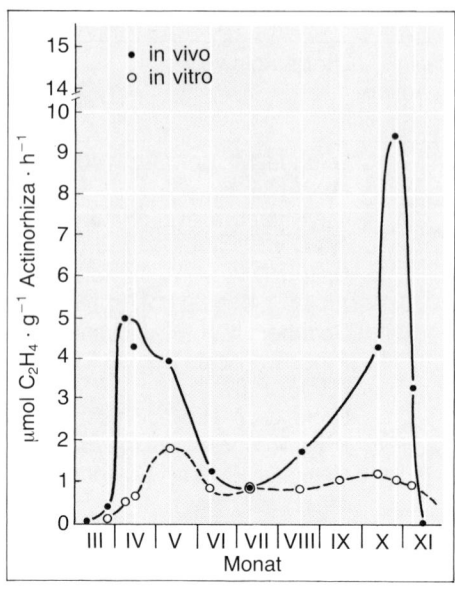

Abb. 5.**9** Jahreszeitliche Abhängigkeit der in vivo und der in vitro gemessenen Nitrogenaseaktivität der Actinorhiza von *Alnus glutinosa* (nach *Pizelle*)

höhere Aktivitäten gefunden werden als bei *Ceanothus, Colletia, Purshia* oder *Shepherdia*.

Das Temperaturoptimum der Nitrogenaseaktivität in der Actinorhiza liegt bei *Alnus*- und *Myrica*-Arten zwischen 20 und 25 °C. Oberhalb 25 °C nimmt die Aktivität rasch ab. Dies trifft jedoch nicht zu für *Casuarina*-Arten, die entsprechend ihrer ökologischen Verbreitung, auch Bodentemperaturen von deutlich über 30 °C tolerieren.

Wassermangel spielt als Streßfaktor speziell für Pflanzen aus Trockengebieten eine wichtige Rolle. Die Nitrogenaseaktivität sinkt z. B. bei *Purshia tridentata* auf null, wenn das Wasserpotential im Xylem unter -25 bar sinkt.

Sauerstoffmangel, bedingt durch Wassersättigung des Bodens, limitiert die Nitrogenaseaktivität durch Reduzierung der Atmung. Das Poren-(Gas-)Volumen von *Alnus*-Actinorhizen liegt zwischen 5 und 10% des Gewebevolumens. Die Atmung wird nach Infiltration mit Wasser deutlich reduziert (Abb. 5.**10**). Stärker als die Atmung wird die Nitrogenaseaktivität durch Wasserinfiltration auf Werte von unter 20% der gut belüfteten Actinorhizagewebe reduziert (Abb. 5.**10**).

5.4.2.   Nitrogenaseaktivität in Reinkulturen des Symbionten

Die direkte Beziehung zwischen Nitrogenaseaktivität, gemessen als C_2H_2 Reduktion und als $^{15}N_2$ Reduktion und Inkorporation, und Sauerstoffverbrauch läßt sich nur in Reinkulturen des Mikrosymbionten verfolgen, da in der Actinorhiza die übrigen Gewebe ebenfalls einen eigenen Sauerstoffverbrauch haben. Die N_2-Fixierung hat ein engeres Sauerstoffoptimum als die Atmung (Abb. 5.**11**). Der *Frankia*-Stamm CC1.17 hat ein Sauerstoffoptimum in der Gasphase von 5%. Bei einer Sauerstoffkonzentration von 20% sinkt die Nitrogenaseaktivität auf weniger als 50% ab, während die Atmungsrate nur geringfügig niedriger liegt. Die maximal erreichten Nitrogenaseaktivitäten in Reinkulturen von über 2 μmol $C_2H_4 \cdot mg^{-1}$ Protein $\cdot h^{-1}$ sind vergleichbar mit den in der Actinorhiza für aktive Vesikel errechneten Werten. Die Nitrogenaseaktivität zeigt ein

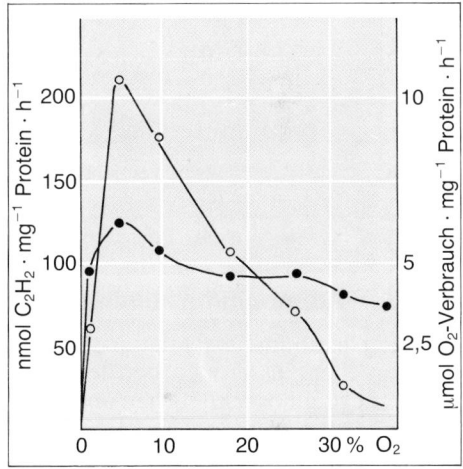

Abb. 5.**10** N$_2$-Fixierung (Acetylenreduktion) der Actinorhizen von *Alnus glutinosa* vor (○) und nach (●) Wasserinfiltration im Vergleich zur Atmung vor (△) und nach (▲) Wasserinfiltration (nach *Akkermans* u. *van Dijk*)

Abb. 5.**11** Nitrogenaseaktivität (○) und Sauerstoffaufnahme (●) vom *Frankia*-Stamm Cc 1.17 in Reinkultur in Abhängigkeit vom Sauerstoffgehalt in der Gasphase (nach *Akkermans* et al.)

etwas engeres pH-Optimum als die Atmung (Abb. 5.**12**). Während die N$_2$-Fixierung bei einem pH-Wert von 7,5 bereits auf Werte von weniger als 10% absinkt, ist die Atmung nur um 50% verringert.

5.4.3. O$_2$-Schutzmechanismen

Im Vergleich zu *Bradyrhizobium japonicum* ist die Sauerstofftoleranz der Nitrogenaseaktivität von *Frankia* in Reinkultur deutlich höher. Während bei *Bradyrhizobium* bei 5% Sauerstoff in der Gasphase bereits keinerlei Aktivität mehr meßbar ist, liegt das Optimum für *Frankia* in diesem Konzentrationsbereich (Abb. 5.**11**). Da gereinigte Nitrogenase aus Frankia-Zellen die gleiche Sauerstoffempfindlichkeit hat wie die aus anderen diazotrophen Zellen, wird angenommen, daß die relativ dicken Wände der Vesikel eine Diffusionsbarriere für Sauerstoff darstellen, vergleichbar den Heterocystenzellwänden bei Cyanobakterien. In Arten, in denen keine Vesikelbildung der *Frankia*-Symbionten zu beobachten ist, wie *Casuarina*, wird der Schutz vor zu hohen Diffusionsraten des Sauerstoffs offenbar durch zwei andere Komponenten gewährleistet: die Anreicherung von (CO- sensitiven) Hämoproteinen und durch Suberineinlagerungen in die Zellwände der Wirtszelle (Tab. 5.**6**).

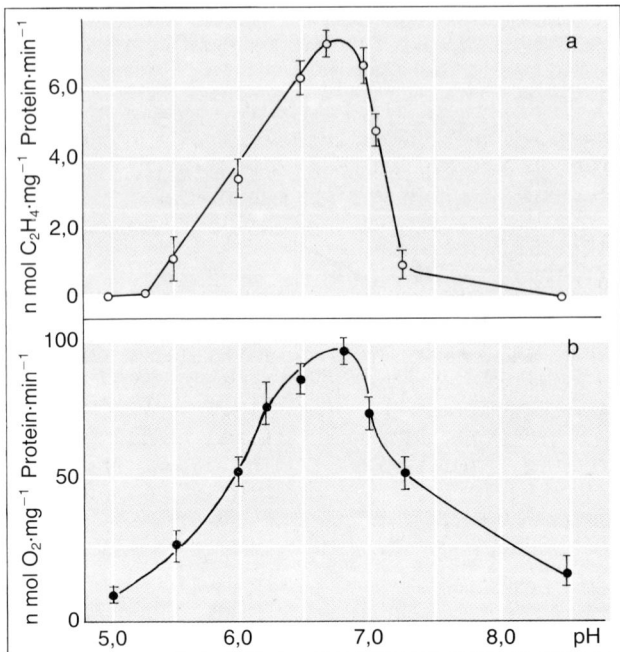

Abb. 5.**12** Acetylenreduktion (a) und O_2-Aufnahme (b)
in Abhängigkeit vom pH-
Wert. Acetylenreduktion wurde gemessen unter einer Argon:O_2:CO_2 (79:20:1) Atmosphäre (nach *Akkermans* u.
v. Dijk)

5.4.4. Ammoniumassimilation

Für die Ammoniumassimilation der *Alnus*-Actinorhiza ist die Glutamatdehydrogenase
offenbar ebenfalls aktiv, neben dem GS-GOGAT-Weg, der für die Ammoniumassimilation in Leguminosenknöllchen und in Pflanzen generell von vorrangiger Bedeutung ist.
Die hohen apparenten K_M-Werte der GDH für Ammoniumionen werden als Evidenz
dafür gewertet, daß dieses Enzym bei den meisten höheren Pflanzen nicht entscheidend
an der Ammoniumassimilation *in vivo* beteiligt ist. Die gefundenen Werte in verschiedenen Teilen höherer Pflanzen liegen zwischen 5 und 70 mM. Bei einzelligen Grünalgen
werden dagegen K_M-Werte zwischen 0,5 und 0,7 mM gefunden.

Neuere, an Erbsensamen erhaltene Ergebnisse zeigen, daß bei der Glutamatdehydrogenase die
katalytische Effizienz des Enzyms bei niedrigen Ammoniumkonzentrationen ansteigt. Der appa-

Tabelle 5.**6** Hämgehalte, Nitrogenaseaktivität und Suberineinlagerung in Actinorhiza-Zellen
(nach *Tjepkema* u. *Murry*)

Spezies	Gesamt-Häm-Gehalt (pmol·g^{-1} Frischgewicht)	CO-reaktives Häm (nmol·g^{-1} Frischgewicht)	C_2H_4 (µmol·h^{-1} g^{-1} Frischgewicht)	Suberin-einlagerung
Casuarina cunninghamiana	97 ± 3	44 ± 5	24 ± 2	+
Myrica gale	107 ± 19	26 ± 7	39 ± 3	+
Alnus rubra	28 ± 2	3 ± 0,3	46 ± 3	−
Datisca glomerata	15 ± 1	0	19 ± 2	−

rente K_M-Wert nimmt um den Faktor 25 bei niedrigen Ammoniumkonzentrationen ab. Auch durch Reduktion der Konzentration von NADH von 100 auf 5 µM wird der apparente $\hat{K}_M$-Wert fast um den Faktor 10 reduziert.

Die Glutaminsynthetase aus *Alnus*-Rhizotamnien hat ein Molekulargewicht von 360000 D mit acht Untereinheiten von 43000 D Molekulargewicht. Der K_M-Wert für Glutamat liegt bei 0,9 mM und für ATP bei 0,5 mM. Das Enzym ist, wie die Glutamatdehydrogenase, im Cytoplasma der Wirtszellen lokalisiert. Daraus läßt sich schließen, daß der von den Vesikelzellen fixierte Stickstoff als Ammoniak in das Cytoplasma der Wirtszellen ausgeschieden und dort assimiliert wird.

Gesichert sind die Unterschiede hinsichtlich der Transportform des fixierten Sauerstoffs in der Form freier Aminosäuren bei verschiedenen Actinorhiza-Typen. Im Pool der löslichen Aminosäuren ist bei *Alnus*-Arten **Citrullin** die quantitativ dominierende Speicher- und Transportform (Tab. 5.**7**). Demgegenüber sind bei *Datisca cannabina* und anderen Actinorhiza-Typen Glutaminsäure, Arginin, Asparaginsäure sowie Glutamin die dominierenden Aminosäuren (Tab. 5.**7**). Da Citrullin in *Datisca*-Actinorhizen offensichtlich überhaupt nicht vorkommt, es auf der anderen Seite aber ein Zwischenprodukt im Arginin-Biosyntheseweg ist (Abb. 5.**13**), sind die Schritte zwischen Ornithin und Arginin bei den verschiedenen Actinorhizatypen wahrscheinlich verschieden.

5.4.5. Weitere biochemische Kennzeichen der Actinorhiza

Ein Vergleich der Elementanreicherungen in Wurzel und Actinorhiza von *Alnus glutinosa* zeigt besonders deutliche Unterschiede für den N-Gehalt im Winter und im Sommer.

Tabelle 5.**7**   Freie Aminosäuren in der Actinorhiza von *Alnus nitida* (A) und *Datisca cannabina* (D) (nach *Hafeez* et al.)

Verbindung	µmol g^{-1}*		mol %	
	A	D	A	D
Glutaminsäure	0,948	2,299	16,6	34,4
Arginin	0,617	1,262	10,8	18,9
Citrullin	1,782	0	31,1	0
Asparaginsäure	0,193	0,848	3,4	12,7
Glutamin	0,174	0,689	3,1	10,3
Valin	0,246	0,413	4,3	6,2
a-Aminobuttersäure	0,075	0,287	1,3	4,3
Glycin	0,380	0,285	6,6	4,3
Alanin	0,360	0,212	6,3	3,2
Serin	0,375	0,175	6,6	2,6
Threonin	0,091	0,074	1,6	1,1
Lysin	0,098	0,046	1,7	0,7
Ornithin	0,174	0,043	3,0	0,6
Histidin	0,059	0,029	1,0	0,4
Phenylalanin	0,043	0,021	0,8	0,3
Leucin	0,048	0	0,8	0
Isoleucin	0,041	0	0,7	0
Tyrosin	0,019	0	0,3	0
Summe	5,723	6,683	100,0	100,0

* pro g Frischgewicht

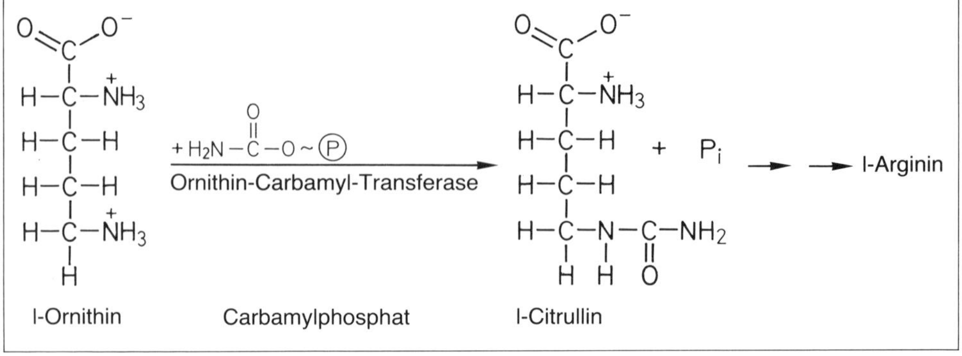

Abb. 5.**13**   Biosynthese des Citrullins im Argininbiosyntheseweg

Demgegenüber sind die Unterschiede im Frühjahr und im Herbst vergleichsweise gering (Tab. 5.**8**). Bemerkenswert ist auch eine deutlich erhöhte Konzentration von Magnesium, Molybdän und Kobalt im Frühjahr in der Actinorhiza im Vergleich zu den Wurzeln. Die Aufnahme von Ionen und Nährstoffen durch die Wurzeln spielt auch für die Infektion eine Rolle, da, ebenso wie bei der Infektion von Leguminosen durch Rhizobien, Nitrat stärker hemmend wirkt als Ammoniumionen.

Tabelle 5.**8**   Elementkonzentrationen in Wurzeln und Actinorhiza von *Alnus glutinosa*. Mittelwerte von 4 Messungen (nach *Rodriguez-Barrueco* et al.)

Wurzeln

Element	Winter	Frühling	Sommer	Herbst
N %	0,94	1,58	1,01	1,34
P %	0,15	0,16	0,17	0,11
K %	0,42	0,50	0,37	0,26
Ca %	0,52	0,55	0,63	0,40
Mg %	0,23	0,20	0,23	0,18
Fe ppm	5110	3370	1685	2936
Mn ppm	223	154	165	137
Mo ppm	0,48	1,50	1,25	0,73
Co ppm	15,25	10,75	8,88	8,50

Actinorhiza

Element	Winter	Frühling	Sommer	Herbst
N %	1,59	1,87	1,44	1,50
P %	0,15	0,16	0,11	0,13
K %	0,50	0,52	0,30	0,47
Ca %	0,39	0,49	0,39	0,26
Mg %	0,34	0,43	0,34	0,21
Fe ppm	2368	3504	1713	2341
Mn ppm	77	87	48	58
Mo ppm	1,00	2,90	1,90	0,60
Co ppm	17,30	20,80	13,30	10,40

Tabelle 5.**9**   Aschegehalt und N-Gehalt in den Blättern von Bäumen, unmittelbar nach dem Laubfall (nach *Mikola*)

Spezies	Aschegehalt % der Trockensubstanz	N-Gehalt % der Trockensubstanz
Alnus incana	5,9	2,73
Alnus glutinosa	4,5	2,57
Corylus avellana	7,6	1,30
Betula sp.	4,5	1,27
Tilia cordata	8,4	1,16
Sorbus aucuparia	8,4	0,83
Populus tremula	6,4	0,72
Acer platanoides	11,9	0,63
Larix sibirica	3,8	0,54
Pinus sylvestris	1,5	0,49

Der hohe Grad an Stickstoffversorgung kommt auch im N-Gehalt der Blätter beim Blattfall zum Ausdruck. Mit Werten von 2,5–2,7% Anteil an der Trockensubstanz liegt er bei Erlen 2- bis 4mal so hoch wie Birken, Linden oder Pappeln (Tab. 5.**9**).

Actinorhizen haben eine sehr aktive Aufnahmehydrogenase („uptake-hydrogenase"). Darauf ist es zurückzuführen, daß kein H_2 von ihnen produziert wird. Dies trifft jedoch nur für die Hauptvegetationszeit zu, denn im Herbst entwickeln auch *Alnus*-Actinorhizen Wasserstoff, und die Aufnahmehydrogenase ist dann nicht mehr nachweisbar. Ein ähnliches Ergebnis wird mit Pflanzen, die unter Temperaturstreß (30–33 °C) wachsen, erhalten. In weiteren biochemischen Eigenschaften ähnelt die Aufnahmehydrogenase aus *Frankia*-Vesikeln der aus anderen N_2-fixierenden Zellen.

5.4.6.   Cytologie und Feinstruktur infizierter Zellen

Die sehr auffällige Polysaccharidkapsel, die sowohl Hyphen wie auch Vesikelzellen der Endophyten bei *Alnus* umgibt, wird durch sekretorische Vesikel gebildet, die von Dictyosomen her zur Plasmamembran der Wirtszelle transportiert werden, dort mit ihr fusionieren und ihr Polysaccharidmaterial zwischen Endophyt und Plasmamembran der Wirtszelle deponieren. Das dritte Differenzierungsstadium, die Sporangien mit den Sporen ist von einer dicken Pectinkapsel umgeben. Besonders auffallend ist im reifen Zustand die starke Septierung der Vesikel.

6.   Weitere Bakteriensymbiosen

6.1.   Algen als Wirtszellen

Intrazelluläre Bakterien sind in einzelnen Stämmen aus sehr unterschiedlichen Klassen von Algen gefunden worden, wie in *Volvox* und *Udotea* (Chlorophyceae), *Vaucheria* (Xanthophyceae), *Katodinium* (Dinophyceae) und *Euglena* (Euglenophyceae). In einem Stamm von *Euglena mutabilis* sind stäbchenförmige Bakterien unbekannter systematischer Stellung nachgewiesen, deren Zahl von 50–70 pro *Euglena*-Zelle auch nach mehrjähriger Kultivierung konstant bleibt. Algenzelle und die endobiotischen Bakterien müssen also ihre Zellteilung aufeinander abstimmen. Ein *Euglena mutabilis* Stamm ohne Bakterien hat eine unveränderte Wachstumsrate. Eine spezifische Funktion der Bakterien für die Wirtszelle ist daher nicht anzunehmen. In einem Stamm von *Volvox carteri* sind intrazelluläre Bakterien ähnlicher Größe (1,5 × 0,5 µm) in allen Entwicklungsstadien erkennbar, in vegetativen Zellen, in Gonidien und in Spermien. Die Bakterien sind im Gegensatz zu den Bakterien in *Paramecium* (Abb. 6.1) nicht von einer phagosomalen oder lysosomalen Membran umgeben. In der Dinophycee *Katodinium glandulum* sind sie jedoch von dieser weiteren Membran umschlossen.

6.2.   Protozoen als Wirtszellen

Viele Protozoen erscheinen auf Grund ihrer Nahrungsaufnahme durch Phagocytose prädestiniert, Bakterien und auch eukaryotische Einzeller als Endocytobionten aufzunehmen. Diese günstigen cytologischen Voraussetzungen sind in einem ansehnlichen Spektrum von eingeschlossenen Prokaryoten („Partikeln") besonders bei *Paramecium aurelia* und *Euplotes*-Arten realisiert (Tab. 6.1). Die zunächst als Alpha, Gamma, Kappa, Lambda oder Sigma bezeichneten **Partikel** sind inzwischen zu einem Teil taxonomisch bearbeitet. So wird das Alpha-Partikel als *Holospora caryophila* bezeichnet, das Kappa-Partikel als *Caedibacter taeniospiralis*. Hervorstechende Eigenschaft vieler endocytobiotischer Partikel ist die Killer-Funktion, die sie den Paramecien verleiht. *Paramecium aurelia*-Stämme mit diesem Partikel töten durch Toxinproduktion Stämme ohne den Endocytobionten ab. Einige Partikel benötigen für diese Wirkung den direkten Zellkontakt der beiden Wirte. Die Toxine sind hitzelabil. Unter ungünstigen Ernährungsbedingungen wie nach einer Überführung von *Paramecium aurelia* in ein bakterienfreies Medium können bestimmte Kappa-Partikel sich stärker vermehren als die Paramecien und dadurch auch ihre Wirtszellen abtöten. Damit ähneln diese Partikel eher lysogenen Phagen als Endosymbionten, ihre Bakteriennatur ist aber gut abgesichert. Die Endocytobionten können im Cytoplasma, im Makronucleus oder im Mikronucleus lokalisiert sein. Eine essentielle Bedeutung der Partikel für das Wachstum der Wirtszellen ist in wenigen Fällen nachgewiesen (Tab. 6.1). *Lyticum flagellatum* (Lambda-Partikel) scheidet Folsäure und Biopterin aus, die für die Wirtszelle essentielle Wachstumsfaktoren sind. Das Partikel **Omikron in Euplotes** kann als **obligater Symbiont** bezeichnet werden, da die *Euplotes*-Stämme, aus denen die Bakterien durch Penicillin-

Tabelle 6.1 Endocytobionten in Ciliaten (nach *Heckmann, K.* et al. und *Preer* u. *Preer*)

Endocytobiont (Partikel)	Wirtsspezies	Kompartiment	Funktionen und Eigenschaften
Caedibacter taeniospiralis (Kappa)	*Paramecium aurelia*-Komplex	Cytoplasma	Killer-Eigenschaft
Caedibacter paraconjugatus (mμ) (μ)	*Paramecium aurelia*-Komplex	Cytoplasma	Killer-Eigenschaft nach Zellkontakt
Holospora undulata (Omega)	*Paramecium caudatum*	Mikronucleus	
Holospora caryophila (Alpha)	*Paramecium aurelia*-Komplex	Makronucleus	
Holospora obtusa (Iota)	*Paramecium caudatum*	Makronucleus	
Lyticum flagellatum (Lambda)	*Paramecium aurelia*-Komplex	Cytoplasma	Killer-Eigenschaft
Lyticum sinuosum (Sigma)	*Paramecium aurelia*-Komplex	Cytoplasma	Killer-Eigenschaft
Pseudocaedibacter minutus (Gamma)	*Paramecium aurelia*-Komplex	Cytoplasma	Killer-Eigenschaft
Tectibacter vulgaris (Delta)	*Paramecium aurelia*-Komplex	Cytoplasma	
N.N. (Omikron)	*Euplotes aediculatus*	Cytoplasma	Essentiell für das Wachstum von *Euplotes*
N.N. (omikronähnlich)	*Euplotes eurystomus*	Cytoplasma	Essentiell für das Wachstum von *Euplotes*
N.N. (Epsilon)	*Euplotes minuta*	Cytoplasma	Killer-Eigenschaft
N.N. (Eta)	*Euplotes crassus*	Cytoplasma	Killer-Eigenschaft
N.N. (Xenosomen)	*Parauronema acutum*	Cytoplasma	Killer-Eigenschaft in einigen Stämmen

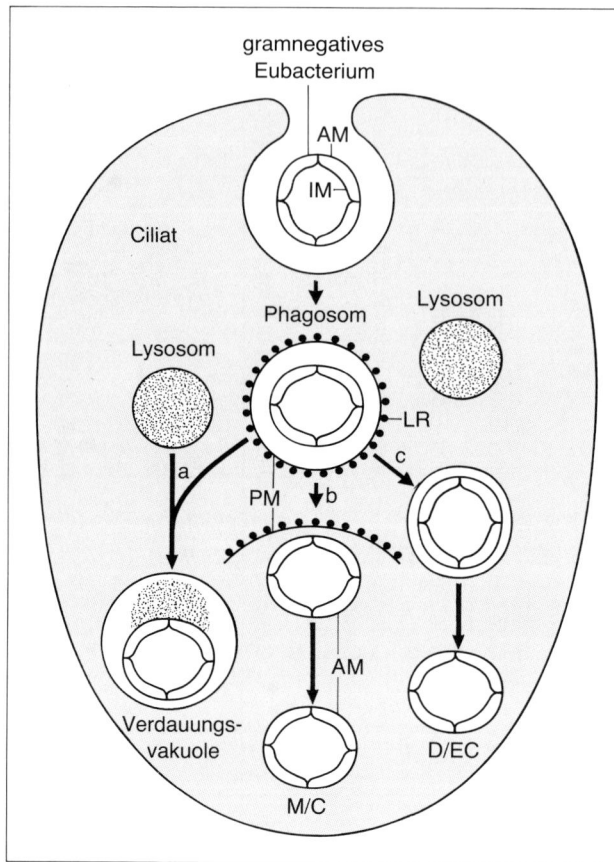

gramnegatives
Eubacterium

AM

IM

Ciliat

Lysosom

Phagosom

Lysosom

LR

a

c

PM   b

AM

Verdauungs-
vakuole

D/EC

M/C

Abb. 6.**1**   Phagocytose und
Endocytobiontenentwicklung
von Bakterien in Ciliaten
(nach *Cavalier-Smith* u. *Lie*)

AM: äußere Bakterien-
       membran
IM: innere Bakterienmem-
       bran
LR: Lysosomenrezeptoren
PM: Phagosomale Mem-
       bran
MC: Mitochondrien-Chlo-
       roplasten-Typ von
       Zellorganellen
D/EC: Euglena-Chloropla-
       sten-Typ von Zellorga-
       nellen
a: Fusion eines Lysosomen
   mit einem Phagosom
b: Zerplatzen der phagosomalen Membran
c: Verlust von Lysosomenrezeptoren

behandlung entfernt werden, sich nicht mehr teilen können und absterben. Die Omi-kron-Symbionten unterscheiden sich von anderen Partikeln durch die Anwesenheit von Nucleoiden, deren Zahl zwischen 2 und 20 variieren kann. Zwischen 100 und 1200 Symbionten sind pro *Euplotes*-Zelle vorhanden. Die Größe des Omikron-Genoms be-trägt $6 \cdot 10^8$ Dalton (D) und liegt damit in der gleichen Größenordnung wie die von Ricketsien und Mycoplasmen. Da der Gesamt-DNA-Gehalt ca. $6 \cdot 10^{-3}$ pg, entspre-chend $3,5 \cdot 10^9$ D beträgt, werden durchschnittlich **5–7 DNA-Kopien** pro Bakterienzelle angenommen. Dies stimmt überein mit der durchschnittlichen Zahl der feinstrukturell nachweisbaren **Nucleoide** pro Symbiont. Für den Lambda-Symbionten (*Lyticum flagel-latum*) liegt die Genomgröße bei $4–7 \cdot 10^8$ D, und 10–19 Kopien pro Partikel sind nachgewiesen. Die Entwicklung zu einem Endocytobionten beginnt bei Protozoen mit der Phagocytose und dem Einschluß des aufgenommenen Bakteriums in ein Phagosom (Abb. 6.**1**). Durch Fusion von dessen Membran mit einem Lysosom entsteht eine Ver-dauungsvakuole. Für diese Fusion wird die Beteiligung spezifischer Lysosomenrezepto-ren auf dem Phagosom angenommen. Platzt die Phagosomenmembran vor der Fusion mit einem Lysosom und entläßt das Bakterium in das Cytoplasma, so kann es wegen der nicht mehr vorhandenen Rezeptoren nicht mehr in eine Verdauungsvakuole einge-schlossen werden und sich als Symbiont oder Partikel etablieren. Eine weitere Entwick-lungsmöglichkeit nimmt den Verlust der Lysosomenrezeptoren auf der Phagosomen-

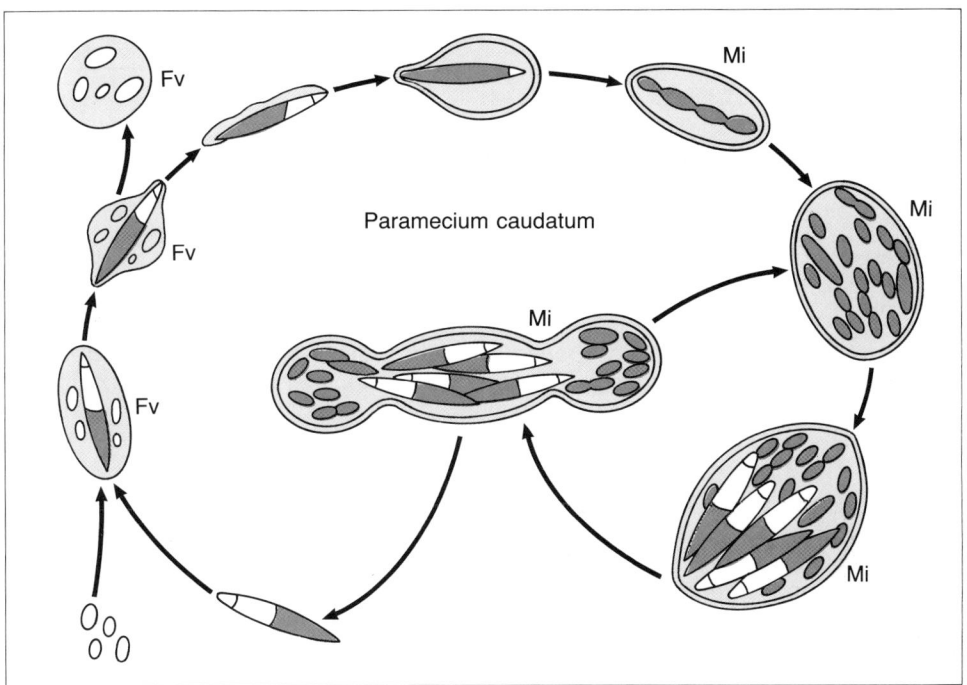

Abb. 6.**2**   Infektion und Entwicklungszyklus von *Holospora elegans* in *Paramecium cauda-tum* Fv: Nahrungsvakuole; Mi: Mikronukleus (nach *Reisser* et al.)

membran an, ausgelöst durch ein spezifisches Signal des symbiotischen Bakteriums. Damit kann auch dieses Bakterium als Symbiont sich weiter vermehren, eingeschlossen in einer weiteren Membran, homolog der Peribakteroidenmembran in Leguminosen-knöllchen (Kapitel 3) oder der Perialgalen-Membran nach Aufnahme von Chlorellen in *Paramecium* (Kapitel 8). Bei *Holospora*, den Makro- und Mikronucleus besiedelnden Symbionten ist der Entwicklungszyklus mit der Ausbildung von zwei Differenzierungs-stadien verbunden (Abb. 6.**2**). Eine langgestreckte Infektionsform, die bis zu 20 μm lang werden kann, wird zusammen mit Nahrungsbakterien in ein Phagosom aufgenommen. Das Phagosom verkleinert sich und entläßt unter Einschluß in eine Membran die *Holospora*-Zelle, während die Nahrungsbakterien im Phagosom eingeschlossen bleiben, das sich zu einer Verdauungsvakuole weiter entwickelt. Je nach *Holospora*-Spezies wird der Symbiont spezifisch in den Mikro- oder Makronucleus aufgenommen, wobei unter-schiedliche **Rezeptoren in** deren **Kernhüllen** postuliert werden. Im Kern teilen sich die Bakterien unter Ausbildung kleinerer Vermehrungsstadien von 2–3 μm Länge. Einige dieser Vermehrungsstadien differenzieren sich wieder zu den langen Infektionsformen, die in das Außenmedium gelangen und Neuinfektionen beginnen können.

In der Süßwasseramöbe *Pelomyxa palustris* sind mindestens zwei Typen von bakteriellen Endosymbionten nachgewiesen, ein schmaler, gramvariabler, stäbchenförmiger Typ und ein Typ mit größeren und dickeren Zellen. Ein Typ der Endosymbionten gehört wahrscheinlich zu den methanogenen Bakterien, also strikt anaeroben Prokaryoten. Ob dieser Stoffwechseltyp von Endosymbionten mit dem Fehlen von Mitochondrien in *Pelomyxa palustris* in Beziehung steht ist ungeklärt. Weiter aufgeklärt ist die stoffwech-selphysiologische Beziehung zwischen endosymbiotischen Bakterien und Trypanosoma-

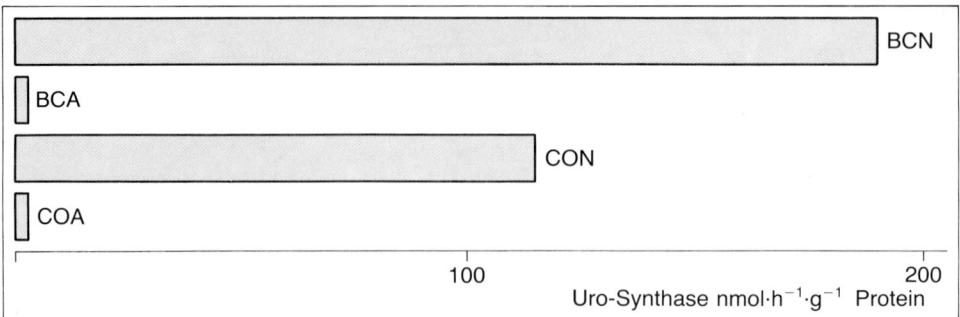

Abb. 6.**3**   Spezifische Aktivität der Uroporphyrinogen-I-Synthase der Flagellaten *Blastocrithidia culicis* und *Crithidia oncopelti*. BCN: *Blastocrithidia* mit Symbionten; BCA: symbiontenfreie *Blastocrithidia*; CON: *Crithidia oncopelti* mit Symbionten; COA: symbiontenfreie *Crithida* (nach *Chang* et al.)

tiden-Flagellaten aus Insekten. Diese auch als Hämoflagellaten bezeichneten Protozoen sind im allgemeinen wegen einer defekten Häm-Biosynthese auf die Aufnahme von Hämin oder Hämoglobin angewiesen. Einige Insekten-Hämoflagellaten wie *Blastocrithidia culicis* und *Crithidia oncopelti* sind jedoch mit Hilfe von endosymbiotischen Bakterien zu einer vollständigen Häm-Synthese befähigt. Nach Entfernung der Symbionten mit Hilfe von Antibiotika sinkt die Uroporphyrinogen-Synthase I Aktivität auf weniger als 3% des Wertes von Flagellaten mit Symbionten (Abb. 6.**3**).

6.3.   Die Blattsymbiosen von Rubiaceen und Myrsinaceen

Mehr als 400 Arten der Gattungen *Psychotria*, *Pavetta* und *Neorosea* (Rubiaceen) bilden nach Infektion mit **Phyllobacterium rubiacearum** Blattknöllchen aus. *Phyllobacterium rubiacearum* gehört zur Familie der Rhizobiaceae und ist ein gramnegatives, aerobes, polar begeißeltes Stäbchen mit chemoorganotrophem Stoffwechsel. Der G + C-Gehalt liegt bei 60–61 mol% und damit enger als der in der Gattung *Rhizobium* (59–64 mol% G+C). Die Symbionten fixieren weder in Reinkultur noch in den Blattknöllchen N_2. Gegenteilige Aussagen sind auf Kontamination mit auf den Blattoberflächen verbreiteten N_2-fixierenden Bakterien zurückzuführen.

Die Blattknöllchen sind dunkler als das übrige Blattgewebe gefärbt und bei *Psychotria* (Abb. 6.**4**) und bei *Pavetta* (Abb. 6.**5**) relativ regelmäßig über die Blattoberfläche verteilt. Die Phyllobakterien sind vor der Blattentwicklung im Schleim von **Drüsenzotten** (Colleteren) an den Sproßspitzen lokalisiert. Von dort aus werden an den jungen Blättern einzelne Stomata infiziert, aus denen sich dann die Blattknöllchen entwickeln. Die Zellen rings um die infizierte Atemhöhle teilen sich periklin. Während der weiteren Entwicklung vermehren sich die Bakterien und füllen das sich vergrößernde Blattknöllchen aus (Abb. 6.**6**). Die Symbionten sind von schmalen, cytoplasmareichen Scheidenzellen umgeben. Einzelne dieser Begrenzungszellen lösen sich teilweise von den benachbarten Blattzellen ab und ragen in den bakteriengefüllten Innenraum vor. Nach Erreichen ihrer vollen Größe haben die Blattknöllchen einen Durchmesser von 750 bis 1500 µm und wölben sich aus der Blattoberfläche hervor (Abb. 6.**7**). Sie sind von mehrzelligen Haaren überragt. Die Schließzellen der ursprünglichen Spaltöffnung bleiben morphologisch erhalten, sind jedoch nicht mehr funktionsfähig. Die zunächst stäbchenförmigen Bakterien werden während der Knöllchenalterung teilweise pleomorph und

Abb. 6.**4**   Blätter von *Psychotria bacteriophila* mit Blattknöllchen. Vergr. 0,9fach (Originalaufnahme *A. Wolff*, Marburg)

Abb. 6.**5**   Blatt von *Pavetta indica* mit Blattknöllchen. Vergr. 1,4fach (Originalaufnahme *A. Wolff*, Marburg)

sind von polymeren Kohlenhydraten umgeben, die vom Golgi-Apparat der benachbarten Scheidenzellen stammen.

Der physiologische Nutzen dieser Symbiose für die Pflanzen ist unbekannt. Er könnte in einem höheren Kinetingehalt der infizierten Blätter liegen, wofür die dunkelgrüne Färbung der Blattknöllchen beim Beginn der Blattvergilbung ein Hinweis ist. Ob dadurch die Blätter insgesamt physiologisch länger aktiv bleiben, ist unbewiesen. Der Nutzen für die Bakterien liegt in einer vor Konkurrenz geschützten Vermehrung, wobei durch den Blattfall hohe Populationen von noch teilungsfähigen Zellen von *Phyllobacterium* in den Boden gelangen. Daneben wandern die Bakterien von der Sproßspitze aus den Colleteren auch in die Blüten und in die Samenlagen. Im Samen liegen sie zwischen Endosperm und Embryo. Bei der Keimung des Samens gelangen sie wieder auf die Sproßspitze. Eine Neuinfektion der Pflanzen ist normalerweise nicht erforderlich.

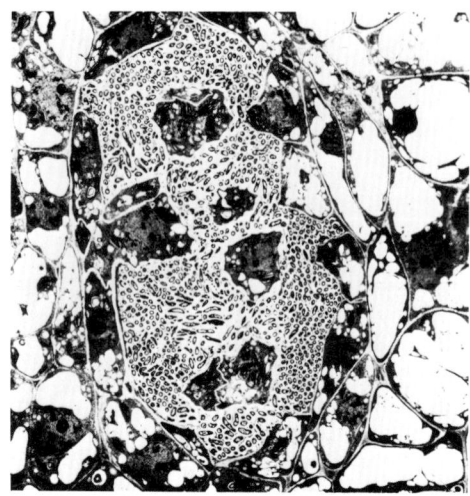

Abb. 6.**6**   Querschnitt durch ein junges Blattknöllchen von *Psychotria kirkii*. Vergr. 2700fach (Originalaufnahme *I. Miller*, Glasgow)

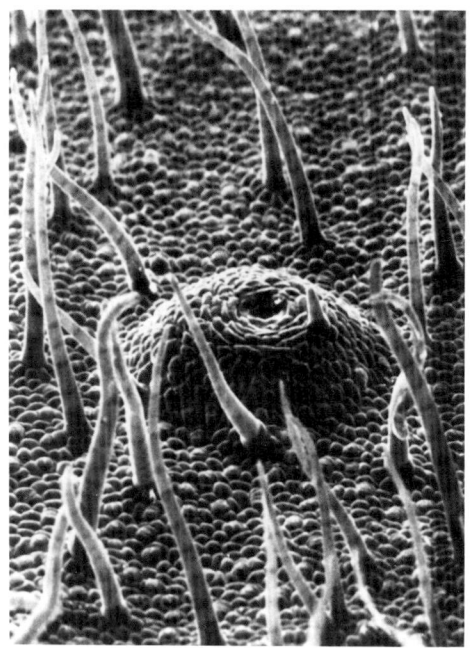

Abb. 6.**7**   REM-Aufnahme der Oberfläche eines Blattknöllchens von *Psychotria kirkii*, umgeben von vielzelligen Blatthaaren. Vergr. 110fach (Originalaufnahme *I. Miller*, Glasgow)

6.4.   Insekten und Würmer als Wirte

Endobiotische Bakterien sind besonders in den Insektengruppen weit verbreitet, die eine einseitige Nahrung zu sich nehmen, wie blutsaugende, Pflanzensäfte saugende und Zellulose fressende Insekten. Die mikrobielle und biochemische Kennzeichnung der Endosymbionten ist noch sehr unvollständig, da sie mit wenigen Ausnahmen bisher nicht kultiviert werden können. An morphologischen Formen kommen insbesondere Stäbchen vor, daneben Kokken, Spirillen und viele pleomorphe Zellen. Die G + C-Gehalte liegen zwischen 25 und 70 mol% und weisen damit ebenfalls auf sehr unterschiedliche taxonomische Gruppen hin. Die Symbionten sind meistens in speziellen Zellen, den Mycetocyten, oder in besonderen Organen, den Mycetomen, lokalisiert. Die Weitergabe der Symbionten erfolgt oft durch spezialisierte akzessorische Sexualorgane. Manche Insekten beherbergen bis zu 6 verschiedene Symbionten gleichzeitig und verfügen daher über sehr komplizierte Weitergabemechanismen.

6.4.1.   Schaben und Termiten

Bei der Schabe *Blatta orientalis* sind die Symbionten als *Blattabacterium cuenotii* identifiziert und in Mycetocyten des Fettkörpers lokalisiert (Tab. 6.2). Die Symbionten synthetisieren als **Wachstumsfaktoren** Peptide, ohne die Entwicklung und Wachstum der Schaben stark verlangsamt sind und auch die Fertilitätsrate reduziert wird. Die Pigmentierung mit Melanin ist ebenfalls von den Symbionten abhängig, wahrscheinlich wegen der zusätzlichen Synthese von Tyrosin durch die Symbionten. In der Termite *Reticulitermis flavipes* ist als Symbiont *Enterobacter agglomerans* nachgewiesen. Dieses Bakterium läßt sich ohne Schwierigkeiten in Reinkultur züchten und fixiert im Darm der Termiten Stickstoff. Die **N_2-Fixierung** in den frühen Larvenstadien ist sehr viel höher als bei den Adulten und korreliert mit dem höheren Proteinbedarf während dieses Stadiums. Werden die Darmbakterien durch Antibiotika abgetötet, so sterben auch die Darmprotozoen ab. Trichome im Enddarm der Termiten sind oft in regelmäßiger Anordnung mit Bakterien bedeckt (Abb. 6.8). Neben N_2-fixierenden und zelluloseabbauenden Bakterien sind im Enddarm von Termiten auch Methanbakterien vorhanden, die den bei der Zellulosegärung entstehenden Wasserstoff, ähnlich wie im Pansen der Wiederkäuer (Abschnitt 6.6), für die Methanbildung verwerten.

6.4.2.   Kornkäfer und Ambiosiakäfer

Bei *Sitophilus (Calandra) oryzae*, einem Kornkäfer, der von Reiskörnern lebt, verbessern stäbchenförmige Bakterien als Symbionten in Mycetocyten des Vorderarms die Ausnutzung der Nahrung. Durch Züchtung der 4 mm großen Rüsselkäfer bei 33 °C lassen sich symbiontenfreie Individuen gewinnen, die jedoch kleiner bleiben, weniger pigmentiert sind und auch eine geringere Reproduktionsrate haben. Tiere mit Symbionten sind in der Lage, ein größeres Spektrum von Sterolen aus der Nahrung zu verwerten. Eine weitere seit mehr als hundert Jahren bekannte aber noch bei weitem nicht aufgeklärte Ektosymbiose ist die Vergesellschaftung von Ambrosiakäfern wie *Xyloterinus politus*, *Monarthrum mali* oder *Syleborus affinis* mit Ambrosiapilzen wie *Ascoidea asiatica*, *Ambrosiella hartigii*, *Raffaelea ambrosiae* oder *Cephaloascus fragrans*. Die pilzlichen Symbionten sind z. B. bei *Xyloterinus politus* bei den weiblichen Tieren in sogenannten Mycangien im Prothorax lokalisiert und die Tiere beimpfen beim Anlegen der Galleriegänge das benachbarte Eichenholz. Die Larven der Käfer ernähren sich von diesen Pilzen und den damit assoziierten anderen Mikroorganismen. Neben den eigentlichen **Ambrosiapilzen** sind als obligate Begleitflora Hefen der Gattungen *Candida* und *Pichia* sowie Bakterien aus den Gattungen *Flavobacterium*, *Alcaligenes* und *Gluconobakter* sowohl aus den Käfern wie aus den Gallerien isoliert worden.

6.4.3.   Tsetsefliegen und Läuse

Die stäbchenförmigen Symbionten in den Epithelzellen des Mitteldarmes der Tsetsefliege *Glossina morsitans* produzieren Überschüsse von B-Vitaminen. Eliminierung der Symbionten durch Antibiotika oder Behandlung mit symbiontenspezifischen Antikör-

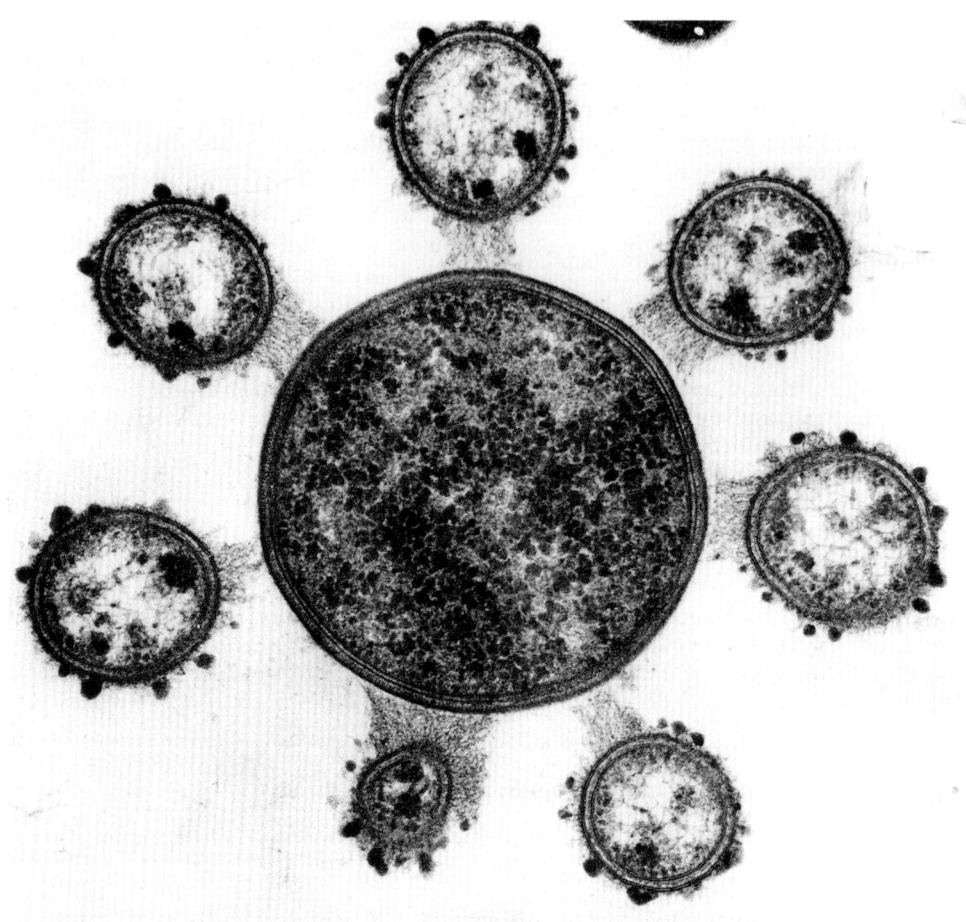

Abb. 6.**8** Querschnitt durch ein Trichom aus dem Darm von *Reticulitermis flavipes* mit regelmäßig angeordneten Bakterien (Originalaufnahme *J. A. Breznak* u. *H. S. Pankratz*, Michigan, USA)

pern führt zu einer Degeneration der Ovarien. Durch Zufütterung von **B-Vitaminen** wird diese Entwicklung verhindert. Eine ähnliche Funktion haben die Symbionten bei der Kopflaus des Menschen *Pediculus humanus* (Tab. 6.2), die Pyridoxalphosphat und Pantothensäure für die Wirtsinsekten produzieren. Die Funktion der oft pleomorphen Symbionten bei der Erbsenblattlaus *Acyrthosiphon pisum* läßt sich durch Zugabe von Lipiden, speziell von Cholesterin ersetzen. Lipide sind in den Pflanzensäften, von denen die Blattläuse (Aphiden) leben, nur in sehr geringen Konzentrationen enthalten.

6.4.4.   Röhrenwürmer

Erst vor wenigen Jahren ist die obligate Symbiose des Tiefseeröhrenwurmes *Riftia pachyptila* mit schwefeloxidierenden Bakterien entdeckt worden. Die bis zu 150 cm langen und 4 cm dicken Würmer besiedeln die Abhänge von Schloten vulkanisch aktiver

Tabelle 6.**2**   Symbiotische Bakterien in Insekten (nach *Dasch* et al. und *Potrikus* u. *Breznak*)

Insekt	Symbiont/Wirtsgewebe	Funktionelle Beziehung
Blatta orientalis (Schabe)	*Blattabacterium cuenotii* in Mycetocyten des Fettkörpers	Synthese von Wachstums-faktoren (Peptide) durch die Symbionten
Reticulitermes flavipes (Termite)	*Enterobacter agglomerans* im Enddarm	N$_2$-Fixierung, Nutzung des reduzierten Stickstoffs durch zelluloseabbauende Bakterien und durch die Termiten selber
Sitophilus (Calandra) oryzae (Reis-Körnerkäfer)	Stäbchenförmige Bakterien, G+C Gehalt 55 mol%, in Mycetocyten des Vorderdarms	Verbesserte allgemeine Nahrungsausnutzung der Insekten mit Symbionten
Glossina morsitans (Tsetse-Fliege)	3−9 µm lange stäbchenförmige Bakterien in Epithelzellen des Mitteldarms	Synthese von B-Vitaminen durch die Symbionten
Pediculus humanus (Kopflaus)	Stäbchenförmige Bakterien, in bestimmten Stadien sehr lang (bis zu 30 µm), in Mycetomen am Darm	Synthese von Pyridoxalphosphat und Pantothensäure durch die Symbionten
Acyrthosiphon pisum (Erbsen-Blattlaus)	Gramnegative Bakterien, oft pleomorph, in Mycetocyten, im abdominalen Hämocoel	Synthese von Lipiden, speziell von Cholesterin durch die Symbionten

Gebirgshänge in einer Dichte bis zu 10 kg pro m^2. Die Ernährungsgrundlage dieser Riesenwürmer blieb zunächst rätselhaft, da sie keinen ausgebildeten Verdauungstrakt haben. Die Röhrenwürmer besitzen jedoch ein symbiotisches Gewebe, das Trophosom, in dem die symbiotischen chemolitotrophen Bakterien organische Verbindungen in den Kreislauf der Tiere ausscheiden. Mit ihren nach außen gerichteten Kiemenbüscheln nehmen die Würmer **Schwefelverbindungen** aus dem Wasser auf, das durch die heißen Vulkanquellen ständig nachgeliefert wird.

In stark sulfidhaltigen Flachwasserböden warmer Meere sind Symbiosen zwischen Schwefelbakterien und Tubificiden verbreitet. Diese Anneliden haben weder Darm noch Exkretionsorgane und sind subcuticulär mit den Bakterien vergesellschaftet.

6.5.   Die symbiotischen Leuchtorgane von Fischen

Fische verschiedener Gattungen wie *Photoblepharon, Leiognathus, Monocentris, Gazza* oder *Secutor* produzieren Licht mit Hilfe symbiotischer Bakterien. Die Bakterien sind in speziellen Leuchtorganen konzentriert, die unterhalb der Augen wie bei *Photoblepharon palpebratus* oder an der Spitze des Unterkiefers wie bei *Monocentris japonicus* liegen. Die Symbionten sind als *Photobacterium leiognathi* (in Fischen aus tropischen Flachmeeren), als *Photobacterium phosphoreum* (in Tiefseefischen) und als *Vibrio fischeri* (früher *Photobacterium fischeri*) identifiziert worden. Alle genannten Bakterien lassen sich auch von Oberflächen mariner Tiere oder direkt aus Meerwasser isolieren.

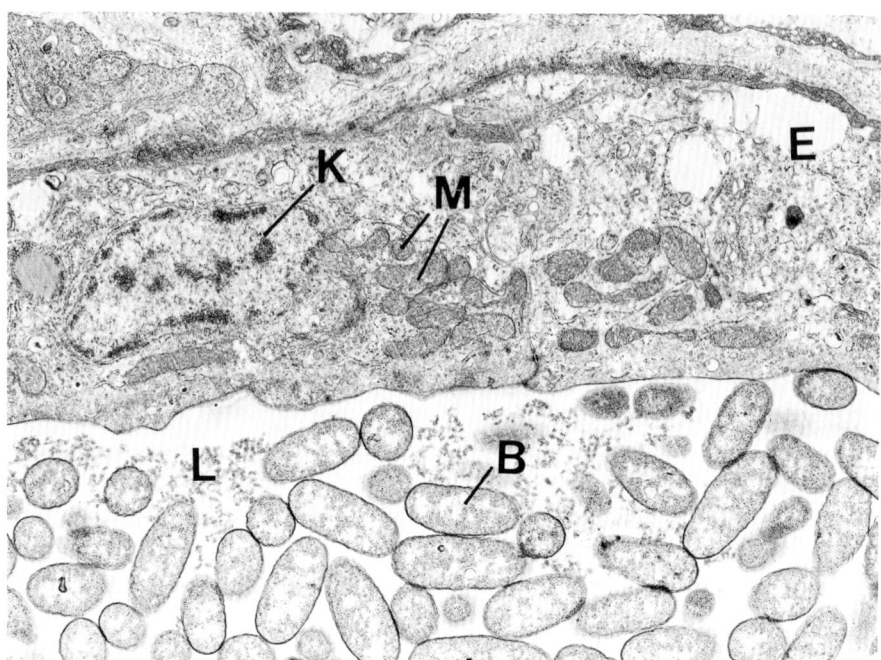

Abb. 6.**9** Querschnitt durch das Röhrensystem aus dem Leuchtorgan von *Monocentris japonicus*. B. Photobakterien im Lumen (L) der Röhren; E. Epithelzelle der Röhrenwand; M: Mitochondrien in der Epithelzelle; K: Kern der Epithelzelle. Vergr. 8900fach (Originalaufnahme *K. M. Nealson*, Milwaukee, USA)

Die Leuchtorgane von *Monocentris japonicus* können als umgewandelte exokrine Drüsen angesehen werden, mit einem epithelialen Röhrensystem, in dem die Bakterien konzentriert im Mittelteil der Röhren in einer Flüssigkeit schwimmen (Abb. 6.**9**). Die Basis der Röhren wird von einem mehrschichtigen Epithel umschlossen, die oberen Teile von einem einschichtigen Gewebe. Zahlreiche Röhren münden oben in gemeinsamen Ausgängen aus dem Organ. Die Basis der Röhrengewebe ist dicht mit Blutgefäßen versorgt, die Zellen enthalten ungewöhnlich viele und Cristae-reiche Mitochondrien. Das von *Photobacterium* emittierte **blaugrüne Licht** (mit einem Maximum bei 496 nm) stimmt in weiten Spektralbereichen überein mit dem Lichtspektrum, das von den Fischen selber wahrgenommen wird. Das Licht entsteht bei der direkten Oxidation von reduziertem Flavinmononucleotid und einem langkettigen Aldehyd durch O_2, ohne Beteiligung von Cytochromen, katalysiert durch **Luziferase**. Die gebildete langkettige Fettsäure wird durch NADPH und ATP wieder zum Aldehyd reduziert. Luziferase wird von einigen *Photobacterium*-Stämmen konstitutiv synthetisiert, während sie in anderen Stämmen stark von der Zelldichte und damit von der O_2-Konzentration abhängt. Die Bakterien in den Leuchtorganen (10^8–10^9 Zellen pro Organ) eines Fisches sind bemerkenswert homogen, und es wird angenommen, daß sie Klone von Einzelinfektionen sind. Auf der anderen Seite können die Bakterien relativ leicht aus den Leuchtorganen durch die Röhrenausgänge in das umgebende Wasser austreten. Wie das Eindringen und die Vermehrung von Fremdbakterien verhindert wird, ist ungeklärt.

Unterhalb der Lichtgrenze nutzen einige Tiefseefische hochentwickelte Leuchtorgane sowohl zum Nahrungserwerb durch Anlocken der Beute wie zur Lokalisierung der

Nahrungstiere. Durch Blinkmuster werden Feinde abgelenkt. Außerdem können Lichtsignale zur artspezifischen Kommunikation genutzt werden. Dazu sind jedoch zusätzliche Abblendeinrichtungen erforderlich wie die Fähigkeit von *Photoblepharon*, ein Verdunklungslid über das Organ zu ziehen oder von der Gattung *Anomalops* durch Umdrehen des Organs die dunkel pigmentierte Rückseite nach außen zu drehen. Damit gehört die Beziehung von *Photobacterium* sp. mit Fischen der Gattung *Photoblepharon* zu den Symbiosen, bei denen das Verhalten der Wirtstiere durch die Leistungen der Symbionten entscheidend geprägt wird.

Die Photobakterien gehören in die Familie der Vibrionaceae, und können sowohl aerob wie auch fermentativ chemoorganotrophen Stoffwechsel betreiben. Außer Glucose werden nur wenige andere Kohlenhydrate verwertet. Glucose und Sauerstoff werden durch den Blutkreislauf der Fische in geregelter Konzentration den Bakterien zugeliefert.

6.6.   Die Pansensymbiose der Wiederkäuer

Der Pansen von Wiederkäuern wie Rinder, Schafe, Rehe und Rentiere nimmt zwischen 8 und 15% des Gewichtes der Tiere ein. Allein für die 1,2 Milliarden Hausrinder der Erde errechnet sich ein Volumen von 10^{11} l Pansenvolumen, das zwischen 10^{13} und 10^{14} Pansenbakterien und 10^8 bis 10^9 Protozoen pro Liter zu einem der am dichtesten besiedelten Biotope machen.

6.6.1.   Bakterien und Phycomyceten

Pansen-Bakterien sind überwiegend gramnegativ. Die wichtigste biochemische Leistung von Pansenbakterien für die Wirtstiere ist der **Abbau von Zellulose** zu Succinat und Acetat. *Bakteroides succinogenes*, ein oft stark dominierendes Pansenbakterium, *Ruminococcus albus*, *Clostridium lochheadii* und *Butyrivibrio fibrisolvens* sind die wichtigsten Vertreter der Zellulose abbauenden Bakterien (Tab. 6.**3**). Daneben wird Zellulose aber auch durch anaerobe Phycomyceten wie *Piromonas communis*, *Neocallimastix frontalis* und *Sphaeromonas communis* metabolisiert, die in ihren Zoosporenstadien früher für Flagellaten gehalten wurden. Ihr Entwicklungszyklus von Zoosporen über vegetative Stadien zu Zoosporangien dauert nur ca. 24 Stunden. Über Gärungsendprodukte und Ausscheidungsprodukte stehen die Mikroorganismen des Pansens auch selber in einer vielfachen symbiotischen Abhängigkeit voneinander. Succinat und Zellobiose werden von *Bakteroides ruminicola* (syn. *Ruminobakter ruminicola*) und von *Selenomonas ruminantium* (bis zu 20% der Pansenbakterien) zu Propionat fermentiert. Als Wachstumsfaktoren benötigt *Bakteroides ruminicola* neben B-Vitaminen, Peptide, die von Clostridien beim Abbau von Proteinen gebildet werden. Die N_2-Fixierung spielt keine quantitative Rolle im Pansen. Das bei der Peptidverwertung freigesetzte Methionin ist wiederum Wachstumsfaktor für *Ruminococcus flavefaciens*, das 20–40% der Pansenpopulation bilden kann. Spezifische sekundäre Pflanzenstoffe wie Flavone, die für viele Bakterien toxisch sein können, werden von *Butyrivibrio fibrisolvens* abgebaut (Tab. 6.**3**). Spezialisiert auf den Abbau von Phospholipiden, Triglyceriden und Glycerin ist *Anaerovibrio lipolytica*. Das von *Treponema bryantii* als Gärungsprodukt gebildete Formiat dient *Methanobakterium ruminantium* neben CO_2 und H_2 als Substrat bei der **Methangärung**.

Der Abbau der polymeren Substrate erfolgt meist durch Exoenzyme. So wurden in Kulturen von *Ruminococcus albus* vier verschiedene Zellulasen im Überstand nachgewiesen, bei *Lachnospira multiparus* eine Polygalakturonsäure-Lyase, deren Produkte überwiegend Dimere ungesättigter Galakturonsäure sind. Da die Matrix einer pflanzli-

Tabelle 6.3 Die Pansen-Symbiose der Wiederkäuer

Organismen	Substrate	Produkte u. a.	Benötigte Wachstumsfaktoren	Abhängig von
Bacteroides succinogenes	Zellulose Zellobiose NH_3	Succinat, Acetat, CO_2	Isobuttersäure Isovaleriansäure Biotin, p-Aminobenzoesäure, Valeriansäure	*Clostridium* sp. *Bacteroides ruminicola*
Ruminococcus albus	Zellulose Zellobiose Xylose NH_3	Succinat, Acetat, CO_2, H_2	Isobuttersäure Isovaleriansäure	*Bacteroides ruminicola*
Ruminococcus flavefaciens	Zellulose Zellobiose Pektine Xylane	Succinat, Acetat, CO_2, H_2	Methionin	*Bacteroides ruminicola*
Clostridium lochheadii	Zellulose Stärke Proteine	Desaminierungsprodukte von Aminosäuren, Amino- säuren		
Butyrivibrio fibrisolvens	Zellulose Stärke Pektine Lecithin Flavone (Rutin) Harnstoff	Butyrat	B-Vitamine Cystein	
Bacteroides ruminicola (*Ruminobacter ruminicola*)	Stärke Pektine Saccharose Succinat Isobutyrat Proteine Harnstoff	Propionat Methionin Valin	Häm-Verbindungen B-Vitamine Methionin, Cystein Peptide oder Ammoniak	*Bacteroides succi- nogenes* *Ruminococcus albus* *Clostridium* sp.

Tabelle 6.3   Die Pansen-Symbiose der Wiederkäuer (Fortsetzung)

Organismen	Substrate	Produkte u. a.	Benötigte Wachstumsfaktoren	Abhängig von
Selenomonas ruminantium	Zellobiose Succinat Nitrat	Propionat		*Bacteroides succinogenes* *Ruminococcus albus*
Treponema bryantii	Zellobiose Glucose + CO_2	Acetat, Formiat, Succinat		
Lachnospira multiparus	Pektine	ungesättigte Galacturonsäure-Dimere		
Methanobacterium ruminantium	CO_2, H_2, Formiat Für Baustoffwechsel: Acetat	Methan	2-Mercapto-Äthansulfonsäure	*Ruminococcus* *Treponema*
Anaerovibrio lipolytica	Phospholipide Triglyceride Glycerin	Propionat Succinat		
Vibrio succinogenes	H_2, Fumarat Zellulose Xylane	Succinat		
Piromonas communis *Neocallimastix frontalis* *Sphaeromonas communis* (Anaerobe Phycomyceten)				
Entodinium caudatum (Protozoa)	Stärke Bakterien Aminosäuren	Biomasse Aminosäuren		
Dasytricha (Protozoa) *Isotricha* (Protozoa)	Bakterien Bakterien	Biomasse		
Polyplastron multivesiculatum (Protozoa)	Bakterien *und* andere Ciliaten			
Anaerobe Mycoplasmen	*Butyrivibrio* *Ruminococcus albus*			*Epidinium* *Eudiplodinium*
Anaerobe, gramnegative Stäbchen	Oxalat	CO_2 Formiat		

chen Zellwand aus mindestens 8 verschiedenen Polysacchariden aufgebaut ist (Homogalacturonan, Rhamnogalacturonan I, Rhamnogalacturonan II, Xyloglucan, Arabinogalactan, Glucuronarabinoxylan und 2 weitere Komponenten) müssen von den zellwandabbauenden Bakterien eine Vielzahl spezifischer Hydrolasen bereitgestellt werden. Bei phytopathogenen Bakterien werden zellwandabbauende Enzyme in der Reihenfolge Pektinasen, Hemizellulasen und Zellulasen gebildet. Eine ähnliche Reihenfolge läßt sich auch bei Pansenbakterien annehmen. Vor dem Angriff zelluloseabbauender Stämme löst z. B. *Lachnospira multiparus* Weißkleeblätter, die einen hohen Pektingehalt haben, von den Mittellamellen her auf. Silikate und Wachse werden im Pansen nicht abgebaut und behindern die Hydrolyse anderer Zellwandmaterialien. Während z. B. epidermale Langzellen von innen heraus angedaut werden, können verkieselte Kurzzellen nicht abgebaut werden. Die Kolonisierung der Zellwandstrukturen erfolgt innerhalb weniger Minuten, so daß eine Chemotaxis, vermittelt durch lösliche Zucker, angenommen wird. Bei der Anheftung von zelluloseabbauenden Bakterien an Zellwände sind Kapsel-Polysaccharide beteiligt. Experimente mit gnotobiotischen Schafen mit einer von der Geburt an definierten Mikroflora aus 11 bekannten Pansenbakterien erbrachte ein normales Wachstum der Schafe für 4 Monate. Danach starben die meisten Tiere jedoch. Daraus wurde der Schluß gezogen, daß weitere Bakterienarten essentiell sind, die von den Tieren kontinuierlich mit der Nahrung aufgenommen werden.

6.6.2.   Ciliaten

Die Protozoen des Pansens sind vor allem Ciliaten aus den Gruppen der Holotricha und der Entodiniomorpha. Ihr Beitrag zum Zelluloseabbau ist relativ gering. Sie sind überwiegend in den partikulären Anteilen des Panseninhalts konzentriert. Sie verwerten Zucker sehr effizient, die aus dem Abbau von Stärke oder Xylanen stammen und bauen damit Stärkespeicher auf. *Entodinium* kann auch direkt Stärke aufnehmen. Die Protozoen regulieren damit über die Zuckerkonzentration im Pansen auch wesentlich die Fermentationsraten der Bakterien. Ihren Proteinbedarf decken sie überwiegend durch Aufnahme von Bakterien und regulieren damit auch deren Zahl. Die Ciliaten sind jedoch nicht von einer bestimmten Bakterienart abhängig. Einige Ciliaten wie *Polyplastron multivesiculatum* sind neben der Verdauung von Bakterien auch auf die Aufnahme von anderen Protozoen wie *Epidinium* oder *Eudiplodinium* angewiesen. In Abwesenheit von Protozoen steigt der Bakterientiter. Neben Ciliaten kann die Konzentration lebender Pansenbakterien auch durch im Pansen nachgewiesene obligat anaerobe Mycoplasmen sowie durch Phagen reduziert werden. Das Verdauungssystem des Pansens funktioniert auch ohne Ciliaten. So führt z. B. Futter mit hohem Stärkeanteil zu Bedingungen im Pansen, bei denen die Protozoen nicht mehr wachsen. Frühere Analysen, daß das Protein der Protozoen einen höheren Anteil essentieller Aminosäuren aufweist als das der Pansenbakterien haben sich nicht bestätigt. An Tieren mit ciliatenfreiem Pansen wurden sowohl geringere wie auch etwas verbesserte Gewichtszunahmen beobachtet, wobei für diese uneinheitlichen Ergebnisse Unterschiede im Proteingehalt des Futters verantwortlich gemacht werden.

6.6.3.   Symbiotischer Stoffwechsel

Endprodukte des symbiotischen Stoffwechsels im Pansen sind Acetat, Propionat und Butyrat, die vom Wirtstier resorbiert und in den oxidativen Stoffwechsel einbezogen werden. Methan und CO_2 werden mit der Atemluft ausgeschieden. Die sonst dominierenden Gärungsprodukte Äthanol und Lactat spielen eine untergeordnete Rolle, weil durch die Bildung von Methan der Wasserstoff nicht auf Pyruvat oder Acetaldehyd als terminalen Endakzeptor übertragen werden muß. Dadurch kann die im Acetyl-Phosphat vorhandene energiereiche Bindung zur Synthese eines zusätzlichen ATP verwendet werden und die ATP-Bilanz dieser symbiotischen Fermentation verdoppelt sich auf 4 ATP pro Hexose gegenüber 2 ATP bei der Lactat- oder Äthanolgärung. Der Ertragskoeffizient für typische Pansenbakterien liegt mit 50–60 g Zellen pro mol Glucose deutlich höher als für viele andere anaerob wachsende Bakterien.

In den letzten Jahren wurden eine Reihe biochemischer Besonderheiten von Pansenbakterien entdeckt. In Phospholipiden von *Butyrivibrio lipolytica* z.B. wurde ein völlig neuer Typ langkettiger Fettsäuren erstmalig nachgewiesen, die sog. Diabol-Säuren. Deren Funktion könnte darin bestehen, die Membranfluidität in Abwesenheit ungesättigter Fettsäuren aufrechtzuerhalten. Freie Linolsäure und Linolensäure werden nämlich durch verschiedene Pansenbakterien sehr rasch hydriert. Dies wird als Ursache dafür angesehen, daß das Depotfett der Wiederkäuer eine von der Ernährung sehr unabhängige Zusammensetzung ausweist. Succinat ist bei *Bacteroides ruminicola* auch Vorstufe für 2-oxo-Glutarat, da Citratsynthase und Isocitratdehydrogenase nicht nachweisbar sind.

B-Vitamine werden auch von den Tieren in den dem Pansen folgenden Teilen des Verdauungstraktes resorbiert. Das Fermentationsgleichgewicht kann künstlich zugunsten der Propionatgärer verschoben werden, indem z.B. die *Ruminococcus*-Arten durch Ionophore wie „Monensin" gehemmt werden. Dadurch wird indirekt auch die Methanbildung reduziert (durch geringere H_2-Produktion) und der Anteil der von den Tieren genutzten C-Verbindungen erhöht.

Ein Beitrag der Wirtstiere neben der Nahrungsaufnahme und -zerkleinerung für diese kontinuierliche Fermentation besteht in der Exkretion eines 0,1 bis 0,20 M Bicarbonat/Phosphatpuffers (pH: 6,5) zur Neutralisation der Gärungsprodukte, der Aufrechterhaltung einer Temperatur von fast 39 °C und in der Gewährleistung absolut anaerober Bedingungen in einem Tier mit aerobem Stoffwechsel. Der O_2-Gehalt im Pansen liegt unterhalb von 10^{-20} M.

7. Cyanobakteriensymbiosen (außer Flechten)

In der Vergesellschaftung von Cyanobakterien mit Höheren Pflanzen stehen N_2-fixierende Symbiosen im Vordergrund, da dadurch die Stickstoffversorgung der Pflanzen weitgehend unabhängig wird von der Verfügbarkeit von Ammonium und Nitrat. Verbunden ist diese Symbiose mit einer vermehrten Ausbildung von Heterocysten bei den Cyanobakterien. Heterocysten sind dickwandige Differenzierungsstadien, die kein Photosystem II ausbilden und Ort der Nitrogenaseaktivität sind.

7.1. Endocyanome

Endocyanome sind einzellige plastidenlose Algen, die Endosymbionten mit einer blaugrünen Pigmentausstattung enthalten. Die Endosymbionten werden als Cyanellen bezeichnet. Zu den Endocyanomen gehören nur relativ wenige Vertreter. Die bekanntesten sind *Cyanophora paradoxa*, *Glaucocystis geitleri*, *Gloeochaete wittrockiana*, *Glaucosphaera vacuolata*, *Cryptella cyanophora* und *Paulinella chromatophora*.

Die **Cyanellen** von *Cyanophora paradoxa* ähneln in ihrer Thylakoidanordnung und ihrer Pigmentzusammensetzung der von Cyanobakterien. Die DNA der Cyanellen von *Cyanophora paradoxa* ist zirkulär und hat eine Dichte von $1{,}692\,\text{g} \times \text{cm}^{-3}$. Die Genomgröße beträgt $12 \times 10^7\,\text{D}$ mit ungefähr 60 Kopien pro Cyanelle. Im Vergleich dazu beträgt das Genom pflanzlicher Chloroplasten ca. $8\text{–}9 \times 10^7\,\text{D}$ mit 35–100 Kopien. Demgegenüber hat das Genom von einzelligen Cyanobakterien wie *Synechococcus* ein Molekulargewicht von $2\text{–}4 \times 10^9\,\text{D}$ mit nur einer geringen Zahl von Kopien. Von der

Tabelle 7.**1** Photosyntheseraten von Endocyanomen, Cyanobakterien und einzelligen Algen (nach *Kremer* et al. und *Phlips* u. *Mitsui*)

Art	Temperatur	Beleuchtungs-stärke (Kilo-Lux)	$\mu\text{mol CO}_2 \cdot \text{h}^{-1} \cdot \text{mg}^{-1}$ Chlorophyll
Cyanophora paradoxa	20 °C	20	130
Glaucocystis nostochinearum	20 °C	20	118
Glaucosphaera vacuolata	20 °C	20	137
Gloeochaete wittrockiana	20 °C	20	123
Anabaena cylindrica	30 °C	10	133
Anabaena flos-aquae	25 °C	8,5	180
Nitzschia palea	20 °C	18	266
Cyclotella nana	20 °C	11	400
Chlorella ellipsoidea	20 °C	10	250
Scenedesmus sp.	20 °C	7	229

Genomgröße her ähneln Cyanellen also mehr Plastiden als rezenten Cyanobakterien. Die Cyanellen haben eine oxigene Photosynthese mit beiden Photosystemen und einem typischen Calvinzyklus. Sie fixieren keinen N_2, reduzieren jedoch Nitrat und Nitrit in einer ferredoxinabhängigen Lichtreaktion. Die Ribulosebisphosphat-Carboxylase aus *Cyanophora paradoxa* hat mit einem Molekulargewicht von 525000 D und der Untereinheitsstruktur L_8S_8, die gleiche Zusammensetzung wie die von Cyanobakterien. Die Gene für beide Untereinheiten der Ribulosebisphosphat-Carboxylase sind auf dem Genom der Cyanellen nachgewiesen.

Die **photosynthetische CO_2-Fixierung** von Endocyanomen liegt mit 120–140 mmol CO_2 $\times$ h^{-1} $\times$ mg^{-1} Chlorophyll in der gleichen Größenordnung wie die von freilebenden

Tabelle 7.**2**   Vergleich der morphologischen und feinstrukturellen Merkmale von *Cyanophora paradoxa*, *Gloeochaete wittrockiana* und *Glaucocystis nostochinearum* (nach *Kies*)

Merkmal	*Cyanophora*	*Gloeochaete*, vegetative Zelle	*Glaucocystis*
Organisationsstufe	monadoid	palmelloid	coccoid
Fortpflanzung	Zweiteilung	Zoosporen	Autosporen
Zellwand	nicht vorhanden	nicht zellulosisch	zellulosisch
Apikale oder subapikale Grube	+ und Längsfurche	+	+
Dictyosomen parabasal	+	+	+
Lakunensystem	+	+	+
Zahl der Geißeln bzw. Gallert- geißeln	2	2	2
Bewegung der Geißeln	heterodynamisch	unbeweglich	unbeweglich
Struktur des Geißelschaftes	(9 + 9) + 2	(9 + 9) + 0 und weniger	(9 + 9) + 0
Basalkörper im Winkel 120 bis 180 Grad	+	+	+
Struktur der Geißelwurzeln	kreuzförmig 2 Wurzeln 3 Mt, 2 Wurzeln ca. 10 Mt	kreuzförmig 4 Wurzeln 50 Mt	kreuzförmig 4 Wurzeln 20 Mt
Mehrschichtige Geißelwurzeln	2 Wurzeln mit fibrillärem Band	4 MLS	4 MLS
Kernmembran fragmentiert während der Mitose	+	+	+
Centriolen vorhanden während der Mitose	−	−	−
Phycoplast vorhanden	−	−	−
Stärkekörner extraplastidär	+	+	+
Cyanellen vorhanden mit rudimentärer Wand	+	+	+

+ = vorhanden, − = fehlt, 0 = Merkmal nicht anwendbar, Mt = Mikrotubuli,
MLS = „multilayered structure", mehrschichtige Geißelwurzel

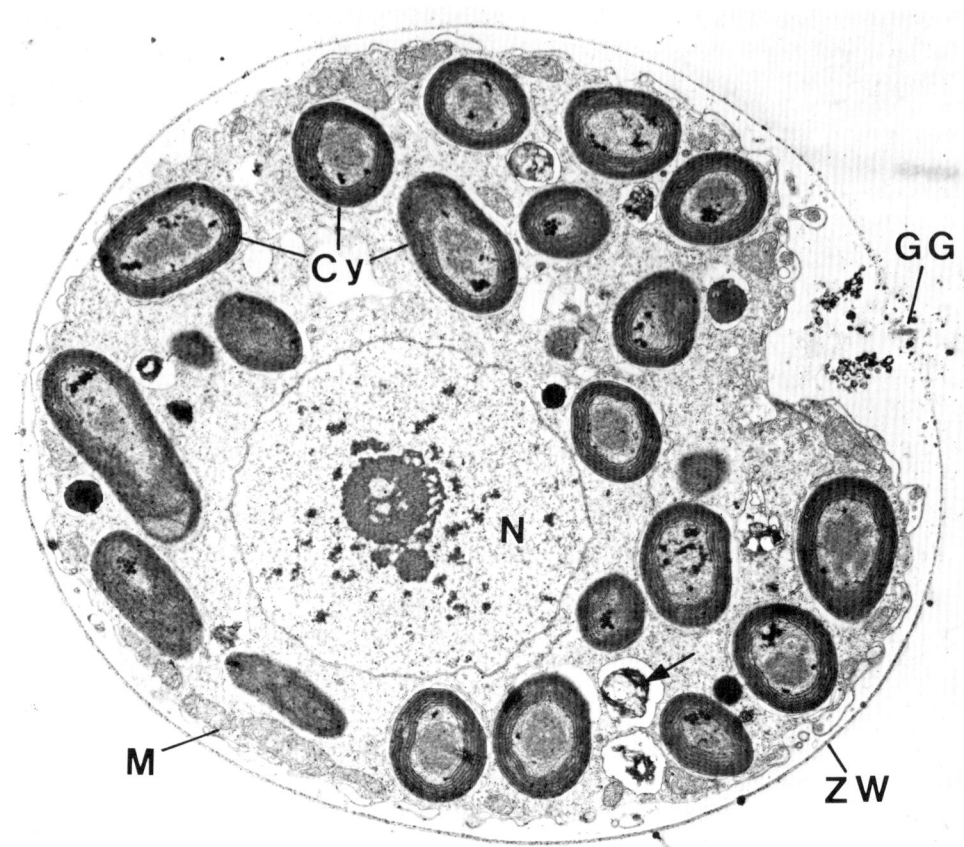

Abb. 7.**1**   Vegetative Zelle von *Gloeochaete wittrockinana*. ZW: Zellwand; GG: Ursprung der Gallertgeißeln; N: Zellkern; Cy: Cyanellen; M: Mitochondrien; Pfeil: in Verdauung befindliche Cyanelle. Vergr. 8800fach (verändert nach *Kies, L.*: Protoplasma 87 [1976] 419)

Cyanobakterien. Demgegenüber liegen die Raten von einzelligen Algen (Diatomeen, coccale Grünalgen) bei gleicher Temperatur und sogar bei niedrigeren Lichtintensitäten mindestens um den Faktor 2 höher (Tab. 7.**1**).

Ein Vergleich von cytologischen und feinstrukturellen Merkmalen von *Cyanophora paradoxa*, *Gloeochaete wittrockiana* und *Glaucocystis nostochinearum* zeigt die relativ große Übereinstimmung zwischen *Gloeochaete* und *Glaucocystis*. Beide unterscheiden sich jedoch insgesamt so weitgehend von anderen Algengruppen wie den Dinophyceen, den Cryptophyceen und auch den Chlorophyceen, daß für sie eine eigene Algenklasse, die Glaucophyceen, vorgeschlagen wird. *Cyanophora* weicht von diesen beiden Gattungen vor allem durch das Fehlen einer Zellwand, das Fehlen mehrschichtiger Geißelwurzeln und das Vorhandensein einer Längsfurche ab (Tab. 7.**2**).

Die Wirtszelle von *Paulinella chromatophora* ist eine Thekamöbe, die zwei Cyanellen enthält. Die Cyanellen sind einzeln von einer Vesikelmembran umschlossen. Funktionell haben die Cyanellen aus *Paulinella chromatophora* große Ähnlichkeit mit Cyanellen aus anderen Endocyanomen (Abb. 7.**1** und 7.**2**).

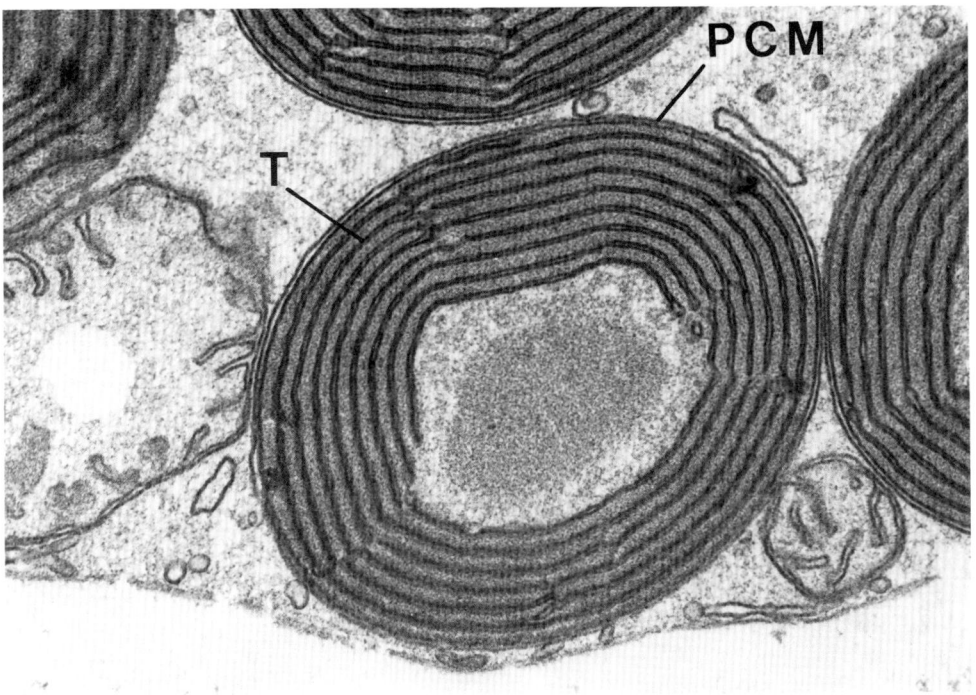

Abb. 7.**2** Querschnitt durch eine Cyanelle von *Gloeochaete wittrockiana*. PCM: Pericyanellenmembran: Membran des Wirtsvesikels; T: Thylakoide; Vergr. 44000fach (verändert nach *Kies, L.*: Protoplasma 87 [1976] 419)

7.2.   Die Diatomeen-Cyanobakterien-Symbiose

Marine planktische Diatomeen der Gattungen *Rhizosolenia* und *Hemiaulus* können endosymbiotisch Cyanobakterien enthalten, die der Gattung *Calothrix (Richelia intrazellularis)* zugeordnet werden. Eine Diatomeenzelle kann mehrere Filamente des Symbionten mit terminalen Heterocysten beherbergen. Die ökologische Verbreitung dieser Symbiosen ist bisher nur sehr unzureichend bekannt. Bei einem durchschnittlichen N_2-Fixierungswert von 3 kg N $\times$ ha^{-1} $\times$ Jahr^{-1} errechnet sich bei einer angenommenen Verbreitung in einem Viertel der Oberfläche des Pazifischen Ozeans allein für dieses Meer eine Fixierung von 15×10^6 t N pro Jahr. Da Stickstoff in weiten Bereichen der Meere limitierender Nährstoff ist, hat diese Symbiose besonders für die oligotrophen Meeresgebiete ökologische Bedeutung.

Die benthische Süßwasserdiatomee *Rhopalodia gibba* enthält 2–5 den Cyanobakterien ähnliche Endosymbionten. Sie fixiert N_2 mit einer Rate von ca. 10 nmol C_2H_4 $\times$ h^{-1} $\times$ mg^{-1} Protein. Dies ist wesentlich weniger, als für freilebende N_2-fixierende Cyanobakterien gemessen wird, ist jedoch nicht verwunderlich, da in den Bezugswert Protein auch das gesamte Zellprotein der Wirtszelle mit eingeht.

Das Sauerstoffoptimum für die Nitrogenaseaktivität liegt bei 4–5% O_2 in der Gasphase. Die intrazellulären O_2-Konzentrationen und die Mechanismen des Schutzes der Nitrogenase vor den beiden sauerstoffproduzierenden Zellregionen, den Plastiden der Diatomeen und den photosynthetisch aktiven Membranen in den Endosymbionten ist unbekannt. Maximale Nitrogenaseaktivitäten von Cyanobakterien und von chemoorganotrophen Bakterien sind in Tab. 7.**3** miteinander verglichen.

7.3.   Die Bryophyten-*Nostoc*-Symbiose

Zu einer extrazellulären Symbiose mit *Nostoc* sind einige Gattungen von Bryophyten in der Lage, jedoch immer nur in der haploiden Gametophytengeneration.

7.3.1.   *Anthoceros*

Die zur Klasse der Anthocerotae (Hornmoose) zählende Gattung *Anthoceros* wird über spaltöffnungsähnliche Schleimporen an der Unterseite der Thalli infiziert. Die Cyanobakterien vermehren sich in der Atemhöhle und veranlassen die benachbarten Zellen, zu Schläuchen auszuwachsen. Teilweise dringen die Mikrosymbionten auch in die benachbarten Wirtszellen ein, die dabei jedoch in Lysis übergehen. Mindestens zwei verschiedene Nostoc-Arten sind in der Gattung *Anthoceros* nachgewiesen: *Nostoc sphaericum* in *Anthoceros punctatus*, *Anthoceros husnotii* und *Anthoceros laevis*, und *Nostoc calcicola* in *Anthoceros laevis*. Der Heterocystenanteil der *Nostoc*-Zellen kann bis zu 50% betragen, gegenüber 3–6% bei freilebenden *Nostoc*-Filamenten. Daher erklärt sich auch die relativ hohe Nitrogenaseaktivität von ca. 400 nmol $C_2H_4 \times h^{-1} \times g^{-1}$ Frischgewicht von *Anthoceros* (Abb. 7.**3**).

Tabelle 7.**3**   Spezifische Nitrogenaseaktivitäten und Wachstumsraten N_2-fixierender Prokaryoten

Spezies/Stamm Nr.	Maximale Nitrogenaseaktivität (nmol $C_2H_4 \cdot mg^{-1}$ Protein $\cdot h^{-1}$)	Kulturbedingungen	Generationszeit (Verdopplungszeit) unter diazotrophen Bedingungen
Anabaena cylindrica	480	$5\,W \cdot m^{-2}$ Lichtintensität	24−30 h
Nostoc muscorum 7119	300	(Heterocystenanteil 7−9%)	
Azotobacter chroococcum NCIB 8003	700	Chemostatkultur, S-limitiert, O_2-Optimum	10 h
Enterobacter cloacae	5400	anaerob	
Alcaligenes latus DSM 1123	800	5% O_2 in der Gasphase	39 h Zum Vergleich: 3 h mit NH_4^+ als N-Quelle
Klebsiella oxytoca M 5a1	1800	sulfatlimitierte Chemostatkultur	9 h
Klebsiella planticola K 11	3000	anaerob	12−14 h

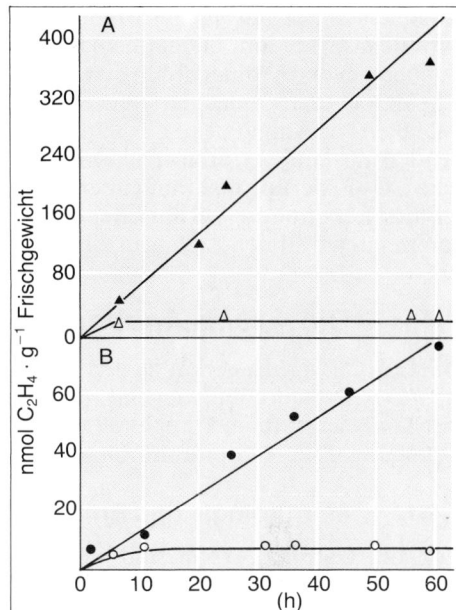

Abb. 7.**3** Nitrogenaseaktivität der Gametophyten von A: *Anthoceros punctatus* und B:
Blasia pusilla im Licht (10 W · m^{-2}) (▲, ●) und
im Dunkeln (△, ○) bei 25 °C (nach *Stewart* u.
Rodgers)

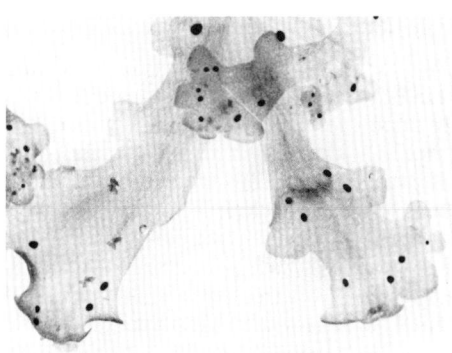

Abb. 7.**4** Gametophyt von *Blasia pusilla*
mit dunklen Kolonien von *Nostoc* (aus *Stewart, W. D. P., G. A. Rogers*: Ecol. Bull.
[Stockh.] 26 [1978] 247)

7.3.2. *Blasia, Cavicularia* und andere Lebermoose

Die Infektion bei *Blasia pusilla* (Abb. 7.**4**) erfolgt über halbkreisförmige **Aurikeln**
(„Blattohren"), die aus einer einzelnen Zellschicht bestehen, und bei denen die sich
bildenden Höhlungen nur einen engen Zugang durch eine davorstehende Papille haben.
Durch diesen Zugang infizieren die *Nostoc*-Filamente die Höhlung, die daraufhin durch
Zellteilungen und durch Schleim verschlossen wird. *Nostoc* aus *Anthoceros* kann *Blasia*-
Gametophyten infizieren. Gleichzeitig mit der Vermehrung der *Nostoc*-Zellen wachsen
schlauchartige, verzweigte hyaline Zellen aus, die in engen Kontakt mit den Symbionten
gelangen. Ob der die Höhlung ausfüllende Schleim überwiegend von diesen hyalinen
Zellen oder von den *Nostoc*-Zellen produziert wird, ist offen.

Die Zahl der *Nostoc*-Kolonien pro Biomasse der Lebermoose ist relativ konstant mit ca.
2 Kolonien pro mg Frischgewicht bei *Blasia pusilla*. Die aus *Blasia* isolierten *Nostoc*-

Kolonien zeigen mit über 600 nmol $C_2H_4 \times h^{-1} \times mg^{-1}$ Frischgewicht eine sehr hohe Nitrogenaseaktivität, die deutlich höher liegt als die freilebender Cyanobakterien. Dies ist überwiegend bedingt durch den hohen Heterocystenanteil. Isolierte *Nostoc*-Kolonien scheiden über 95% des fixierten N in Form von Ammoniak in das Medium aus. Diese Fähigkeit zur Ammoniakausscheidung geht jedoch 72 Stunden nach Isolierung im freilebenden Zustand verloren. Die isolierten *Nostoc*-Kolonien zeigen keine photosynthetische CO_2-Fixierung mehr und übernehmen ihre C- und Energiequelle vom Gametophyten des Lebermooses, wahrscheinlich in Form von Saccharose. Eine Beteiligung der verzweigten hyalinen Zellen an diesen Austauschvorgängen wird angenommen.

7.4.   Die *Azolla-Anabaena*-Symbiose

Die Gattung *Azolla* gehört zu den Salviniaceae und damit zu den Pteridophyta (Farne). *Azolla*-Arten sind überwiegend tropische Schwimmfarne, die durch ihr ungewöhnlich rasches Wachstum und die durch die Symbiose bedingte N_2-Autotrophie besonders als **Gründünger** für Naßreiskulturen große landwirtschaftliche Bedeutung haben.

7.4.1.   Morphologie und Entwicklung der Symbiose

Von der Gattung *Azolla* sind vier amerikanische Arten: *Azolla filiculoides, Azolla caroliniana, Azolla mexicana* und *Azolla microphylla* bekannt, aus dem europäisch-asiatischen Florenbereich *Azolla pinnata* und *Azolla nilotica*. Die Arten unterscheiden sich in ihrem Habitus vor allem durch die Dichte der Verzweigung und die Aufeinanderfolge der Blättchen in der zweizeiligen Anordnung (Abb. 7.**5**).

Ein allgemeiner **Entwicklungszyklus** von *Azolla* und der Weg des Symbionten *Anabaena* ist in der Abb. 7.**6** dargestellt. Mega- und Mikrosporokarpe entstehen in gleicher Anzahl am ersten ventralen Blattlappen bei einer Seitenverzweigung. Die Megasporokarpe sind erheblich kleiner als die Mikrosporokarpe. Durch fünf Kernteilungen entstehen im Megasporokarp 32 Kerne, die jedoch alle bis auf einen absterben, aus dem sich die Megaspore entwickelt. Ein Megasporokarp enthält daher nur eine Megaspore. Mikrosporokarpe dagegen können zwischen 8 und 130 Mikrosporangien enthalten, aus denen sich jeweils 32–64 Mikrosporen entwickeln. 8–15 dieser Mikrosporen sind zu sogenannten Massulae aggregiert, die an der Oberfläche Glochidien (Widerhäkchen) tragen, mit denen sie sich an der Megaspore verankern können. Die Megaspore keimt zum weiblichen Prothallium aus, an dem sich ein oder mehrere Archegonien entwickeln. Die Mikrosporen keimen zu männlichen Prothallien aus, an denen sich Antheridien entwickeln mit spermatogonen Zellen und Spermatozoiden. Die Befruchtung der Eizellen kann sowohl unter Wasser wie auch auf nassen Oberflächen erfolgen. Der sich aus der Zygote entwickelnde Embryo wächst zum Sporophyten heran, der sich durch vegetatives Wachstum mit einer Verdopplung der Biomasse innerhalb von zwei Tagen vermehren kann.

Der Mikrosymbiont *Anabaena* wird in Form von Akineten über die Entwicklung des Megasporokarps und der Archegonien zur Zygote weitergegeben. Auch Mikrosporokarpe können noch Cyanobakterien enthalten, die folgenden Entwicklungsstadien zu den Spermatozoiden jedoch nicht. Mit der keimenden Zygote entwickeln sich aus den Akineten von *Anabaena* wieder undifferenzierte Filamente. Diese Filamente besiedeln die Höhlungen der oberen Lappen der Blättchen. Das Wachstum der *Azolla*-Pflänzchen und der Mikrosymbionten ist bemerkenswert synchron. Wird das Wachstum der *Azolla* durch Licht- oder Temperaturveränderung reduziert, wird gleichzeitig die Vermehrung der *Anabaena*-Zellen verringert. Die *Anabaena* bleibt auf die Peripherie der Höhlungen

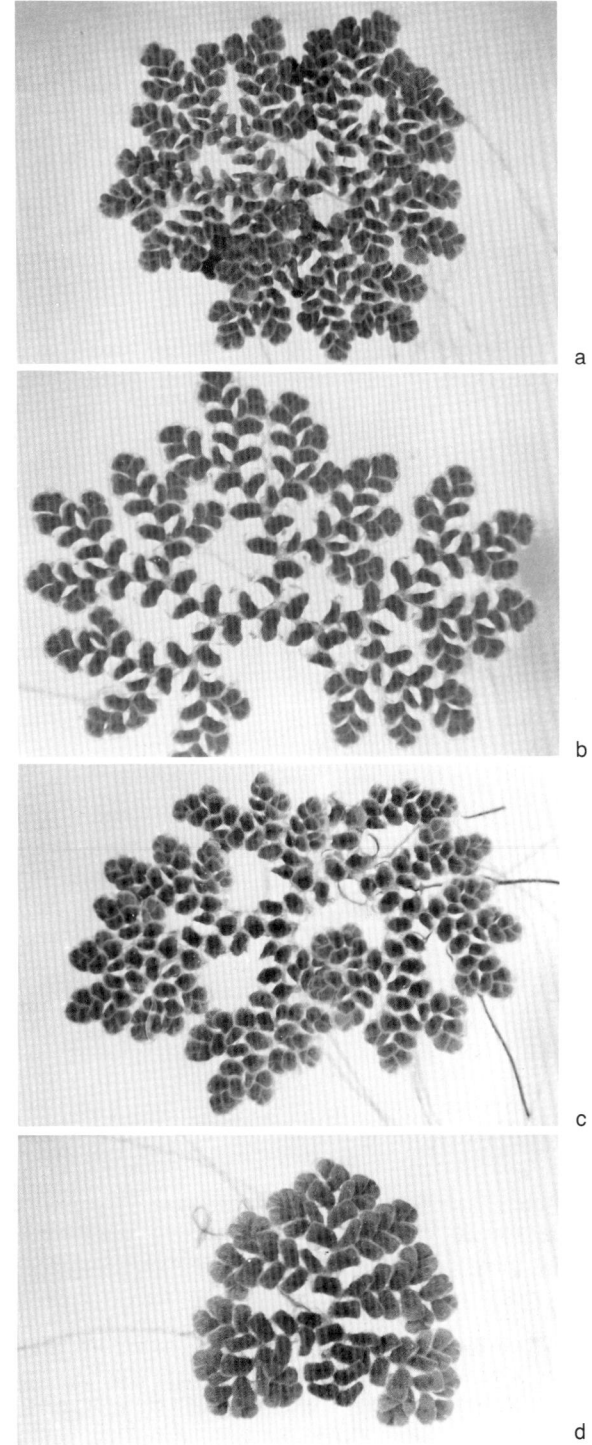

Abb. 7.**5**   *Azolla caroliniana* (a);
Azolla mexicana (b); *Azolla filiculoides* (c) und *Azolla pinnata* (d) (aus
Peters, G. A., H. E. Calvert: In: Algal
Symbiosis, ed. by *Goff*, L. J. Cambridge University Press, Cambridge
1983)

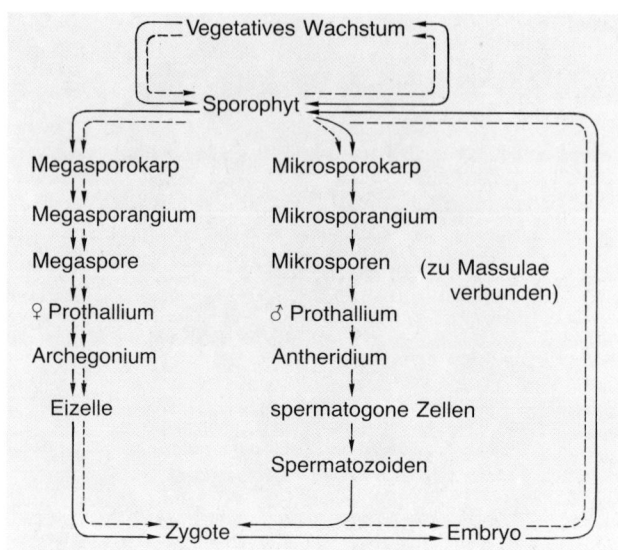

Abb. 7.**6**   Entwicklungszyklus von *Azolla filiculoides* (——) und der Weg des Symbionten *Anabaena* (-----)

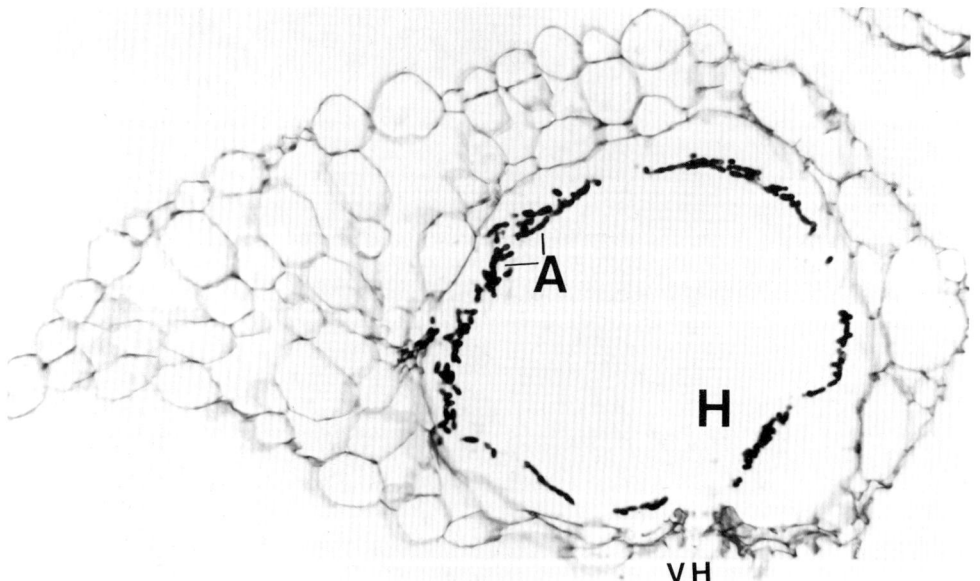

Abb. 7.**7**   Höhlung (H) mit *Anabaena* (A) im dorsalen Lappen der Blättchen von *Azolla caroliniana*. VH: Verschluß der Höhlung (aus *Peters, G. A., H. E. Calvert*: In: Algal Symbiosis, ed. by *Goff, L. J.* Cambridge University Press, Cambridge 1983)

Abb. 7.**8**   Längsschnitt durch eine unverzweigte Haarzelle aus der Blatthöhlung von *Azolla* ▶ *caroliniana*. Die Haarzelle zeigt strukturelle Kennzeichen von Transferzellen (P-J), benachbart liegen vegetative Zellen (VZ) und Heterocysten (H) von *Anabaena azollae*. M: Mitochondrien; P: Plastide; V: Vakuole (Originalaufnahme H. E. *Calvert*, Yellow Springs, Ohio, USA)

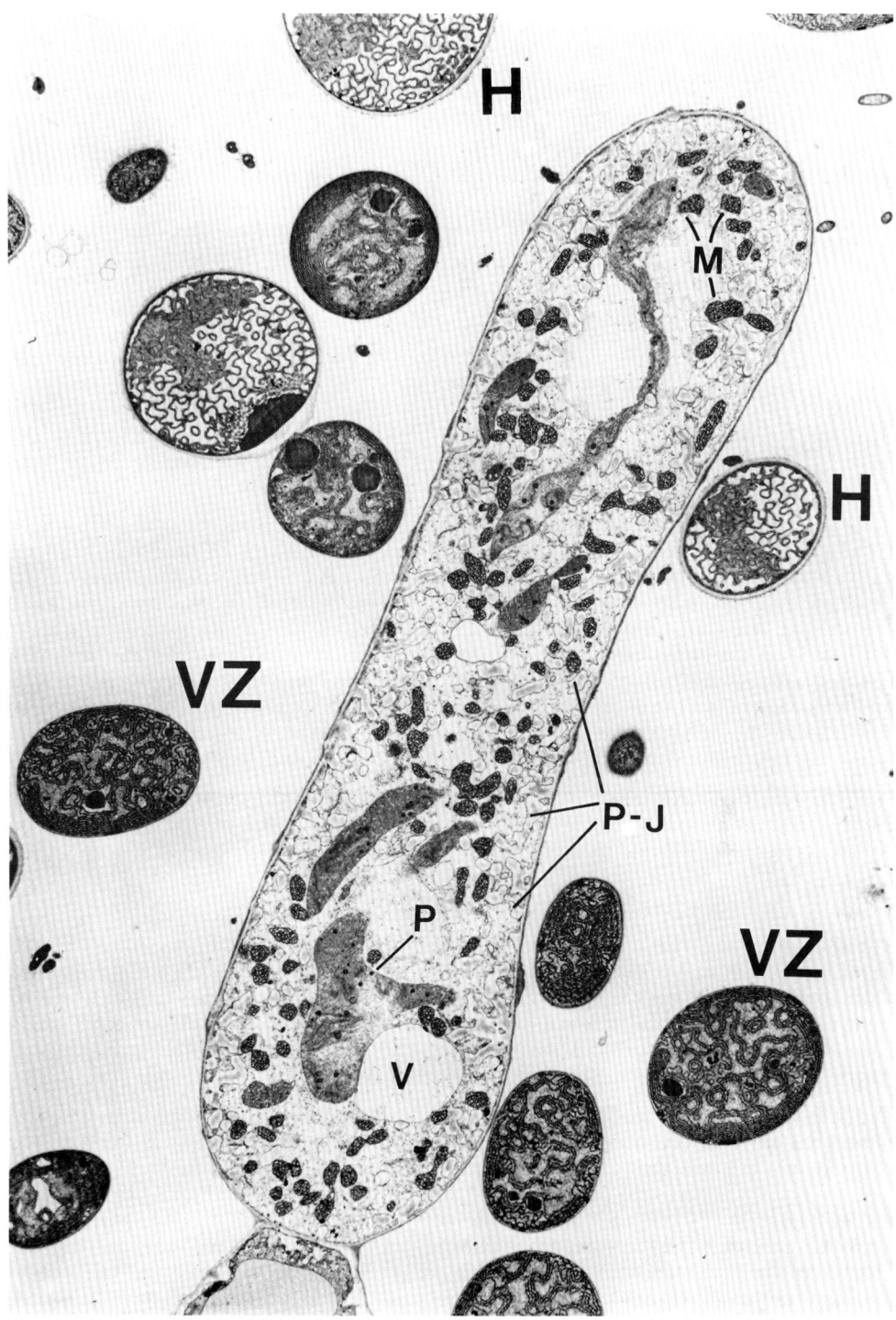

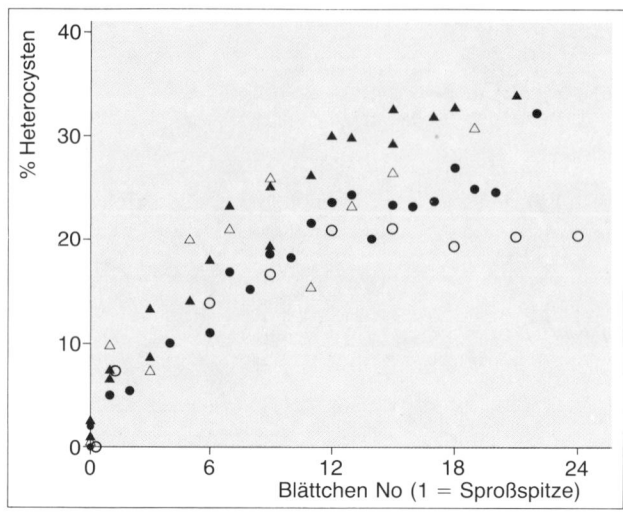

Abb. 7.**9** Abhängigkeit der Zahl der Heterocysten, bezogen auf die Gesamtzellzahl von *Anabaena* vom Alter der Blättchen von *Azolla filiculoides*. Wachstumsbedingungen: $2\,W \cdot m^{-2}$ ohne Nitrat (○); $40\,W \cdot m^{-2}$ mit Nitrat (△); $40\,W \cdot m^{-2}$ zu Beginn mit Nitrat, $4,4\,W \cdot m^{-2}$ ohne Nitrat anschließend (▲); Freilandmaterial (●) (nach *Hill*)

in den dorsalen Blattläppchen beschränkt (Abb. 7.**7**). Jedes Blättchen enthält in seiner Höhlung ein primäres verzweigtes Haar, daß ein Netzwerk von Zellwandvorsprüngen entwickelt und dicht mit Ribosomen, Mitochondrien, ER und Proplastiden angefüllt ist. Die Zellen dieser Haare sind durch zahlreiche Plasmodesmen miteinander verbunden. Damit zeigen sie viele **Charakteristika von Transferzellen**. Das primäre verzweigte Haar hat zusätzlich die Funktion der Beimpfung der Höhle, da es Kontakt mit der apikalen *Anabaena*-Kolonie hat. In der Höhlung entwickeln sich dann weitere verzweigte Haare und einfache Haare, die ebenfalls Transferzellcharakter tragen (Abb. 7.**8**). Auch an der Entwicklung dieser Symbiose könnten Lectine beteiligt sein. Aus *Azolla* mit *Anabaena* wurde ein Lectin mit dem Molekulargewicht 126 000 D und 6 Untereinheiten isoliert.

Anabaena-freie *Azolla* läßt sich gewinnen durch mehrwöchiges Wachstum bei sehr niedrigen Lichtintensitäten ($2\,W \cdot m^{-2}$) ohne Nitrat im Medium und anschließende Kultivierung bei $40\,W \cdot m^{-2}$ in Gegenwart von Nitrat.

7.4.2.   Heterocystenbildung und Funktion

Mit zunehmendem Alter der Blättchen, gekennzeichnet an der Entfernung von der Sproßspitze, nimmt die **Zahl der Heterocysten** des Symbionten an der Gesamtzahl der Cyanobakterienzellen von 0 auf bis zu 30% zu (Abb. 7.**9**). Dieser Anstieg der Heterocysten gegenüber den nichtdifferenzierten vegetativen Zellen erfolgt auch, wenn zusätzlich Nitrat im Nährmedium vorhanden ist. Mit der erhöhten Zahl an Heterocysten geht eine verringerte allgemeine Zellteilung des Symbionten einher.

Ein Schema des C- und N-Stoffwechsels in Heterocysten mit Transportvorgängen von benachbarten vegetativen Zellen ist in der Abb. 7.**10** dargestellt. Heterocysten fehlt das Photosystem II und damit eine photosynthetische Sauerstoffentwicklung. Das lichtabhängig gebildete reduzierte Ferredoxin und durch Photophosphorylierung synthetisiertes ATP können direkt für die Reduktion von N_2 zu Ammoniak durch die Nitrogenase verwendet werden. Heterocysten haben keinen Calvinzyklus. Als C-Quelle wird ein Disaccharid von den benachbarten vegetativen Zellen aufgenommen, zu Glucose-6-Phosphat metabolisiert und dieses über den oxidativen Pentosephosphatzyklus weiter abgebaut. Das gebildete NADPH kann zur Reduktion von Ferredoxin dienen und damit

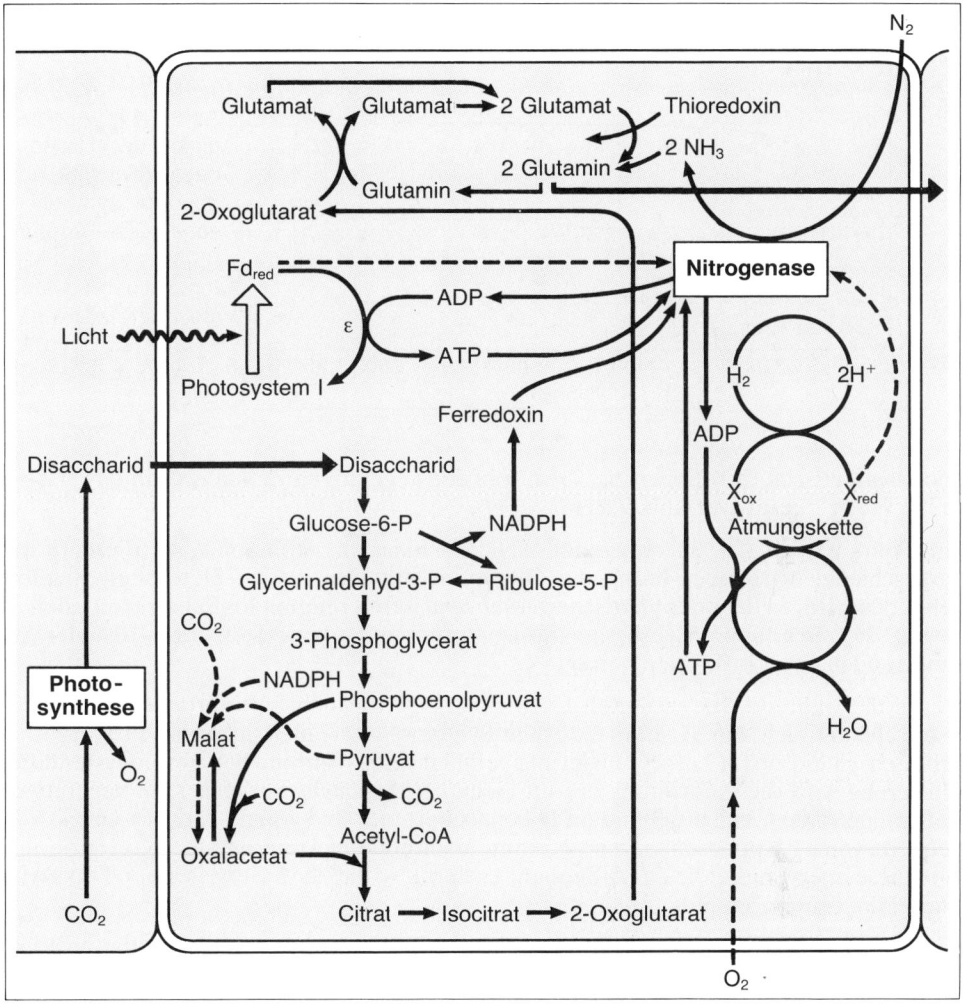

Abb. 7.**10**   C- und N-Stoffwechsel in Heterocysten von Cyanobakterien mit Transportvorgängen von benachbarten vegetativen Zellen (nach *Gallon, Bothe* u. a.)

eine zweite Ferredoxinquelle bilden. Eine zweite ATP-Quelle ist die Atmungskette der Heterocysten. Der Trikarbonsäurezyklus ist unvollständig, da 2-Oxoglutarat nicht weiter abgebaut wird. Das 2-Oxoglutarat reagiert in der Glutamatsynthasereaktion mit Glutamin zu Glutamat. Oxalacetat kann durch die in Heterocysten sehr aktive Phosphoenolpyruvat-Carboxylase gebildet werden, Malat daraus durch die ebenfalls sehr aktive Malatdehydrogenase. H_2 ist der beste Elektronendonator für die Nitrogenaseaktivität. Diese Reaktion ist lichtabhängig. Mit geringerer Rate kann Wasserstoff aber auch in das Elektronentransportsystem der Atmungskette eingeschleust werden, da Photosynthese und Atmung einen Teil des Elektronentransportsystems mit Plastochinon und dem Cytochrom bf-Komplex gemeinsam haben. Die lichtabhängige Nitrogenaseaktivität des Mikrosymbionten ist bereits bei ca. $8\,W \cdot m^{-2}$ gesättigt. Demgegenüber ist die

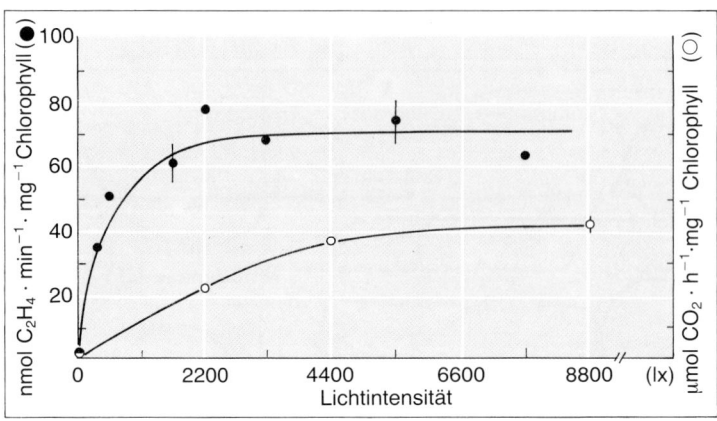

Abb. 7.**11** Abhängigkeit der Nitrogenaseaktivität (●) und der photosynthetischen CO_2-Fixierung (○) von der Lichtintensität bei aus *Azolla* isolierter *Anabaena azollae* (250 lx ca. 1 $W \cdot m^{-2}$) (nach *Peters*)

photosynthetische CO_2-Fixierung, die nur in den vegetativen Zellen stattfindet, erst bei ca. $32 \ W \cdot m^{-2}$ gesättigt (Abb. 7.**11**).

Ungeklärt ist, ob der überwiegende Teil des fixierten Ammoniaks in dieser Form ausgeschieden wird oder durch die Glutaminsynthetase in den Heterocysten selbst gebunden wird. In der endophytischen *Anabaena* ist mit immunologischen Methoden zu zeigen, daß die Glutaminsynthetase-Konzentration in Heterocysten nur 5–10% der von freilebenden Cyanobakterien beträgt.

Durch die während des gesamten Entwicklungszyklus nicht unterbrochene Symbiose unterscheidet sich die *Azolla-Anabaena*-Symbiose von allen anderen Prokaryoten-Pflanzensymbiosen, die zur N_2-Fixierung befähigt sind. Während der Heterocystendifferenzierung wird die Anordnung der nif-Gene bei *Anabaena* verändert. In vegetativen Zellen liegen die Gene nif D und nif H benachbart und sind von nif K durch eine DNA-Sequenz von 11 Kilobasenpaaren getrennt. Während der Heterocystendifferenzierung wird diese intervenierende DNA-Sequenz entfernt, so daß die 3 Gene in einer **Transkriptionseinheit** vereinigt sind.

Aus *Azolla* isolierte *Anabaena* mit vegetativen Zellen und Heterocysten hat im Licht keine positive CO_2-Bilanz. Es muß angenommen werden, daß die Wirtspflanze Photosyntheseprodukte in der Form von Saccharose an den Symbionten liefert, da *Anabaena* nicht in der Lage ist Saccharose zu synthetisieren, dennoch Saccharose neben Glucose und Fructose in den Symbionten nachzuweisen ist. Die Symbiose von *Azolla* mit *Anabaena* nutzt den Wellenlängenbereich des sichtbaren Lichtes besser aus als die Einzelorganismen (Abb. 7.**12**). Zusätzlich zu den Absorptionsmaxima des Chlorophylls erscheint im Bereich von 620 nm das Absorptionsmaximum der Phycobiliproteine, speziell des Phycocyanins.

Von den Phycobiliproteinen des Symbionten sind ca. 70% Phycocyanin, 17% Phycoerythrocyanin und 13% Allophycocyanin. Neben den photosynthetischen Pigmenten kann *Azolla* auch noch signifikante Konzentrationen von Anthocyanen enthalten. Der Anteil der *Anabaena*-Zellen am Gesamtchlorophyll-Gehalt der Symbiose liegt bei weniger als 20%.

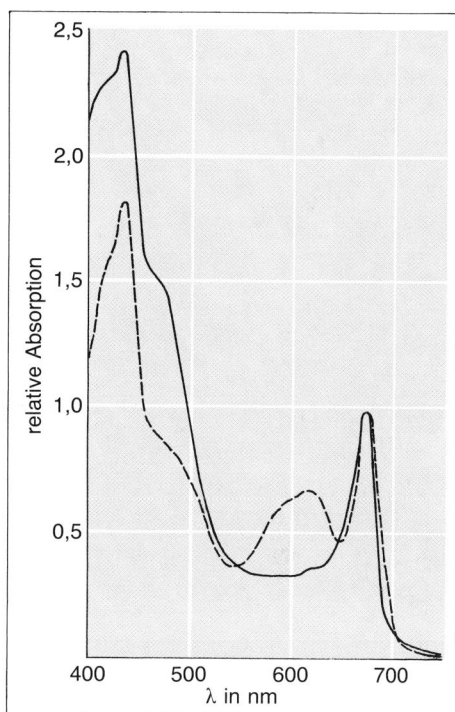

Abb. 7.**12**   Absorptionsspektren zellfreier Extrakte von endophytenfreier *Azolla* (——) und von *Anabaena azollae* (-----). Die Spektren wurden bei 673 nm normalisiert (nach *Peters* u. *Calvert*)

7.4.3. Ökologische und landwirtschaftliche Bedeutung

In China, Vietnam, Indonesien und anderen südostasiatischen Ländern werden z. Z. ca. 2 Mill. ha mit *Azolla* in oder nach **Reisanpflanzungen** kultiviert. Am effektivsten ist der *Azolla*-Anbau in einer Nachkultur nach der Reisernte, bei der zwischen 60 und 100 kg N pro ha in den Boden eingebracht werden können, mit einer täglichen Fixierung von bis zu 3 kg N pro ha. Die regelmäßige Verwendung von einigen Pflanzenschutzmitteln kann jedoch die Vermehrung der *Azolla* und damit auch die N_2-Fixierung reduzieren.

Azolla kann auch als Futter für Schweine und Geflügel verwendet werden. Die Ernte von 1 ha reicht aus, um bis zu 150 Schweine zu versorgen. Dies setzt jedoch eine zusätzliche Düngung mit Phosphaten voraus.

7.5.   Die Cycadaceen-*Nostoc/Anabaena*-Symbiose

Die zur Klasse der Cycadatae gehörenden Gattungen *Cycas, Macrozamia, Zamia* und *Encephalartos* bilden sogenannte **Korallenwurzeln** aus, die mit Cyanobakterien vergesellschaftet sein können. Diese Korallenwurzeln sind negativ geotrop (Abb. 7.**13**). Die Korallenwurzeln können die Funktion von Atemwurzeln haben. Enthalten die Wurzeln *Nostoc*-Zellen, so ist ihr negativer Geotropismus weniger ausgeprägt (Abb. 7.**14**). In der englischsprachigen Literatur werden die Korallenwurzeln zuweilen als „Knöllchen" bezeichnet. Diese Benennung ist falsch, da sich die Korallenwurzeln auch ohne Infektion durch den Symbionten entwickeln. Die Korallenwurzeln entwickeln sich aus dem Perizykel des diarchen Leitbündels der Primärwurzel oder des Hypokotyls. Sie sind gekennzeichnet durch eine rundliche Spitze mit einem terminalen Meristem. Anstelle einer

Abb. 7.**13** Cyanobakterienfreie Korallenwurzel von *Macrozamia communis*. Vergr. 0,55fach (aus *Wittman, W.,* u. *F. J. Bergersen*: Aust. J. biol. Sci. 18 [1965] 1129)

Abb. 7.**14** Cyanobakterienhaltige Korallenwurzel von *Macrozamia communis* mit zahlreichen Lentizellen. Vergr. 0,63fach (aus *Wittmann, W.,* u. *F. J. Bergersen*: Aust. J. biol. Sci. 18 [1965] 1129)

Wurzelhaube bildet sich eine sekundäre Rindenschicht, die ein Protoderm überlagert. Aus diesem Protoderm entwickelt sich die einzellige Zellschicht, in der sich interzellulär die Cyanobakterien der Gattungen *Nostoc* oder *Anabaena* ansiedeln. Die Besiedlung erfolgt in erster Linie über sich auflösende Mittellamellen, in einigen Fällen auch über absterbende Rindenzellen. Bei *Macrozamia communis* sind in einzelnen Zonen der Rindenzellen auch intrazelluläre Symbionten gefunden worden. Die Cyanobakterien

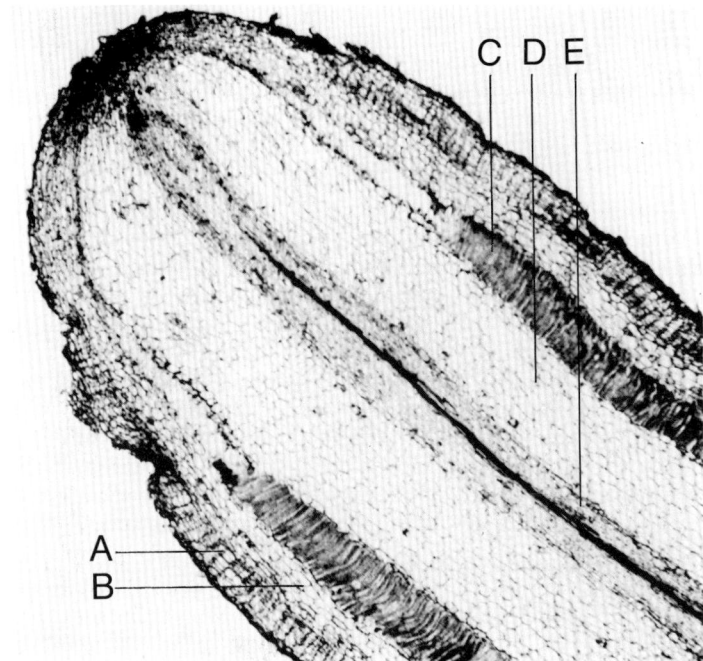

Abb. 7.**15** Längsschnitt durch die Korallenwurzel von *Macrozamia communis* mit Periderm (A), äußerer Rinde (B), Cyanobakterienzone (C), innerer Rinde (D) und zentralem Leitbündel (E) (aus *Wittmann, W.,* u. *F. J. Bergersen*: Aust. J. biol. Sci. 18 [1965] 1129)

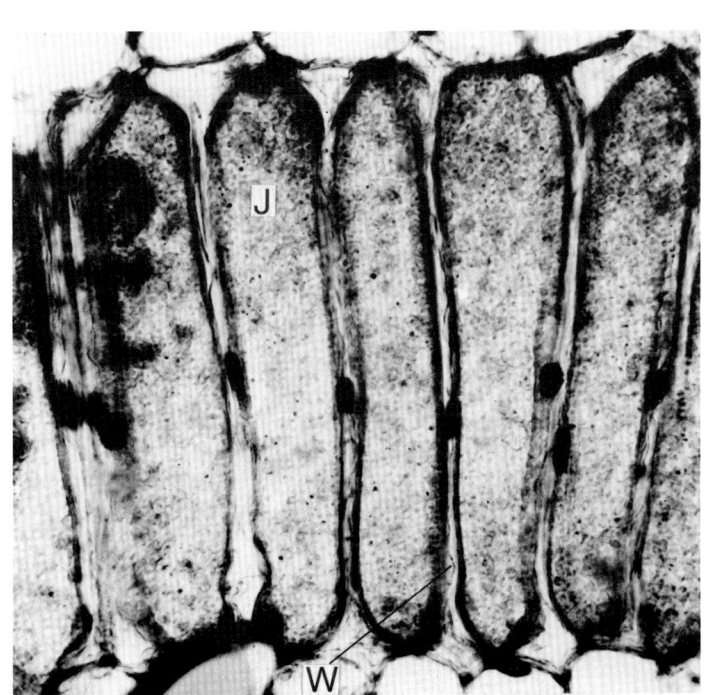

Abb. 7.**16** Cyanobakterien in großen Interzellularräumen (J) zwischen schmalen und langgestreckten Wirtspflanzenzellen (W) aus *Macrozamia communis* (aus *Wittmann, W.,* u. *F. J. Bergersen*: Aust. J. biol. Sci. 18 [1965] 1129)

besiedeln alle Interzellularen der Symbiontenzone, die von dünnen, Schleim sezernie-renden Pflanzenzellen durchzogen wird. Die Lage der Cyanobakterienzone in der Koral-lenwurzel ist in der Abb. 7.**15** dargestellt, die der großen, mit Cyanobakterien gefüllten Interzellulärräume in der Abb. 7.**16**.

Die langgestreckten Pflanzenzellen der Cyanobakterienzone der Korallenwurzeln ent-halten einen sehr großen Zellkern, zahlreiche Mitochondrien und ein reich entwickeltes ER.

In den Heterocysten fixieren die Symbionten N_2, der aus den Korallenwurzeln in andere Pflanzenorgane transportiert wird. (Tab. 7.**4**) Während eines 48stündigen Wachstums-versuches ist der ^{15}N-Überschuß in den Korallenwurzeln von *Macrozamia communis* mit 0,7 etwa 10mal so hoch wie in der benachbarten, geschwollenen Hauptwurzel und im Stamm. Fast die Hälfte des fixierten ^{15}N ist nach dieser Zeit bereits in andere Organe, die Blattbasen und den Stamm, das Hypokotyl und die geschwollene Hauptwurzel, die Feinwurzeln und die Blattstiele transportiert (Tab. 7.**4** und Abb. 7.**17**). Unabhängig von den morphogenetischen Wirkungen, die vom Mikrosymbionten ausgehen, können die Seitenwurzeln von Cycadaceen durch Blaulicht in ihrem Wachstum verändert werden. So sind die Seitenwurzeln bei *Zamia floridana* nach Blaulichteinwirkung knöllchenartig verdickt gegenüber der unveränderten Dunkelkontrolle (Abb. 7.**18**).

Die Entwicklung der Symbiose in Korallenwurzeln in *Cycas revoluta* ist prinzipiell ähnlich der bei *Macrozamia*, in dem die Zellen der Algenzone aus der Rhizodermiszone entstehen und das umgebende Rindengewebe einer persistenten Wurzelhaube entspricht. Bei *Cycas* besteht die Wirtszellzone aus zwei Typen. Der erste Zelltyp sind relativ kleine cytoplasmareiche Zellen. Diese Zellen lysieren zu einem Teil und bilden große Interzellularräume, in denen sich die *Anabaena*-Zellen vermehren. Der zweite Zelltyp sind stark verlängerte Zellen, die sich durch die gesamte Algenzone erstrecken. Diese Zellen enthalten zahlreiche Amyloplasten und Mitochondrien.

Die *Anabaena* in den Korallenwurzeln von *Cycas revoluta* zeigt eine bemerkenswerte jahresabhängige Veränderung in der Anreicherung von **Cyanophycin**. Cyanophycin dient als Stickstoffspeicher und besteht aus Arginin und Asparaginsäure im molaren Verhältnis von 1:1. Im Winter ist die Speicherung sehr ausgeprägt, im Sommer dagegen geringfügig. Es ist anzunehmen, daß der höhere N-Bedarf der Wirtspflanze im Sommer keine N-Speicherung in Form von Cyanophycin in den *Anabaena*-Zellen zuläßt. Neben den Cyanobakterien der Gattungen *Anabaena* und *Nostoc* sind in einer sorgfältigen

Tabelle 7.**4**   Verteilung von ^{15}N in verschiedenen Organen von *Macrozamia communis* nach Exposition für 48 h in einer Atmosphäre von 12% N_2 (mit 44 atom % $^{15}N_2$) 25% Sauerstoff und 63% Argon (nach *Bergersen* et al.)

Pflanzenorgan	Trocken-gewicht (g)	Gesamt-N (mg)	^{15}N (Atom % Überschuß)	^{15}N (µg Über-schuß)
Blätter	3,8	60,2	0	0
Blattstiele	2,1	15,2	0,065	9,9
Blattbasen und Stamm	10,2	102	0,057	66,2
Korallenwurzeln	0,8	15,3	0,72	110
Hypokotyl und geschwollene Hauptwurzel	1,7	21,7	0,064	13,9
Feinwurzeln	1,1	13,4	0,11	15,1

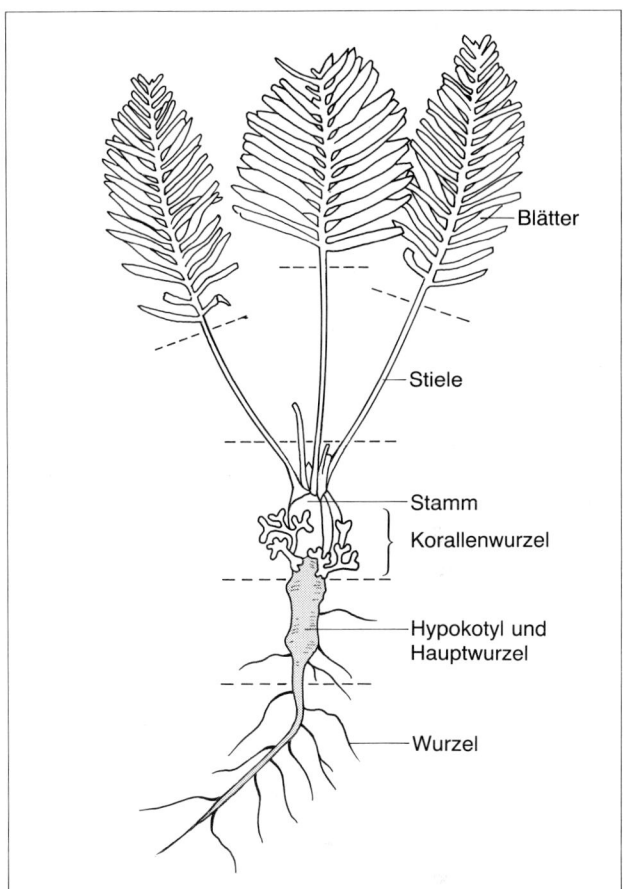

Blätter

Stiele

Stamm

Korallenwurzel

Hypokotyl und
Hauptwurzel

Wurzel

Abb. 7.**17** Organe von *Macrozamia communis*, analy-
siert in der ^{15}N Verteilung von
Tab. 7.**5**

Untersuchung bei *Cycas revoluta* und *Encephalartos* keine anderen Bakterien in den
Interzellularräumen der Symbiontenzone gefunden worden. Durch welchen Mechanismus das Eindringen oder die Vermehrung anderer Mikroorganismen verhindert wird ist
unbekannt. Die Beteiligung phenolischer Verbindungen, die in den benachbarten Pflanzenzellen abgelagert werden, wird diskutiert.

7.6. Die Gunnera-Nostoc-Symbiose

Die Gattung *Gunnera* (Ordnung Gunerales, Überordnung Rosanae) bildet eine intrazelluläre Symbiose mit *Nostoc punktiforme* in spezifisch differenziertem, drüsenartigem
Gewebe in der gestauchten Achse. Für *Gunnera macrophylla* ist von Schaede nach den
frühen Untersuchungen von MIEHE (1924) eine Infektion über endogene Wurzelanlagen
beschrieben worden, die sich durch Verschleimen der Mittellamellen auflösen und Wege
für die infizierenden Cyanobakterien bilden. Für drei andere Arten von *Gunnera,
Gunnera arenaria, Gunnera stricosa* und *Gunnera albocarpa* ist dagegen experimentell
nachgewiesen, daß die Infektion über spezifische Papillen erfolgt, die zur Ausbildung
von vollinfiziertem Symbiosegewebe führt, bevor Wurzelanlagen sich entwickeln. Die
Symbionten dringen dann in sehr dünnwandige meristematische Zellen an der Basis der

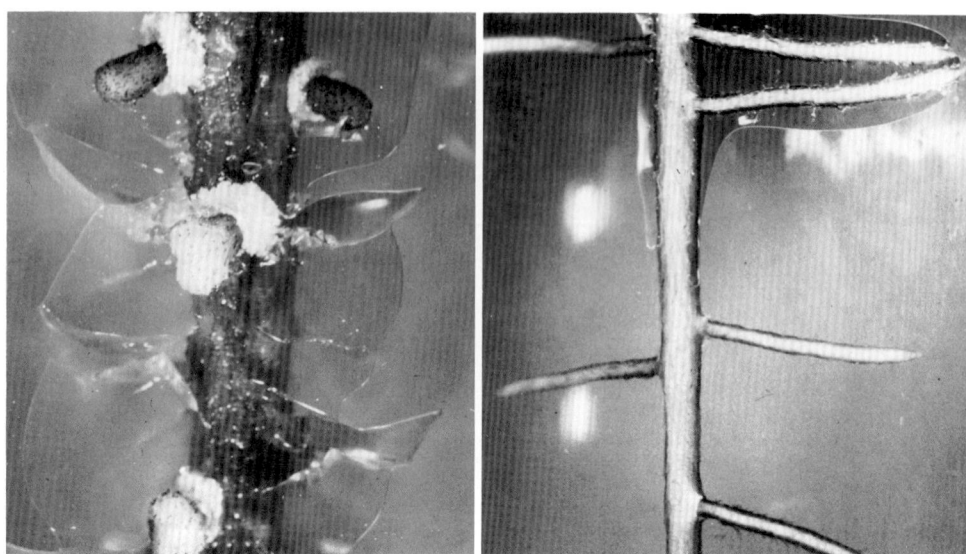

Abb. 7.**18**   Wirkung von Blaulicht (3 W · m^{-2}, 12 h Photoperiode) auf das Wachstum der Seitenwurzeln von *Zamia floridana*; (links): „knöllchenartig" verdickte Seitenwurzeln nach Blaulichtbehandlung, (rechts): Dunkelkontrolle (aus *Webb, D.*: Z. Pflanzenphysiol. 104 [1981] 253)

Papillen ein und werden dabei von einer Membran umgeben, die sich vom Plasmalemma der Wirtszellen ableitet. Diese pericyanobakterielle Membran hat offensichtlich ähnliche Funktion wie die Peribakteroidenmembran in der *Rhizobium*-Leguminosen-Symbiose. Die Symbionten können sich innerhalb dieser Membranen teilen und zu Heterocysten differenzieren. *Gunnera* wird auch von *Nostoc*-Stämmen infiziert, die aus *Cycas revoluta*, aus *Peltigera polydactyla* oder aus *Anthoceros* isoliert werden (Tab. 7.**5**). Die *Nostoc*-Stämme aus *Anthoceros* und *Peltigera* haben jedoch eine geringere Infektiosität als die aus *Gunnera* selbst isolierten Stämme. Nichtinfektiös sind *Nostoc*-Stämme aus *Encephalartos* und *Macrozamia* und auch *Anabaena azollae* kann *Gunnera* nicht infizieren.

In Abwandlung des alten Vorschlages, der die symbiotische Gewebedifferenzierung bei *Gunnera* als Phycorhiza bezeichnet hatte, könnte diese in Homologie zum Begriff Actinorhiza eher als **Cyanorhiza** bezeichnet werden.

Tabelle 7.**5**   Infektiosität von Cyanobakterien-Isolaten bei *Gunnera manicata* (nach *Bonnett* u. *Silvester*)

Cyanobakterium	Herkunft	Infektiös
Nostoc sp.	*Gunnera arenaria*	+
Nostoc sp.	*Cycas revoluta*	+
Nostoc sp.	*Anthoceros* sp.	+
Nostoc sp.	*Peltigera polydactyla*	+
Nostoc muscorum	*Encephalartos* sp.	−
Nostoc sp.	*Macrozamia lucida*	−
Anabaena azollae	*Azolla caroliniana*	−

7.7.   Tierische Symbiosen mit Cyanobakterien und *Prochloron*

Bei den tierischen Symbiosen liegt die physiologische Bedeutung für die Wirtsorganismen sowohl in der Fähigkeit der Mikrosymbionten zur photosynthetischen CO_2-Fixierung wie auch, in einigen Fällen, in der N_2-Fixierung.

7.7.1.   Schwämme

Viele marine Schwämme enthalten Cyanobakterien im Mesophyl in enger Assoziation mit den Archaeocyten des Schwammes. Neben einem Beitrag zum **C- und N-Stoffwechsel** des Wirtes wird den Cyanobakterien auch die Synthese charakteristischer sekundärer **Inhaltsstoffe** zugeschrieben, die auf Grund ihrer Toxizität einen Schutz vor dem Abweiden durch Fische bieten können.

Im Hornschwamm *Dysidea herbacea* ist als filamentöser Endosymbiont *Oscillatoria spongeliae* beschrieben. Die bis zu 20 Zellen langen Filamente zeigen typische Nekridien. Die Thylakoide sind sehr regelmäßig rechtwinklig zur Längswand der Zellen angeordnet. Charakteristisch sind häufige sternförmige Einschlüsse im Cytoplasma. N_2-fixierende Cyanobakterien sind in großen vakuolisierten Zellen des Schwammes *Siphonochalina tarbernacula* nachgewiesen, wo sie weniger als 1% des Schwammvolumens ausmachen und im Ektosom des Schwammes *Theonella swinhoei*, wo sie bis zu 15% des Ektosomenvolumens einnehmen. In diesem Schwamm liegen die Cyanobakterien überwiegend frei in der interzellulären Matrix. Die gemessenen N_2-Fixierungswerte von 2–4 nmol $C_2H_4 \times h^{-1} \times g^{-1}$ Frischgewicht des Schwammes liegen im Vergleich zu den Symbiosen mit Pflanzen relativ niedrig.

7.7.2.   Tunikaten

In tropischen Tunikaten wie *Didemnum* sp. oder *Lissoclinum patella* ist in der Kloakenhöhlung *Prochloron* zu finden. *Prochloron* läßt sich bisher nicht kultivieren. Alle Analysen sind daher mit aus Tunikaten isoliertem Material durchgeführt worden. Diese Gattung ist der einzige prokaryotische Zelltyp, der die Pigmente Chlorophyll a und b enthält. Aus diesem Grund wurde sie von den Cyanobakterien abgetrennt und mit den Prochlorophyta eine eigene systematische Gruppe für sie geschaffen. Die Nukleotidsequenz der 5S- und 16S-ribosomalen RNA, die immologischen Eigenschaften der Ribulose-Bisphosphatcarboxylase, der Monogalactolipid-Biosyntheseweg und das Vorkommen von Muraminsäure in der Zellwand zeigen eine enge Verwandtschaft zu den Cyanobakterien. Neben der Pigmentausstattung ist auch das Vorkommen von kurzkettigen unverzweigten Glucanen eine Ähnlichkeit mit eukaryotischen Grünalgen, während diese Verbindungen in Cyanobakterien nicht vorkommen. Prochloron kann daher als ein stark abgeleitetes Cyanobakterium aufgefaßt werden, das die Gene für die **Biosynthese von Chlorophyll b** und von **unverzweigten Glucanen** übernommen, die für **Phycobiliproteine** verloren hat. Ob das symbiotische Vorkommen in Tunikaten mit diesem möglichen **Genaustausch** in ursächlicher Beziehung steht, ist völlig offen. Der Nutzen der Tunikaten an dem Symbionten wird in der Ausnutzung von Photosyntheseprodukten und von photosynthetisch entwickeltem Sauerstoff gesehen, der Vorteil für die *Prochloron*-Zellen in der höheren CO_2-Konzentration in den Tunikatenkloaken. Die *Prochloron*-Zellen können frei in dieser Höhlung vorkommen oder auch eng umgeben von Kloakengewebe.

7.7.3.   Polarbären

Photobiologisch interessant ist das Vorkommen von einzelligen Cyanobakterien in den Schäften der Haare von Polarbären. In situ erscheinen diese Cyanobakterien grün und führen oft zu einem grünlichen Aussehen der Polarbären an der Unterseite. Nach Isolierung und Kultivierung im Rotlicht erscheinen die Zellen jedoch blaugrün und enthalten neben Chlorophyll a auch Phycocyanin. Aufgrund des G und C-Gehaltes der DNA (47 mol%), der konzentrischen Anordnung der Thylakoide, der Cyanophycinanreicherung und des Zellwandaufbaus sind sie eindeutig als Cyanobakterien identifiziert. Die Besiedlung der Haarschäfte mit diesen Cyanobakterien ist bisher nur bei Polarbären in Gefangenschaft beobachtet worden, bei denen die Haare auf den harten Betonunterlagen abbrechen, was auf Eisoberflächen offenbar nicht eintritt.

8. Phyko-Symbiosen

8.1. Die Plastiden der Cryptophyten als reduzierte symbiotische Zellen

Cryptophyceen wie *Cryptomonas, Chilomomas* oder *Rhodomonas* enthalten sehr unterschiedlich gefärbte Plastiden, die neben Chlorophyll a und c und Carotinoiden auch Phycoerythrin und Phycocyanin enthalten. Diese Plastiden sind nicht von zwei Membranen umgeben, wie die Chloroplasten der Grünalgen und Höheren Pflanzen, sondern von **vier Membranen** (Abb. 8.**1**). Außerhalb der Chloroplastenmembranen, jedoch innerhalb der dritten und vierten Membran, die ein Kontinuum mit der Kernhülle bilden, liegt ein stark verkümmerter Zellkern, der sogenannte **Nucleomorph**. Diese cytologischen Besonderheiten haben zu der Vorstellung geführt, daß die Plastiden der Cryptophyceen stark reduzierte einzellige Rhodophyceen sein könnten. Die Teilung des Nucleomorphs erfolgt jeweils vor der Teilung des Plastiden. Microtubuli sind daran nicht beteiligt und Colchicin hemmt die Teilung des Nucleomorphs nicht. Der Nucleomorph enthält einen nucleolusähnlichen Einschlußkörper und wird von einer Hülle mit Poren umgeben (Abb. 8.**1**).

8.2. Dinophyten als Symbionten

Das Wirtsspektrum der symbiotischen Dinoflagellaten ist ungewöhnlich weit. Es reicht von den Protozoen (Ciliaten) über die Cnidarier und Plathelminthen bis zu den Mollusken.

Sowohl von der Zahl der Arten wie auch von der ökologischen Verbreitung her ist die Symbiose mit den verschiedenen Klassen und Ordnungen der Cnidarier am bedeutendsten. Besonders viele Arten sind aus den Gruppen Actiniaria (Seerosen), Madreporaria (Skleractinia, Steinkorallen) und Octocorallia, zu denen die Lederkorallen gehören, in einer Symbiose vergesellschaftet.

Die Symbionten werden als **Zooxanthellen** bezeichnet. Sie werden zu zwei systematischen Gruppen zusammengefaßt: 1. die Gruppe der *Symbiodinium microadriaticum*-Stämme, 2. die Gruppe der *Amphidinium*-Stämme. Die aus den verschiedenen Wirtsgruppen isolierten Symbionten weisen nach längerer axenischer Reinkultur sehr unterschiedliche Isoenzymmuster von Esterasen, Glucosephosphat-Isomerasen und Malatdehydrogenasen auf (Tab. 8.**1**). Aus 20 verschiedenen Wirtstieren wurden 12 im Isoenzymmuster deutlich verschiedene Stämme der *Symbiodinium microadriaticum*-Gruppe nachgewiesen. Erhebliche Unterschiede zeigen sich auch in der Chromosomenzahl, im Chromosomenvolumen und im Kernvolumen von Symbionten aus verschiedenen Wirstieren (Tab. 8.**2**). Nach taxonomischen Kriterien sind in der *Symbiodinium microadriaticum*-Gruppe recht unterschiedliche Arten zusammengefaßt. Dies wird bestätigt durch Versuche zur Infektion und Wiederbesiedlung symbiontenfreier Wirte durch Stämme, die aus unterschiedlichen Tieren isoliert wurden (Tab. 8.**3**). So wird die Actinie *Aiptasia*

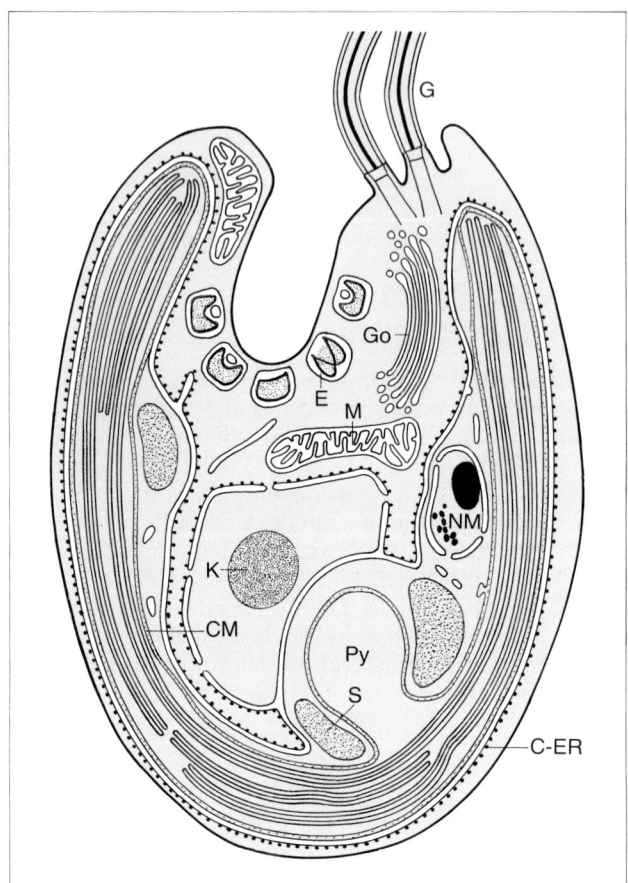

Abb. 8.**1** Längsschnitt-Diagramm von *Cryptomonas*. K: Zellkern; NM: Nucleomorph; E: Ejektosom; Py: Pyrenoid-Matrix; CM: Chloroplastenmembranen; C-ER: Chloroplasten-ER; S: Stärke; M: Mitochondrium; Go: Golgi-Apparat; G: Geißeln (nach *Gibbs*)

tagetes von dem eigenen Symbionten innerhalb von 50 Tagen durch 20000 Algen pro mm³ Tentakel wiederbesiedelt. Ein aus der Actinie *Bartholomea angulata* isolierter Stamm erreicht nur 2500 Algen, ein aus *Heteractis lucida* isolierter Stamm nur 250 Algen pro mm³ Tentakel. Die aus der Krustenanemone *Zoanthus sociatus* isolierten Stämme waren nicht infektiös. Infektiosität und Isoenzymmuster korrelieren bei den verschiedenen Stämmen jedoch nicht. Daraus kann abgeleitet werden, daß in der zu *Symbiodinium microadriaticum* zusammengefaßten Gruppe verschiedene Arten enthalten sind, innerhalb der einzelnen Arten jedoch noch weitere Infektionsgruppen und Spezifitäten bestehen.

Während ihrer Entwicklung haben einige Wirtstiergruppen symbiontenfreie Entwicklungsstadien. So ist die Planulalarve der Meduse *Cassiopea* symbiontenfrei. In Laborexperimenten läßt sich zeigen, daß kultivierte *Symbiodinium*-Schwärmer von Polypen durch den Mund aufgenommen werden und durch Endocytose intrazellulär in die Wirtsgewebe gelangen. Durch welchen Mechanismus und durch welche Signalmoleküle die aufgenommenen Symbionten die Verschmelzung ihrer Endocytosevesikel mit den Lysosomen und die damit verbundene Verdauung verhindern, ist nicht im einzelnen bekannt. In anderen Wirtstieren wie einigen Korallenarten und Zoanthiden werden die Algen bereits kurz nach der Befruchtung in das Ei aufgenommen. Die Larven dieser

Tiere brauchen daher nicht neu infiziert zu werden und die Anpassung der Symbionten an die Wirtstiere kann eine höhere Spezifität erreichen. Arten, die in einer kontinuierlichen Symbiose leben, haben damit sehr stabile physiologische Umweltbedingungen. Dies führt unter anderem auch dazu, daß bei Symbionten in erhöhtem Umfang ungeschlechtliche Fortpflanzung vorherrscht gegenüber geschlechtlicher Vermehrung bei freilebenden verwandten Arten.

Der Austausch von Photosyntheseprodukten von den *Symbiodinium*-Zellen zum Wirt erfolgt überwiegend in der Form von **Glycerin**, in geringerem Umfang daneben als Glucose und Alanin. Zwischen 20 und 60% des photosynthetisch fixierten Kohlenstoffs

Tabelle 8.**1** Isoenzymmuster von Esterasen (EST) Glucosephosphat-Isomerasen (GPI) und Malatdehydrogenasen (MDH) aus verschiedenen Stämmen der *Symbiodinium micro-adriaticum* Gruppe aus verschiedenen Wirtstieren (nach *Schoenberg* u. *Trench*)

Symbiodinium-Stamm	isoliert aus	Isoenzyme EST	GPI	MDH
A	*Aiptasia tagetes* (Actiniaria)	1	1	1
A	*Gorgonia ventalina* (Octocorallia)	1	1	1
A	*Pseudopterogorgia bipinnata* (Octocorallia)	1	1	1
B	*Bartholoma annulata* (Actiniaria)	6	4	6
C	*Cassiopea xamachana* (Scyphozoa)	2	3	3
C	*Protopalythoa grandis* (Zoanthidea)	2	3	3
C	*Pseudopterogorgia acerosa* (Octocorallia)	2	3	3
D	*Condylactis gigantea* (Actiniaria)	10	2	7
H	*Bartholomea annulata* (Actiniaria)	4	4	4
H	*Heteractis lucida* (Actiniaria)	4	4	4
H	*Rhodactis sancti-thomae* (Corallimorpharia)	4	4	4
M	*Meandrina meandrites* (Scleractinia)	9	2	1
N	*Mussa angulosa* (Scleractinia)	1	2	2
N	*Pseudopterogorgia americana* (Octocorralina)	1	2	2
O	*Oculina diffusa* (Scleractinia)	7	6	7
P	*Palythoa mammilosa* (Zoanthidea)	5	5	5
Q	*Palythoa mammilosa* (Zoanthidea)	3	4	4
Q	*Protopalythoa grandis* (Zoanthidea)	3	4	4
T	*Tridacna gigas* (Mollusca)	11	2	3
Z	*Zoanthus sociatus* (Zoanthidea)	8	7	8

Tabelle 8.**2** Morphometrische Daten von Chromosomen und Kernen (G_2-Phase des Zellzyklus) von Stämmen der *Symbiodinium-microadriaticum*-Gruppe, die aus verschiedenen Wirtsarten isoliert wurden (nach *Blank* u. *Trench*)

Symbiont isoliert aus	Chromosomen-zahl	Cromosomen-volumen μm^3	Kernvolumen μm^3
Cassiopea xamachana (Qualle)	97 ± 2	$1,6 \pm 0,1$	$11,3 \pm 2,0$
Heteractis lucida (Seeanemone)	74	7,8	27,2
Anthopleura (Seeanemone)	50 ± 1	$3,7 \pm 0,3$	$13,9 \pm 1,3$
Montipora verrucosa (Steinkoralle)	26	3,2	7,6

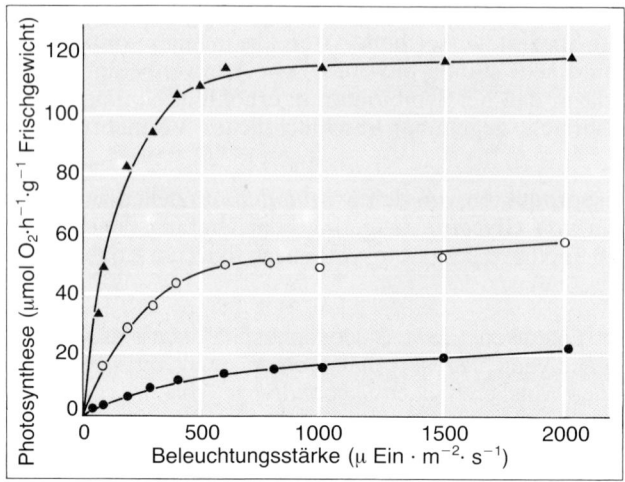

Abb. 8.**2** Photosynthetische O_2-Entwicklung von *Tridacna gigas* mit Zooxanthellen in Abhängigkeit von der Beleuchtungsstärke. Größe der Tiere: (●) 1700 g; (○) 1,3 g; (▲) 0,014 g (nach *Fischer*)

wird in die Wirtstiere transportiert. Die Ausscheidung von Kohlenhydraten durch die Zooxanthellen wird durch einen Gewebefaktor des Wirtes gesteigert. Dieser Gewebefaktor ist wahrscheinlich ein Protein. Daher ist auch zu erklären, daß die Zooxanthellen nach längerer Kultivierung deutlich weniger Kohlenhydrate ausscheiden als kurz nach der Isolierung aus den Wirtstieren. Wegen der intensiven kommerziellen Nutzung der Riesenmuschel *Tridacna gigas* ist deren Symbiose genau untersucht. Der Symbiont ist hier überwiegend im Sinusgewebe des hypertrophierten Sipho lokalisiert, der auch als Mantelgewebe bezeichnet wird. Junge Muscheln enthalten ca. 10 Zooxanthellen pro µg Gewebe, größere Muscheln nur noch 2 bis 3 Symbionten. Die spezifische Photosyntheseleistung kleiner Tiere erreicht bis zu 100 µmol $O_2 \cdot h^{-1} \cdot g^{-1}$ Frischgewicht (Abb. 8.**2**). Da hier kaum Beschattung der Zooxanthellen vorhanden ist, wird Lichtsättigung bereits bei 500 µEinstein $\cdot m^{-2} \cdot s^{-1}$ erreicht. Lichtsättigung bei größeren Tieren wird demgegenüber erst bei 1500 bis 2000 µEinstein beobachtet. Die Photosyntheseraten von typischen Sonnenblättern liegen bei 500–700 µmol $O_2 \cdot h^{-1} \cdot g^{-1}$ Frischgewicht, die für Schattenblätter bei 60–100 Einheiten (bei 20 °C).

Frisch isolierte Zooxanthellen nehmen kein Nitrat auf und haben keine Nitratreductaseaktivität. Kultivierte Zooxanthellen können dagegen Nitrat verwerten. Die Aufnahme

Tabelle 8.**3** Infektion und Wiederbesiedlung von symbiontenfreier *Aiptasia tagetes* durch Stämme der *Symbiodinium (Gymnodinium) microadriaticum* Gruppe, die aus verschiedenen Wirten isoliert wurden (nach *Trench*)

Algenstamm	isoliert aus	Ordnung der Cnidaria (Nesseltiere)	Zahl der wiederbesiedelten Algen · mm^3 Tentakel nach 50 Tagen
A	*Aiptasia tagetes*	Actiniaria	20 000 ± 1600
M	*Mussa angulosa*	Scleractinia	7 000 ± 400
B	*Bartholomea angulata*	Actiniaria	2 500 ± 370
H	*Heteractis lucida*	Actiniaria	250 ± 80
O	*Oculina diffusa*	Scleractinia	200 ± 90
Z	*Zoanthus sociatus*	Zoanthidea	0

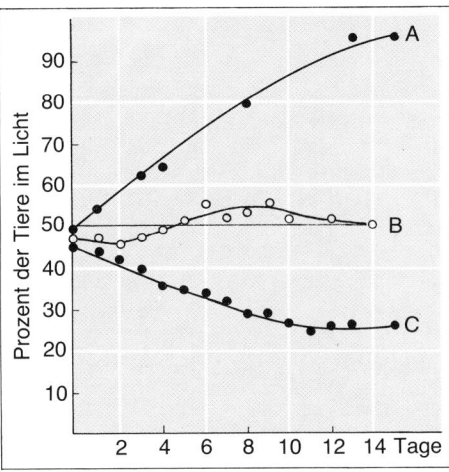

Abb. 8.**3** Phototaxis von Seeanemonen (*Anthopleura elegantissima*). Prozentsatz von Tieren, die sich in der Licht-Hälfte eines Beckens befinden, nach statistischer Verteilung (50%) zu Beginn des Versuches. A: Seeanemonen mit Zooxanthellen, von einem sonnigen Meeresstandort; B: Tiere, denen die Zooxanthellen entfernt wurden; C: Tiere mit Zooxanthellen von einem schattigen Standort (nach *Buchsbaum-Pearse*)

von Ammoniumionen ist in der symbiotischen Form dagegen unverändert. Die Zooxanthellen übernehmen auch organische Verbindungen von den Wirtstieren. Mehr als 40% der Aktivität von mit ^{35}S-Methionin gefütterter Anemone *Anthopleura elegantissima* läßt sich in Zooxanthellen wiederfinden.

Über den Austausch von Kohlenstoff- und Stickstoffverbindungen hinaus beeinflussen die Zooxanthellen auch die Phototaxis z. B. von Seeanemonen (Abb. 8.**3**). Innerhalb von 14 Tagen zeigen Seeanemonen mit Zooxanthellen, die von einem sonnigen Meeresstandort kommen, eine positive Phototaxis, Tiere, denen die Zooxanthellen entfernt wurden, keine Phototaxis und Tiere mit Zooxanthellen von einem schattigen Standort eine negative Phototaxis.

8.2.1. Riffbildende Korallen

Korallenriffe bedecken mit einer Ausdehnung von über $600\,000\,\mathrm{km}^2$ große Gebiete der tropischen Flachmeere, in denen die Wassertemperatur nicht unter $20\,°\mathrm{C}$ sinkt ($335\,000\,\mathrm{km}^2$ im Pazifik, $185\,000\,\mathrm{km}^2$ im Indischen Ozean und $97\,000\,\mathrm{km}^2$ im Atlantik). Mit wenigen Ausnahmen sind alle riffbildenden Korallenarten mit **Symbiodinium microadriaticum** vergesellschaftet. Bei einer Symbiontendichte von ca. $1\text{–}5\,10^6$ „Zooxanthellen" pro cm^2 tierischer Oberfläche, ergibt sich eine hohe photosynthetische C-Fixierung von $20\text{–}80\,\mu\mathrm{mol}\ CO_2 \cdot \mathrm{h}^{-1} \cdot \mathrm{mg}^{-1}$ Chlorophyll ($2{,}5\,\mathrm{g\,C} \cdot \mathrm{m}^{-2}$ Korallenoberfläche). Wegen der dreidimensionalen Ausdehnung der Riffkorallen (Verzweigungen) entspricht dies einer Fixierung von $15\,\mathrm{g\,C} \cdot \mathrm{d}^{-1} \cdot \mathrm{m}^{-2}$ Meeresfläche. Daraus errechnet sich ein Wert von ca. $3 \cdot 10^9\,\mathrm{t}$ C pro Jahr für alle Korallenmeere und damit fast 10% der gesamten marinen Primärproduktion. Die jährliche Riffkalkablagerung beträgt ca. $8 \cdot 10^8\,\mathrm{t}$.

Neben der Ausscheidung von Glycerin, Glucose und Alanin spielt bei Symbionten der Riffkorallen die Ausscheidung von Lipiden eine besondere Rolle. Die Korallen nutzen diese Lipide u. a. direkt als Reservestoff, der bis zu 40% der organischen Trockensubstanz der Tiere ausmacht. Beim Reservestoffabbau und bei der Veratmung durch die Korallenzellen gebildetes Acetat und CO_2 werden von den Symbionten wieder in lichtabhängigen Synthesen verwendet. Von hervorragender Bedeutung ist über diesen Stoffaustausch hinaus die Beteiligung der Symbionten an der **Kalkabscheidung** der Korallen und damit an der Riffbildung selbst. Das Wachstum der Riffe ist im Licht 3- bis 10mal so

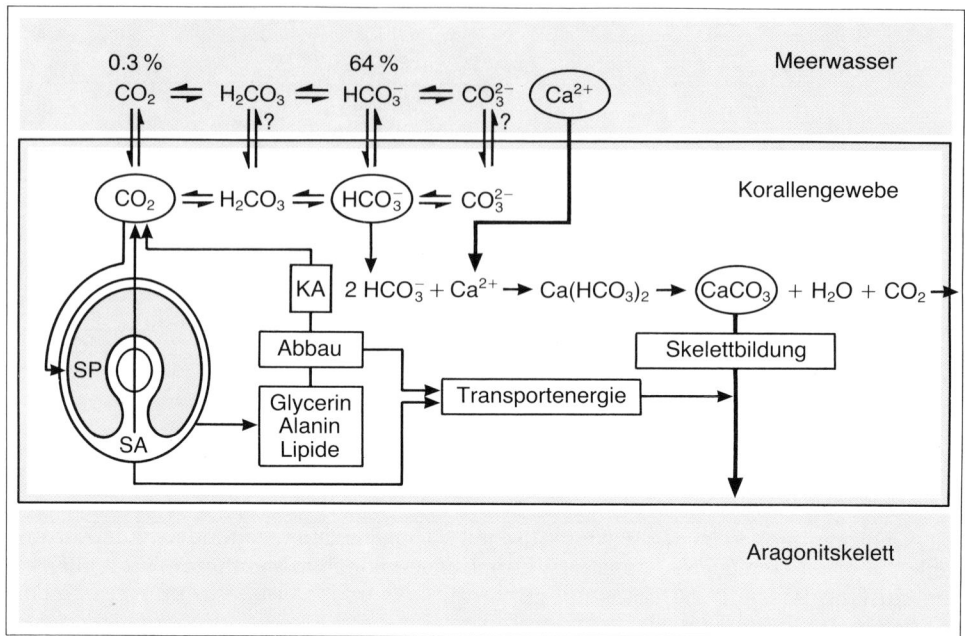

Abb. 8.**4**   Calcifizierung und Skelettbildung von riffbildenden Korallen in Symbiose mit *Symbiodinium microadriaticum.* SP: Symbiontenphotosynthese (CO_2-Fixierung); SA: Symbiontenatmung; KA: Korallenatmung (nach *Kremer*)

schnell wie im Dunkeln. Das aus dem Meerwasser aufgenommene CO_2 steht im Gleichgewicht mit H_2CO_3, HCO_3^- und CO_3^{2-} (Abb. 8.**4**). Beim photosynthetischen CO_2-Verbrauch durch die Symbionten wird das HCO_3^-, Gleichgewichtsprodukt des Bicarbonatsystems, für die Skelettbildung verfügbar. Auf Grund der hohen Calcium-Konzentration im Meerwasser von 10 mM und des effizienten Ca^{2+}-Aufnahmesystems der Korallen, limitiert dieses Element die Kalkabscheidung in Form von Aragonit nicht. Die geologischen Leistungen der Riffkorallen sind ähnlich beeindruckend wie die produktionsbiologischen CO_2-Fixierungswerte. Ein Atoll kann 500 km² Feststoffe erhalten, dies entspricht 15 000 Cheopspyramiden.

8.3.   Chlorophyten als Symbionten

Neben den experimentell intensiv untersuchten Symbiosen der grünen *Hydra*, der Ciliaten und von *Convoluta roscoffensis* mit Chlorophyten, sind symbiotische Grünalgen in vielen weiteren Wirtstieren nachgewiesen worden: Beispiele sind die Süßwassermuschel *Anodonta*, die Seeanemone *Anthopleura xanthocamica* und Radiolarien der Gattung *Thalassolampe* (Symbiont *Pedinomonas*, Prasinophyceae).

8.3.1.   Die *Hydra-Chlorella*-Symbiose

Die Absorptionszellen des Entoderms von *Hydra viridis* nehmen symbiotische *Chlorella*-Stämme durch Endocytose aus dem Gastralraum des Polypen auf. Sie werden dabei einzeln in Vakuolen eingeschlossen und vom distalen Teil der Zelle zum proximalen

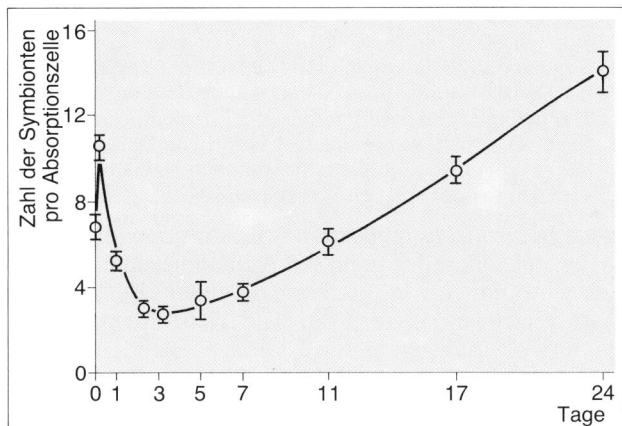

Abb. 8.**5** Aufnahme von frisch isolierter symbiotischer *Chlorella* durch symbiontenfreie *Hydra* (nach *Jolley* u. *Smith*)

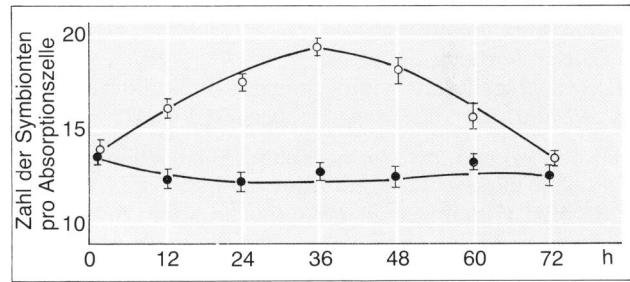

Abb. 8.**6** Zahl der Symbionten pro Absorptionszelle (Entoderm) im Stiel von *Hydra viridis* nach Entfernung des oberen 2/3 der Tiere. Tiere mit regenerierendem oberen Polypenteil (○), Tiere, denen der obere Polypenteil gleich wieder aufgepfropft wurde (●) (nach *Pardy* u. *Heacox*)

Ende transportiert. Nicht zur Symbiose befähigte *Chlorella*-Stämme werden zunächst ähnlich durch **Phagocytose** aufgenommen. Sie werden dabei jedoch in wesentlich größere Vakuolen eingeschlossen und verbleiben am distalen Ende der Absorptionszellen. Innerhalb von 24 Stunden nach der Phagocytose werden sie jedoch in der Regel wieder durch Exocytose ausgeschieden. Auch von symbiotischen *Chlorella*-Zellen wird ein Teil innerhalb der ersten 1 bis 3 Tage nach der Endocytose wieder ausgeschieden, danach jedoch steigt die Zahl der Symbionten pro Absorptionszelle kontinuierlich wieder an auf bis zu 12 Symbionten pro Zelle (Abb. 8.**5**). Entfernt man von einer bereits vollinfizierten *Hydra* die oberen zwei Drittel des Tieres, so steigt die Zahl der Symbionten pro Absorptionszelle im Stiel der *Hydra* für 36 Stunden weiter an und nimmt danach wieder ab (Abb. 8.**6**).

Tiere, denen der obere Polypenteil gleich wieder aufgepfropft wird, reagieren mit einem leichten Abfall der Symbiontenzahl pro Absorptionszelle (Abb. 8.**6**). Die Zahl der Endosymbionten pro Absorptionszelle entwickelt sich also über einen Zeitraum von mehreren Wochen hin zu einem mittleren Wert von 12 bis 15 Symbionten pro Zelle. Dieser Wert wird auch reguliert durch die Polypenanteile, die nicht infiziert sind.

Der physiologische Mechanismus, mit dem die Wirtstiere die Zahl der Mikrosymbionten regulieren, ist nicht aufgeklärt. Diskutiert werden
a) eine Kontrolle über den pH-Wert der perialgalen Vakuole. Grundlage für diese Vorstellung ist die Beobachtung, daß die Maltoseausscheidung der Chlorellen pH-abhängig ist und ihr Optimum bei pH 4,5 hat. Durch Veränderung des pH-Wertes in der Vakuole könnte der Anteil der ausgeschiedenen Assimilate verändert werden und damit auch der Anteil, der für den Baustoffwechsel der Zellen zur Verfügung bleibt.

b) Regulation über einen „Zellteilungsfaktor", der von den Wirtstieren ausgeschieden wird. Diese Vorstellung ist biochemisch bisher nicht weiter konkretisiert.

c) Regulation über anorganische Nährstoffe. Experimentell läßt sich zeigen, daß nach Erhöhung der Konzentrationen von Nitrat, Ammoniumionen, Sulfat und Phosphat im Kulturmedium der *Hydra* die Zahl der Chlorellen pro Tier deutlich ansteigt und in einigen Fällen die Wirtstiere sogar absterben, während aposymbiotische Tiere keine Veränderung zeigen. Ungeklärt ist bei diesen Versuchen, ob die anorganischen Nährstoffe direkt die Wachstumsrate der Chlorellen stimulieren oder von den Wirtstieren zu organischen Metaboliten umgewandelt werden.

Auch *Hydra viridis* muß zusätzlich gefüttert werden und kann nicht voll autotroph leben. In den mit Chlorellen gefüllten Aufnahmezellen des Ectoderms der *Hydra* werden hohe Konzentrationen von Bakterien gefunden. Bei Hemmung der symbiotischen Photosynthese verschwinden auch die Bakterien. Pro Aufnahmezelle sind etwa 10mal so viele Bakterien wie Algen in den Hydren vorhanden. Bei den Bakterien handelt es sich um gramnegative, polar begeißelte Stäbchen.

Bei der Infektion und der „Erkennung" der Symbionten durch die Wirtstiere werden folgende fünf Phasen unterschieden:
1. die Kontaktphase,
2. die Aufnahmephase,
3. die Erkennungsphase,
4. die intrazelluläre Wanderung der Infektionsvakuolen,
5. die Vermehrung der symbiotischen Algen.

An der Erkennung symbiotischer Algenzellen gegenüber nicht symbiotischen Zellen und Nahrungspartikel sind wahrscheinlich die Mikrovilli von Entodermzellen beteiligt. Die Mikrovilli, die zu einer Endocytose der symbiotischen Algen führen, unterscheiden sich von den Mikrovilli, die zu einer Phagocytose von Nahrungspartikeln oder nichtsymbiotischen Algenzellen führen dadurch, daß in ihnen keine Akanthosomen („coated vesicles") enthalten sind. Die an der Endocytose beteiligten Mikrovilli bilden ein Netzwerk über die Oberfläche der Algen vor der Aufnahme in die Zelle aus. Bei der Phagocytose von abgetöteten *Chlorella*-Zellen oder von Latexkugeln werden diese dagegen durch eine tubuläre Ausdehnung der Zellmembran der Endodermiszelle eingehüllt. Die Spezifität auf Seiten der Wirtstiere ist also überwiegend in den unterschiedlichen Mikrovilli und deren Oberflächeneigenschaften festgelegt. Dabei unterscheiden sich die Phagocytose von Nahrungspartikeln und nichtsymbiotischen Algenzellen und die Endocytose symbiotischer Algen in der Phase 1 und 2 nicht wesentlich.

Zwischen kompatiblen und nichtkompatiblen (nichtsymbiotischen) *Chlorella*-Stämmen gibt es keine scharfe Grenze. Während einige Stämme sehr rasch wieder eliminiert werden, können andere auch nichtsymbiotische Stämme relativ lange in den Absorptionszellen sich halten. *Chlorella*-Stämme, die Sporopollenin enthalten und mixotroph wachsen können, haben im allgemeinen eine größere Chance, als Symbionten akzeptiert zu werden. Die spezifische Ausscheidung von Maltose kann nicht als entscheidendes Signal zur Erkennung als Symbiont angesehen werden, da ein *Chlorella*-Stamm aus *Hydra* isoliert wurde, der keine Maltose-Ausscheidung zeigt und auch in Suspensionskulturen ohne zusätzliche Nährstoffansprüche gut wächst.

Das Lectin Concanavalin A hemmt konzentrationsabhängig die Aufnahme symbiotischer *Chlorella* in *Hydra viridis* (Abb. 8.**7**). Andere Lectine wie das Weizenkeimlectin und das Lectin aus *Lens culinaris* hemmen die Aufnahme weniger spezifisch. Aus diesen Versuchen wird, wie bei der *Rhizobium*-Leguminosen-Symbiose, die Schlußfolgerung gezogen, daß Glycoproteine an dem Erkennungsprozeß beteiligt sind.

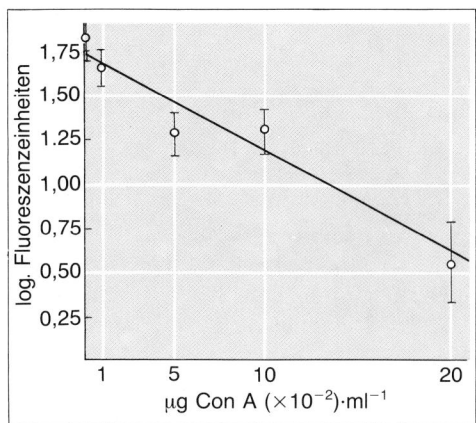

Abb. 8.**7** Wirkung von Concanavalin A auf die Aufnahme von *Chlorella* durch *Hydra viridis*. Messung der Chlorophyll-Fluoreszenz nach Reextraktion der Symbionten (nach *Meints* u. *Pardy*)

8.3.2. Die Ciliaten-*Chlorella*-Symbiose

Ähnlich wie bei *Hydra viridis* ist auch bei Ciliaten die Spezifität verschiedener *Chlorella*-Stämme bei der Infektion der Wirtstiere relativ gering. *Paramecium bursaria* z. B. wird sowohl durch die eigenen symbiotischen *Chlorella*-Stämme infiziert wie auch durch freilebende *Chlorella*-Arten. Nur die Stabilität der Symbiose mit den freilebenden Chlorellen ist geringer als die mit den symbiotischen Stämmen. Innerhalb der Ciliaten-Gattungen ist die Wirtsspezifität relativ hoch. So wird in der Gattung *Paramecium* nur *Paramecium bursaria* besiedelt, während andere *Paramecium*-Arten keine Symbiose mit *Chlorella* eingehen. Bei Transplantationsexperimenten mit dem symbiontenenthaltenden *Stentor polymorphus* und dem symbiontenfreien *Stentor coeruleus* konnten die symbiotischen Chlorellen nur in Formen überleben, in denen das Cytoplasma von *Stentor polymorphus* überwiegt. Auf der anderen Seite sind Ciliaten aus verschiedenen Ordnungen zur Symbiose befähigt wie *Paramecium* aus der Ordnung der Holotricha, *Stentor* aus der Ordnung der Spirotricha und *Vorticella* aus der Ordnung der Peritricha.

Tabelle 8.**4** Ausscheidung von Photosyntheseprodukten durch isolierte symbiotische und durch freibleibende *Chlorella*-Stämme (nach *Reisser*)

Herkunft des *Chlorella*-Stammes	Ausgeschiedener Kohlenstoff in % des photosynthetisch fixierten C	Überwiegend ausgeschiedene Verbindungen	Photosynthetische O_2-Produktion nmol $O_2 \cdot$ min$^{-1} \cdot$ mg^{-1} Chlorophyll a+b bei 6 W $\cdot$ m^{-2} (ca. 1500 Lux)
aus *Paramecium bursaria*	45	Maltose	745
aus *Hydra viridis*	37	Maltose	1567
aus *Euplotes daidaleos*	6	Fructose, Xylose	270
aus *Climacostomum virens*	8	Glucose, Fructose	419
freilebende *Chlorella vulgaris* (Stamm 211-11b)	2	keine	246
freilebende *Chlorella fusca* (Stamm 211-8b)	0,7	keine	824

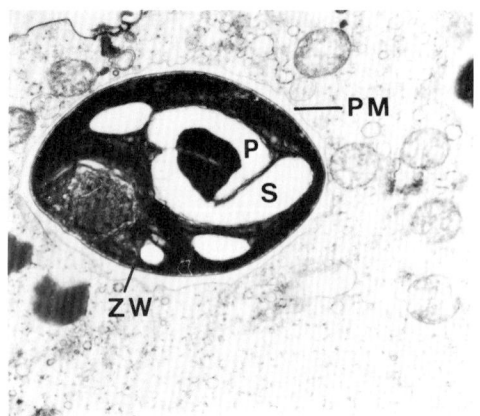

Abb. 8.**8** *Chlorella* in Symbiose in *Paramecium bursaria* unter Lichtbedingungen. P: Pyrenoid; S: Stärke, PM: perialgale Membran; ZW: Zellwand. Vergr. 16500fach (aus *W. Reisser*: Arch. Mikrobiol. 111 [1976] 161)

Aus Ciliaten isolierte symbiotische *Chlorella*-Stämme scheiden deutlich mehr Kohlenstoffverbindungen aus als freilebende Stämme (Tab. 8.**4**). Überwiegend ausgeschieden werden Maltose, Fructose, Glucose oder Xylose. Die photosynthetische Sauerstoffproduktion liegt mit 270 bis 750 nmol $O_2 \cdot min^{-1} \cdot mg^{-1}$ Chlorophyll bei niedrigen Lichtintensitäten in der gleichen Größenordnung wie die freilebender *Chlorella*-Stämme. Die Symbionten enthaltende Zelle von *Paramecium bursaria* hat erwartungsgemäß einen höheren photosynthetischen Kompensationspunkt (4500 Lux) als die isolierten Algen (300 Lux).

Im Licht reichern die endosymbiotischen Chlorellen Stärke an (Abb. 8.**8**), die Photosynthesekapazität ist also höher als der für das Wachstum der Zellen verbrauchte Anteil an C-Verbindungen und der Anteil, der in die Wirtszelle ausgeschieden wird. Die Symbionten sind einzeln von einer **perialgalen Membran** umgeben. Nach Verdunklung bauen die Symbionten ihren Stärkevorrat relativ rasch ab (Abb. 8.**9**). Die von den symbiotischen Chlorellen ausgeschiedene Maltose ist ein wesentlicher Teil des C- und Energiestoffwechsels der Wirtstiere. Algenfreie *Paramecium bursaria* nehmen wesentlich mehr Kohlenhydrate auf als symbiontenhaltige Tiere.

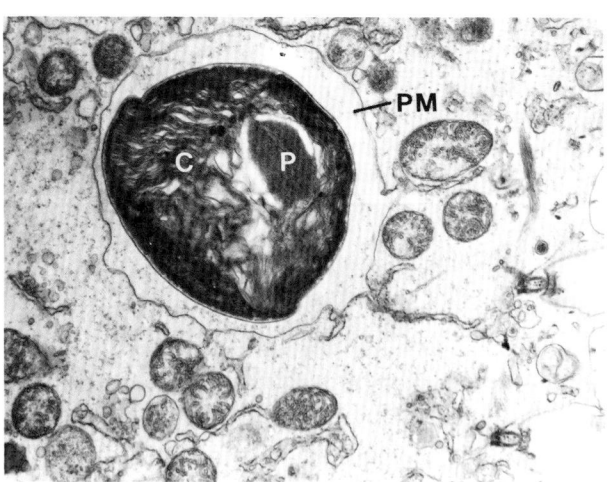

Abb. 8.**9** *Chlorella* in Symbiose in *Paramecium bursaria* unter Dunkelbedingungen. C: Chloroplast; P: Pyrenoid; PM: perialgale Membran. Vergr. 16500fach (aus *W. Reisser*: Arch. Mikrobiol. 111 [1976] 161)

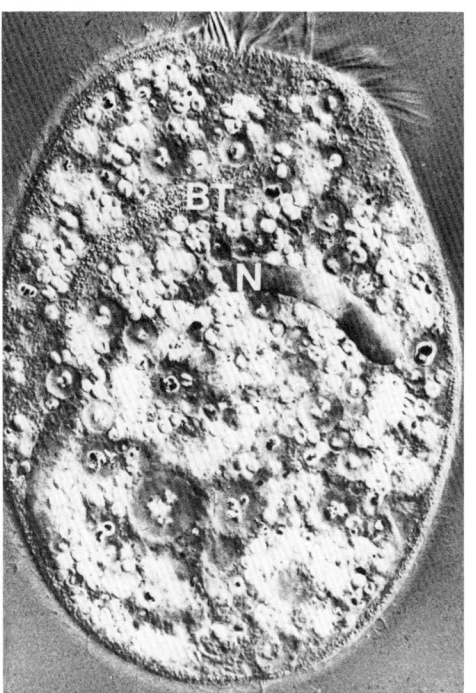 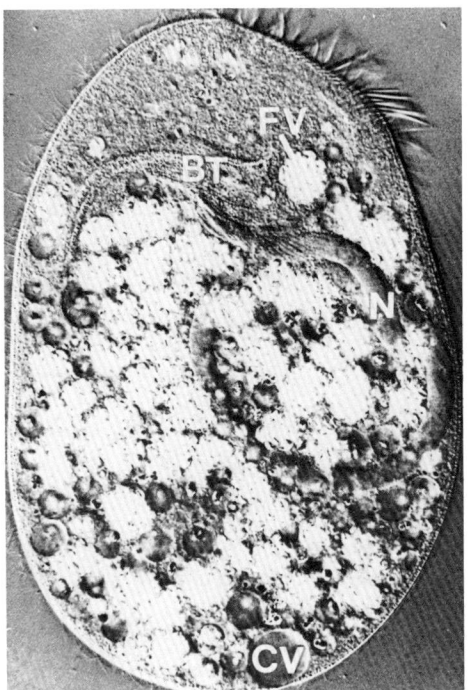

Abb. 8.**10** *Climacostomum virens* (Protozoa, Ciliata) mit symbiotischer *Chlorella*. N: Zellkern des *Parameciums*; BT: Buccal-Apparat (Originalaufnahme *W. Reisser*, Marburg)

Abb. 8.**11** Verdauung von Chlorellen in Nahrungsvakuolen von *Climacostomum virens*. CV: kontraktile Vakuole; FV: Nahrungsvakuole; BT: Buccal-Apparat (aus *W. Reisser*: Protistologica 20 [1984] 265)

Die Spezifität des heterotrichen Ciliaten *Climacostomum virens* gegenüber verschiedenen *Chlorella*-Stämmen ist wesentlich höher als bei *Paramecium bursaria*. Nur aus dieser Art isolierte *Chlorella*-Stämme bilden eine stabile Symbiose (Abb. 8.**10**), während andere *Chlorella*-Stämme in Nahrungsvakuolen verdaut werden (Abb. 8.**11**). Der Symbionten enthaltende Ciliat kann voll phototroph in einem axenischen, anorganischen Medium wachsen. Verdunklung und Fütterung mit geeigneten Nahrungsorganismen führt zum Verlust der Symbionten.

8.3.3. Die *Convoluta-Platymonas*-Symbiose

Convoluta roscoffensis (acoele Turbellarien) enthält im Eistadium keine Symbionten. Ähnlich wie bei der Symbiose von *Hydra* und *Chlorella* werden durch das sich entwickelnde Turbellar auch nicht symbiotische Algen aufgenommen. Diese Stämme vermehren sich jedoch langsamer als die symbiotischen Algenstämme und werden auch durch die echten Symbionten wieder aus der Symbiose verdrängt. Ein ausgewachsenes Tier von *Convoluta roscoffensis* enthält ca. 20 000 bis 25 000 Zellen von *Platymonas convolutae*, lokalisiert zwischen dem epidermalen und subepidermalen Gewebe. Die Mundöffnung ist zugewachsen, so daß es ausschließlich auf die Assimilate der Algen angewiesen ist.

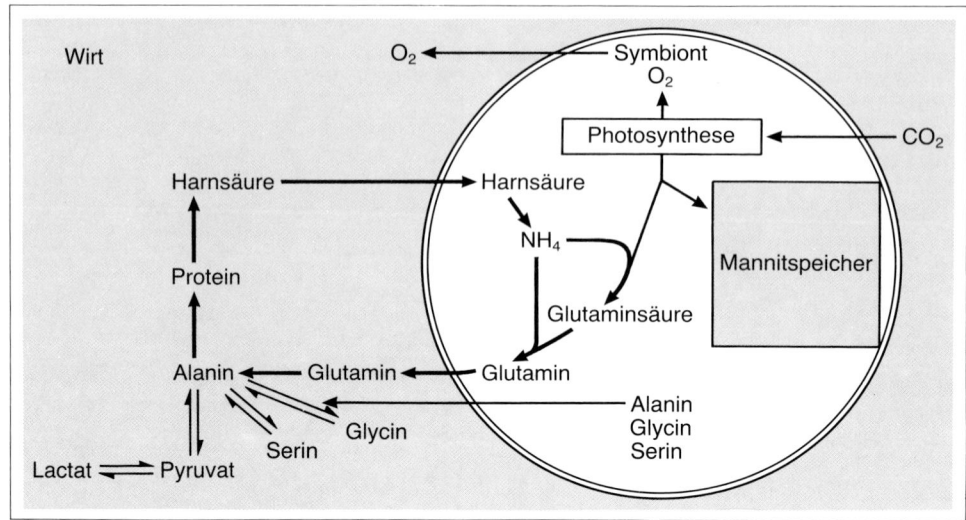

Abb. 8.**12**   Austausch von Metaboliten zwischen *Convoluta roscoffensis* und *Platymonas convolutae* (nach *Boyle* u. *Smith*)

Zwischen 10 und 50% des vom Symbionten *Platymonas convolutae* fixierten Kohlenstoffs wird in die Wirtstiere ausgeschieden, überwiegend in der Form von **Glutamin** (Abb. 8.**12**). Hauptreserveprodukt der Symbionten ist Mannit, das jedoch nicht ausgeschieden wird. Die Algenzellen nehmen von den Wirtstieren Harnsäure auf. Wird die Photosynthese von *Platymonas* mit DCMU gehemmt, so reichert sich Harnsäure in den Wirtstieren an. Der beim Harnsäureabbau freigesetzte Ammoniak wird zur Glutaminbiosynthese verwendet. Der Austausch von CO_2 und O_2 erfolgt wie bei anderen Symbiosen zwischen phototrophen und heterotrophen Zellen.

8.4.   Chrysophyten als Symbionten

Im acoelen Turbellar *Convoluta convoluta* ist der Symbiont als Diatomee der Gattung *Licmophora* identifiziert worden. Die Symbionten sind in den peripheren Parenchymzellen lokalisiert und bilden keine Kieselschalen aus. Erst nach Isolierung und Neubildung der Zellwände konnten die Symbionten identifiziert werden.

Ökologisch größere Bedeutung hat die Symbiose zwischen **Foraminiferen** (Protozoa, Rhizopoda) und **Diatomeen**. Alle Endosymbionten sind relativ kleine pennate Formen.

Tabelle 8.**5**   Symbiosen von Foraminiferen und Diatomeen

Foraminifere	Symbiotische Diatomee
Amphistegina lobifera	*Fragilaria shiloi*
Amphistegina lessonii	*Fragilaria shiloi,*
	Nitzschia laevis
Amphistegina lessonii	*Nitzschia laevis*
Heterostygina depressa	*Nitzschia panduriformis*
Heterostygina depressa	*Nitzschia valdestriata*

Die meisten Foraminiferen enthalten nur eine Diatomeenart als Symbiont, einige jedoch auch zwei oder drei verschiedene Arten. Die gleiche Symbiontenart wie *Fragilaria shiloi* kann verschiedene Foraminiferenarten wie *Amphistegina lobifera* und *Amphistegina lessonii* besiedeln (Tab. 8.**5**). Auch in Foraminiferen enthalten die symbiotischen Diatomeen keine Kieselschalen. Nach Isolierung und Kultivierung in Medien, denen Vitamin B_{12}, Thiamin und Biotin zugesetzt werden müssen, regenerieren diese Symbionten ihre Schalen und können identifiziert werden. Die Symbiose mit Diatomeen ist z.B. für *Amphistegina lessonii* obligat, auch bei gleichzeitiger Ernährung mit anderen einzelligen Algen, Bakterien, Protozoen oder Hefepilzen, da die Tiere nicht im Dunkel wachsen können. Die optimale Beleuchtungsstärke liegt relativ niedrig mit 2 bis 3 W $\cdot$ m^{-2}. Andere symbiotischen Foraminiferenarten sind jedoch überwiegend auf die Aufnahme partikulärer Nahrung angewiesen und die photosynthetische CO_2-Fixierung der Symbionten trägt nur etwa 10% zum Kohlenstoffhaushalt bei.

8.5.   Rhodophyten als Symbionten

In den Foraminiferen *Peneroplis planatus* und *Spirolina* sind einzellige Rhodophyceen, die wahrscheinlich zur Gattung *Porphyridium* gehören, nachgewiesen worden. Als Photosyntheseprodukt wurde in den Foraminiferen in diesen Fällen Floridosit (2-O-D-Glycerin-D-Galactopyranosid) gefunden.

8.6.   Chloroplasten von Algen als Organelle in Gastropoden

Meeresschnecken der Ordnung *Saccoglossa* (Gastropoden) enthalten in mehr als 80% der untersuchten Arten Chloroplasten von Algen. Diese Chloroplasten sind physiologisch über mehrere Wochen hinweg aktiv. Die Saccoglossen nehmen ihre Nahrung auf, indem sie die Zellen ihrer Nahrungspflanzen aufritzen und den Zellinhalt aussaugen. Für diese Art des Nahrungserwerbs besonders geeignete Arten sind Algen der Gattungen *Codium* und *Caulerpa*. Chloroplasten und andere Bestandteile der Algenzellen werden in die Verdauungsdrüsen (Hepatopankreas) aufgenommen (Abb. 8.**13**). Das **Hepatopankreas** der Schnecken steht mit dem Magen in Verbindung und bildet ein weit verzweigtes Röhrensystem, das den Rücken des ganzen Tieres durchzieht wie bei *Elysia viridis*, oder weniger stark verzweigt ist wie bei *Hermaea bifida*. Die überwiegende Zahl der Saccoglossenarten enthält Chloroplasten aus siphonalen Grünalgen. Einige Arten wie *Limapontia depressa* können jedoch auch Chloroplasten aus *Vaucheria* (Xantophyta) enthalten, in der Spezies *Hermaea bifida* sind Chloroplasten aus *Griffithsia flosculosa* (Rhodophyta) nachgewiesen (Tab. 8.**6**). Die Chloroplasten in der am besten untersuchten Art *Elysia viridis* weisen mit 8 bis 10 µmol $CO_2 \cdot$ h$^{-1} \cdot$ mg^{-1} Chlorophyll eine gleich hohe photosynthetische CO_2-Fixierung auf, wie die Chloroplasten in *Codium fragile* (Tab. 8.**7**). Chloroplasten, die aus der Schnecke isoliert werden, weisen mit einer Rate von 19 bis 21 µmol CO_2 eine ähnlich hohe Aktivität auf wie Chloroplasten, die aus der Alge *Codium fragile* präpariert werden. Das Hepatopankreasgewebe von *Elysia viridis* enthält einen Gewebefaktor, der die Ausscheidung von Assimilaten aus den Chloroplasten von *Codium* stimuliert. Chloroplasten aus *Elysia viridis* scheiden bis zu 70% des fixierten Kohlenstoffs in der Form von Glycolsäure, Glucose und Alanin in das Medium aus.

Der Mechanismus, durch den die Chloroplasten im Hepatopankreas vor Verdauung geschützt werden, ist nicht genau bekannt. Die meisten Chloroplasten liegen frei im Cytoplasma, während ein geringer Teil von einer Phagocytosemembran der Wirtstiere umgeben bleibt. Die beobachtete kontinuierliche Verdauung eines Teils der Chloroplasten könnte auf die Fusionierung dieser

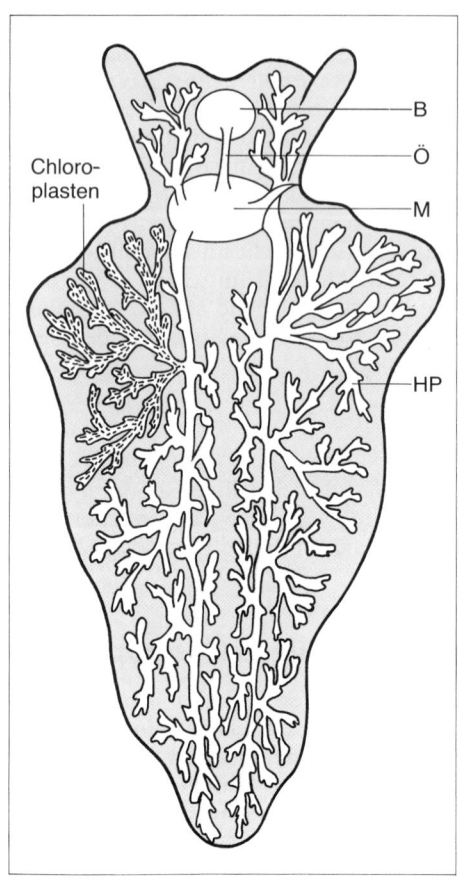

Chloro-
plasten

B

Ö

M

HP

Abb. 8.**13**   Dorsalansicht von *Elysia viridis* (Gastropoda). B: Buccalhöhle; Ö: Ösophagus; M: Magen; HP: Hepatopankreas; Chloroplasten (aus *Codium fragile*) in einem Teil des Hepatopankreas (HP) eingezeichnet (nach *Muscatine*)

Phagocytosemembran mit Lysosomen zurückgeführt werden. Die früher angenommene Vorstellung, daß die Chloroplasten aus *Codium* und *Caulerpa* besonders robust sind, und auf diese Weise vor Verdauung geschützt sind, wird mit dem Vorkommen von Chloroplasten aus anderen Algenklassen (Tab. 8.**6**) als nicht mehr überzeugend angesehen.

Tabelle 8.**6**   Chloroplasten von Algen als funktionelle Organelle in Gastropoden (nach *Muscatine* und *Hinde*)

Gastropoden-Art	Chloroplasten-Herkunft aus
Elysia atroviridis	*Codium fragile* (Caulerpales = Siphonales)
Elysia viridis	*Codium fragile*
Tridachia crispata	*Caulerpa* sp. (Caulerpales)
Tridachiella diomedea	*Caulerpa* sp.
Placobranchus ocellatus	*Udotea* sp. (Caulerpales)
Limapontia depressa	*Vaucheria* (Xanthophyta)
Hermaea bifida	*Griffithsia flosculosa* (Rhodophyta)

Tabelle 8.**7** Photosynthetische CO_2-Fixierung von *Codium fragile* (Caulerpales) und *Elysia viridis* (Gastropoda) und von daraus isolierten Chloroplasten (nach *Trench*)

Spezies	$\mu mol\ CO_2 \cdot h^{-1} \cdot mg^{-1}$ Chlorophyll (21 500 Lux)
Codium fragile	11−12
Chloroplasten isoliert aus *Codium fragile*	18−23
Elysia viridis	8−10
Chloroplasten isoliert aus *Elysia viridis*	19−21

Da die Chloroplasten sich in den Wirtstieren nicht vermehren können, sind sie definitionsgemäß keine eigentlichen Symbionten. Die Tiere sind daher auf die kontinuierliche Neuaufnahme durch Beweiden der Algen angewiesen.

Neben der zusätzlichen Versorgung mit Kohlenhydraten durch die photosynthetisch aktiven Chloroplasten können diese auch noch eine Funktion als Schutzfärbung für die Tiere haben, wenn diese auf den gleichartig pigmentierten Algen weiden.

9. Vesikulär-arbuskuläre (VA-)Mycorrhiza

9.1. Der Mikrosymbiont

Die Symbionten der vesikulär-arbuskulären Mycorrhiza (VAM) gehören alle zur Ordnung der **Endogonales** (Zygomycetes). Sie sind obligat symbiotisch und können bisher nicht axenisch kultiviert werden. Dagegen ist es gelungen, einzelne Vertreter der Endogonaceae, die keine VA-Mycorrhiza bilden, wie *Endogone pisiformis*, axenisch zu kultivieren und zur Sporulation zu bringen. Auch viele obligate Parasiten wie der Mehltaupilz *Erysiphe graminis* lassen sich bisher nicht axenisch kultivieren. Die Physiologie und Genetik der VAM-Pilze ist daher nur sehr unvollständig bekannt. **Vesikel** sind geschwollene Hyphen, **Arbuskeln** fein verzweigte haustoriale Hyphen, kennzeichnend für diesen morphologischen Typ der intrazellulären Mycorrhiza.

9.1.1. Taxonomie

Die Ordnung der Endogonales hat Gemeinsamkeiten mit den benachbarten Ordnungen der Mucorales und der Entomophthorales wie Gametangiogamie und die Ausbildung einer Hypnozygote mit anschließender Meiose. In der Familie der Endogonaceae sind z. Z. sieben Gattungen beschrieben. Die Gattung *Endogone* bildet keine VA-Mycorrhiza, einige Stämme produzieren jedoch eine ektotrophe Mycorrhiza. Für die Gattung *Glaziella* ist überhaupt keine Form von Mycorrhiza sicher nachgewiesen. Die Gattungen *Acaulaspora* und *Entrophosphora* sind VAM-Pilze. Die Gattung *Gigaspora* enthält mindestens zwei Gruppen von VAM-Arten, die sich auf Grund der Zellwandstrukturen, der Ornamentierung der Auxiliarzellen und der Art der Sporenkeimung unterscheiden. Die Gattung *Sclerocystis* hat große Ähnlichkeit mit der Gattung *Glomus* und unterscheidet sich von ihr nur durch die regelmäßige Anordnung der Sporen in den Sporokarpien. Die größte und am besten untersuchte Gruppe der VAM-Pilze ist die Gattung *Glomus* mit mehr als 25 Arten (Tab. 9.**1**).

Die **Wirtsspezifität** von *Glomus*-Arten wie aller VAM-Pilze ist vermutlich gering. So werden in *Glycine max Glomus claroideum*, *Glomus etunicatum* und *Glomus macrocarpum* gefunden, jedoch mit unterschiedlicher Häufigkeit. Auf der anderen Seite gibt es neben Pflanzen, in denen sich viele VAM-Arten nachweisen und vermehren lassen wie *Glycine max* oder *Eupatorium odoratum*, auch Arten, in denen bestimmte *Glomus*-Arten eine Präferenz zu haben scheinen (Tab. 9.**1**). Innerhalb der *Glomus fasciculatum*-Gruppe sind nach Ansicht mehrerer VAM-Taxonomen noch mehrere *Glomus*-Arten enthalten. Für die schwierige Taxonomie der Gattung **Glomus** liegt ein weiteres Problem darin, daß viele Bestimmungen, besonders die vor 1974 vorgenommenen, sehr unsicher sind und dringend mit Hilfe von Einzelsporen-Infektionen nachgeprüft werden sollten. Immunologische Methoden bestätigen die Ergebnisse morphologischer Kriterien der Taxonomie von VAM-Pilzen. Mit einem indirekten ELISA-Test zeigt sich eine relativ große Ähnlichkeit von *Glomus macrocarpum*. *Glomus caledonium* und *Glomus clarum* mit *Glomus mosseae*, während *Glomus tenue* stark abweicht. Sehr deutlich sind die

Unterschiede von *Glomus mosseae* zu *Gigaspora margarita* und *Acaulospora laevis*. *Pezizella ericae, Rhizopus oryzae* und *Mucor hiemalis* haben als Nicht-VAM-Pilze erwartungsgemäß noch geringere Ähnlichkeit mit *Glomus mosseae*.

9.1.2.   Physiologie und Ökologie

Sporen von VAM-Pilzen (Abb. 9.**1**) keimen in Reinkultur auf allen untersuchten Pilzmedien nur zu einem Mycel von wenigen Zentimetern Länge aus. Die Nachbarschaft einer kompatiblen Wurzel fördert das Wachstum geringfügig. Ein nicht limitiertes Wachstum erfolgt erst nach Infektion der Wurzeln.

Die Isolierung von Sporen gelingt relativ leicht, indem eine wässerige Bodenaufschlemmung sedimentiert wird und man den Überstand durch eine Serie von Bodensieben trennt. Die Sporen werden von einem Sieb bestimmter Maschenweite abgenommen und der Titer an VAM-Sporen durch Infektionstests bestimmt. Weitere Methoden zur Reinigung der Sporen verwenden Saccharose-Dichtegradientenzentrifugationen, Anheftung der flottierenden Sporen an Glasoberflächen und das direkte Ausplattieren von Sporenverdünnungen.

Tabelle 9.**1**   Arten der VAM-Gattung *Glomus* und deren Vorkommen

Spezies	Vorkommen u. a. in
Glomus aggregatum	rekultivierter Erde bereits nach 2 Jahren
Glomus albidum	*Capsicum annuum*
Glomus caledonium	*Lactuca sativa, Allium porrum*
Glomus claroideum	*Glycine max, Zea mays*
Glomus clarum	*Allium cepa, Cyamopsis tetragonoloba*
Glomus etunicatum	*Paspalum notatum, Sorghum vulgare, Zea mays, Glycine max*
Glomus margarita	*Paspalum notatum, Sorghum vulgare, Zea mays, Glycine max, Juglans nigra*
Glomus fasciculatum-Gruppe	*Cyamopsis tetragonoloba, Leucaena leucocephala, Gnaphalium indicum, Sorghum bicolor, Trifolium subterraneum, Citrus limon, Cajanus cajan, Ornithogalum umbellatum, Allium cepa*
Glomus fuegianum (= *Endogone fuegiana*)	*Bidens biternata*
Glomus intraradices	*Citrus limon, Gossypium* sp.
Glomus macrocarpum	*Zea mays, Paspalum notatum, Glycine max, Lycopersicon esculentum*
Glomus melanosporum	*Arachis hypogaea*
Glomus manihotis	*Manihot esculenta*
Glomus monosporum	*Agropyron smithii, Raphanus raphanistrum*
Glomus mosseae-Gruppe	*Citrus limon, Vigna unguiculata, Liatris aspera, Babtisia leucantha, Capsicum* sp., *Atriplex canescens, Artemisia tridentata*
Glomus occultum	*Trifolium pratense, Ammophila litoralis*
Glomus tenue	*Avena sativa*

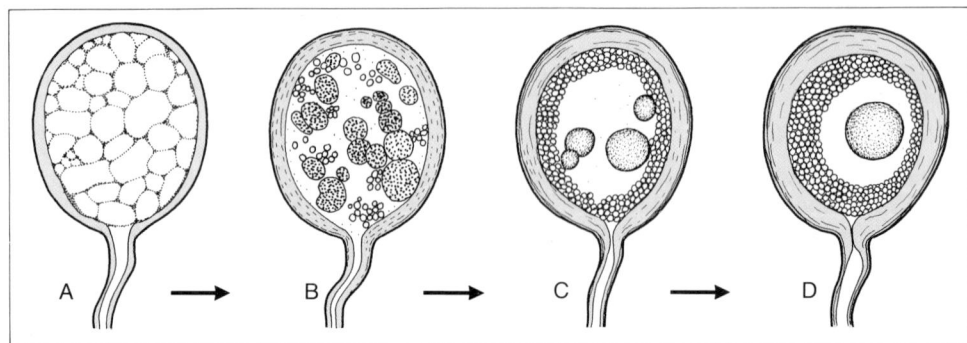

Abb. 9.**1**   Entwicklung der Spore von *Glomus fasciculatum*. Im reifen Stadium (D) ist die Verbindung zur angrenzenden Hyphe durch Depositionswachstum der Wand verschlossen (nach *Trappe*)

Die Zahl der VAM-Sporen im Boden variiert je nach Vorkultur und Pflanzendichte stark und beträgt zwischen 10^1 und $2 \cdot 10^4$ pro kg Boden. Im Ackerboden liegt der Sporentiter allem Anschein nach höher als in Wiesen oder in nicht landwirtschaftlich genutzten Flächen. In Tomatenwurzeln wurden pro g Sproßtrockensubstanz zwischen 60 und 150 Sporen nach Infektion mit *Glomus macrocarpum* gezählt. Die Sporenzahlen liegen damit um mehrere Größenordnungen unter den von prokaryotischen Symbionten im Boden wie *Rhizobium* (Kapitel 3.1.4.) oder *Frankia* (Kapitel 5.3.4.). Die Sporenzahl im Boden und die Infektiosität korrelieren kaum miteinander. Dies ist darauf zurückzuführen, daß auch Hyphen von VAM-Pilzen infektiös sind. Zum anderen können Sporen wie die von *Gigaspora gigantea* bis zu 10 Keimschläuche ausbilden. Bei *Gigaspora margarita* ist diese Fähigkeit nur bei gealterten Sporen ausgeprägt. Mit der Ausbildung einer VA-Mycorrhiza werden auch die Populationen anderer Rhizosphären-Mikroorganismen quantitativ und auch qualitativ beeinflußt. Für *Pseudomonas fluorescens* ist die Zellzahl auf der Rhizoplane der VAM-Pflanzen erhöht, im umgebenden Rhizosphärenboden jedoch verringert. Nach Beimpfung mit *Glomus fasciculatum* wird die Population von Actinomyceten in der Rhizosphäre von Tomaten mehr als verdoppelt, ein vergleichbarer Effekt wird aber auch nach Beimpfung mit *Azotobacter chroococcum* festgestellt (Tab. 9.**2**). Eine gleichzeitige Beimpfung mit *Glomus* und *Azotobacter* ergibt nach längeren Inkubationszeiten (60–80 Tage) sogar einen additiven Effekt. Eine verbesserte N- *und* P-Versorgung kann die Ursache für diese additive Stimulierung sein. Eine vollständige und systematische Analyse der VAM-Wirkung auf alle Gattungen und Arten von Rhizosphärenmikroorganismen ist bisher nicht durchgeführt worden.

Tabelle 9.**2**   Einfluß von *Glomus fasciculatum* und *Azotobacter chroococcum*-Beimpfungen auf die Populationen von Actinomyceten in der Rhizosphäre von Tomaten in nicht sterilisierten Böden (nach *Bagyaraj* u. *Menge*)

Versuchsansatz	Actinomyceten ($10^5 \cdot g^{-1}$ Boden-Trockensubstanz) Tage, nach Beimpfung		
	40	60	80
Nicht beimpfte Kontrollpflanzen	2,6	3,7	3,5
mit *Azotobacter chroococcum*	9,7	9,9	8,6
mit *Glomus fasciculatum*	8,2	9,3	3,4
mit *Azotobacter* und *Glomus*	8,6	16,1	12,4

In *Glomus fasciculatum*, *Glomus mosseae* und *Gigaspora margarita* sind stäbchenförmige, bakterienähnliche Einschlüsse nachgewiesen. Ihre Funktion ist unbekannt. Da sie auch in *Neurospora crassa* gefunden werden, sind sie offenbar nicht spezifisch für VAM-Pilze.

Die Keimung der Sporen wird bei einigen Arten durch diffusible Komponenten aus Erdproben stimuliert. Auch Substanzen aus Wurzeln können diesen Effekt zeigen, jedoch wird zu einem Zeitpunkt nur ein bestimmter Prozentsatz der Sporen stimuliert. Dies kann ökologisch den Vorteil haben, daß immer ein Teil der Sporen als Inokulum im Boden bleibt.

9.2. Wirtspflanzen (Makrosymbionten) und „Nichtwirtspflanzen"

Mit wenigen Ausnahmen bilden Arten aus allen Familien der **Angiospermen** VA-Mycorrhiza aus, womit über 200 000 Arten als Wirtspflanzen dienen können. Demgegenüber ist die VA-Mycorrhiza bei den Gymnospermen nur in wenigen Arten sicher nachgewiesen wie in *Taxus baccata*, *Sequoia gigantea*, *Sequoia sempervirens* und *Ginkgo biloba*. Im Gegensatz zu den Bäumen der gemäßigten Klimate, bei denen Formen der ektotrophen Mycorrhiza (Kapitel 10) vorherrschen, ist in den tropischen Wäldern die überwiegende Zahl der Baumarten mit VAM-Pilzen vergesellschaftet. In einem Regenwald in Ceylon wurde in 54 von 63 Arten eine endotrophe (VA-Mycorrhiza) gefunden, z. B. bei *Mangifera zeylanica* (Mangobaum, Anacardiaceae), *Elaiocarpus subvillosus* (Elaiocarpaceae) und *Artocarpus nobilis* (Brotfruchtbaum, Moraceae). Die VA-Mycorrhiza gehört phylogenetisch zu den ältesten Symbiosen, da sowohl Bryophyten (vor allem Hepaticae) als auch Pteridophyten VA-Mycorrhiza aufweisen können. Bei *Equisetum hyemale* aus Sanddünen waren einzelne Individuen allerdings überhaupt nicht mit VA-Mycorrhiza vergesellschaftet, andere mit bis zu 90% ihrer Wurzellänge.

Wegen der weiten Verbreitung der VA-Mycorrhiza bei Angiospermen sind die Familien von besonderem Interesse, die als **„Nichtwirtspflanzen"** angesehen wurden wie die Cyperaceae, die Chenopodiaceae und die Brassicaceae. Innerhalb dieser Familien gibt es jedoch nach genaueren Untersuchungen auch Arten, bei denen zumindest eine partielle VA-Mycorrhiza-Entwicklung zu beobachten ist (Tab. 9.3). So werden bei *Brassica napus* nach Infektion mit Glomus *fasciculatum* Arbuskeln und Vesikel ausgebildet, in *Brassica juncea* nach Beimpfung mit *Glomus* sp. Vesikel und bei *Raphanus raphanistrum*-Arbuskeln, -Vesikel und -Sporen. Im Vergleich zu voll kompatiblen Arten wie Gerste, Mais oder Kartoffeln, ist die Ausbildung der VA-Mycorrhiza bei diesen Cruciferen jedoch stark reduziert (Tab. 9.4). Bei verbreiteten Kräutern liegt der Anteil der

Tabelle 9.3   VA-Mycorrhiza-Infektionen bei Cruciferen (nach *Tommerup*)

Crucifere	Pilz	Arbuskeln	Vesikel	Sporen
Brassica napus	*Glomus fasciculatum*	+	+	−
Brassica juncea	*Glomus* sp.	−	+	−
Raphanus raphanistrum	*Glomus monosporum*	−	+	−
Raphanus raphanistrum	*Glomus tenue*	+	−	−
Raphanus raphanistrum	*Glomus* sp.	+	+	+
Raphanus raphanistrum	*Gigaspora calospora*	+	−	+

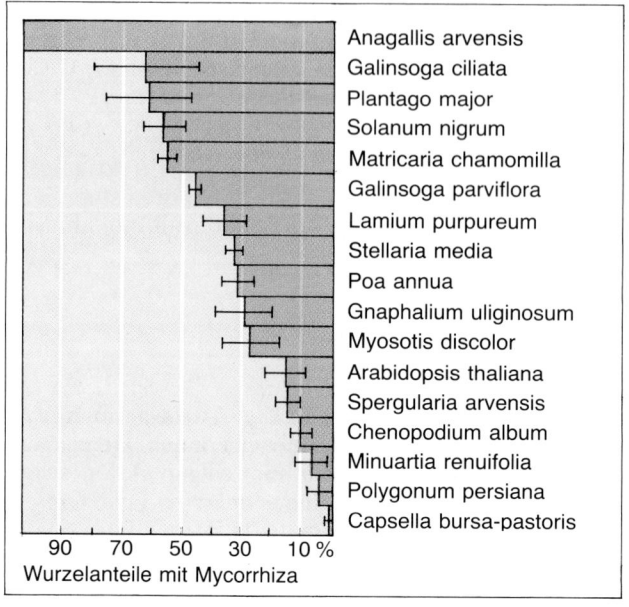

Abb. 9.**2**   VA-Mycorrhizabildung bei Kräutern (nach *Kruckelmann*)

Tabelle 9.**4**   VA-Mycorrhiza-Infektionen von Wirtspflanzen und „Nichtwirtspflanzen" und deren Kombination. Beimpfung in sterilisiertem Boden (Gammabestrahlung) mit *Glomus fasciculatum*. Untersuchung der Wurzeln nach 10 Wochen (nach *Ocampo* et al.)

Analysierte Pflanzenart	Zugepflanzte Art	Wurzelinfektion		Externes Mycel
		% der Wurzel- länge	% der Rinde	% der Wurzellänge
Gerste	–	79	52	
Gerste	mit Raps	94	58	
Gerste	mit Zwiebeln	82	54	
Mais	–	82	66	
Mais	mit Zuckerrüben	95	87	
Mais	mit Zwiebeln	62	51	
Kartoffeln	–	79	59	
Kartoffeln	mit Winterkohl	48	39	
Kartoffeln	mit Zwiebeln	68	44	
Zwiebeln	–	82	63	
Zwiebeln	mit Steckrüben	90	82	
Zwiebeln	mit Gerste	83	58	
Kohl *(Brassica oleracea)*			0	1
Kohl	mit Salat		1	12
Raps			0	1
Raps	mit Gerste		0	9
Zuckerrübe			0	4
Zuckerrübe	mit Mais		4	23

Wurzeln mit VAM zwischen fast 100% bei *Anagallis arvensis* und unter 3% bei *Capsella bursa pastoris* (Abb. 9.2). Sehr interessant ist der Effekt, daß ein Zupflanzen von typischen Nichtwirtspflanzen wie Raps, Zuckerrüben und Steckrüben die VAM-Infektion von einigen kompatiblen Arten wie Gerste, Mais und Zwiebeln noch signifikant steigert. Umgekehrt steigert das Zupflanzen von Gerste zu Raps nicht die Wurzelinfektion, dagegen die Ausbildung eines externen Mycels auf der Wurzeloberfläche (Tab. 9.4). Außerhalb ihres „namensgebenden" Vorkommens in Wurzeln sind VA-Mycorrhizapilze auch in bestimmten Blättern von Zingiberaceen wie *Zingiber officinale* und *Alpinia purpurata* nachgewiesen. Sie bilden dort Hyphen, Vesikel und Sporen, aber keine Arbuskeln aus.

9.3.   Entwicklung und Funktionen der Symbiose

Die Ausbildung einer VA-Mycorrhiza vergrößert die Effektivität von Wurzeln beträchtlich. Der Gewinn an mineralischen Nährstoffen (Phosphat, Spurenelemente) ist mit einem Verlust an C- und Energiequellen, an denen der Pilz partizipiert, gekoppelt. Während der Hauptvegetationsperiode, bevor die Samen- und Früchtebildung als zusätzlicher Sink vorhanden sind, sind die meisten Höheren Pflanzen nicht C- und Energielimitiert, wie die Speicherung von Reservestoffen zeigt. Die VAM ist für Pflanzen von Vorteil: der Tausch einer „Überschußwährung" gegen „Mangelwährungen".

9.3.1.   Infektion und Differenzierung der Strukturen der VA-Mycorrhiza

Junge Wurzeln werden am häufigsten 5–20 mm hinter der Wurzelspitze durch *Glomus* sp. infiziert. Die Zahl der Infektionen liegt dort um den Faktor 10 höher als im gesamten Wurzelsystem. Keimschläuche von Sporen und 20–30 µm dicke **Haupthyphen** der VAM-Pilze wachsen im Boden zunächst ungerichtet. Gelangen diese Hyphen in einen Abstand von wenigen Millimetern von infizierbaren Wurzelabschnitten, wird die Bildung von dünnen Seitenhyphen (2–7 µm Durchmesser) induziert, die auf die Wurzel zuwachsen. Komponenten im Boden können die Induktion dieser **Seitenhyphen** unterdrücken. Auch die Haupthyphen können in Kontakt mit der Rhizodermis kommen. Dabei bilden sich bei beiden Hyphenformen Appressorien aus. Ob die noch wachsende Zellwand der Rhizodermiszellen überwiegend mechanisch durch die dünnen Penetrationshyphen durchbohrt wird oder unter Beteiligung von Glykosidasen, ist ungeklärt. Nach dem Durchdringen von Rhizodermiszellen wachsen und verzweigen sich die Hyphen intra- und interzellulär in den äußeren Zonen der Wurzelrinde. Dabei wachsen die Hyphen z. B. in der Rinde von *Trifolium subterraneum* mit einer Geschwindigkeit (unter optimalen Bedingungen) von 600 µm pro Tag. Gleichzeitig kann sich ein ausgedehntes Außenmycel entwickeln. In diesem Stadium hat der Pilz noch keine Arbuskeln ausgebildet. Vom externen Mycel aus erfolgen dann über Appressorien sekundäre Infektionen. Die weitere Verbreitung des Pilzes in der Rinde findet überwiegend in den mittleren und inneren Schichten statt. In diesen Rindenschichten bilden sich die für diese Mycorrhiza-Form typischen Arbuskeln und Vesikel (Abb. 9.3 bis 9.6). Beim Eindringen der Hyphen in die Wirtszellen und der anschließenden Ausbildung der Arbuskelstruktur wird das Plasmalemma der Pflanzenzellen nicht durchbrochen, sondern bleibt als stark vergrößerte **Grenzmembran** erhalten. Zwischen Wirtsplasmalemma und Pilzzellwand wird eine als **Matrix** bezeichnete Schicht von primärwandähnlichen Kohlenhydraten mit Einschlüssen von Membranresten deponiert. Da in dieser Schicht ungerichtete Fibrillen zu erkennen sind, kann diese Matrix als eine vom Pilz stark gestörte Zellwandbildung der Pflanzenzellen aufgefaßt werden. Pflanzen- und Pilzcytoplasma sind also insgesamt durch vier Grenzschichten voneinander getrennt: Wirtsplasmalemma – Matrix – Pilzzell-

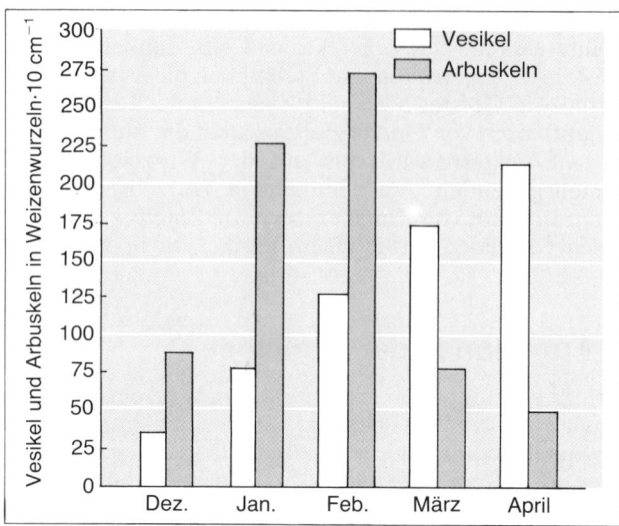

Abb. 9.**3**   Bildung von Vesikeln und Arbuskeln in Wurzeln von Weizen unter Feldbedingungen zwischen Dezember und April (nach *Kahn*)

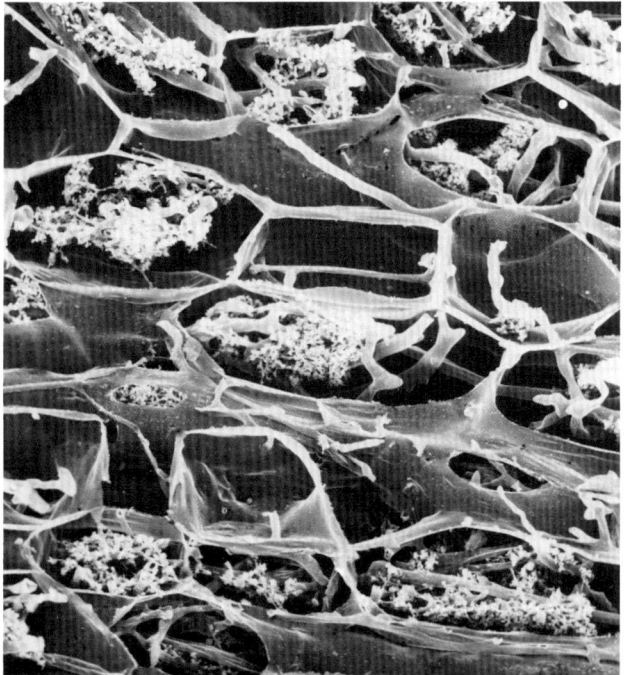

Abb. 9.**4**   VA-Mycorrhiza aus *Ginkgo biloba*, infiziert mit *Glomus caledonium*. Vergr. 600fach (Originalaufnahme *P. Bonfante-Fasolo*, Turin)

wand – Pilzplasmalemma. Bei feinen Verzweigungen der Arbuskeln kann die Matrixschicht fehlen. Die Spitzen der Arbuskelverzweigungen können sehr dünn sein (0,5–1 µm Durchmesser). Da die Arbuskeln einen großen Teil der Wirtszellen ausfüllen, erhöht sich die Oberfläche des pflanzlichen Plasmalemmas gegenüber nichtinfizierten Wirtszellen um das Dreifache. Das Volumen des Wirtszellcytoplasmas wird sogar um den Faktor 20 vermehrt (Abb. 9.**7**).

Abb. 9.**5** Stark verzweigte Arbuskeln aus einer Rindenzelle von *Ginkgo biloba*, infiziert mit *Glomus caledonium*. Vergr. 2000fach (Originalaufnahme *P. Bonfante-Fasolo*, Turin)

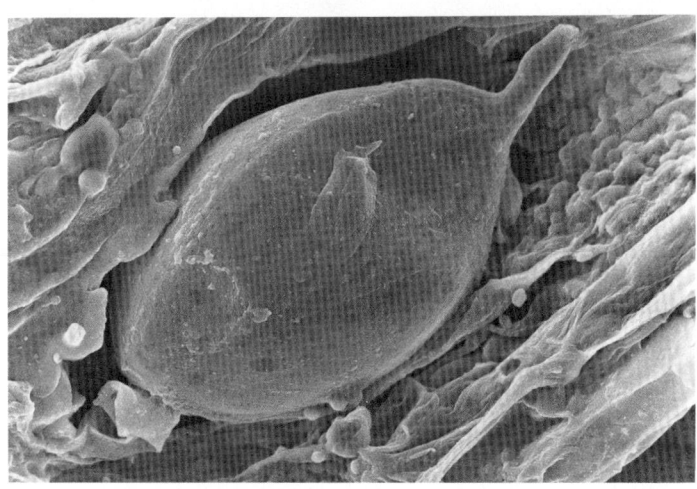

Abb. 9.**6** Vesikel der VA-Mycorrhiza in *Fragaria* sp. (Originalaufnahme *D. G. Strullu* u. *C. Romand*, Angers, Frankreich)

Arbuskeln haben eine Lebensdauer von wenigen Tagen bis zu 2 Wochen. Ihre Degeneration beginnt mit dem Abbau des Cytoplasmas an den Spitzen und einem folgenden Kollaps der pilzlichen Zellwände. Das Plasmalemma der Wirtszellen bleibt erhalten und die Synthese von Matrixmaterial wird sogar wieder gesteigert, wobei jetzt ein höherer Ordnungsgrad der Fibrillen zu erkennen ist. Dies ist ein weiterer Beleg für die Vorstellung, daß die eng benachbarte und aktive Arbuskel für die strukturellen Unterschiede zwischen Matrixmaterial und Primärwand verantwortlich ist. Der Abbau der Arbuskeln ist eher eine mit Alterung verbundene Degeneration als eine „Verdauung" durch die Wirtszellen.

Vesikel werden vor allem in der äußeren und mittleren Rinde als terminale Schwellungen von Hyphen gebildet. Sie haben stark verdickte Zellwände und enthalten große

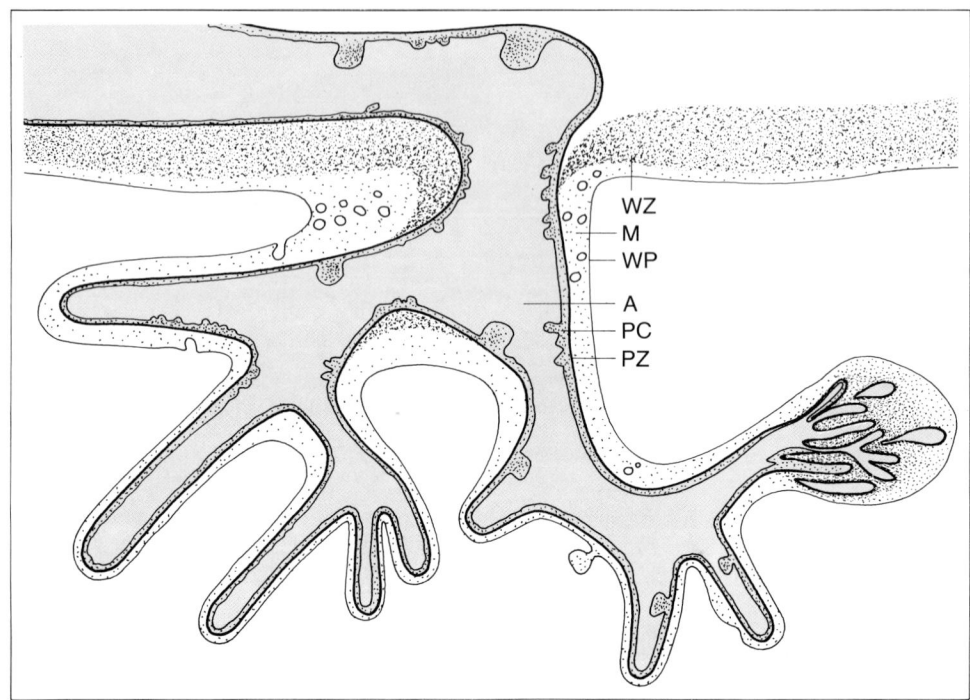

Abb. 9.**7**   Rekonstruktion einer Arbuskel. A: stark verzweigte Arbuskel; PC: Pilzcytoplasma; PZ: Pilzzellwand; WZ: Wirtszellwand; M: Matrix mit Vesikelresten; WP: Wirtsplasmalemma (nach *Dexheimer* et al.)

Mengen von Lipiden. Sie sind vor allem Speicherzellen der Mikrosymbionten. Das zahlenmäßige Verhältnis von Vesikeln zu Arbuskeln verändert sich im Verlauf der Jahreszeiten. Während von Dezember bis Februar bei Weizenwurzeln etwa doppelt so viele Arbuskeln wie Vesikel gefunden werden, kehrt sich dieses Verhältnis im März und April durch einen kontinuierlichen Anstieg der Vesikel und eine Abnahme der Arbuskelzahl um (Abb. 9.**3**).

9.3.2.   Entwicklung und Stoffwechsel

Beimpfung von *Trifolium subterraneum* mit der endogenen VA-Mycorrhiza-Population eines Ackerbodens führt zur sukzessiven Infektion mit mehreren VAM-Pilzen, z. B. *Gigaspora* sp., einem unbestimmten Endophyten und *Acaulospora* sp. (Abb. 9.**8**). Quantifiziert man dies hinsichtlich der Infektionseinheiten, so zeigt sich, daß bereits 4 Einheiten pro g Boden genügen, um innerhalb von 12 Tagen das Maximum der möglichen Infektionen pro Pflanze zu erreichen (Abb. 9.**9**). Die Infektionsrate hängt auch von der Wachstumsgeschwindigkeit der Wurzeln selber ab. Neben der direkten cytologischen Bestimmung der infizierten Rindenzellen der Wurzeln kann dies biochemisch auch über den Glucosamingehalt als Maß für das Chitin der Pilze bestimmt werden. Der Anteil der Pilze am Gesamtsystem Wurzel und Pilz kann bis zu 20% betragen. Die VAM-Pilze sind in der Wurzel sehr effiziente Konkurrenten um die dortigen C- und Energiequellen. Reduziert man deren Zufuhr durch abgestufte Entfernung von Blättern, so nimmt die Biomasse der Pilze in den Wurzeln von Sojabohnen deutlich weniger

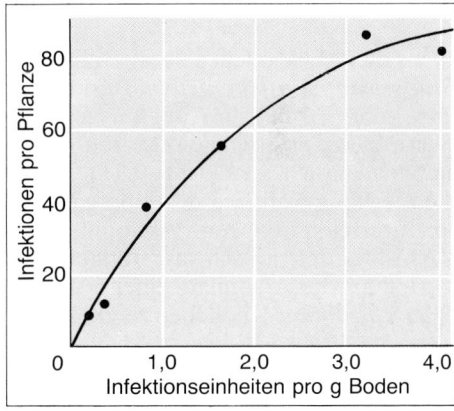

Abb. 9.**8** Infektion von *Trifolium subterraneum* durch endogene VAM-Pilze eines Akkerbodens, 2–6 Wochen nach Inokulation (nach *Abbott* u. *Robson*)

Abb. 9.**9** Zahl der Primärinfektionen von VAM bei *Trifolium subterraneum* in Abhängigkeit vom Titer der Infektionseinheiten im Boden (nach *Smith* u. *Walker*)

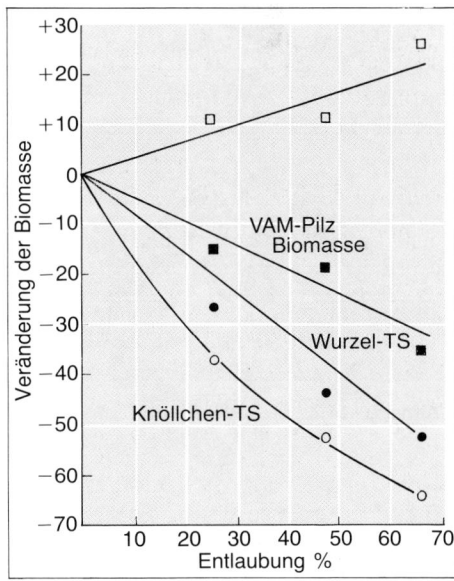

Abb. 9.**10** Relative Änderungen der Biomasse der VAM-Pilze (■), der Wurzeln (●) und der Knöllchen (○) von *Glycine max*, Verhältnis VAM-Pilz/Wurzeltrockenmasse (□) infiziert mit *Glomus fasciculatum* und *Bradyrhizobium japonicum* in Abhängigkeit von der Entlaubung der Pflanzen (nach *Bayne* et al.)

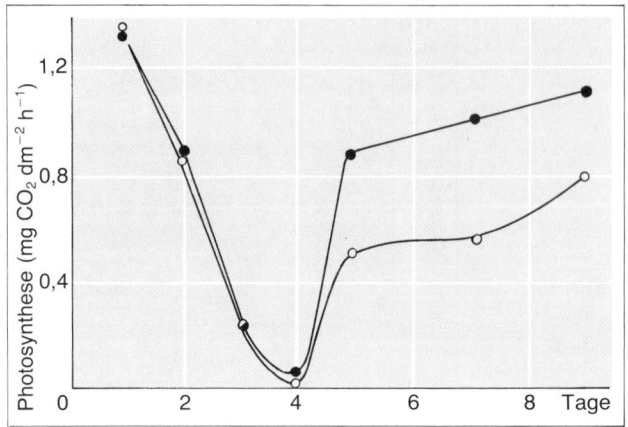

Abb. 9.**11**   Einfluß der VAM (●) gegenüber nicht infizierten Kontrollen (○) auf die Erholung der Photosyntheserate nach Wasserstreß bei *Citrus jambhiri* (nach *Levy* u. *Krikun*)

ab als die der Wurzeln selber. Demgegenüber nimmt die Knöllchenmasse (infiziert mit *Bradyrhizobium japonicum*) stärker ab als die Wurzelmasse (Abb. 9.**10**). Die VAM-Pilze können durch ihr Außenmycel umgekehrt wiederum die Photosyntheseleistung der Wirtspflanze positiv beeinflussen, was vor allem bei der Erholungsphase vom Wassermangel deutlich wird (Abb. 9.**11**). VAM-Pflanzen von *Citrus* zeigen in ihrer Photosyntheseleistung während des Übergangs zum Wassermangel keinen Unterschied zu mycorrhizafreien Pflanzen. Während einer viertägigen Erholungsphase liegt die Rate der VAM-Pflanzen jedoch fast doppelt so hoch wie die der Kontrollen. Eine Bilanz der Verteilung der Assimilate einer 6 Wochen alten Pflanze von *Glycine max* mit VAM und *Bradyrhizobium*-Knöllchen zeigt eine annähernd gleich hohe Sink-Kapazität der beiden

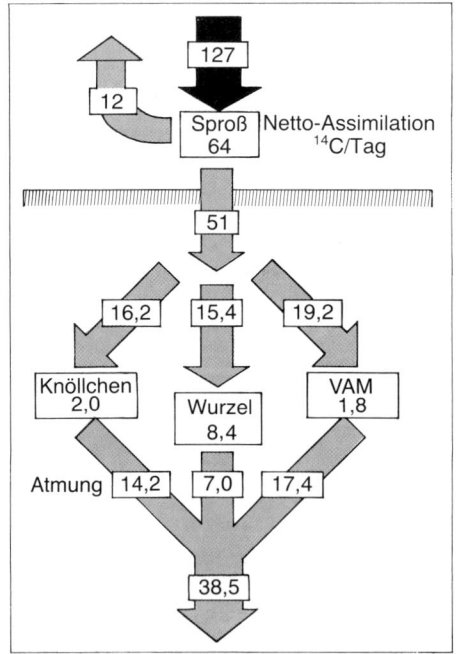

Abb. 9.**12**   Verteilung der Assimilate (127 mg C pro Tag und Pflanze) bei Sojabohnen in Symbiose mit VAM und *Bradyrhizobium-japonicum*-Knöllchen (nach *Paul* et al.)

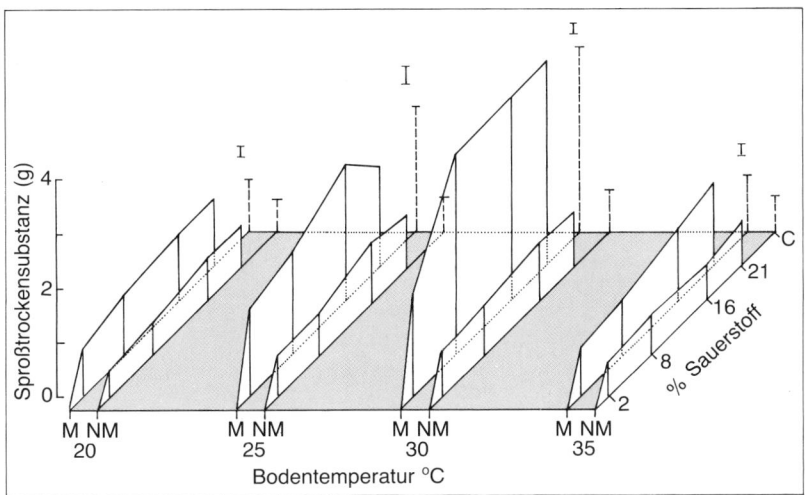

Abb. 9.**13** Wachstum von *Eupatorium odoratum* (Sproßtrockengewicht in g pro Topf) in Abhängigkeit von der Bodentemperatur und dem Sauerstoffgehalt in der Bodenluft mit (M) und ohne (NM) VAM-Ausbildung (nach *Saif* u. *Moawad*)

Symbiosen, sowohl für den Baustoffwechsel wie auch für die Atmung (Abb. 9.**12**). Insgesamt werden über 40% der Nettoassimilation in die Wurzeln transportiert, entsprechend 51 mg C pro Tag. Davon werden 7 mg durch die Wurzeln veratmet, 14 mg durch die Knöllchen und 17 mg durch die VAM. Im Baustoffwechsel werden 8 mg für die Wurzeln und jeweils ca. 2 mg für die Knöllchen und die VAM festgelegt. Die beiden Symbiosen verbrauchen also ca. 30% des Kohlenstoffs im Baustoffwechsel des Wurzelsystems, jedoch über 80% des Kohlenstoffs im Energiestoffwechsel (Atmung).

9.3.3.   Einfluß von Klima- und Bodenfaktoren

Das **Temperaturoptimum** für die VAM-Entwicklung liegt im allgemeinen bei 30 °C. Auch die Wachstumssteigerung von VAM-Pflanzen gegenüber den nicht infizierten Pflanzen hat ein Optimum bei ca. 30 °C Bodentemperatur (Abb. 9.**13**). Diese Wachstumssteigerung durch die Mycorrhiza ist darüber hinaus vom Sauerstoffgehalt des Bodens abhängig. Erst bei einem O_2-Gehalt von über 8% prägt sich das Temperaturoptimum von 30 °C voll aus (Abb. 9.**13**). Bei 20 °C ist der Effekt unterschiedlicher O_2-Konzentrationen auf die Wachstumssteigerung durch die VAM gering. Temperaturen von 40 °C hemmen das Auskeimen der Sporen von *Acaulaspora laevis* und *Glomus caledonium*. Aus diesem Temperaturoptimum kann nicht generell auf ein jahreszeitliches Optimum im Sommer geschlossen werden. So wurden bei Feldversuchen in Utah bei *Atriplex gardneri* im April bei 25% der Wurzelsegmente Arbuskeln der VAM gefunden, im Juli jedoch überhaupt keine. Bei Gräsern dagegen ist der Anteil der Wurzeln mit Mycorrhiza in allen vier Jahreszeiten relativ konstant mit einem leichten Maximum im Sommer (Abb. 9.**14**). Auch in verschiedenen Bodentiefen bleibt der Anteil von VAM-Wurzeln ähnlich. Gegenüber unterschiedlichen pH-Werten ist die VA-Mycorrhiza-Infektion bemerkenswert unempfindlich. Zwischen pH 4,5 und 7,5 z. B. ist bei *Avena sativa* und bei *Festuca ovina* der Anteil der infizierten Wurzeln annähernd gleich. Jedoch sind die Endophyten verschieden: bei niedrigen pH-Werten dominieren Arten mit dünnen Hyphen, bei höheren pH-Werten solche mit breiteren

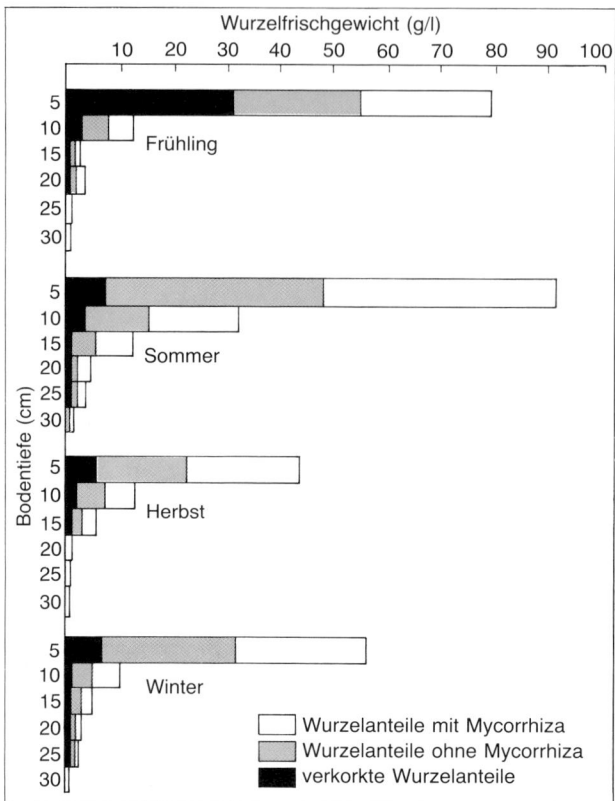

Abb. 9.**14**   Jahreszeitliche Veränderungen von Wurzelanteilen mit VAM, ohne VAM und verkorkten Zonen in verschiedenen Bodentiefen bei Gräsern (nach *Sparling* u. *Tinker*)

Hyphen. Höhere Konzentrationen von Ammonium-Dünger reduzieren die VA-Mycorrhiza stärker als gleich hohe Zugaben von Nitratdünger. Auf der anderen Seite kann die Hemmung durch höhere Konzentrationen von Phosphat durch gleichzeitige Zugabe von N-Dünger wieder reduziert werden. Phosphate wie auch Nitrat und Ammoniumionen beeinflussen sowohl das Wachstum von Pflanze und Pilz separat wie auch deren ernährungsphysiologische Wechselbeziehungen. Ein Hinweis dafür, daß wir die optimalen Bedingungen für eine VAM-Infektion und Wirkung im Boden noch nicht vollständig kennen, sind z. B. signifikante Steigerungen der Sporocarpbildung an den Wurzeln und des Pflanzenzuwachses bei *Onobrychis viciifolia* (Esparsette) nach Zumischung von 0,25 % eines Pulvers aus Schwämmen oder von 0,5 % Perlite zum Boden.

9.3.4.   Ernährungsphysiologische Wechselbeziehungen

Neben der seit langem bekannten verbesserten **Phosphatversorgung** von VAM-Pflanzen in Böden mit schwer mobilisierbarem Phosphat ist in den letzten Jahren eine gesteigerte Aufnahme von weiteren **Makro- und Mikronährstoffen** nachgewiesen worden. Ein wichtiger weiterer Aspekt ist der Austausch von Kohlenhydraten und mineralischen Elementen nicht nur zwischen Pflanze und Pilz, sondern auch über die Pilze von einer Pflanze zur anderen. Bei hoher Wurzeldichte in einer Wiese können auf diese Weise eine große Zahl von Pflanzenindividuen der selben Art oder auch verschiedener Arten miteinander im Boden vernetzt werden und eine physiologische Einheit bilden.

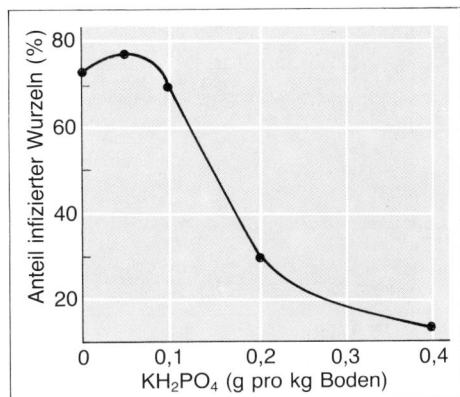

Abb. 9.**15** Wirkung von löslichem Phosphat auf die VAM-Infektion bei der Zwiebel (nach *Sanders* u. *Tinker*)

9.3.4.1. Phosphate

Phosphatkonzentrationen von 0,2 g pro kg Boden können die VAM-Infektion bei Zwiebeln bereits auf ein Drittel der Werte von nicht mit Phosphat gedüngten Böden reduzieren (Abb. 9.**15**), 0,5–1 mmolare Konzentrationen von Phosphat reduzieren bei Sojabohnen die VAM-Infektion in einem definierten Kultursystem mit Perlite und einer Nährlösung bereits um 90%. Die Wirkung einer VAM-Beimpfung wird besonders bei Pflanzenarten deutlich, die ein relativ ineffizientes Phosphataufnahmevermögen haben. Bei *Stylosanthes guyanensis* erhöht eine 90%ige VAM-Infektion den Gesamt-P-Gehalt pro Pflanze in einem nicht gedüngten Boden von 24 µg P pro Pflanze auf 360 µg. Auf einem mit Rohphosphat versorgten Boden wird der P-Gehalt von 420 µg P pro Pflanze auf 2400 µg P gesteigert (Tab. 9.**5**). Die optimale P-Versorgung der mit Rohphosphat und VA-Mycorrhiza behandelten *Stylosanthes*-Pflanzen drückt sich besonders in der Zahl der gebildeten Knöllchen aus, die von 6 bzw. 8 bei den nur mit Rohphosphat oder mit VAM versehenen Pflanzen auf 80 bei der Kombination von beidem ansteigt. Bei Pflanzen mit einer sehr effektiven Phosphataufnahme wie Lupinen sind die Effekte der VAM-Beimpfung viel geringer. Dies korreliert damit, daß bei *Lupinus angustifolius* und *Lupinus luteus* auf armen Sandböden weniger als 10% der Wurzellänge mit VAM infiziert sind und Arbuskeln überhaupt nicht beobachtet werden. Kaffee *(Coffea arabica)* ist, unabhängig von der zugesetzten Konzentration an löslichem Phosphat, auf die Inokulation mit einem VAM-Pilz *(Glomus margarita)* angewiesen, also obligat-P-mycotroph (Abb. 9.**16**). Nach vergleichenden Untersuchungen von obligat und fakultativ mycotrophen Pflanzen ist die Hypothese aufgestellt worden, daß beide sich auch durch die Ausnutzung des Phosphats unterscheiden (Abb. 9.**17**). Obligat mycotrophe Arten

Tabelle 9.**5** Wirkung von VA-Mycorrhiza und Rohphosphat auf Phosphatgehalt, Wachstum und Knöllchenzahl von *Stylosanthes guyanensis* (nach *Mosse* et al.)

Versuchsansatz (alle mit *Rhizobium* beimpft)	Trockensubstanz (mg pro Pflanze)	Gesamt-P (µg pro Pflanze)	% VA-Infektion	Knöllchen pro Pflanze
Kontrolle (ohne Zusätze)	44	24	0	0
VA-Mycorrhiza-Beimpfung	450	360	90	6
Zusatz von Rohphosphat	470	420	0	8
VA-Mycorrhiza-Beimpfung und Zusatz von Rohphosphat	660	2400	90	80

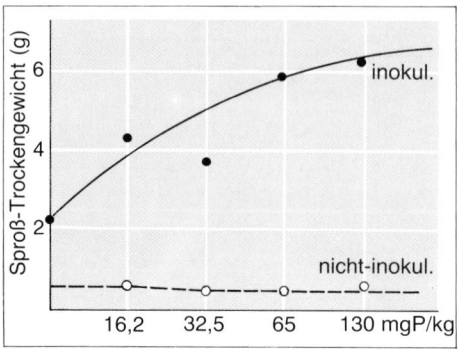

Abb. 9.**16**   Wachstumssteigerung von Kaffeepflanzen nach VAM-Inokulation (●) bei unterschiedlichen Phosphatgehalten im Boden (nach *Lopes* et al.)

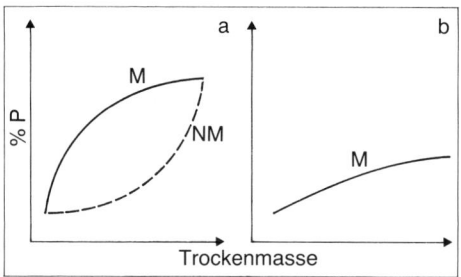

Abb. 9.**17**   Beziehung zwischen Phosphatgehalt und Wachstum (Trockenmasse) bei fakultativen (a) und obligaten (b) VAM-Pflanzen. M: VAM-Pflanzen; NM: Kontrollen ohne Mycorrhiza (nach *Janos*)

Tabelle 9.**6**   Spurenelement-Gehalte bei VAM- und phosphatgedüngten Pflanzen von *Glycine max.* % Unterschied (VAM-P)/P × 100 (nach *Pacovsky* et al.)

Pflanzenorgan	Pflanzenalter		
	6	9	12 Wochen
	Zink		
Blätter	+ 74 *	+ 65 *	+ 21 *
Wurzeln	+ 27 *	+ 9	+ 18
Hülsen		+ 2	+ 42 *
	Kupfer		
Blätter	+ 56 *	+ 88 *	+ 34 *
Wurzeln	+ 25 *	+ 51 *	+ 19 *
Hülsen		+ 14	+ 51 *
	Eisen		
Blätter	− 28 *	− 34 *	− 21 *
Wurzeln	− 28 *	− 48 *	− 46 *
Hülsen		− 27 *	− 12
	Mangan		
Blätter	− 8	− 43 *	− 35 *
Wurzeln	− 15 *	− 32 *	− 33 *
Hülsen		− 49 *	− 44 *

Signifikante Unterschiede (p < 0,05): *

reichern danach kein Phosphat im Wurzelgewebe an, um die kontinuierliche Neuinfektion nicht zu stören. Die Beziehung zwischen P-Gehalt und Zuwachs ist fast linear. Dagegen speichern die fakultativ mycotrophen Pflanzen nach VA-Infektion Überschüsse von Phosphat, das sie sowohl über die Mycorrhiza wie auch über eine direkte Phosphataufnahme beziehen. Ohne VAM haben sie in bezug auf den gleichen Phosphatgehalt einen deutlich höheren Substanzzuwachs. Nach anderen Untersuchungen gibt es jedoch im strengen Sinn nur ganz wenige obligat VA-mycotrophe Pflanzen.

9.3.4.2. Spurenelemente und weitere Makroelemente

VAM-Pflanzen von *Glycine max* enthalten gegenüber Kontrollen ohne Mycorrhiza, die mit 0,2 mM Phosphat gedüngt werden, in Blätter, Wurzeln und Hülsen signifikant höhere Konzentrationen von **Zink** und **Kupfer** (Tab. 9.**6**). Diese Unterschiede sind in Blättern und Wurzeln am deutlichsten bei 9 Wochen alten Pflanzen (Blühbeginn). Bei 12 Wochen alten Pflanzen sind die Anreicherungen in den Hülsen am ausgeprägtesten. Mangan und Eisen sind bei den gleichen VAM-Pflanzen gegenüber den Kontrollen reduziert. Die stärksten Verringerungen sind bei 9 Wochen alten Pflanzen zu registrieren. Die Anreicherungen für Zink und Kupfer sind für andere VAM-Pflanzen bestätigt. Auch Sulfat kann durch VA-Mycorrhiza zusätzlich in die Wirtspflanzen transportiert werden und zu einer S-Anreicherung führen. Bei einigen VAM-Pflanzen ist auch der Transport von ^{15}N-markierten Ammoniumionen über VAM-Hyphen in die Pflanze gezeigt worden.

9.3.4.3. Kohlenhydrate und Lipide

Die Übernahme der C- und Energiequellen durch den Pilz erfolgt vor allem durch die Arbuskeln. Ob dort in erster Linie eine Aufnahme von bereits vorhandenen Hexose-Zuckern erfolgt oder eine aktive **Hydrolyse von Matrixmaterial**, ist bisher nicht entschieden. Die Hypothese ist attraktiv, daß das Matrixmaterial zwischen Arbuskelzellwand und Wirtszellplasmalemma nicht in erster Linie eine zusätzliche Grenzschicht darstellt, sondern eine vom Pilz ausgelöste Umsteuerung von einer normalen Zellwandbiosynthese zu einer Struktur, dessen Bausteine der Pilz als C-Quelle kontinuierlich nutzen kann.

Für VA-Mycorrhiza-Pilze ist wie für ektotrophe und andere Mycorrhiza-Formen ein Gradient von C-Quellen vom Wirt zum Pilz anzunehmen. Bei den VAM-Pilzen werden jedoch nicht Trehalose und Mannit als erste pilzliche Syntheseprodukte gebildet, sondern vor allem Lipide. Dadurch werden vom Pilz aufgenommene Kohlenhydrate kontinuierlich aus dem Gleichgewicht entfernt, und ein Konzentrationsgradient vom Wirt zum Symbionten bleibt aufrechterhalten, solange der Pilz physiologisch aktiv ist. Der **Lipidgehalt** in VAM-infizierten Wurzeln liegt um 20 bis 60% höher als in nicht infizierten Pflanzen. Dies korreliert mit der cytologisch erkennbaren Ablagerung von Lipidtröpfchen in älteren Hyphen und Arbuskeln. Daneben trägt auch die ausgedehnte Membranvermehrung um die verzweigten Arbuskeln zum höheren Lipidgehalt bei. Bei *Citrus* ist auch ein qualitativer Unterschied in der Fettsäurezusammensetzung zwischen VAM-Pflanzen und Kontrollen gefunden worden, da in den Mycorrhiza-Pflanzen drei neue Fettsäuren mit einem Anteil von 30–40% am Gesamtpool auftreten, die bei den Kontrollen ohne Symbionten fehlen.

9.3.5.   Ökologische und wirtschaftliche Bedeutung

Bei der Erst- oder Wiederbesiedlung von intensiv bearbeiteten Ruderalflächen wird speziell in semiariden Gebieten und auch in den Tropen oft eine Sukzession von nicht-

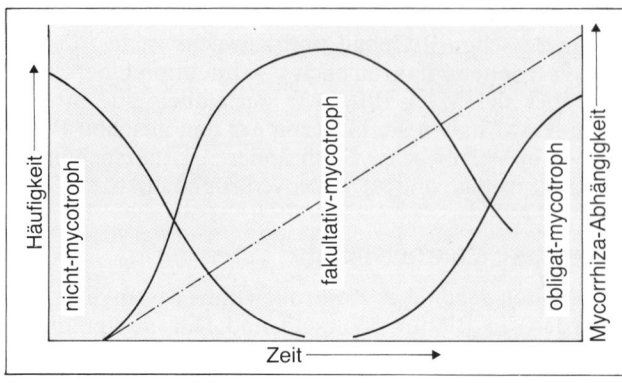

Abb. 9.**18** Schematisierte Sukzession von mycorrhiza-unabhängigen Pflanzen (frühe Stadien), fakultativen und obligaten Mycorrhiza-Pflanzen bei der Erstbesiedlung eines Standorts (nach *Reeves*)

mycotrophen Pflanzen über fakultativ-mycotrophe Arten hin zu obligat-Mycotrophen Spezies beobachtet (Abb. 9.**18**). Die Etablierung einer voll ausgebildeten VA-Mycorrhiza ist bei noch hohem Nährstoffangebot offensichtlich zunächst kein Wettbewerbsvorteil. Erst bei längerer Etablierung der Pflanzen im Boden und damit verbundener partieller Nährstoffverarmung wird die fakultative VAM zu einem Selektionsvorteil. Die anschließende Dominanz von obligat mycotrophen Pflanzen ist schwieriger zu erklären. Sie könnte damit zusammenhängen, daß die obligaten VAM-Pflanzen den zunehmenden Streßbelastungen (Nährstoffmangel, Wassermangel, Wurzelkonkurrenz) deswegen besser standhalten können, weil die Abhängigkeit der VAM-Besiedlung von diesen Außenfaktoren geringer ist.

Tabelle 9.**7** Feldversuche mit Inokulation von Nutzpflanzen mit VA-Mycorrhiza (nach *Mosse* u. *Hayman*)

Nutzpflanze	VA-Mycorrhiza-Pilz	Inokulations-methode	Wachstumssteigerung gegenüber nicht beimpfter Kontrolle (= 1 ×)
Weizen	*Glomus mosseae*	A, C	3 ×
Gerste	*Glomus caledonicum* u. a.	C	1,3–4 ×
Mais	*Glomus mosseae*	A	2,3 ×
Sojabohne	*Gigaspora calospora*	A	1–1,5 ×
Luzerne	*Glomus caledonicum*	C, A	4 ×
Weißklee	*Glomus fasciculatum* und *Glomus mosseae*	A	1,3 ×
Kartoffeln	Endogene Feldpopulation	B	1,2 ×
Apfelsinen	*Glomus fasciculatum*	D	1,7–4 ×
Pfirsich	*Glomus fasciculatum*	C	1,8 ×
Kaffee	*Gigaspora margarita*	A	3–10 ×
Baumwolle	*Glomus macrocarpum*	A	1,5 ×
Zitrone	*Glomus mosseae*	C	2 ×
Rizinus	*Glomus macrocarpum*	A	1,6–2,3 ×
Flachs	*Glomus macrocarpum*	A	1,6×

Inokulationsmethoden:
A: Inokulation der Pflanzen vor der Transplantation; B: Inokulation der Pflanzerde mit VA-reicher Erde; C: Beimpfung der Pflanzerde mit Boden und VAM-Wurzeln; D: Sameninokulation

9.3.5.1.   Ertragssteigerungen von Pflanzen nach VAM-Beimpfung

Bei Getreidearten wie Weizen, Gerste und Mais, bei Leguminosen wie Soja, Luzerne und Weißklee, und bei zahlreichen anderen wichtigen Weltwirtschaftspflanzen sind beträchtliche **Wachstumssteigerungen** auf armen Böden nach VAM-Beimpfung bestätigt (Tab. 9.**7**).

Bei Apfelsinen werden Steigerungen auf das 4fache nach Beimpfung mit *Glomus fasciculatum*, bei Kaffee sogar auf das 10fache nach Beimpfung mit *Gigaspora margarita* gemessen. Die erheblichen Unterschiede bei den Steigerungen derselben Art hängen vor allem mit verschiedenen Nährstoffbedingungen im Boden zusammen. Weitere Variable bei den Versuchsbedingungen sind die Inokulationsmethoden (Tab. 9.**7**). Im gleichen Ausmaß wie das Wachstum der Pflanzen (Sproßgewicht) nimmt der Kornertrag von Sojabohnen nach Beimpfung mit *Glomus* sp. zu (Tab. 9.**8**). Sowohl mit wie auch ohne Beimpfung mit *Bradyrhizobium japonicum* steigt der Ertrag um 11–13 g pro m^2 nach zusätzlicher Beimpfung mit dem VA-Mycorrhiza-Pilz. Das 100-Korngewicht ist dagegen unbeeinflußt von der VAM-Beimpfung und nur abhängig von der *Bradyrhizobium japonicum*-Infektion und der damit gekoppelten symbiotischen Stickstoffixierung.

Bei allen untersuchten Pflanzen wird durch eine VAM-Beimpfung der Zuwachs der Sproßachse stärker gesteigert als der der Wurzeln bzw. als der von Sproß und Wurzeln zusammen (Abb. 9.**19**). Bei Kleepflanzen ist das Sproßwachstum auf den 5fachen Wert erhöht, das Gewicht der Gesamtpflanze jedoch nur etwa auf das 3fache. Die ausgeprägtesten Steigerungen des Wachstums werden bei subtropischen **Leguminosenbäumen** wie *Leucaena leucocephala* gefunden (Tab. 9.**9**). Innerhalb von 2 Monaten steigt nach VAM-Beimpfung im Vergleich zu den Kontrollen das Sproßgewicht um das 8fache, die Blattfläche um das 10fache und der P-Gehalt pro Sproß um das 14fache. Die P-Konzentration erhöht sich dabei von 0,10 auf 0,17% der Trockenmasse. Bemerkenswert ist auch ein Anstieg des Calciumgehaltes in den VAM-Pflanzen. Die Limitierung des Wachstums in den nicht VAM-beimpften Pflanzen zeigt sich besonders deutlich in der völligen Unterdrückung der Knöllchenbildung, obwohl alle Pflanzen gleichermaßen mit einem infektiösen *Rhizobium*-Stamm beimpft sind.

Die Wachstumssteigerungen nach VAM-Beimpfung sind abhängig von der **Bepflanzungsdichte**. Bei zwei Pflanzen von *Allium cepa* pro Topf ist der Effekt sehr ausgeprägt, bei einer sehr dichten Bepflanzung verschwindet er vollkommen (Abb. 9.**20**). Dies ist dadurch zu erklären, daß bei sehr hoher Wurzeldichte die Wurzeln selber schon eine vollständige Phosophatverarmungszone herstellen und das Außenmycel der VA-Mycorrhiza keine besser mit Phosphat versorgten Zonen erreicht. Von G. T. S. BAYLIS

Tabelle 9.**8**   Wachstum und Ertrag von Sojabohnen nach Beimpfung mit *Glomus fasciculatum* und *Bradyrhizobium japonicum* in einem Boden mit 2,4 ppm verfügbarem Phosphat, mit geringer endogener VAM-Sporenzahl (200 pro 50 ml Boden) und nahezu frei von *Bradyrhizobium japonicum* (nach *Bagyaraj* et al.)

Versuchsansatz	Sproßgewicht (g Trockensubstanz) nach 60 Tagen	Kornertrag g pro m^2	100 Korngewicht (g)
Kontrollpflanzen (unbeimpft)	2,0	38	10,8
mit *Glomus* beimpft	2,6	47	10,9
mit *Bradyrhizobium* beimpft	2,8	71	14,6
mit *Glomus* und *Bradyrhizobium* beimpft	4,7	84	14,6

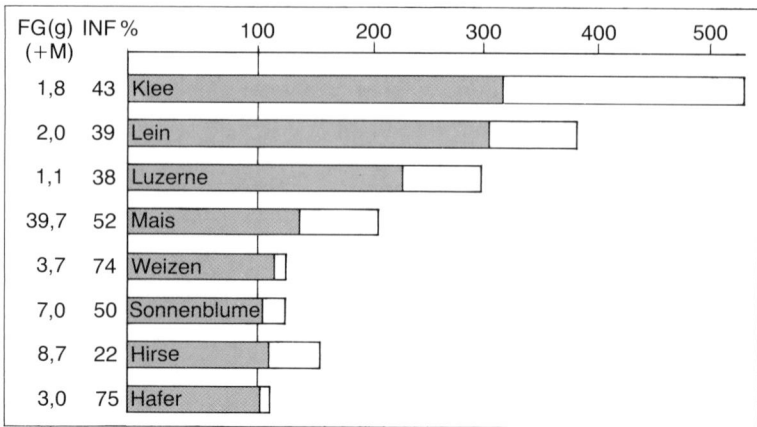

Abb. 9.19 VAM-Abhängigkeit von Kulturpflanzen in Böden mit niedrigem Phosphatgehalt. Werte errechnet aus Wachstum +VAM/−VAM × 100. Werte auf der Basis der ganzen Pflanzen (dunkel) oder nur der Sprosse (dunkel + weiße Flächen). Das Frischgewicht (FG) der Pflanzen mit Mycorrhiza und der Prozentsatz der infizierten Wurzelsegmente (INF) sind angegeben (nach *Smith*)

wurde 1972 die „Wurzelhaar-Hypothese" der VAM-Infektion aufgestellt. Sie besagt, daß Pflanzen mit einem gering verzweigten Wurzelsystem und keinen oder wenigen Wurzelhaaren wie Zwiebeln und Citrus mit einer starken Wachstumssteigerung nach VAM-Infektion reagieren, dagegen Pflanzen mit einem weit verzweigten Wurzelsystem und vielen Wurzelhaaren mit einer geringen Reaktion. Neben Pflanzen, die diese Vorstellung stützen, gibt es jedoch auch viele gegenteilige Beispiele wie Lupinen, die trotz geringer Verzweigung des Wurzelsystems nur wenig auf VAM-Infektionen ansprechen, und tropische Gräser wie *Paspalum notatum* mit einem umfangreichen Wurzelsystem und dichtem Wurzelhaarbesatz, die eine gut ausgebildete VA-Mycorrhiza haben.

Neben der Wachstumssteigerung, die auf eine bessere Versorgung der VAM-Pflanzen mit Phosphat und Spurenelementen zurückzuführen ist, müssen in einigen Fällen weite-

Tabelle 9.9 Ertragsteigerungen von *Leucaena leucocephala* nach VAM-Beimpfung mit *Glomus fasciculatum*. Alle Pflanzen wurden mit *Rhizobium* sp. beimpft (nach *Huang* et al.)

Meßwert pro Pflanze	VAM-infizierte Pflanzen	Kontrollen (ohne Mycorrhiza)
	nach 63 Tagen	
Sproßgewicht (g Trockensubstanz)	14,5	1,9
Wurzelgewicht (g Trockensubstanz)	6,8	1,9
P-Gehalt im Sproß (%)	0,17	0,10
Ca-Gehalt im Sproß (%)	1,6	1,3
Blattfläche (cm^2)	1710	150
Mycorrhiza-Infektion (% der Wurzellänge)	88	0
Knöllchentrockensubstanz (mg)	420	0

Abb. 9.**20**   Abhängigkeit der VAM-Wirkung auf das Wachstum von der Dichte der Bepflanzung bei Zwiebeln. Inokuliert: links zwei Töpfe mit je zwei Pflanzen, rechts über 20 Pflanzen pro Topf; Kontrollen: nicht-inokulierte Pflanzen, rechts zwei Töpfe mit je zwei Pflanzen, links Topf mit über 20 Pflanzen (Originalaufnahme *D. S. Haymann*, Rothamsted, U.K.)

re, vielleicht hormonelle Wirkungen des Pilzes angenommen werden. So wird das Ruhestadium von einjährigen Stecklingen von *Liriodendron tulipifera* nur durch eine VAM-Beimpfung durchbrochen, nicht jedoch durch Düngung. Besonders wichtig sind VAM-Beimpfungen in Böden, die zur Abtötung von Pathogenen durch Begasung sterilisiert werden, wie es in vielen Baumschulen und Gärtnereien üblich ist.

9.3.5.2.   Wirkung der VAM auf die Resistenz gegenüber Pathogenen

Die meisten wurzelpathogenen Pilze infizieren Wurzeln wesentlich schneller als VAM-Pilze. Bei gleichzeitiger Infektion verdrängen **Pythium, Phytophthora** und **Fusarium** die symbiotischen Pilze. Ist jedoch die VA-Mycorrhiza bereits etabliert, so ist der Befall mit den Pathogenen deutlich reduziert gegenüber VAM-freien Pflanzen. Bei Tomaten sind

Tabelle 9.**10**   Schädigung mycorrhizahaltiger und -freier Tomatenpflanzen durch *Fusarium oxysporum* f. sp. *lycopersici* gemessen am Welkeindex, Prozentsatz vergilbter Blätter und Chlorophyllgehalt (nach *Dehne* u. *Schönbeck*)

Infektion der Pflanzen		Bonitur der Pflanzen		
Fusarium	Mycorrhiza	Welkeindex	% verg. Blätter	Chlorophyllgehalt in mg/g Frischgewicht
−	−	0,0	0	28,6
−	+	0,0	0	36,1
+	−	1,84	45	10,1
+	+	1,06	24	19,4
n =		24	24	24
p**		< 0,01%	< 0,01%	< 0,01%

** Vergleich „ + − " mit „ + + "

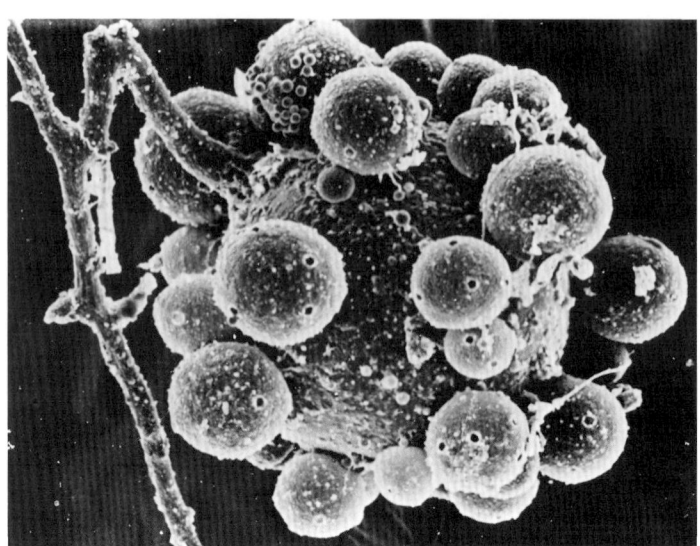

Abb. 9.**21** Chlamy-
dospore von *Glomus
clarum*, infiziert mit
zahlreichen Zoospor-
angien des Hyperpara-
siten *Phlyctochytrium
plurigibbosum* (Origi-
nalaufnahme
S. S. Tzean, Taipee,
Taiwan)

nach vorheriger VAM-Beimpfung (ca. 4 Wochen vor der *Fusarium*-Inokulation) nur noch 9% der Wurzellänge nekrotisch gegenüber 32% bei alleiniger *Fusarium*-Behandlung. Die Zahl der *Fusarium*-Sporen ist auf weniger als 5% reduziert. Diese Versuche bestätigen bereits früher mitgeteilte Ergebnisse in anderen Böden, bei denen eine Reduktion der Welkekrankheit bei Tomaten nach VAM-Beimpfung erzielt wurde (Tab. 9.**10**). Als ein für diese Mycorrhizaversuche sehr günstiges Substrat hat sich Turface herausgestellt.

Wurzelpathogene Pilze wie *Fusarium* und *Pythium* sind auch das größte Problem bei der kommerziellen Gewinnung von **Inokulum-Produkten** von VA-Mycorrhiza. Da diese Produktion nur unter nichtsterilen Bedingungen in Gewächshäusern ökonomisch ist, sind in den gewonnenen Präparaten diese Pilze als Verunreinigungen enthalten und werden damit zusammen mit den VAM-Pilzen zur Infektion kommen.

Auch gegenüber dem Befall mit Nematoden und der dadurch verursachten Ertragsminderung hat eine VAM-Beimpfung eine positive Wirkung. Der Ertrag von Baumwollsamen wurde in einem Feldversuch durch den Nematoden *Meloidogyne incognita* um ca. 45% reduziert, nach VAM-Beimpfung jedoch nur um ca. 25%. Die Zahl der Nematodeneier pro g Wurzel wurde auf die Hälfte reduziert. Zusammen mit einem besseren Wurzelwachstum und einer Ertragssteigerung kann die Nematodenpopulation durch eine VAM-Beimpfung sich jedoch auch erhöhen. Die Vermehrung phytopathogener Viren ist in VAM-Pflanzen signifikant höher als in mycorrhizafreien Pflanzen. Dieser an Tomaten, Erdbeeren und anderen Kulturpflanzen bestätigte Befund wird auf die für eine intensive Virusvermehrung erforderliche bessere Phosphatversorgung der VAM-Pflanzen zurückgeführt. Die VAM-Sporen selber können durch Hyperparasiten wie *Phlyctochytrium plurigibbosum* befallen (Abb. 9.**21**) und auf diese Weise in ihrer Wirkung reduziert werden.

10. Ektomycorrhiza, Ericales-Mycorrhiza und Orchideen-Mycorrhiza

10.1. Ektomycorrhiza

Im Jahr 1885 verwendete A. B. Frank in der Arbeit „Über die auf Wurzelsymbiose beruhende Ernährung gewisser Bäume durch unterirdische Pilze" zum ersten Mal den Begriff „Mycorrhiza". Diese heute als Ektomycorrhiza bezeichnete Symbiose ist gekennzeichnet durch einen äußeren **Mantel** von Pilzhyphen, der die Wurzeln der Wirtspflanzen umschließt, durch ein Geflecht von Pilzhyphen zwischen Wurzelrindenzellen, das als **„Hartigsches Netz"** bezeichnet wird und durch ein **gedrungenes Wachstum** der Ektomycorrhiza-Wurzeln. Von Ausnahmen abgesehen bleiben die Pilze extrazellulär.

10.1.1. Mikrosymbionten und Wirte (Makrosymbionten)

Die symbiotischen Pilze der Ektomycorrhiza gehören überwiegend zu den **Ascomyceten** und zu den **Basidiomyceten** (Tab. 10.1). Daneben sind auch einige Arten aus der Gattung *Endogone* (Zygomyceten) als Symbionten nachgewiesen. Zu den typischen Ektomycorrhiza-Pilzen zählen viele bekannte Speisepilze wie der Pfifferling *(Cantharellus cibarius)*, der Steinpilz *(Boletus edulis)* und Täublinge *(Russula* sp.*)*. Arten aus mindestens 65 Gattungen sind durch In-vitro-Inokulationsversuche oder durch gründliche Freilanduntersuchungen als Symbionten bestätigt. Daneben sind zahlreiche Mycelien beschrieben, die eine effiziente Mycorrhiza ausbilden, jedoch wegen fehlender Fruchtkörperbildung nicht identifiziert sind.

Arten aus mehr als 140 Gattungen von Samenpflanzen sind als Wirtspflanzen bekannt (Tab. 10.2). Besonders verbreitet ist diese Form der Pilzsymbiose in den Familien der Pinaceen, der Fagaceen, der Rosaceen und der Caesalpiniaceen. Insgesamt bilden aber nur etwa 3% aller Arten der Samenpflanzen eine ektotrophe Mycorrhiza (Ekt-M) aus, also wesentlich weniger als zur VA-Mycorrhiza befähigt sind. Bäume und Sträucher dominieren bei den Ekt-M-Pflanzen. Die Spezifität von Symbionten und Wirtspflanzen zueinander ist im allgemeinen gering. *Pinus sylvestris* kann mit mehr als 25 verschiedenen identifizierten Pilzen eine Ektomycorrhiza ausbilden (Tab. 10.3). Die Zahl bisher noch nicht identifizierter Mycelien läßt sich noch gar nicht abschätzen. Auf der anderen Seite kann *Amanita muscaria* (der Fliegenpilz) so verschiedene Baumarten wie Birken, Eukalyptus, Fichten und Douglasien infizieren (Tab. 10.3). Auch der Lärchen-Röhrling *(Boletus grevillei)* bildet außer mit *Larix* auch Mycorrhizen mit *Pinus*-Arten und mit *Pseudotsuga menziesii* aus.

Das Wurzelsystem in einem Fichtenwald erreicht eine Länge von über 100 000 km pro ha (Tab. 10.4). Daran sind vor allem die Feinwurzeln beteiligt, die zwar nur etwa 15% der Biomasse des Wurzelwerks, aber über 60% der jährlichen Wurzelproduktion ausmachen. Durch die Mycorrhiza werden zum einen die physiologisch **aktiven Wurzeloberflächen** noch um ein Vielfaches vergrößert, zum anderen werden die **Bäume der gleichen Art und auch verschiedener Arten** in einem Mischwald miteinander **vernetzt**.

Tabelle 10.**1**   Gattungen von Pilzen, von denen Arten an der Ausbildung einer Ektomycorrhiza beteiligt sind (nach *Harley* u. *Smith*)

Familie	Gattung
Zygomycetes	
Endogonaceae	*Endogone*
Ascomycetes	
Balsamiaceae	*Balsamia*
Elaphomycetaceae	*Elaphomyces*
Geneaceae	*Genea*
Geoglossaceae	*Cudonia, Spathularia*
Helvellaceae	*Helvella*
Hydnotryaceae	*Bassia, Choiromyces, Hydnotrya*
Otidiaceae	*Otidia*
Pyronemaceae	*Geopora, Lachnea, Sepultaria*
Rhiziniaceae	*Gyromitra*
Terfeziaceae	*Mukomyces, Picoa, Terfezia, Tirmania*
Thelephoraceae	*Corticium, Thelephora*
Hymenogastraceae	*Alpova, Rhizopogon*
Geastraceae	*Geastrum, Astraeus*
Lycoperdaceae	*Calvatia, Lycoperdon*
Phallaceae	*Clathrus, Phallus*
Pisolithaceae	*Pisolithus*
Sclerodermataceae	*Scleroderma*
„Fungi imperfecti"	*Cenococcum*
Basidiomycetes	
Agaricaceae	*Lepiota*
Amanitaceae	*Amanita, Amanitopsis*
Boletaceae	*Boletinus, Boletus, Pulveroboletus, Fistulinella, Gyrodon, Gyroporus, Krombholzia, Leccinum, Suillus, Tylopilus, Xerocomus*
Cortinariaceae	*Alnicola, Cortinarius, Hebeloma, Inocybe, Rozites*
Gomphideaceae	*Gomphidius*
Hygrophoraceae	*Hygrophorus*
Paxillaceae	*Paxillus*
Rhodophyllaceae	*Clitopilus, Rodophyllus*
Russulaceae	*Lactarius, Russula*
Strobilomycetaceae	*Boletellus, Strobilomyces*
Tricholomataceae	*Laccaria, Leucopaxillus, Lyophyllum, Tricholoma*
Cantharellaceae	*Cantharellus, Craterellus*
Hydnaceae	*Hydnum*

Tabelle 10.**2**   Gattungen von Samenpflanzen mit Ektomycorrhiza (nach *Meyer* und nach *Harley* u. *Smith*)

Familie	Gattung
Aceraceae	*Acer*
Betulaceae	*Alnus, Betula, Carpinus, Corylus, Ostrya, Ostryopsis*
Bignoniaceae	*Jacaranda, Phyllarthron*
Caesalpiniaceae	*Afzelia, Aldina, Anthonotha, Bauhinia, Brachystegia, Cassia, Eperua, Gilbertiodendron, Julbernardia, Monopetalanthus, Paramacrolobium, Swartzia*
Caprifoliaceae	*Sambucus*
Casuarinaceae	*Casuarina*
Cistaceae	*Helianthemum, Cistus*
Combretaceae	*Terminalia*
Compositae	*Lactuca (Mycelis)*
Cupressaceae	*Cupressus, Juniperus*
Cyperaceae	*Kobresia*
Dipterocarpaceae	*Anisoptera, Balanocarpus, Cotylelobium, Dipterocarpus, Dryobalanops, Hopea, Monotes, Shorea, Valica*
Elaeagnaceae	*Shepherdia*
Ericaceae	*Arbutus, Arctostaphylos, Chimaphila, Gaultheria, Kalmia, Ledum, Leucothoë, Rhododendron, Vaccinium*
Euphorbiaceae	*Poranthera, Uapaca*
Fabaceae	*Bartonia, Brachysema, Chorizema, Daviesia, Dillwynia, Eutaxia, Gompholobium, Hardenbergia, Jacksonia, Kennedya, Mirbelia, Oxylobium, Platylobium, Pultenaea, Robinia, Vicia, Viminaria*
Fagaceae	*Castanea, Castanopsis, Fagus, Lithocarpus, Nothofagus, Pasania, Quercus, Trigonobalanus*
Globulariaceae	*Globularia*
Gnetaceae	*Gnetum*
Goodenaceae	*Brunonia, Goodenia*
Hammamelidaceae	*Parrotia*
Juglandaceae	*Carya, Juglaris, Pterocarya*
Lauraceae	*Sassafras*
Mimosaceae	*Acacia*
Myricaceae	*Comptonia, Myrica*
Myrtaceae	*Angophora, Callistemon, Campomanesia, Eucalyptus, Leptospermum, Melaleuca, Tristania*
Nyctaginaceae	*Neea, Pisonia, Torrubia*
Oleaceae	*Fraxinus*
Pinaceae	*Abies, Cathaya, Cedrus, Keteleeria, Larix, Picea, Pinus, Pseudolarix, Pseudotsuga, Tsuga*
Platanaceae	*Platanus*
Polygonaceae	*Coccoloba, Polygonum*
Pyrolaceae	*Pyrola*
Rhamnaceae	*Cryptandra, Pomaderris, Rhamnus, Spyridium, Trymalium*
Rosaceae	*Chamaebatia, Circocarpus, Crataegus, Dryas, Malus, Prunus, Pyrus, Rosa, Sorbus*
Rubiaceae	*Galium, Opercularia, Rubia, Psychotria*

Tabelle 10.**2**   Gattungen von Samenpflanzen mit Ektomycorrhiza (nach *Meyer* und nach *Harley* u. *Smith*) (Fortsetzung)

Familie	Gattung
Salicaceae	*Populus, Salix*
Sapindaceae	*Allophylus, Nephelium*
Sapotaceae	*Glycoxylon*
Saxifragaceae	*Ribes*
Sterculiaceae	*Lasiopetalum, Thomasia*
Stylidiaceae	*Stylidium*
Thymeliaceae	*Pimelia*
Tiliaceae	*Tilia*
Ulmaceae	*Ulmus, Celtis*
Vitaceae	*Vitis*
Zygophyllaceae	*Peganum*

Tabelle 10.**3**   Symbionten und Wirtsspektrum von *Pinus sylvestris* und von *Amanita muscaria* (nach *Harley* u. *Smith*)

Pinus sylvestris

×

Amanita muscaria, pantharina
Cenococcum graniforme (geophilum)
Clitopilus prunulus
Cortinarius glaucopus, mucosus
Lactarius deliciosus, helvus
Lyophyllum immundum (Tricholoma fumosum)
Paxillus involutus
Rhizopogon roseolus, luteolus
Rhodophyllus rhodopolius
Russula emetica
Scleroderma aurantium
Suillus bovinus, flavidus, granulatus, grevillei, luteus, variegatus
Tricholoma flavobrunneum, flavovirens, imbricatum,
        pessundatum, saponaceum, vaccinium

Amanita muscaria

×

Betula pendula, pubescens
Eucalyptus camaldulensis, calophylla, dalrympleana, diversicola,
        maculata, marginata, obliqua, regnans, st johnii,
        sieberi
Larix decidua, occidentalis
Picea abies, sichensis
Pinus contorta, echinata, monticola, mugo, patula, ponderosa,
        radiata, strobus, sylvestris, taeda, virginiana
Pseudotsuga menziesii

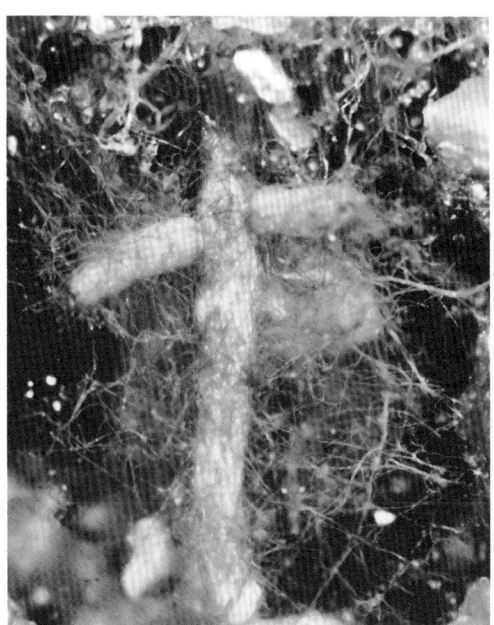

Abb. 10.**1** *Links*: In-vitro-Mycorrhizierung von bewurzelten Fichtenstecklingen mit C-ver-
armtem *Pisolithus tinctorius* (Pers.) Cocker und Couch (= Erbsenstreuling). Makroskopische
Aufnahme durch das Kulturgefäß 3 Monate nach der Inokulation. Vom Pilzmantel ziehen
zahlreiche Hyphen und Rhizomorphen in das Substrat (Vermiculit-Torfgemisch).
Rechts: Nicht-beimpfte Kontrolle (mit zahlreichen Wurzelhaaren) (Originalaufnahme *B. Hock*,
TU München-Weihenstephan)

10.1.2. Strukturen und Entwicklung der Ektomycorrhiza

Ektotrophe Mycorrhizen an Bäumen entwickeln sich bevorzugt oder ausschließlich an
Wurzeln 2. und 3. Ordnung. Eine Voraussetzung ist die geringe Wachstumsrate dieser
Wurzeln, wobei durch die Ummantelung mit dem Pilz das Längenwachstum der Wurzeln
weiter reduziert wird. Sie werden daher auch als Kurzwurzeln bezeichnet. Bei Gattungen, bei denen auch die Hauptachsen des Wurzelsystems infiziert werden, wie bei *Fagus*
und bei *Eucalyptus*, wachsen die Wurzelspitzen während der Hauptvegetationsperioden
aus dem Mantel heraus und werden erst danach wieder von den Pilzhyphen umhüllt. Der
Habitus typischer Mycorrhizen zeigt sowohl einfache wie auch dichotome Verzweigungen (Abb. 10.**1** bis 10.**3**).

Tabelle 10.**4** Produktion, Biomasse und Ausdehnung des Wurzelsystems von *Picea sit-
chensis* in einem 16 Jahre alten Bestand (nach *Last* et al.)

Wurzeldurchmesser (mm)	Wurzelbiomasse kg/ha	kg/Baum	Jährliche Produktion kg/ha	kg/Baum	Ausdehnung
0−2 (Feinwurzeln)	3 530	0,93	5 240	1,38	ca. 90 000 km/ha
2−5	1 370	0,36	38	0,01	
über 5 mm (Hauptwurzeln)	20 000	5,3	3 150	0,83	
Summe	25 000	6,6	8 430	2,22	

Abb. 10.**2**   Mycorrhiza von *Fagus sylvatica* mit zahlreichen ausstrahlenden Hyphen. (Dunkelfeld-Aufnahme *E. Zimmermann*, Marburg)

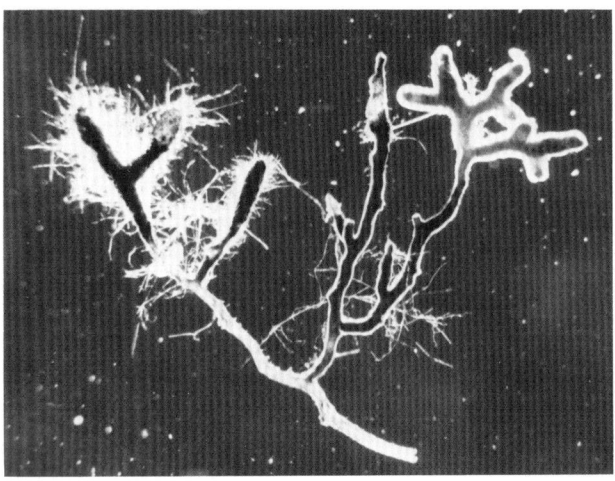

Abb. 10.**3**   Silhouetten-Aufnahme der Mycorrhiza von *Fagus sylvatica*. Hyphen und Hyphenmantel leuchten hell (Aufnahme *E. Zimmermann*, Marburg)

In der Längsachse der Wurzeln bleiben Wurzelhaube und das Wurzelmeristem uninfiziert. Daran schließt sich die Mycorrhiza-Infektions-Zone (MIZ) an, die bis zur Degenerationszone der primären Rindenzellen reicht. Mit dem Längenwachstum der Wurzeln wandert die MIZ akropetal. Durch ein im Vergleich zur Wurzel rascheres Wachstum der Pilze auf der MIZ entwickelt sich eine pseudoparenchymatische Schicht von Hyphen auf der Oberfläche des Pflanzenorgans, die als Mantel bezeichnet wird (Abb. 10.**3**). Dieser Mantel kann eine relativ kompakte Oberfläche haben mit nur wenigen ausstrahlenden Mycelien (Abb. 10.**1**). Er kann auch zerfasert aussehen (Abb. 10.**2**). Die inneren Zellschichten des Pilzmantels enthalten mehr Cytoplasma und Zellorganelle als die Zellen in den äußeren Lagen. Sie sind außerdem oft durch eine Matrix aus Kohlenhydraten miteinander verbunden. Dieser Teil des Mantels zeigt Ähnlichkeiten mit den Fruchtkörpern der Pilze. Der Mantel ist zwischen 20 und 60 µm dick. Er nimmt damit 20–30% des Volumens dieser Mycorrhizen ein und, wegen des größeren spezifischen Gewichts der Pilzhyphen im Vergleich zu den Pflanzenzellen, 30–40% der Trockensubstanz.

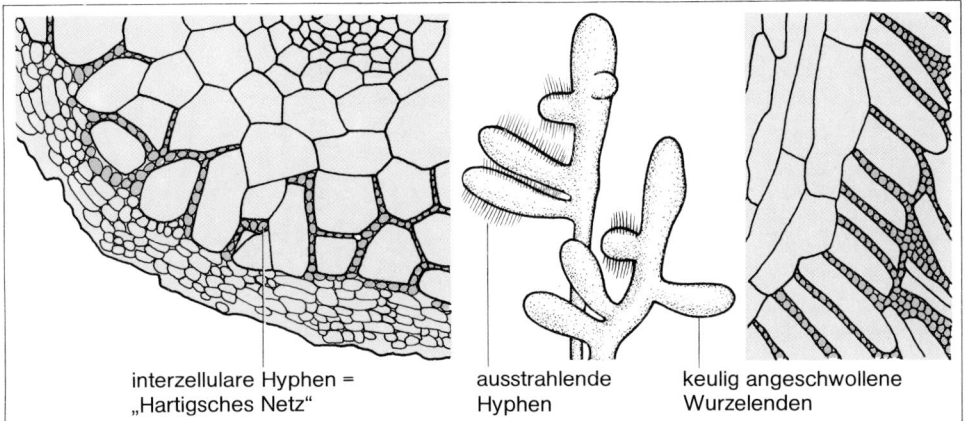

| interzellulare Hyphen = „Hartigsches Netz" | ausstrahlende Hyphen | keulig angeschwollene Wurzelenden |

Abb. 10.**4**   Schematische Darstellungen der Mycorrhiza von *Fagus sylvatica*. Links: Wurzelquerschnitt mit interzellulären Hyphen des „Hartigschen Netzes". Mitte: keulig angeschwollene Wurzelenden mit ausstrahlenden Hyphen. Rechts: Längsschnitt durch die Wurzel mit den interzellulären Hyphen.

Der Anteil des Pilzmycels, der zwischen die Zellen der Wurzelrinde eindringt, wird als Hartigsches Netz bezeichnet (Abb. 10.**4**), benannt nach dem Forstbotaniker T. HARTIG. („Vollständige Naturgeschichte der forstlichen Kulturpflanzen Deutschlands", Berlin 1851.) Es kann auf die äußeren Zellschichten der Wurzelrinde begrenzt bleiben oder bis zur Endodermis vordringen. Es wird angenommen, daß die Hyphen mit ihren keilförmigen Spitzen mechanisch wie auch unter Beteiligung von Pektinasen zwischen den Rindenzellen vordringen und dabei eine im Längsschnitt leiterförmige Struktur ausbilden (Abb. 10.**4**). Da das Hartigsche Netz sich in einer Zone der Wurzel ausbildet, in der sich Interzellularen entwickeln, ist auch eine Beteiligung pflanzlicher Enzyme an diesem Vorgang anzunehmen. Die Verbindung der Pflanzenzellen über Plasmodesmen wird durch die Ausbildung des Hartigschen Netzes nicht gestört. Pilzhyphen und radiale Zellwände der Wurzelrinde sind bei *Pinus radiata* in der Zone des Hartigschen Netzes unverändert, bei anderen Bäumen wie *Betula* und *Pseudotsuga* jedoch modifiziert, so daß ein besonders enger Kontakt zwischen den Symbiosepartnern hergestellt wird. Weder die Zahl der Rindenzellen noch ihr Volumen ist in Mycorrhizen gegenüber nicht infizierten Wurzeln signifikant erhöht. Dagegen ist die Form der Rindenzellen in der Weise verändert, daß der radiale Durchmesser verlängert ist und die Zellen axial verkürzt sind.

Bei der Entwicklung von Wurzeln 2. und 3. Ordnung aus bereits mit einem Pilzmantel umhüllten Wurzeln werden die neuen Organe direkt beim Durchstoßen des Mantels infiziert. Durch die reduzierte Wachstumsgeschwindigkeit der Seitenwurzeln hält das Wachstum des Pilzmantels in den meisten Fällen Schritt. Die Primärinfektion von Keimlingen weicht von diesem Schema dadurch ab, daß hier von außen heranwachsende Hyphen oder auskeimende Sporen die Besiedlung durchführen. Die Lebensdauer der ektotrophen Mycorrhiza-Wurzeln liegt bei 9 bis 14 Monaten.

Die Mycorrhiza-Entwicklung ist erwartungsgemäß von der Jahreszeit abhängig. Bei einer Beimpfung von *Pinus taeda* mit Sporen von *Pisolithus tinctorius* haben bei einem Inokulum Anfang April bereits im August 90% der Wurzelsegmente Mycorrhiza ausgebildet und 16 Fruchtkörper der Pilze wurden im Herbst pro Baum gezählt (Abb. 10.**5**). Bei einem Inokulum im Juni wird bis Oktober noch ein Mycorrhiza-Index von 20% erreicht. Es entwickelt sich jedoch kein Fruchtkörper mehr.

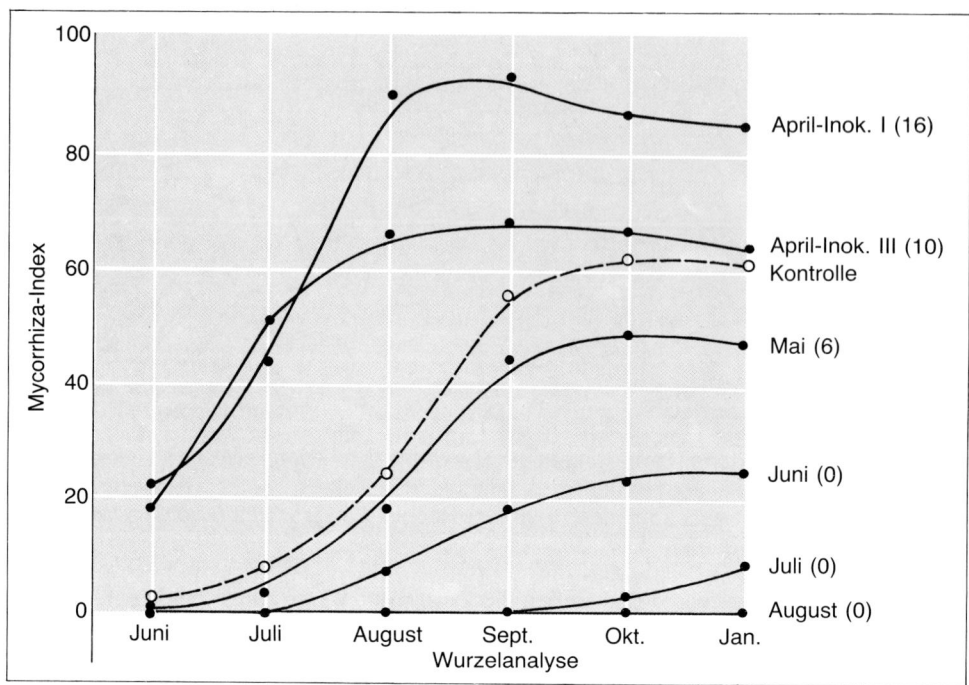

Abb. 10.5 Entwicklung der Mycorrhiza nach Beimpfung von *Pinus taeda* mit *Pisolithus-tinctorius*-Sporen. Beimpfungen erfolgten zwischen April und August, in Klammern sind die Zahlen der gebildeten Fruchtkörper angegeben. Kontrolle: nicht beimpfter Waldboden (nach *Marx* u. *Bell*)

Eine Infektion im August führt nicht mehr zu einer Mycorrhizabildung. Eine Kausalanalyse, welche Faktoren im Boden oder über den Sproß einwirkende Klimafaktoren für den Jahresgang verantwortlich sind, ist wegen der Komplexität der möglichen Interaktionen dieser Faktoren bisher nur ansatzweise vorhanden (Abb. 10.**6**).

Symbionten für ektotrophe Mycorrhiza wie auch für VA-Mycorrhiza werden direkt von Bodentemperatur, Wassergehalt, O_2-Konzentration und anorganischen Nährstoffkonzentrationen beeinflußt, darüber hinaus aber noch indirekt, da diese Faktoren auch über die Pflanzenwurzeln und deren Wurzelexsudate und Wurzelbestandteile auf die Pilze wirken. Andere Bodenmikroorganismen treten als zusätzliche Konkurrenten oder Parasiten auf (s. Abb. 9.**21**).

Die Erschließung des Bodens durch die Mycorrhiza ist um Größenordnungen besser als durch die Ausbildung von Wurzelhaaren (Abb. 10.**7**). Durch Verzweigungen und durch Eindringen der Pilzhyphen in kleinste Bodenkapillaren wird die Kontaktzone der physiologisch aktiven Wurzeloberfläche weit ausgedehnt. Die Zonen der Fruktifikation der Ektomycorrhizapilze korrelieren mit einem Minimum der Bodentemperatur und einem Maximum der Bodenfeuchte zwischen den Bäumen (Abb. 10.**8**). In 5 Jahre alten Anpflanzungen von *Pinus radiata* fruktifiziert z. B. *Suillus luteus* relativ regelmäßig in einem Abstand von 2–3 m von den Baumstämmen.

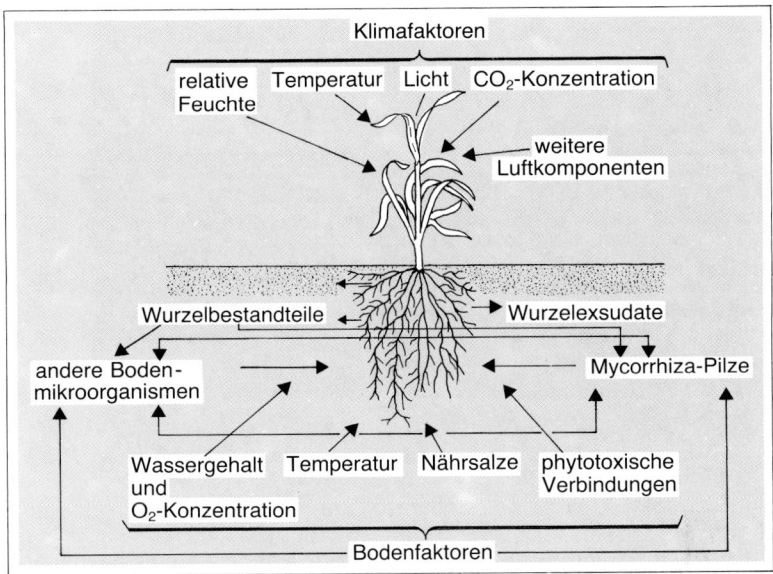

Abb. 10.**6**   Wechselbeziehungen von Mycorrhiza-Pilzen und anderen Bodenmikroorganismen unter dem Einfluß von Wurzelexsudaten, Wurzelbestandteilen, Bodenfaktoren und
Klimafaktoren, die über das Sproßsystem der Pflanze einwirken.

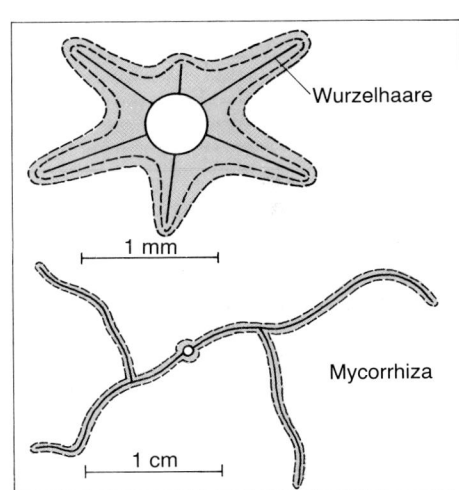

Abb. 10.**7**   Vergleich der räumlichen Ausdehnung einer Wurzel mit Wurzelhaaren (Maßstab
1 mm) und einer Mycorrhiza-Wurzel (Maßstab
1 cm). Die gestrichelten Linien geben die Zonen der Nährstoffaufnahme wieder (nach
Tinker)

10.1.3.   Physiologie der symbiotischen Pilze

Die Sporen von Basidiomyceten, die eine ektotrophe Mycorrhiza ausbilden können,
keimen mit Werten von oft unter 1% vergleichsweise schlecht. Andere Pilze wie *Torulopsis sanguinea* oder *Cenococcum graniforme*, scheiden jedoch Komponenten aus, die
die **Sporenkeimung** stimulieren. Auch die Gegenwart von Hyphen der gleichen Art kann
die Sporenkeimung stimulieren, so daß ein autokatalytischer Effekt der Ausbreitung
eines Pilzes möglich ist. Bei bestimmten Arten wie *Leccinum scabrum* und *Leccinum*

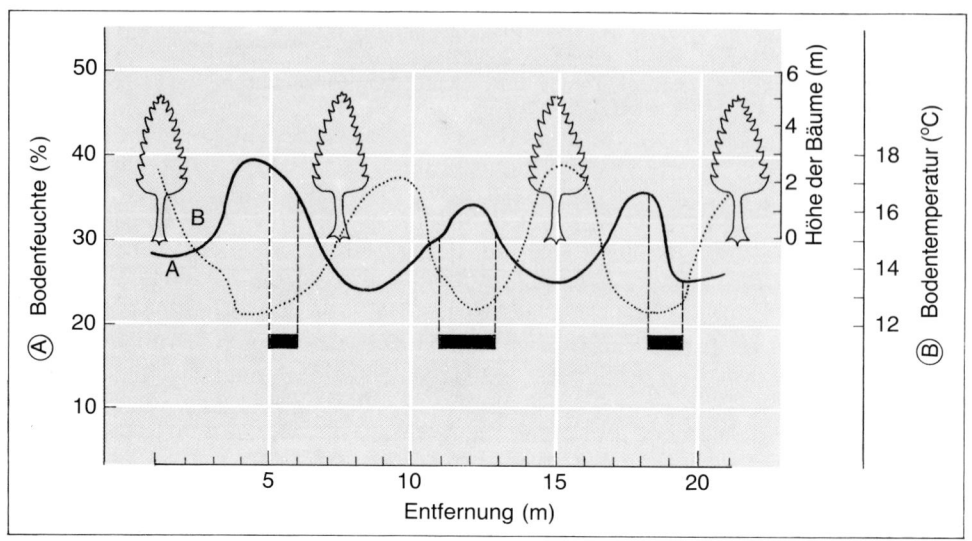

Abb. 10.**8**   Fruktifikation von *Suillus luteus* (■) in 5 Jahre alten Anpflanzungen von *Pinus radiata*. Bestimmung der Bodenfeuchte und der Bodentemperatur (nach *Peredo*)

aurantiacum wurde eine Stimulierung der Sporenkeimung nur durch die Hyphen der gleichen Art registriert. Wurzelexsudate von Mycorrhiza-Bäumen wie *Pinus sylvestris* und *Betula pendula* können ebenfalls die Keimung von Basidiosporen stimulieren, während Keimlinge von Nichtmycorrhiza-Pflanzen keine Wirkung zeigen. Die wirksamen Komponenten sind also einerseits weit verbreitet, auf der anderen Seite in manchen Fällen sehr artspezifisch. Sie sind chemisch nicht identifiziert. Die Annahme, daß Isovaleriansäure daran beteiligt ist, hat sich nicht bestätigt. Die Keimungsraten von **Oidien** und von **Chlamydosporen** liegen generell deutlich höher als die von **Basidiosporen**.

Sklerotien sind eine weitere wichtige Form von Dauerstadien von Ektomycorrhiza-Pilzen. Sie überleben extreme Bedingungen im Boden und können dort in für Sporen unzugänglichen Schichten Wurzeln neu infizieren. Nach Neuinfektion von *Pinus strobus* mit *Pisolithus tinctorius* bilden sich innerhalb von vier Wochen voll ausgebildet Sklerotien von ca. 0,5 mm Durchmesser. Sie enthalten als Reservestoffe sowohl Kohlenhydrate als auch Lipide und Speicherproteine. Die Oberfläche besteht aus besonders eng aneinander liegenden Hyphen, von denen viele verzweigt sind und angeschwollene Enden aufweisen. Einzelne Hyphen können aus dem Sklerotium wieder auswachsen.

Die **Ernährungsphysiologie** der ektotrophen Mycorrhiza-Pilze ist, im Gegensatz zu den VAM-Pilzen, relativ gut bekannt, da sie auf den üblichen Pilzmedien zu kultivieren sind. Als C-Quellen benötigen sie einfache Kohlenhydrate. Das Wachstum auf Saccharose, Maltose, Cellobiose, Xylose und Arabinose ist etwa gleich gut. Galacturonsäure ist dagegen kein Substrat für typische Mycorrhiza-Pilze. Dies schließt nicht aus, daß diese Pilze mit Hilfe von Pectinasen die Mittellamellen beim Eindringen in die Zellwandzwischenräume zur Ausbildung des Hartigschen Netzes auflösen können. Der Abbau von Zellulose und Lignin spielt keine ernährungsphysiologische Rolle und ist meistens nicht nachweisbar. Widersprüchliche Ergebnisse über die fördernde und hemmende Wirkung von Aminosäuren und anderen organischen Verbindungen sind vor allem darauf zurückzuführen, daß oft für Mycorrhiza-Pilze zu hohe Konzentrationen angewendet werden.

Rein saprophytische Arten tolerieren dagegen viel größere Substratkonzentrationen. Ähnliche Erfahrungen liegen auch für Phosphate vor. Die in vielen Pilzmedien benutzten Konzentrationen von 50 mM wirken bereits deutlich hemmend auf viele Mycorrhiza-Pilze. Als Stickstoffquelle bevorzugen Ekt-M-Pilze, wie andere Pilze, Ammoniumionen. Einige können auch Nitrat reduzieren. Bei der Verwertung von Aminosäuren sind erhebliche Unterschiede bei verschiedenen Arten zu beobachten. So wächst *Paxillus involutus* mit Glutaminsäure bzw. mit Arginin gleich gut wie auf Ammoniumsulfat. Kein Wachstum ist dagegen auf Leucin, Tyrosin oder Histidin zu registrieren. *Lactarius rufus* dagegen kann z. B. Glutaminsäure nicht nutzen. Ob diese Unterschiede auf An- bzw. Abwesenheit spezifischer Carrier zurückzuführen ist, oder ob einzelne katabolische Enzyme fehlen, ist ungeklärt. Thiamin oder seine Bausteine sind ein essentieller Wachstumsfaktor für viele ektotrophe Mycorrhiza-Pilze.

Für die Interaktion mit den Pflanzenwurzeln ist von besonderer Bedeutung, daß ektotrophe Mycorrhiza-Pilze **Pflanzenhormone** ausscheiden können. Bei Wachstum auf Tryptophan als einziger N-Quelle scheiden sie Indolessigsäure (IES) aus, einige Arten auch Indolpropionsäure oder Indolbuttersäure. Durch gleichzeitige Synthese eines Inhibitors der pflanzlichen IES-Oxidase kann die Konzentration dieser Phytohormonklasse in der Rhizosphäre in den Bereich kommen, in dem sie die Wuchsform der Wurzeln beeinflußt. Dazu können die Unterdrückung der Wurzelhaarbildung, die Verzweigungsform der Wurzeln und die Form der äußeren Rindenzellen der Wurzeln gehören. Solche morphogenetischen Wirkungen sind jedoch in situ sicher nicht allein auf Auxine zurückzuführen, da Mycorrhiza-Pilze auch Kinine, Gibberelline und Ethylen ausscheiden. Die mit der Mycorrhiza vergesellschafteten anderen Mikroorganismen können durch Ausscheidung von Phytohormonen, Vitaminen und Aminosäuren ebenfalls Symbionten wie Wurzelzellen beeinflussen (Abb. 10.**6**). Einzelne Mycorrhiza-Pilze wiederum können durch **Antibiotika**-Produktion die Begleitflora hemmen. Während z. B. bei *Amanita muscaria* und bei *Pisolithus tinctorius* weder fungistatische noch bakteriostatische Substanzen nachzuweisen waren, produziert *Leucopaxillus (Clitocybe) cerealis* Diatetryn-Nitril (ein Polyacetylen), das sowohl das Wachstum von Bakterienstämmen wie von Pilzstämmen hemmt.

10.1.4.   Stoffaustausch zwischen Symbiont und Wirtspflanzen

Der Austausch von C- und Energiequellen und von essentiellen mineralischen Nährstoffen ist, ähnlich wie bei der VA-Mycorrhiza, auch bei der Ekto-Mycorrhiza der wichtigste physiologische Prozeß zwischen Wirtspflanzen und symbiotischen Pilzen.

10.1.4.1. Kohlenhydrate

Während Saccharose die Transportform der photosynthetischen Assimilate in die Wurzeln ist, werden Glucose und Fructose als Transfermetaboliten in den Pilz angesehen. Die in die Hyphen aufgenommene Glucose wird dort zu **Trehalose** und **Glykogen** umgewandelt, die Fruktose zu Mannit. Eine Zunahme der Invertaseaktivität in den Mycorrhiza-Wurzeln bestätigt diese Transportformen. Die Saccharosespaltung findet entweder in den Wirtszellen oder extrazellulär auf der Oberfläche der Pilze in der Grenzschicht zwischen Pflanzenzellen und Pilzhyphen statt. Die Ausscheidung aus dem Wirt ist passiv. Die Aufnahme der Zucker erfolgt aktiv in die Pilzzellen. Durch sofortige Phosphorylierung zu Hexose-Phosphat im Cytoplasma der Symbionten bleibt ein Konzentrationsgradient erhalten und kann zu einem kontinuierlichen Transport von der Pflanzenwurzel in die Zellen des Hartigschen Netzes und des Pilzmantels führen. Mannit als Stoffwechselprodukt des Pilzes kann die Ausscheidung von Glucose und Fructose aus den Rindenzellen dadurch steigern, daß es die Glucokinase und die Fructokinase in den Pflanzenzellen hemmt. Die Poolkonzentration der Zucker und die Ausscheidung wird gesteigert. Bei dieser Hypothese ist jedoch ungeklärt, ob die entsprechenden Kinasen in den Pilzen nicht ebenfalls von Mannit gehemmt werden, oder Mannit in den Pilzhyphen anders kompartimentiert ist. Neben dem Transfer von Zuckern spielt die Aufnahme von Aminosäuren und organischen Säuren speziell in den Bereichen der Mycorrhiza eine Rolle, wo intakte Pilzhyphen an bereits absterbende und sich auflösende Pflanzenzellen angrenzen. Die Messung der Verteilung von photosynthetisch fixiertem $^{14}CO_2$ in Organen von Kiefern mit Mycorrhiza und Kontrollpflanzen ohne Symbiose zeigt, daß die in den Mycorrhiza-Wurzeln gebundene ^{14}C-Menge sehr gering ist (Tab. 10.5). Dagegen wird der im Wurzelsystem veratmete Anteil der Kohlenhydrate und auch der in den verholzten Wurzelanteilen festgelegte ^{14}C signifikant bei den Mycorrhizapflanzen erhöht. Die Symbiose führt also zu einer erhöhten „**Sink**"-**Eigenschaft** des ganzen Wurzelwerkes. Die Photosyntheseleistung von 6 bis 10 Monate alten Pflanzen von *Pinus taeda* ist durch die Mycorrhiza mehr als verdoppelt (Tab. 10.5). Die Unterschiede der Atmungsraten von Wurzeln mit Mycorrhiza und ohne Symbiose sind stark alters- und artenabhängig, da sich durch die Verpilzung einerseits die Lebensdauer der Meristeme von Kurzwurzeln erhöht, auf der anderen Seite deren Wachstumsrate verringert ist. Der Verzweigungstyp der Wurzeln wird die Atmungsmeßwerte also stark beeinflussen. Die Atmung von Mycorrhizen (von *Fagus*) wird durch Hemmstoffe des Elektronentransportsystems zur Cytochromoxidase (Cyanide, Azid) nicht gehemmt oder sogar erheblich gesteigert. Dies wird erklärt durch einen funktionsfähigen Nebenweg vom Ubichinon zum Sauerstoff, der durch diese Substanzen nicht gehemmt wird.

10.1.4.2. Mineralische Nährstoffe

Im Gegensatz zur VA-Mycorrhiza müssen bei ektotrophen Mycorrhizen alle mineralischen Nährstoffe durch den pilzlichen Hyphenmantel hindurch in die Wurzeln transportiert werden. Die Phosphataufnahme durch Mycorrhizen ist im Vergleich zu gleich langen, nicht infizierten Wurzeln 3- bis 5mal so effizient. Zwischen 80 und 90% des aufgenommenen Phosphats wird zunächst im Pilzmantel gefunden. Dort werden die Phosphate als Polyphosphate gespeichert. Nur bei unökologisch hohen Phosphatkonzentrationen spielt der passive Transport zwischen den Hyphen des Mantels eine Rolle. Nach Erschöpfung der Phosphataufnahme durch die Mycorrhizen können die Wurzelzellen an den Phosphatspeichern der Pilze partizipieren. Diese Funktion eines Phos-

Tabelle 10.**5**   Verteilung (%) von photosynthetisch fixiertem $^{14}CO_2$ in Organen von *Pinus taeda* im Vergleich von Mycorrhiza- (M) und Nichtmycorrhiza-Pflanzen (NM) (nach *Reid* et al.)

Pflanzen-alter (Monate)	Mycor-rhiza Status	Sproß			Wurzeln			Gesamt ^{14}C fixiert (10^3 dpm)
		Nadeln	Achsen	Atmung	Verholzte Wurzeln	Mycor-rhiza-Wurzeln	Atmung	
2	M	28,6	27,3	5,5	32,2	0,10	6,0	77
	NM	26,9	53,0	3,8	13,2	–	2,8	270
4	M	36,8	30,1	6,3	14,6	0,10	11,8	856
	NM	32,4	48,0	4,8	12,0	–	2,4	587
6	M	15,7	13,9	5,7	33,5	0,10	30,4	1528
	NM	23,8	42,5	5,2	20,4	–	7,6	698
10	M	29,2	25,4	6,9	14,3	0,10	23,5	4222
	NM	28,7	38,6	6,1	14,3	–	11,6	1701

phatzwischenspeichers erfüllt der Pilzmantel bei Phosphatkonzentrationen, die sich um 3 Zehnerpotenzen unterscheiden (Tab. 10.**6**). Bei einer Konzentration von $3 \cdot 10^{-6} \, \mathrm{M}$ Phosphat nehmen die Mycorrhizen (1,2 g aus einem dm^{-2} Boden) innerhalb von 24 Std. über 250 µg Phosphat auf, bei einer Konzentration von $3 \cdot 10^{-8} \, \mathrm{M}$ Phosphat nur ca. 3 µg. Polyphosphatgranula enthalten hohe Calciumkonzentrationen und die Anreicherung dieses Elements folgt weitgehend der des Phosphats. Da der weit überwiegende Teil des Phosphats in der Bodenlösung als organisches Phosphat vorliegt, ist die Phosphatase und die Phytase-Aktivität von Mycorrhizapilzen für die Verfügbarkeit dieses P-Pools von großer Bedeutung. Die Phosphataseaktivität von Mycorrhizen von *Fagus* ist bis zu 8fach höher als die von nichtinfizierten Wurzeln.

Die Ammoniumassimilation erfolgt überwiegend über die Synthese von Glutamin. Eine hohe Dunkelfixierung von CO_2 ist mit der Ammoniumaufnahme verbunden und wird erklärt über die PEP-Carboxylase-Reaktion, durch die organische Säuren als Vorstufen für Aminierungsreaktionen gebildet werden. Die Aminosäurezusammensetzung von Mycorrhizen und Ekt-M-freien Wurzeln ähneln sich jedoch mit Werten von 68–73 µmol Arginin pro g Trockenmasse, 38–41 µmol Asparagin und 23–25 µmol Glutamin. Die Pools aller anderen freien Aminosäuren sind sehr klein.

10.1.5. Ökologische Verbreitung

Die Nadel- und Laubwälder der nördlichen Hemisphäre, der Bergregionen im Süden von Afrika und Südamerika sowie die Eukalyptus- und Nothofaguswälder Australiens und Neuseelands sind die Hauptverbreitungsgebiete der ektotrophen Mycorrhiza. Für mehr als die **Hälfte der Waldfläche der Erde** (also über 20 Millionen km^2) ist diese Symbiose eine wichtige Voraussetzung für die Besiedlung armer Böden und die Stabilität des Ökosystems Wald.

In den Hartlaubwäldern der Mittelmeerländer sind *Quercus*- und *Pinus*-Arten mit ektotropher Mycorrhiza verbreitet wie *Quercus ilex, Q. suber* (Korkeiche), *Q. coccifera, Pinus pinea, P. pinaster* und die ursprünglich aus Californien eingeführte *Pinus radiata*. Absolut dominierend sind Ekt-M-Bäume im Bereich der Baumgrenzen in subalpinen Gebieten. In Europa sind Arten verbreitet wie *Pinus mugo, P. cembra* und *Larix decidua*, im Himalaya *Pinus griffithii, Abies webbiana, Larix griffithiana* und *Betula utilis*, in Nordamerika *Pinus contorta, P. flexilis, Picea engelmanii* und *Abies lasiocarpa*. An der Baumgrenze zu den Steppengebieten Asiens sind Laubbäume mit ektotropher Mycorrhiza dominierend wie *Quercus robur* und *Populus tremula* und in Nordamerika *Populus tremuloides*. Obligat von einer Ektomycorrhiza abhängige Arten sind besonders in den Gattungen *Pinus, Picea, Abies, Larix, Quercus, Fagus* und *Carpinus* verbreitet. Fakultativ ektomycotrophe Arten sind in den Gattungen *Acer, Alnus, Betula, Corylus, Cupressus, Eucalyptus, Juniperus, Salix* und *Ulmus* häufig.

Die Verbreitung der Ekt-M-Pilze hängt vom Vorkommen der Wirtsbäume ab. Bei reinen Beständen einer Baumart sind charakteristische **Sukzessionen** von Fruchtkörper-

Tabelle 10.**6**   Phosphataufnahme durch Mycorrhizen von *Fagus sylvatica* (nach *Harley* u. *McCready*)

Konzentration an Phosphat (M)	$3 \cdot 10^{-8}$	$3 \cdot 10^{-7}$	$3 \cdot 10^{-6}$	$3 \cdot 10^{-5}$
Aufnahme (µg Phosphat $\cdot$ Tag^{-1}) pro dm^{-2} mit 1200 mg Mycorrhizen	3,3	32	266	970
Aufnahme in den Pilzmantel (µg)	3,0	29	240	870
Aufnahme in die Wurzelzellen (µg)	0,3	3	26	100

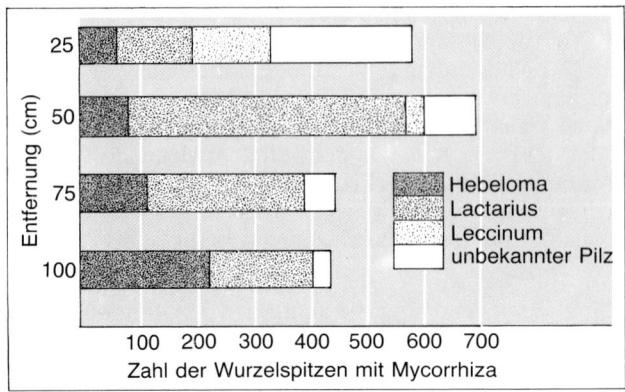

Abb. 10.**9** Anzahl von Wurzelspitzen mit verschiedenen
Mycorrhiza-Pilzen in 25 bis
100 cm Entfernung vom
Stamm von *Betula pubescens*
(nach *Deacon* et al.)

bildungen zu beobachten. So dominieren in einem neu gepflanzten Birkenwald in den ersten Jahren *Hebeloma*-Arten, nach 6 Jahren *Leccinum*-Arten und nach 10 Jahren *Russula* sp. (Tab. 10.**7**). In einem Mischwald mit kontinuierlicher Verjüngung werden solche Sukzessionen sich nicht großflächig ausprägen und ein gemischtes Artenspektrum erhalten bleiben. Bei *Betula pubescens* ist auch untersucht worden, wie der Anteil verschiedener Mycorrhizapilze, die Seitenwurzeln infizieren, sich mit zunehmender Entfernung vom Baumstamm verändert (Abb. 10.**9**). In 25 cm Entfernung sind weniger als 10% der Wurzeln mit Mycelien von *Hebeloma* sp. infiziert, in 100 cm Abstand dagegen über die Hälfte. *Lactarius* sp. haben ihr Optimum in 50 cm Abstand vom Stamm. Mycelien von *Leccinum* sp. kommen in 75 und 100 cm Entfernung nicht mehr vor auf den Wurzeln. Mit zunehmender Bodentiefe nimmt der Anteil der Wurzelspitzen mit Mycorrhiza bei verschiedenen Bäumen unterschiedlich stark ab. Während bei *Fagus sylvatica* auch in 2 m Bodentiefe noch 70% der zur Mycorrhiza befähigten Wurzelanteile infiziert sind, ist dieser Anteil bei *Pinus sylvestris* auf unter 30% gesunken (Abb. 10.**10**).

Die günstigste Humusform für die ektotrophe Mycorrhiza ist ein schwach saurer Mull mit einem relativ niedrigen P- und N-Gehalt, mit guter Durchlüftung und einer ausrei-

Tabelle 10.**7** Sukzession der Fruchtkörperbildung in einem neu gepflanzten Birkenwald (nach *Last* et al.)

Jahre nach Anpflanzung	Pilz
1	–
2	*Hebeloma crustuliniforme, Laccaria* sp.
3	*Thelephora terrestris*
4	*Hebeloma fragilipes, Hebeloma sacchariolens, Hebeloma mesophaeum, Inocybe lanuginella, Lactarius pubescens*
6	*Crotinarius* sp., *Hebeloma leucosarx, Hymenogaster tener, Inocybe petiginosa, Leccinum roseofracta, Leccinum scabrum, Leccinum versipelle, Peziza badia, Ramaria* sp.
7	*Cortinarius* sp., *Hebeloma* sp., *Lactarius glyciosmus, Leccinum subleucophaeum*
10	*Hebeloma vaccinum, Russula betularum, Russula grisea, Russula versicolor*

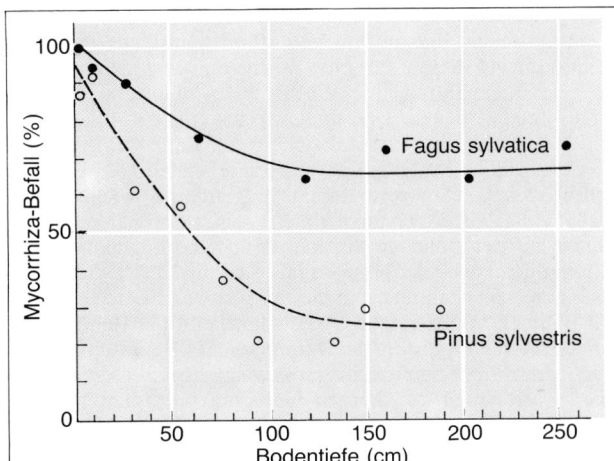

Abb. 10.**10**   Abnahme des Mycorrhiza-Befalls bei *Fagus sylvatica* und *Pinus sylvestris* mit zunehmender Bodentiefe (nach *Lyr* u. *Meyer*)

chenden Wasserversorgung. Für die Verbreitung im Bodenvolumen ist aber in erster Linie der Verzweigungstyp der Baumwurzeln ausschlaggebend. So kann die Zahl der **Wurzelspitzen** von *Fagus sylvatica* von ca. 5000 pro l Boden in einer eutrophen Parabraunerde auf über 160 000 in einem Podsol-Boden in den oberen Schichten zunehmen.

10.1.6.   Wirtschaftliche Bedeutung und praktische Anwendung

Da die wichtigsten Holzlieferanten der Weltwirtschaft zu den ektomycotrophen Bäumen gehören, hat diese Symbiose auch eine erhebliche wirtschaftliche Bedeutung. Die jährliche Rundholzmenge beträgt über 450 Millionen m³ mit einem Materialwert von über 60 Milliarden DM. Die praktische Anwendung wird besonders deutlich, wenn Bäume in Gebieten angepflanzt werden sollen, in denen die erforderlichen Mycorrhiza-Pilze fehlen.

10.1.6.1. Produktion und Anwendung von Inokula

Die einfachste und am besten erprobte Methode zur Beimpfung von Neuanpflanzungen ist die Übertragung von gut durchwurzelten Bodenproben. Bei großflächigen Plantagen in weit entfernten Ländern spielen hierbei aber die Transportkosten bereits eine Rolle. Zudem muß die Erde vor Überhitzung und Austrocknung geschützt werden, da die meisten ektotrophen Mycorrhizapilze gegen beide Streßfaktoren relativ empfindlich sind. Verwaltungstechnische Hindernisse für diese Methode sind aber vor allem strikte Quarantänevorschriften in vielen Ländern, die einen Import von Bodenproben verbieten, um das Risiko für die Einschleppung von Pathogenen nicht zu vergrößern. In diesen Fällen kann der Start mit Reinkulturen von Mycorrhiza-Pilzen erfolgen, sowohl mit Mycelien wie mit Sporen. Nach einer erfolgreichen Infektion von Keimlingspflanzen in kleinem Maßstab können diese dann im Boden dazu dienen, eng benachbarte weitere Keimpflanzen direkt über den Boden zu infizieren. Dadurch erfolgt bereits eine Selektion der Mycelien, die für die entsprechenden Böden und Klimabedingungen am besten geeignet sind.

Als Pilz mit einem weiten Wirtsspektrum von über 50 Baumarten ist *Pisolithus tinctorius* als Inokulum intensiv untersucht worden. In Konkurrenz mit anderen bodenständigen Mycorrhiza-Pilzen besiedelt er nach Beimpfung 50–75% aller Seitenwurzeln von *Pinus taeda, Pinus ponderosa* oder *Quercus rubra* (Tab. 10.**8**). Pflanzenhöhe, Stammdurchmesser und Pflanzengewicht werden selbst bei relativ jungen Pflanzen schon signifikant gesteigert. Kurzfristig kann jedoch auch bei Beimpfung mit diesem Pilz eine Wachstumsverzögerung auftreten, wenn der Verlust an Assimilaten noch nicht durch eine Wachstumsstimulierung durch eine bessere Mineralsalzversorgung aufgewogen wird. *Pisolithus tinctorius* hat eine natürliche Verbreitung an Kohlenhalden, Abraumhalden und anderen Ruderalflächen, auf denen sehr widerstandsfähige Bäume gedeihen. Dort toleriert er hohe Bodentemperaturen, sehr niedrige pH-Werte, Trockenperioden und hohe Konzentrationen von Schwermetallen. In Reinkultur wächst er noch bei Temperaturen von 40 °C, erst bei 45 °C sterben die Hyphen ab. Bei seiner optimalen Wachstumstemperatur von 30 °C wächst er schnell auf den üblichen Pilzmedien in Oberflächenkulturen und Suspensionskulturen. An der gelbbraunen Farbe der Hyphen läßt sich die Entwicklung seiner Mycorrhiza auf den Wurzeln gut erkennen, wo er zahlreiche in das Substrat gerichtete Myzelstränge ausbildet. Bei Neuanpflanzung von Bäumen auf extremen Standorten kann die Beimpfung mit diesem Pilz ein entscheidender Vorteil für das Wachstum der Bäume sein. In Baumschulen von Waldbäumen ist demgegenüber als Mycorrhiza-Pilz *Telephora terrestris* weit verbreitet, der sehr an deren gute Böden angepaßt ist. Bei einer Aufforstung von kargen Gebieten mit Jungpflanzen aus solchen Baumschulen ist eine Beimpfung mit ähnlich widerstandsfähigen Pilzen wie *Pisolithus* besonders wichtig. Eine Inokulumsproduktion von *Pisolithus tinctorius* beginnt mit dem Wachstum von Mycelien bei Zimmertemperatur auf einem Substrat von Vermikulit und Humus, das mit einer glucosehaltigen Nährlösung getränkt ist. Nach 3–4 Monaten wird das von den Hyphen durchwachsene Substrat von den Nährsalzen durch Auswaschen befreit und bei 25–30 °C bis zu einem Feuchtigkeitsgehalt von 15–20 % getrocknet. Die Mycelien in diesem Präparat bleiben für mehrere Wochen lebensfähig und infektiös.

Weniger erprobt ist die direkte Inokulation von Samen mit den Basidiosporen von *Pisolithus tinctorius* und anderen ektotrophen Mycorrhizapilzen. Dazu werden die Samen mit einem Kapselmaterial unter Einschluß von 1 mg (= 10^6) Basidiosporen umgeben. Darin eingeschlossen sein kann auch ein Zusatz eines Fungizids, das die Entwicklung des entsprechenden Mycorrhizapilzes nicht hemmt. Nach dem Auspflanzen müssen die umkapselten Samen täglich gewässert werden, um die Sporen freizusetzen und die Samenkeimung zu optimieren.

10.1.6.2. Ekto-Mycorrhiza und Wurzelkrankheiten

Der **Schutz** gegenüber **Wurzelpathogenen** ist bei einer voll ausgebildeten Ekto-Mycorrhiza noch ausgeprägter als bei der VA-Mycorrhiza (s. Abschnitt 9.3.5.2.). Eine von

Tabelle 10.**8** Wachstum und Ekto-Mycorrhiza-Entwicklung von *Pinus*-Arten und *Quercus rubra* nach Beimpfung mit *Pisolithus tinctorius* (Pt) (nach *Marx* et al.)

Baumart	Inokulum	Pflanzen-höhe (cm)	Stamm-durch-messer (mm)	Pflanzen-gewicht (g) (Sproß und Wurzel)	Prozent der kurzen Seitenwurzeln mit Mycorrhiza	
					PT	Alle Pilze
Pinus taeda	*Pisolithus tinctorius*	26,8	5,4	20,9	43	56
Pinus taeda	– – – –	24,0	4,2	11,1	0	39
Pinus ponderosa	*Pisolithus tinctorius*	24,2	7,5	37,9	25	30
Pinus ponderosa	– – – –	22,9	7,3	32,8	0	10
Quercus rubra	*Pisolithus tinctorius*	40,2	7,7	34,1	17	31
Quercus rubra	– – – –	32,1	6,8	25,2	0	26

Pisolithus tinctorius gebildete Mycorrhiza steigert die Überlebensrate von *Pinus taeda* nach Infektion durch *Rhizoctonia solani* signifikant. Die durch *Mycelium radicis atrovirens (Phialocephala dimorphosphora)* bei *Picea mariana* ausgelöste Wachstumshemmung und Chlorose läßt sich durch gleichzeitige Inokulation mit dem Mycorrhizapilz *Suillus granulatus* vollständig aufheben. Mindestens sechs verschiedene Mechanismen werden diskutiert, wie ektotrophe Mycorrhizapilze die Infektion durch Pathogene reduzieren können:

I   **Ausscheidung** von Antimykotika und Antibakteriotika;

II **Förderung** von anderen Mikroorganismen, die ihrerseits die pathogenen Keime hemmen;

III **Produktion** von selektiv antibiotisch wirksamen Substanzen durch die pflanzlichen Rindenzellen, induziert durch die symbiotischen Pilze;

IV **Verbrauch** der C- und Energiequellen auf der Wurzeloberfläche zu so niedrigen Konzentrationen, daß die Pathogene nicht mehr wachsen können;

V   **Ausscheidung** von spezifischen Siderophoren, die die Eisenversorgung der Pathogene limitieren in Analogie zu entsprechenden Wachstumshemmungen, die bei Bakterien bekannt sind;

VI Ein überwiegend **struktureller Schutz** der Wurzel durch den dicken Pilzmantel.

Bei den verschiedenen Gattungen von Mycorrhiza-Pilzen können mehrere dieser Strategien verwirklicht sein. So produzieren mehr als 80% aller *Tricholoma* sp. **Antibiotika**, dagegen keine von über 40 Arten der Gattung *Russula*. Antibakterielle Aktivitäten sind besonders in den Gattungen *Cortinarius, Hebeloma* und *Lactarius* nachzuweisen, antimykotische Wirksamkeit in den Gattungen *Boletus* und *Clitocybe*. Nur wenige dieser Antibiotika von Mycorrhiza-Pilzen sind bisher chemisch und in ihrem Wirkungsmechanismus aufgeklärt. Bei Birken ist gezeigt worden, daß Mycorrhizen im Vergleich zu Wurzeln ohne Symbiose zu einer Anreicherung von Nichtpathogenen wie *Penicillium* sp. in der umgebenden Rhizosphäre führen und zu einer Verringerung von Wurzelpathogenen wie *Phythium* und *Fusarium*. Die C_{min}-Werte, also die Konzentrationen von C-Quellen, bei denen keine positive Nettobilanz von Aufnahme und Ausscheidung von Kohlenstoff- und Energiequellen mehr meßbar ist, sind für Mycorrhizapilze ebenfalls kaum untersucht. Die durch eine ektotrophe Mycorrhiza infizierten Wurzeln scheiden bis zu 8mal mehr flüchtige Terpene und Sesquiterpene aus als nichtinfizierte Pflanzenorgane. Monoterpene hemmen das Wachstum des Pathogens *Phytophthora cinnamomi*. Ob Ekt-M-Pilze eine für die Abwehr von Pathogenen signifikante Phytoalexin-Produktion induzieren ist nicht gesichert.

Der effektivste Schutzmechanismus ist die Ausbildung eines geschlossenen Myccorrhiza-Mantels um die Wurzeln. Bei *Pinus taeda* und *Pinus echinata* z. B. führt die Entfernung des Mantels zu einer raschen Infektion durch *Phytophthora cinnamomi*, während die intakten Mycorrhizen völlig frei von Infektionen bleiben.

10.2. Ekt-endo-Mycorrhiza bei Koniferen

Diese Form der Mycorrhiza ist einerseits gekennzeichnet durch Strukturen, wie sie für die Ekto-Mycorrhiza bereits beschrieben sind, andererseits durch **intrazelluläre Entwicklungsstadien**. Diese Stadien lassen sich deutlich abgrenzen von Alterungserscheinungen der Ekto-Mycorrhizen, wo die Hyphen in bereits absterbende Zellen eindringen. Bei der Ekt-endo-Mycorrhiza bleiben die infizierten Rindenzellen und die intrazellulären Pilzhyphen über ein Jahr lebensfähig und erreichen damit ein ähnliches physiologisch aktives Alter wie die Ekto-Mycorrhizen. Die Ekt-endo-Mycorrhiza ist vor allem in den

Gattungen *Pinus* und *Picea* verbreitet, weniger in der Gattung *Larix*. Die Pilze sind wahrscheinlich ausschließlich Ascomyceten. Die Pilzhyphen durchdringen die Zellwände mit Hilfe von Apressorien und wachsen dann in das Lumen der Zellen hinein. Meristemzellen werden nicht infiziert. In älteren Wurzeln werden die Ekt-endo-Mycorrhiza-Pilze oft durch Ekto-Pilze verdrängt. Es sind jedoch auch Experimente beschrieben, bei denen der gleiche Pilzstamm eine Ekt-endo-Mycorrhiza bei *Pinus* und eine Ekto-Form bei *Picea* ausbildet.

10.3.   Mycorrhiza der Ericales

Die Mycorrhizen in dieser Ordnung weisen in verschiedenen Arten Übergänge von Ekto- über Ekt-endo- bis zu reinen Endo-Typen auf. Diese zum Teil hochspezialisierten Formen der Mycotrophie ermöglichen die Besiedlung N- und P-armer Böden und sind eine Voraussetzung für die weite **Verbreitung** von Ericaceen in den Heidegebieten, Hochmooren und Nadelwäldern der Erde.

10.3.1.   Ericaceae

Die Entwicklung der Symbiose ist bei *Calluna*, *Vaccinium* und *Rhododendron* am besten untersucht. Diese Ericaceen haben besonders dünne Wurzeln, die als **Haarwurzeln** bezeichnet werden und nur einen Durchmesser von 40 bis 100 µm haben. Die auf der Oberfläche der Wurzeln wachsenden Mycorrhiza-Hyphen dringen zunächst zwischen den Rhizodermiszellen ein und durchbohren von dort deren Zellwände. Dabei werden die Hyphen von einem Matrixmaterial („Kragen") umgeben und sie bleiben vom Plasmalemma und Cytoplasma der Wirtszellen umschlossen. Dabei ähnelt diese Infektion

Tabelle 10.**9**   Pilze, die von den Wurzeln von *Calluna vulgaris* und von *Vaccinium myrtillus* durch direktes Ausplattieren und nach Mazeration isoliert wurden (nach *Pearson* u. *Read*)

Isolierte Pilze	*Calluna vulgaris*		*Vaccinium myrtillus*	
	Direkt. Plattieren	Mazeration	Direkt. Plattieren	Mazeration
		relativer Anteil der Arten		
Trichoderma sp.	41	3	33	4
Mucor ramannianus	30	0	26	3
Penicillium expansum	27	4	29	6
Mortierella sp.	11	0	14	0
Cephalosporium sp.	4	0	2	0
Aspergillus sp.	6	0	17	2
Fusarium sp.	3	1	5	0
Cladosporium sp.	1	0	1	0
Oidiodendron sp.	1	1	0	0
Unidentifizierte helle Mycelien-Typen	12	0	3	0
Unidentifizierte schnell wachsende dunkle Mycelien	16	2	4	2
Langsam wachsende dunkle Mycelien mit segmentierten Hyphen	3	97	1	89
Langsam wachsende dunkle Mycelien ohne segmentierte Hyphen	4	94	4	85

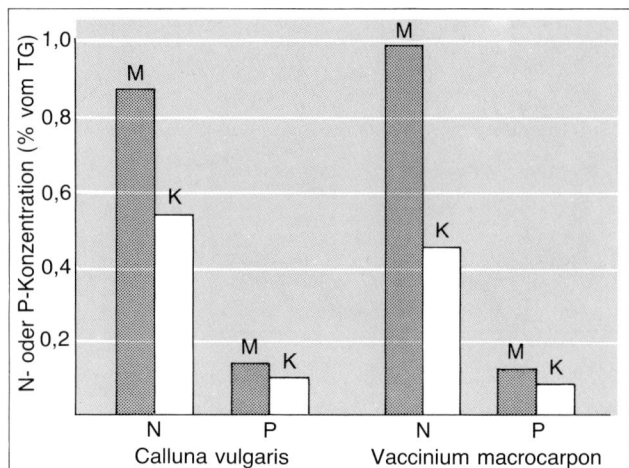

Abb. 10.**11** N-Gehalt und
P-Gehalt in 6 Monate alten
Pflanzen von *Calluna vulgaris*
und *Vaccinium macrocarpon*
mit Mycorrhiza (M) und Kontrollen (K) (nach *Read* u. *Stri-
bley*)

der von VA-Mycorrhizen (s. Kapitel 9). Die Hyphen wachsen dann in den Rhizodermiszellen unter Verzweigung zu dichten Knäueln aus. Gleichzeitig vermehrt sich auch das
Wirtscytoplasma, das auch die Knäuel umgibt. Ein vergrößerter Zellkern und weitere
aktive Zellorganelle in den Rhizodermiszellen lassen darauf schließen, daß ein intensiver
Stoffaustausch zwischen den Symbiosepartnern erfolgt. Alle infizierten Rhizodermiszellen haben eine eigene **Hyphenverbindung** mit dem umgebenden Substrat, so daß ca. 200
solcher Hyphenverbindungen pro mm Wurzel bei *Calluna* zu registrieren sind.

Auf der Wurzeloberfläche von *Calluna* und *Vaccinium* dominieren jedoch keineswegs
Mycorrhizapilze, sondern andere Bodenpilze, wie *Trichoderma, Mucor ramannianus,
Penicillium expansum* und *Aspergillus* sp. (Tab. 10.**9**). Erst nach Mazeration der Wurzeln und Freisetzen der Pilze aus den Rhizodermiszellen überwiegen langsam wachsende
dunkle Mycelien, teils septiert, teils nicht septiert. Durch Fruchtkörperbildung und
Reinfektion von sterilen Keimlingen bestätigt, ist eines dieser Mycelien als *Pezizella
ericae* identifiziert worden. Ob auch der Basidiomycet *Clavaria vermicularis*, der häufig
in enger Assoziation zu Ericaceen vorkommt, zu den Mycorrhiza-Mycelien gehört, ist
ungeklärt.

Ericaceen können auch ohne Mycorrhizen wachsen. In einem bestimmten niedrigen
Konzentrationsbereich von N und P im Boden läßt sich aber eine deutliche Wachstumssteigerung durch Mycorrhizen feststellen. Bei *Vaccinium macrocarpon* und *Calluna
vulgaris* liegt der N-Gehalt von Mycorrhiza-Pflanzen um 50–100% höher als der von
Kontrollpflanzen, die Unterschiede beim P-Gehalt sind geringer (Abb. 10.**11**). Die
bessere Aufnahme von NH_4^+-Ionen durch die Mycorrhiza-Pflanzen ist sowohl auf die
bessere Bodendurchdringung wie auf eine **höhere Affinität** (niedrigeren K_M-Wert) des
Ammoniumaufnahmesystems von Pilzen gegenüber Pflanzen zurückzuführen. Allerdings sind diese niedrigen K_M-Werte bisher nur bei Pilzen wie *Neurospora* nachgewiesen,
nicht bei den Mycorrhizapilzen der Ericaceen. In der Umwandlung von ^{14}C-markierten
Assimilaten der Pflanze zu Trehalose und Mannit als Reservestoffe im Pilz unterscheidet
sich die Ericaceen-Symbiose nicht von der Ekto-Mycorrhiza.

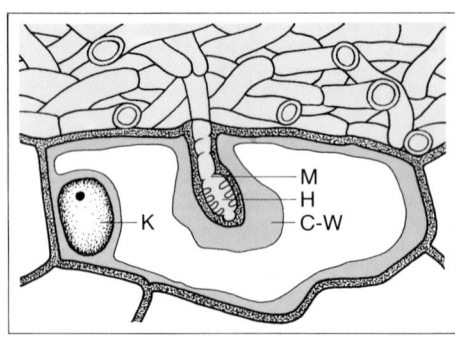

Abb. 10.**12**   Mycorrhiza bei *Monotropa hypopitys*. H: angeschwollenes Haustorium des Pilzes; C-W: Wirtszell-Cytoplasma; M: Matrix (umgewandelte Zellwand); K: Zellkern der Wirtszelle (nach *Francke*)

10.3.2. *Arbutus* und *Monotropa*

Die Mycorrhiza von *Arbutus* und verwandten Gattungen wie *Arctostaphylos* ist gekennzeichnet durch die typischen Strukturen einer Ekto-Mycorrhiza mit einem **Mantel** von 20 bis 80 µm Dicke und einem voll ausgebildeten **Hartigschen Netz**. Von dort aus dringen die Hyphen in die Rhizodermiszellen ein und wachsen zu Knäueln aus. Dieser Typ vereinigt also Merkmale der Ekto- und der Ericaceen-Mycorrhiza. Als Pilze sind durch Resynthese-Versuche die Basidiomyceten *Cortinarius zakii*, *Cenococcum graniforme*, *Laccaria laccata*, *Telephora terrestris* und *Poria terrestris* identifiziert, also typische Ekt-M-Pilze.

Die auch zu den Ericales gehörende *Monotropa* stellt den Endpunkt einer **mycotrophen Entwicklungsreihe** dar. Die chlorophyllfreien holosaprophytischen Pflanzen nehmen über die obligate Mycorrhiza nicht nur mineralische Nährstoffe auf, sondern partizipieren über die symbiotischen Pilze an den C- und Energiequellen benachbarter Baumwurzeln von Koniferen oder Fagaceen.

Die Seitenwurzeln bilden einen Pilzmantel und ein Hartigsches Netz aus. Vom äußeren Hyphenmantel aus werden zusätzlich charakteristische Haustorien entwickelt, die in die Rhizodermiszellen eindringen (Abb. 10.**12**). Die Zellwand umgibt zunächst noch das vordringende Haustorium, das durch nach innen gerichtete Wandverzweigungen den Charakter einer Transferzelle annimmt. Während der Blüte und Samenreife der Pflanzen platzen die Haustorien und entleeren ihren Inhalt in das Cytoplasma der Wirtszellen. Der Transfer von ^{14}C-markierter Glucose aus Bäumen in die assoziiert wachsenden *Monotropa*-Pflanzen ist experimentell bestätigt, wobei andere Mycorrhiza-Pflanzen wie Ericaceen nicht markiert wurden. In *Monotropa* injiziertes ^{32}P-Phosphat ließ sich in den benachbarten Bäumen nachweisen. Die aus *Monotropa* isolierten Mycelien können eine normale Ekto-Mycorrhiza bei *Pinus* ausbilden. Damit ist sowohl stoffwechselphysiologisch wie entwicklungsbiologisch abgesichert, daß die Mycorrhiza die entscheidende ernährungsphysiologische Transportbahn zwischen Baum und Holoparasit ist.

10.4.   Die Mycorrhiza der Orchideen

Orchideen sind wegen ihrer äußerst **kleinen Samen** (0,3–14 µg) bei der Keimung auf die C- und Energieversorgung durch Pilzhyphen angewiesen und daher in diesem Stadium im Boden obligat mycotroph. Auch in späteren Entwicklungsstadien behalten Orchideen ihre Endomycorrhiza, die jedoch bei den photosynthetisch aktiven Orchideen nicht mehr der Versorgung mit **Kohlenstoffquellen** dient. Die heterotrophen Arten bleiben obligat mycotroph und kehren das übliche Symbioseverhältnis der Mycorrhiza um, indem sie den Pilzen Kohlenhydrate entziehen, die von den Hyphen aus dem Boden aufgenommen werden.

10.4.1. Wirtspflanzen und Symbionten

Die über 20000 Arten von Orchideen sind vor allem in den Tropen und Subtropen als Epiphyten verbreitet. In Mitteleuropa kommen etwa 80 Arten von Erdorchideen vor, besonders aus den Gattungen *Orchis, Epipactis* und *Dactylorhiza.* Die **Erdorchideen** aus den gemäßigten Klimaten besiedeln sehr verschiedene Böden und Standorte, an die sich auch ihre Mycorrhizen offensichtlich angepaßt haben. So kommt *Epipactis atropurpurea* auf kalkreichen und trockenen Böden vor, *Ophrys apifera* ebenfalls auf kalkhaltigen, aber feuchteren Standorten, *Liparis loeselii* in Mooren und *Goodyera repens* in moosigen Nadelwäldern.

Die morphologischen und physiologischen Anpassungen der **epiphytischen Orchideen** sind besonders vielfältig, und der ernährungsphysiologische Zusammenhang mit der Mycotrophie ist in vielen Fällen nicht bekannt. So können die Sprosse und Blätter völlig reduziert sein und die Wurzeln können zu Assimilationsorganen umgebildet sein, wie bei *Campylocentrum* und *Taeniophyllum.* Das Rhizom kann stark reduziert sein wie bei *Cattleya* und *Dendrobium,* und viele Arten zeigen in den Blättern ausgeprägte Anpassungen an die Wasserversorgung. Die Formenmannigfaltigkeit der Blüten wird von keiner anderen Pflanzenfamilie übertroffen.

Die Mycorrhiza-Pilze der Orchideen gehören zu den Basidiomyceten. Identifiziert sind z. B. *Pellicularia filamentosa, Thanatephorus cucumeris* (früher als *Rhizoctonia solani,* als imperfekte Form, beschrieben), *Marasmius coniatus, Xerotus javanicus, Sebacina vermifera, Tulasnella calospora, Armillaria (Armilariella) mellea* und *Corticium catonii.* Einige dieser Arten sind weit verbreitete phytopathogene Pilze. Wie diese von Orchideen in der Symbiose ihrer phytopathogenen Wirkung entledigt werden, ist eine interessante, aber ungeklärte Frage. Alle Mycorrhiza-Pilze von Orchideen können lösliche Kohlenhydrate verwerten, viele auch Stärke, Zellulose und Pektine.

10.4.2. Entwicklung und Strukturen der Mycorrhiza

Die Samenkeimung beginnt mit dem Abbau von Lipiden und der Akkumulation von Stärke in der großen basalen Zelle im Zentrum des Embryos. Eine Voraussetzung ist in vielen Arten jedoch eine gründliche, mehrwöchige Wässerung, wahrscheinlich um Keimungsinhibitoren aus der Samenschale zu entfernen. Der auskeimende Same wird über Haare oder andere Epidermiszellen in der Nähe des Suspensors des Embryos von den Hyphen infiziert. Dabei umschließt das Plasmalemma mit dem umgebenden Cytoplasma die eindringende Hyphe. Die Wirtszelle bleibt physiologisch aktiv, kenntlich u. a. an einer aktiven Plasmaströmung. Die infizierten Zellen haben einen 2- bis 4fach höheren DNA-Gehalt als nicht befallene und nicht direkt benachbarte Zellen. Der Pilz durchwächst dann die Einlaßzellen am Suspensor (Abb. 10.**13**) und entwickelt sich in den benachbarten größeren Zellen des Keimlings unter Verzweigung zu dichten Knäueln. Die Grenzschicht von Pilz und Wirtszelle zeigt 2 Schichten, eine kompakte innere Schicht und eine lockere äußere Schicht. Die äußere Schicht könnte der **Matrixschicht** der VA-Mycorrhiza homolog und daher pflanzlichen Ursprungs sein. Die Pilzhyphen bleiben vom Plasmalemma der Wirtszelle umschlossen. Da durch die starke Vermehrung der Hyphen das Wirtscytoplasma nur in einer sehr dünnen Schicht verfügbar ist, liegen Plasmalemma und Tonoplast sehr dicht aneinander.

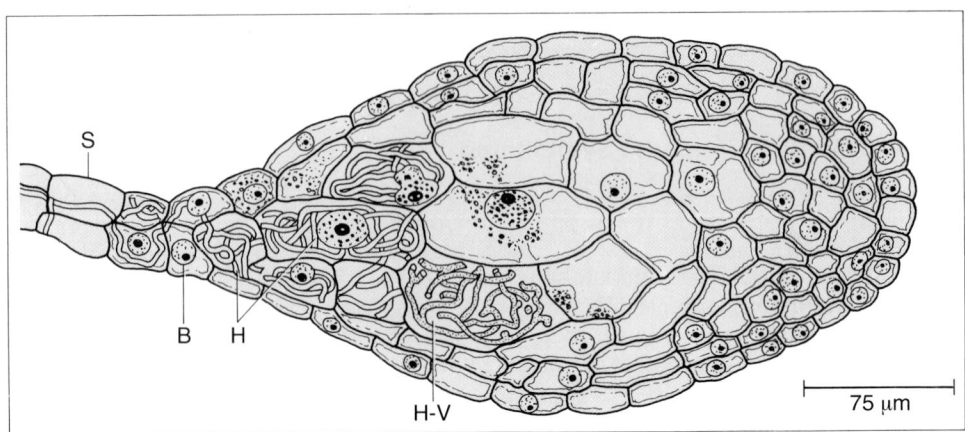

Abb. 10.**13**   Keimling einer Kreuzung von *Laelia grandis* var. *tenebrosa* mit *Cattleya labiata* var. *Mendeli*, infiziert mit einem Pilz aus *Serapias lingua*. S: abgestorbene Suspensorzellen; B: Basalzellen des Embryos mit tetra- und oktoploiden Zellkernen; H: Hyphenknäuel (schematisch) im funktionsfähigen Zustand; H-V: Hyphenknäuel im Stadium der Verdauung (nach *Burgeff*)

Die Hyphen sind in diesem Stadium dicht mit Cytoplasma, Ribosomen und Mitochondrien erfüllt und kaum vakuolisiert. Ihre Zellwand ist nur ca. 60 nm dick. Daran schließt sich die 100–200 nm dicke Matrixschicht. Mit lichtmikroskopischen Methoden kaum erkannt werden konnte die weit verzweigte Grenzschicht vom Plasmalemma der Wirtszelle mit der großen Oberfläche der stark verzweigten und vermehrten Hyphen. Zusätzlich zu dieser großen Vermehrung der Plasmalemmafläche im Kontakt mit dem pilzlichen Symbionten bilden sich auch Vorsprünge in die Vakuolen hinein aus. Es ist anzunehmen, daß mit diesen feinstrukturellen Veränderungen auch Funktionsänderungen dieser Membran einhergehen, die jedoch noch nicht näher biochemisch untersucht sind.

Ein besonderes Kennzeichen der Orchideen-Mycorrhiza ist die bereits sehr früh einsetzende **Verdauung der Pilzhyphen** durch die Wirtszellen, sowohl in Keimlingen wie auch später bei den ausgewachsenen Pflanzen nach Neuinfektionen. Cytologisch ist dieses Stadium an den Hyphen durch eine stärkere Vakuolisierung, verdickte Zellwände und ein degenerierendes Cytoplasma zu erkennen. Die Hyphen verlieren ihren Turgor, anschließend ihr Cytoplasma mit den Zellorganellen und kollabieren. Die degenerierenden Hyphenreste verklumpen zu einer dichten Masse und enthalten die pilzlichen Komponenten (Chitin), die von den pflanzlichen Enzymen offenbar nicht abgebaut werden können. Auf Grund der Anordnung der physiologisch aktiven Zone, der Verdauungszonen in den Schichten der Wurzelrinde und der Histologie des Pilzabbaues hat Burgeff von dieser als **Tolypophagie** bezeichneten Entwicklung einen zweiten Typ abgetrennt, der als **Ptyophagie** bezeichnet wird (Abb. 10.**14**). Hier werden keine stark verzweigten Knäule in den tieferen Zonen des Rindengewebes verdaut, sondern einzelne Hyphen dringen in die Zellen der Verdauungszone ein, die Hyphenspitzen platzen auf und das ausfließende Cytoplasma wird verdaut. Diese Verdauungszone kann in einzelnen Arten wie *Gastrodia callosa* nur eine Zellschicht ausmachen.

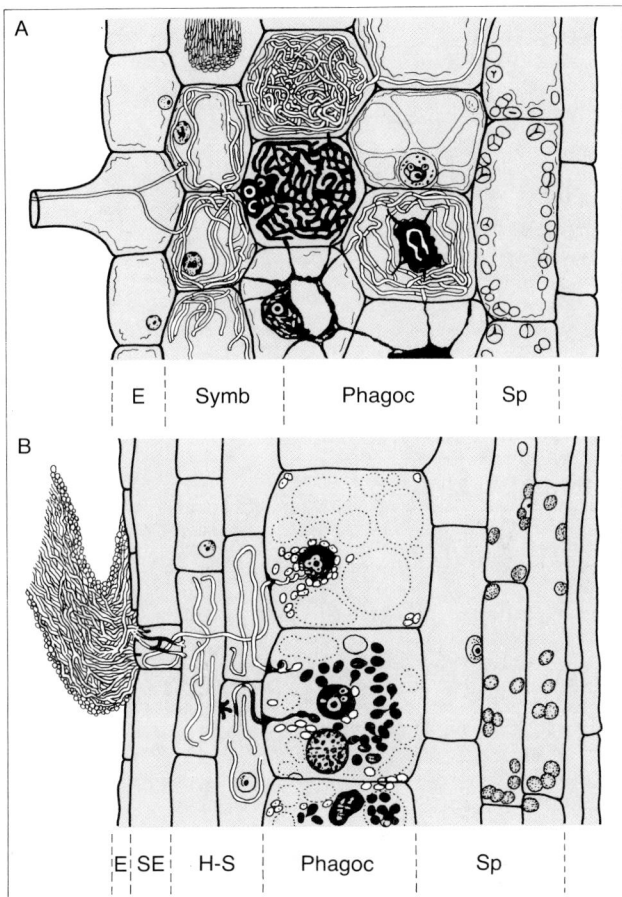

Abb. 10.**14**   *A*: Tolypophagie in der Bodenwurzel der
Orchidee *Platanthera chlor-
antha*. Die Zahl der Rindenschichten ist reduziert dargestellt. E: Rhizodermis mit der
Basis einer Wurzelhaarzelle;
Symb: Symbioseschicht;
Phagoc: Zellschichten, in denen die Pilzhyphen phagocy-
tiert werden; Sp: Speicherschicht für Reservestoffe; *B*:
Ptyophagie in der Wurzel von
Gastrodia callosa. E: kolla-
bierte Rhizodermis; SE: sub-
rhizodermale Schicht; H-S:
Hyphenschicht; Phagoc:
Phagocytoseschicht mit sehr
großen Zellen, in denen das
austretende Cytoplasma der
Pilzhyphen resorbiert wird;
Sp: Speicherschicht für Reservestoffe (nach *Burgeff*)

10.4.3.   Ernährungsphysiologie

Mit Hilfe von ^{14}C-markierter Glucose läßt sich eindeutig nachweisen, daß der Pilz den
aufgenommenen Zucker in das Orchideengewebe transportiert und dort kontinuierlich
abgibt. In der Orchidee ist dann ^{14}C-markierte **Saccharose** nachzuweisen, zu deren
Synthese nur der pflanzliche Symbiosepartner befähigt ist. Mycorrhiza-infizierte Wurzeln enthalten neben Saccharose auch signifikante Pools an Glucose und Fructose
(Abb. 10.**15**). Trehalose als wichtiger Reservestoff der Pilze kann ebenfalls von den
Orchideen verwertet werden. Ob das Disaccharid vorher durch eine Trehalase gespalten
wird, ist nicht geklärt. Bei photosynthetisch aktiven Orchideen ist auch der umgekehrte
Transportweg untersucht worden. Über die Blätter appliziertes ^{14}CO$_2$ führt nicht zu
einer signifikanten Markierung von externen Hyphen. Versuche, in denen ganze Pflanzen einschließlich der Wurzelanteile mit ^{14}CO$_2$ inkubiert wurden, haben die Dunkelfixierung von CO$_2$ nicht berücksichtigt und zu Fehlschlüssen geführt. L. KNUDSEN gelang es
zwischen 1922 und 1930 als erstem, Orchideen im Labor ohne symbiotische Pilze zur
Keimung, zum Wachstum und bis zur Blüte zu bringen. Dazu waren nur relativ **einfache
Kulturmedien** erforderlich mit Glucose oder Saccharose als C-Quelle, Ammoniumnitrat
zur N-Versorgung, und einer ausreichenden Pufferkapazität. Ein Zusatz von Vitaminen

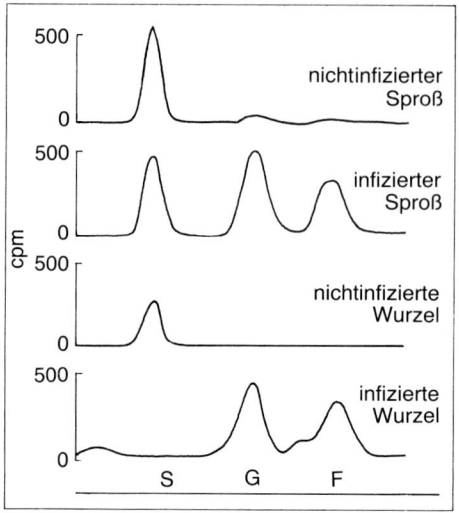

Abb. 10.**15** ^{14}C-markierte Zucker (Saccharose: S, Glucose: G, Fructose: F) in Sprossen und Wurzeln von *Dactylorhiza purpurella*, mycorrhiza-infiziert und nichtinfiziert (nach *Purves* u. *Hadley*)

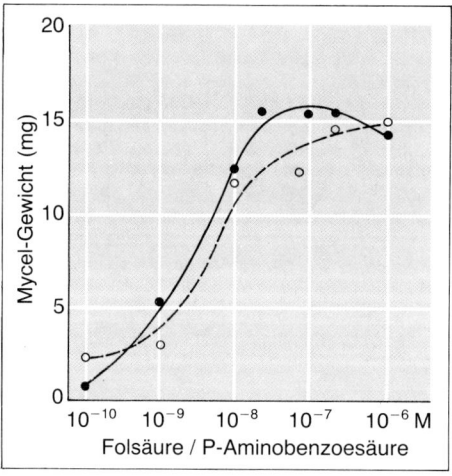

Abb. 10.**16** Wachstum von *Rhizoctonia* sp. (isoliert aus *Cymbidium*) in Abhängigkeit von der Folsäure (●) und der p-Aminobenzoesäure-(○)Konzentration (nach *Hijner* u. *Arditti*)

ist für die meisten Arten nicht essentiell, Folsäure und p-Aminobenzoesäure sind jedoch in einigen Fällen Wachstumsfaktor (Abb. 10.**16**).

Hinsichtlich der Versorgung mit Phosphaten und N-Verbindungen haben die Mycorrhiza-Pilze der Orchideen ähnliche Funktionen wie die von anderen Wirten. Diese Rolle ist vor allem bei den Orchideen von Bedeutung, die stark verdickte und wenig verzweigte Wurzelsysteme haben. Durch die kontinuierliche Verdauung von Pilzhyphen in den Rindenzellen der Wurzeln haben die Pflanzen aber bereits eine zusätzliche Mineralstoffquelle, sowohl für die Makroelemente N und P wie auch für viele Spurenelemente. Die ausgeprägte epiphytische Lebensweise vieler Orchideen könnte daher ursächlich mit dieser Form der Mycorrhiza zusammenhängen.

11. Literatur

Die nachfolgend aufgeführte Literatur enthält vor allem Sammelbände, Tagungsberichte und Übersichtsaufsätze.

11.1. Begriffliche Übersicht, Bedeutung von pflanzlichen und mikrobiellen Symbiosen und Endosymbiontentheorie der Chloroplasten- und Mitochondrien-Evolution

Follmann, H.: Chemie und Biochemie der Evolution: wie und wo entstand das Leben? Quelle und Meyer, Heidelberg 1981

Gäumann, E.: Pflanzliche Infektionslehre, 2. Aufl. Birkhäuser, Basel 1951

Gilbert, W.: Origin of life: the RNA world. Nature (Lond.) 319 (1986) 618

Herrmann, R. G.: Zur Organisation des Plastoms (Eine Übersicht). Ber. Dtsch. Bot. Ges. 97 (1984) 335–350

Kaplan, R. W.: Der Ursprung des Lebens, 2. Aufl. Thieme, Stuttgart 1978

Kleinig, H., P. Sitte: Zellbiologie, 2. Aufl. Fischer, Stuttgart 1986

Law, R., D. H. Lewis: Biotic environments and the maintenance of sex-some evidence from mutualistic symbioses. Biol. J. Linn. Soc. 20 (1983) 249–276

Lewin, R. A.: Symbiosis and parasitism-definitions and evaluations. BioScience 32 (1982) 254–259

Margulis, L.: Symbiosis in Cell Evolution. Freeman, San Francisco 1981

Matthes, D.: Tiersymbiosen. Fischer, Stuttgart 1978

Mohr, H., P. Schopfer: Pflanzenphysiologie, 3. Aufl., korr. Nachdruck. Springer, Berlin 1985

Remmert, H.: Ökologie. Ein Lehrbuch. 3. Aufl. Springer, Berlin 1984

Schaede, R., F. H. Meyer: Die pflanzlichen Symbiosen. Fischer, Stuttgart 1962

Schenk, H. E. A., W. Schwemmler: Endocytobiology II. de Gruyter, Berlin 1983

Schimper, A. F. W.: Über die Entwicklung der Chlorophyllkörner und Farbkörper. Bot. Ztg. 41 (1883) 105–111; 121–131; 137–146

Schlösser, E.: Allgemeine Phytopathologie. Thieme, Stuttgart 1983

Schweiger, H. D.: International Cell Biology 1980–1981. Springer, Berlin 1981

Smith, D. C.: From extracellular to intracellular: the establishment of a symbiosis. Proc. R. Soc. Lond. B 204 (1979) 115–130

v. Wettstein, D., R. P. Oliver: Zur Molekularbiologie der Photosynthese. Ber. Dtsch. Bot. Ges. 98 (1984) 335–350

Whatley, J. M., P. John, F. R. Whatley: From extracellular to intracellular: the establishment of mitochondria and chloroplasts. Proc. R. Soc. Lond. B 204 (1979) 165–187

11.2. Spezifische Assoziationen von Mikroorganismen und Pflanzen

v. Berkum, P., B. B. Bohlool: Evaluation of nitrogen fixation by bacteria with roots in tropical grasses. Microbiol. Rev. 44 (1980) 491–517

Bitton, G., K. C. Marshall: Adsorption of Microorganisms to Surfaces. Wiley, New York 1980

Brouwer, R., O. Gasparikova, J. Kolek, B. C. Loughman: Structure and Function of Plant Roots. Nijhoff/Junk, The Hague 1981

Brown, M.: Rhizosphere microorganisms-opportunists, bandits or benefactors. In Walker, N.: Soil Microbiology. Butterworths, London 1981 (pp. 21–38)

Chet, I., R. Mitchell: Ecological aspects of microbial chemotactic behavior. Ann. Rev. Microbiol. 30 (1976) 221–239

Cole, J. J.: Interactions between bacteria and algae in aquatic ecosystems. Ann. Rev. Ecol. Syst. 13 (1982) 291–314

Klingmüller, W.: Azospirillum III. Genetics, Physiology, Ecology. Springer, Berlin 1985

Marschner, H.: Nährstoffdynamik in der Rhizosphäre – eine Übersicht. Ber. Dtsch. Bot. Ges. 98 (1985) 291–309

Marschner, H.: The mineral nutrition of higher plants. Academic Press, New York 1986

Mengel, K., E. A. Kirkby: Principles of Plant Nutrition, 3rd Ed. Intern. Potash Institute, Bern 1982

Newman, E. I., A. Watson: Microbial abundance in the rhizosphere: a computer model. Plant and Soil 48 (1977) 17–56

Preece, T. F., C. H. Dickinson: Ecology of Leaf Surface Microorganisms. Academic Press, London 1971

Russel, R. S.: Plant Root Systems. McGraw Hill, London 1977

11.3.   Die *Rhizobium/Bradyrhizobium*-Fabales-Symbiose

Allen, O. N., E. K. Allen: The Leguminosae. McMillan, London 1981

Bergersen, F. J.: Methods for Evaluating Biological Nitrogen Fixation. Wiley, Chichester 1980

Broughton, W. J.: Nitrogen Fixation, Vol. I–IV. Clarendon Press, Oxford 1981

Evans, H. J., P. J. Bottomley, W. E. Newton: Nitrogen Fixation Res. Progress. Nijhoff/Junk, Dordrecht 1985

Gibson, A. H., W. E. Newton: Current Perspectives in Nitrogen Fixation. Austr. Acad. Science, Canberra 1981

Giles, K., A. G. Atherley (eds.): The Biology of the Rhizobiaceae. Intern. Rev. Cytol., Suppl. 13. Academic Press, New York 1981

Gresshoff, P. M., A. C. Delves: Plant genetic approaches to symbiotic nodulation and nitrogen fixation in legumes. In King, P. J., T. Hohn: A Genetic Approach to Plant Biochemistry. Springer, Wien 1986

Hardarson, G., T. A. Lie: Breeding Legumes for Enhanced Symbiotic Nitrogen Fixation. Nijhoff/Junk, Dordrecht 1984

Hellriegel, H., H. Willfahrt: Untersuchungen über die Stickstoffaufnahme der Gramineen und Leguminosen. Beilageheft zu der Zeitschr. d. Vereins für die Rübenzuckerindustrie des Deutsch. Reiches, November 1888

Keller, E. R.: Integrierte Pflanzenproduktion – Konzept für die Erzeugung gesunder Nahrungs- und Futtermittel. Schweiz. Landwirtschaftl. Monatshefte 63 (1985) 233–258

Lyons, J. M., R. C. Valentine, D. A. Phillips, D. W. Rains, R. C. Huffaker (eds.): Genetic Engineering of Symbiotic Nitrogen Fixation and Conservation of Fixed Nitrogen. Plenum Press, New York 1981

Pühler, A., K. N. Timmis: Advanced Molecular Genetics. Springer, Berlin 1984

Röbbelen, G.: Breeding for nutritional improvement of legume seeds – programme or fact? In: Protein Quality from Leguminous Crops, 296–310, EUR 5686 EN, Commission of the European Communities, Brüssel 1977

Skerman, V. B. D.: World Catalogue of *Rhizobium* Collections. World Data Center for Microorganisms. St. Lucia, Queensland (Australien) 1983

Somasegaran, P., H. J. Hoben: Methods in Legume-*Rhizobium* Technology. NIFTAL, Maui, Hawaii 1985

Veeger, C., W. E. Newton: Advances in Nitrogen Fixation Research. Nijhoff/Junk, The Hague 1984

Vincent, J. M.: Nitrogen Fixation in Legumes. Academic Press, Sydney 1982

Weberling, F.: Morphologie der Blüten und der Blütenstände. Ulmer, Stuttgart 1981

11.4.   Die *Bradyrhizobium* sp.-*Parasponia*-Symbiose

Mohapatra, S. S., J. W. Weinmann, K. F. Scott, S. Newton, J. Shine, B. Rolfe, P. M. Gresshoff: Comparative aspects of *Rhizobium* symbiosis with the non legume *Parasponia* and the legumes. In: Analysis of the Plant

Genes Involved in the Legume *Rhizobium* Symbiosis. OECD, Paris 1985

Trinick, M. J.: Symbiosis between *Rhizobium* and the nonlegume *Trema aspera*. Nature 244 (1973) 2460

11.5.   Actinorhiza

Ackermanns, A. D. L., C. v. Dijk: Non-leguminous rootnodule symbioses with actinomycetes and *Rhizobium*. In Broughton, W.: Nitrogen Fixation, Vol. I Ecology. Clarendon Press, Oxford 1981

Becking, J. H.: The genus *Frankia*. In Starr, M. P., H. Stolp, H. G. Trüper, A. Balows, H. G. Schlegel: The Procaryotes, Vol. II. Springer, Berlin 1981

Lalonde, M., A. Quispel: Ultrastructural and immunolo-

gical demonstration of the nodulation of the European *Alnus glutinosa* (L.) Gaertn. host plant by the North American *Alnus crispa* var. mollis Fern. root nodule endophyte. Can. J. Microbiol. 23 (1977) 1529–1547

Torrey, J. G.: The site of nitrogenase in *Frankia* in free living culture and in symbiosis. In Evans, H. J., P. J. Bottomley, W. E. Newton: Nitrogen Fixation Res. Progress. Nijhoff/Junk, The Hague, Dordrecht 1985

11.6.   Weitere Bakterien-Symbiosen

Brown, M. R. W., P. Williams: The influence of environment on envelope properties affecting survival of bacte-

ria in infections. Ann. Rev. Microbiol. 39 (1985) 527–556

Cavalier-Smith, T., J.J. Lee: Protozoa as hosts for endo-symbioses and the conversion of symbionts to organelles. J. Protozool. 32 (1985) 376–379

Haanstadt, J.O., D.M. Morris: Microbial symbiotes of the ambrosia beetle *Xyloterinus politus*. Microb. Ecol. 11 (1985) 267–276

Harwood, C.S., E. Canale-Parola: Ecology of spirochaetes. Ann. Rev. Microbiol. 38 (1984) 161–192

Heckmann, K.: Endosymbionts of *Euplotes*. Int. Rev. Cytol. Suppl. 14, 111–144. Academic Press, New York 1983

Hobson, P.N., R.J. Wallace: Microbial ecology and activities in the rumen. Part I and II. CRC Crit. Rev. Microbiol. 9 (1982) no 3, p 165–225 und no 4, p 253–295

Nealson, K.H., J.W. Hastings: Bacterial bioluminescence: its control and ecological significance. Microbiol. Rev. 43 (1979) 496–518

Preer, J.R., L.B. Preer: Endosymbionts of protozoa. In Krieg, N.R.: Bergeys Manual of Systematic Bacteriology, Vol. 1. Williams & Wilkins, Baltimore 1984

11.7. Cyanobakterien-Symbiosen (außer Flechten)

Böger, P.: Photosynthese und Nutzung der Sonnenenergie. In Heber, U. et al.: Photosynthese. DFG, Bonn 1982

Bothe, H., H. Nelles, H.P. Häger, H. Papen, G. Neuer: Physiology and biochemistry of N_2-fixation by cyanobacteria. In Veeger, C., W. Newton: Advances in Nitrogen Fixation Research. Nijhoff/Junk, The Hague 1984

Carr, N.G., B.A. Whitton: The Biology of Cyanobacteria. Bot. Monogr., Vol. 19. Blackwell, Oxford 1982

Lewin, R.A.: Prochloron and the theory of symbiogenesis. Ann. N.Y. Acad. Sci. 361 (1981) 325–329

Reisser, W.: Endosymbiotic cyanobacteria and cyanellae. In Linsken, H.F., J. Heslopp-Harrison: Cellular Interactions, Vol. 17: Pirson, A., M.H. Zimmermann: Encyclopedia of Plant Physiology, New Series. Springer, Berlin 1984

Stewart, W.D.P., P. Rowell, A.N. Rai: Symbiotic nitrogen-fixing cyanobacteria. In Stewart, W.D.P., J.R. Gallon: Nitrogen Fixation. Academic Press, London 1980

11.8. Phyko-Symbiosen

Goff, L.J.: Algal Symbiosis. A Continuum of Interaction Strategies. Cambridge University, Cambridge 1983

Höll, W.: Interactions between plants and animals in marine systems. In Lange, O.L., P.S. Nobel, C.B. Osmond, H. Ziegler: Physiological Plant Ecology III, Vol. 12 C: Pirson, A., M.H. Zimmermann: Encyclopedia of Plant Physiology, New Series. Springer, Berlin 1983

Muscatine, L.: Chloroplasts and algae as symbionts in molluscs. Intern. Rev. Cytol. 36 (1973) 137–168

Reisser, W., W. Wiessner: Autotrophic eukaryotic freshwater symbionts. In Linskens, H.F., J. Heslopp-Harrison: Cellular Interactions, Vol. 17: Pirson, A., M.H. Zimmermann: Encyclopedia of Plant Physiology, New Series. Springer, Berlin 1984

Trench, R.K.: The cell biology of plant animal symbiosis. Ann. Rev. Plant Physiol. 30 (1979) 485–531

Vernberg, W.B.: Symbiosis in the Sea. Univ. South Carolina, Columbia S.C. 1974

11.9. Vesikulär-arbuskuläre (VA-)Mycorrhiza

Buchenauer, H.: Wirkungsweise moderner Fungizide in Pilzen und Kulturpflanzen. Ber. Dtsch. Bot. Ges. 96 (1983) 427–457

Dehne, H.W., F. Schönbeck: Untersuchungen zum Einfluß der endotrophen Mycorrhiza auf Pflanzenkrankheiten. III. Phenolstoffwechsel und Lignifizierung. Phytopathol. Z. 95 (1979) 210–216

Gianinazzi-Pearson, V., D. Morandi, J. Dexheimer, S. Gianinazzi: Ultrastructural and ultracytochemical features of a *Glomus tenuis* mycorrhiza. New Phytol. 88 (1981) 633–639

Graw, D., M. Moawad, S. Rehm: Untersuchungen zur Wirts- und Wirkungsspezifität der VA-Mycorrhiza. Z. Acker- und Pflanzenbau (J. Agronomy and Crop Science) 148 (1979) 85–98

Harley, J.L., S.E. Smith: Mycorrhizal Symbiosis. Academic Press, London 1983

Hayman, D.S.: The physiology of vesicular-arbuscular

endomycorrhizal symbiosis. Can. J. Bot. 61 (1983) 944–963

Hayman, D.S., M. Tavares: Plant growth responses to vesicular-arbuscular mycorrhiza. XV. Influence of soil pH on the symbiotic efficiency of different endophytes. New Phytol. 100 (1985) 367–377

Molina, R.: Proceedings of the 6th North American Conference on Mycorrhizae. Forest Res. Lab., Corvallis (Oregon, USA) 1985

Sanders, F.E., B. Mosse, P.B. Tinker: Endomycorrhizas. Academic Press, London 1975

Schenck, N.C., J.L. Spain, E. Sieverding, R.H. Howeler: Several new and unreported vesicular-arbuscular mycorrhizal fungi (Endogonaceae) from Colombia. Mycologia 76 (1984) 685–699

Strullu, D.G.: Histologie et cytologie des endomycorrhizas. Physiol. Vég. 16 (1978) 657–669

Tinker, P.B.: Effects of vesicular-arbuscular mycorrhizas

on plant nutrition and plant growth. Physiol. Vég. 16 (1978) 743–751

Trappe, J. M.: Synoptic keys to the genera and species of zygomycetous mycorrhizal fungi. Phytopathology 72 (1982) 1102–1108

Walker, C.: Taxonomic concepts in the Endogonaceae: spore wall characteristics in species descriptions. Mycotaxon 18 (1983) 443–455

11.10.   Ektomycorrhiza, Ericales-Mycorrhiza und Orchideen-Mycorrhiza

Burgeff, H.: Saprophytismus und Symbiose. Fischer, Jena 1932

Clarkson, D. T.: Factors affecting mineral nutrient acquisition by plants. Ann. Rev. Plant Physiol. 36 (1985) 77–115

Dorr, I., Kollmann, R.: Fine structure of mycorrhiza in *Neottia nidus avis*. Planta 89 (1969) 372–375

Frank, A. B.: Über die auf Wurzelsymbiose beruhende Ernährung gewisser Bäume durch unterirdische Pilze. Ber. Dtsch. Bot. Ges. 3 (1885) 128–145

Harley, J. L.: Ectomycorrhizas as nutrient absorbing organs. Proc. R. Soc. Lond. B 203 (1978) 1–21

Harley, J. L., S. E. Smith: Mycorrhizal Symbiosis. Academic Press, London 1983

Marks, G. C., T. T. Kozlowski: Ectomycorrhizae, their Ecology and Physiology. Academic Press, New York 1973

Marx, D. H.: Ectomycorrhizae as biological deterrents to pathogenic root infections. Ann. Rev. Phytopath. 10 (1972) 429–434

Mikola, P.: Tropical Mycorrhiza Research. Clarendon Press, Oxford 1980

Singer, R., I. Araujo, M. H. Ivory: The ectotrophically mycorrhizal fungi of the neotropical lowlands, especially central Amazonia. Beih. Nova Hedwigia, Heft 77, 1983

Trappe, J. M., R. Molina, M. Castellano: Reactions of mycorrhizal fungi and mycorrhiza formation to pesticides. Ann. Rev. Phytopath. 22 (1984) 331–359

Sachverzeichnis

A
Abbau, Zellulose 145
Abscheidung von H⁺ 16
– von HCO₃⁻ 16
Absorptionszelle 177
Abstufungsgrade von Inkompati-
  bilität 125
Acacia 56
– *mollissima* 62
Acaulospora 186, 194
Acer platanoides 133
Acetat 146
Acetylenreduktion, Unterschät-
  zung der Nitrogenaseaktivität
  96
Achromobacter 26, 30, 50
Acrochaetium sp. 30
Actinomyces sp. 49
Actinomyceten 21
Actinorhiza, Endophytenregion
  122
– Hyphen 123
– primäre 121
– sekundäre 121
– Sporen 123
– Vesikel 123
Actinorhizenalter 120
Acyl-CoA-Synthetase 5
Acyl-CoA-Thioesterase 5
Aerobacter 26
Aeromonas 30
Agrobacterium 31, 50
– tumefaciens, Chromosomen-
  karte 41
Akazienarten 61
Alcaligenes sp. 50
Alkaloide 56, 59
Allantoin 74, 102
Allantoinsäure 74, 102
Allomyces arbuscula 24
Allophycocyanin 162
Alnus 117
– *crispa* 126
– *glutinosa* 119, 122, 126, 133
– *incana* 119, 133
– *nitida* 131
– *rubra* 119, 126, 130
– *rugosa* 126
– *sinuata* 126
– *tinctoria* 62
Alpha-Partikel 134

Alternaria sp. 29, 49
Amanita 208
– *muscaria*, Wirtsspektrum 210
Ambrosiapilze 141
Ambrosiella hartigii 141
p-Aminobenzoesäure 230
Aminosäuren 23, 50
– nicht proteinogene 56
– spezielle 58
Ammonium-Dünger 198
Amyloplasten 112
– Assoziationen mit Mitochon-
  drien 80
Anabaena 26, 30
– *cylindrica* 150
Anaerovibrio lipolytica 147
Anagallis arvensis 190
Anlocken von Beute 144
Antagonismus s. Parasitismus
Anthoceros 154, 168
Anthopleura (Seeanemone) 173
Antibakteriotika 223
Antibiotika 217
Antibiotikaresistenz 50
Antikörper, monoklonale 50
Antimykotika 223
Apfelsinen 202
Arachis hypogaea 61 f.
Aragonitskelett 176
Arbuskeln 186, 189, 192, 194
Arginin 131
Armillaria (Armilariella) mellea
  227
Arthrobacter 21, 50
– *globiformis* 20, 30
– *pascens* 30
Aschegehalt 133
Ascoidea asiatica 141
Asparagin 102
Asparaginsäure 131
Asparaginsynthetase 103
Aspergillus candidus 29
– *flavus* 29
– *glaucus* 29
– *ochraceus* 29
– *restrictus* 29
Assoziationen, Mitochondrien/
  Amyloplasten 80
Atmung der Bakteroide 92
ATPase, Mg²⁺ abhängige 5
Atriplex gardneri 197

Aufbewahrung bei −135 °C 53
Aufnahmehydrogenase (uptake
  hydrogenase) 133
Aureobasidium pullulans 26
Aurikeln 155
Ausdehnung, Wurzelsystem 211
Außenmycel 196
Austausch von Metaboliten 182
Auxin 72
Azid 90
Azolla 156
– *caroliniana* 157, 168
– Entwicklungszyklus 156, 158
– *filiculoides* 157
– *mexicana* 157
– *pinnata* 157
Azospirillum brasilense 25
Azotobacter 26
– *chroococcum*
Azotobacteriaceae 31

B
Bacillus 26, 49
Bacteroides ruminicola 146
– *succinogenes* 146
Bakteriocinproduktion 42
Bakteroide 79
Bakteroidenzahl 113
Bartholomea angulata 172
Bary, H. A. de S. De Bary
Basidiomyceten 207
Basidiosporen 216
Baumleguminosen 61
Baumschulen 205
Baumwolle 202
Beijerinckia 26 f.
Benzoesäure 117
Bepflanzungsdichte 203
Betula sp. 133
Biomasse, mikrobielle 24
– Wurzelsystem 211
Biosynthese, Chlorophyll b 169
Birkenwald 220
Blastocrithidia 138
Blattabacterium cuenotii 141
Blätter von Zingiberaceen 191
Blaulicht 166
Blinkmuster 145
Bodenkohlenstoff 14
Bodentemperatur 197
Bodentyp 48

Boletellus 208
Boletinus 208
Boletus 208
Bradyrhizobium 31, 35
– *japonicum* 32, 36f., 39, 45f., 64, 71, 81
– – Derepression der Nitrogenase 55
– – Überlebensfähigkeit 54
– sp. (*Lupinus*) 32
– sp. (*Vigna*) 32
Brassica napus 189
– *raphanistrum* 189
Brassicaceae 189
Broadbalk-Projekt 48
Brotfruchtbaum 189
Butyrat 146
Butyrivibrio fibrisolvens 146

C
Caedibacter taeniospiralis 134
Caesalpiniaceae 56
Calcifizierung 176
Calcium 37
Calciumkonzentration 219
Calluna vulgaris 224f.
Calothrix 26, 153
Cantharellus 208
Capsella bursa-pastoris 190
Cap-Strukturen 4
Cardiolipin 4
Cassiopea 172
– *xamachana* 173
Casuarina 117, 129
– *cunninghamiana* 130
– equisetifolia 126
Cellulosemikrofibrillen 65
Cenococcum 208
– *graniforme* 226
Cephaloascus fragrans 141
Cephalosporium sp.
Chamaebatia 117
Chemolitotrophie 37
Chemotaxis 23, 51
Chemotaxonomie der Leguminosen 58
Chenopodiaceae 189
Chilomonas 171
Chlamydomonas reinhardii 30
Chlamydosporen 206, 216
Chlorella, symbiotische 177
Chlorophyll b, Biosynthese 169
Chloroplasten 6f., 183
– aus *Caulerpa* sp. 184
– *Codium fragile* 184
– *Griffithsia flosculosa* 184
– Polypeptide 8
– *Udotea* sp. 184
– *Vaucheria* 184
Chloroplastengenom 7
Chloroplasten-Promotorsequenzen 112
Chloroplastenproteine, Synthese 11

Choline-Kinase II 77
Cholinphosphotransferase 87
Chromosomenkarte 41
– *Agrobacterium tumefaciens* 42
Chromosomenzahlen 58
Cicer arietinum 50f.
Cicereae 57
Ciliaten 148
Citratsynthase 149
Citrobacter freundii 19
Citrullin 131
Cladosporium herbarum 26
– sp. 29
Climacostomum virens 179, 181
Clostridium lochheadii 146
Cobalt 37, 66
CO_2-Fixierung, Calvinzyklus 91
– photosynthetische 151, 162, 169, 185
Colleteren s. Drüsenzotten
Colletia spinosissima 126
Colpoda sp. 50
Comptonia peregrina 126
Concanavalin A 179
Convoluta roscoffensis 181
Coriaria 117
Corticium catonii 227
Cortinarius zakii 226
Corylus avellana 133
Corynebacterium fascians 30
– sp. 50
Coryneforme Bakterien 19
Cowania 117
CPS 38
Craterellus 208
Crithidia oncopelti 138
Cryptococcus 26
Cryptomonas 171
Curling s. Wurzelhaareinkrümmung
Cyanellen 150
Cyanide 90
Cyanobakterien 6
Cyanophora paradoxa 150
Cyanophycin 166
Cyanorhiza 168
Cycas revoluta 166ff.
Cyperaceae 189
Cytokiningehalt 72

D
Dactylorhiza (Dactylorchis) 227
– *purpurella* 230
Dasytricha 147
Datisca 117
– *cannabina* 131
– *glomerata* 130
De Bary, H. A. 1
Degenerationszone 212
Delonix regia 62
Derepression der Nitrogenase bei *Bradyrhizobium japonicum* 55
Desoxiribonucleinsäure s. DNA

Dialyse-Kultursystem 51f.
Diatomeen 182
Dictyosomen 151
Didemnum sp. 169
Diffusionsbarriere für Sauerstoff 94
– wassergefüllte 92
Digalaktosyldiacylglycerin 5
DNA-Gehalt 79
Drüsenzotten 138
Dysidea herbacea 169

E
Einkrümmung s. Wurzelhaareinkrümmung
Eisen 37, 66
Eisen-Protein 89
Ekt-endo-Mycorrhiza 224
Elaeagnus 117
– angustifolia 126
– *umbellata* 62, 126
Elektronentransport 89
Elektronentransportsystem 79
Elementkonzentrationen 132
Elysia viridis 184
Encephalartos sp. 167f.
Endogonales (Zygomyces) 186
Endophytenregion einer Actinorhiza 122
Endosymbiontentheorie 1
Endosymbioseschritte, mehrfache 12
Energetik der N_2-Fixierung 90
Enterobacter agglomerans 141
– – Typ I 19
– – Typ II 19
Entodinium caudatum 147
Entrophosphora 186
Entwicklung der Sporen 188
Entwicklungsreihe, mycotrophe 226
Entwicklungszyklus von *Azolla* 156, 158
Epicoccum nigrum 26
Epiphytische Lebensweise 230
EPS 38
Erbse s. *Pisum sativum* 32, 62
Erdnuß s. *Arachis hypogaea*
Erdorchideen 227
Erkennung 178
Ertragskoeffizient 149
Ertragssteigerungen 203
Escherichia coli 23
Eucalyptus 211
Euglena 134
Eukalyptus- und Nothofaguswälder 219
Euplotes daidaleos 179
Exopolysaccharide s. EPS

F
Fabaceae (Papilionaceae) 56
Fabales (Leguminosen) 56

Fagus 211
- *sylvatica* 212 f.
Fe-Protein 89
Ferulasäure 117
Fettsäuresynthase 4
Fichtenstecklinge 211
Fischerella sp. 30
Fixierungsschlauch 114
Flachs 202
Flavobacterium 26, 30, 50
Flavone 145
Fliegenpilz 207
Floridosit 183
Folsäure 230
Foraminiferen 182
Fortpflanzung, ungeschlechtliche 173
Fragilaria shiloi 182
Fragmentation des ursprünglichen Genoms 8
Frank, A. B. 207
Frankia, Vesikeldifferenzierung 125
Fructokinase 218
Fructose 180
Fumarat 106
Fungizid 222
Fusarium 29, 205
Futter 163

G
Galaktosyltransferase 5
Galega sp. 32
Gärtnereien 205
Gastropoden s. *Saccoglossa*
GC-Gehalte, Chloroplasten 10
GDP-DMP Mannosyl-Transferase 87
Geißelwurzeln 151
Gelatinaseproduktion 36
Genaustausch 169
Gene, symbiotische 47
Generationszeiten 49, 52, 154
Genetic Engineering 112
Genisteae 57
Gentransfer 9
Gerste 14, 19, 190, 202
Getreidekaryopsen 29
Gewebefaktor des Wirtes 174
Gibberelline 72
Gigaspora 186, 194
Ginkgo biloba 189
Glaucocystis nostochinearum 150
Glaucosphaera vacuolata 150
Gloeochaete wittrockiana 150
Glomus 186
- *caledonium* 186, 197
- *clarum* 186
- *fasciculatum* 186, 188, 189
- *macrocarpum* 186
- *monosporum* 189
- *mosseae* 186
- *tenue* 186

Glossina morsitans 141
Glucane, unverzweigte 169
Glucokinase 218
Glucose 180
Glutamin 102, 131, 182
Glutaminsäure 131
Glutaminsynthetase 76, 103, 131
Glyceollin I 87
Glycerin 173
Glycine 60
- *max* (Sojabohne) 32, 61 f., 66, 81, 202 f.
- *soja* 32
Glycosyltransferase 86
Glykogen 116, 217
Gräser 198
Grenzmembran 191
Größenverteilung, Knöllchen 74
Gründünger 156
Gunnera 167
- *arenaria* 168

H
Haarwurzeln 224
Haematococcus lacustris 30
Hämoproteine 129
Harnsäure 182
Hartig, H. 213
Hartigsches Netz 207, 213, 226
Hartlaubwälder 219
Haupthyphen 191
Haustorium 226
Hebeloma 220
Heidegebiete 224
Helminthosporium sp. 29
Helvella 208
Hemiaulus 153
Hemizellulasen 148
Hepatopankreas 183
Heteractis lucida (Seeanemone) 173
Heterocysten 160
Heterocystenanteil 156
Hippophae rhamnoides 126
Hirse s. *Sorghum nutans*
Hochmoore 224
Holospora caryophila 134
- *elegans* 137
Holzlieferanten der Weltwirtschaft 221
Huminsäuren 49
Hybridisierungsexperimente 33
Hydathoden 27
Hydra viridis 176, 179
p-Hydroxybenzoesäure 117
Hyperparasit, *Phlyctochytrium plurigibbosum* 206
Hyphenverbindung 225

I
Immunogoldmarkierung 85
Indikatoreigenschaften 21
Infektion 178

Infektionsrate 194
Infektionssack 68, 70
Infektionsschlauch 68, 70
Initiationsfaktoren 4
Inkompatibilität, Abstufungsgrade 125
Inkompatibilitätsreaktionen 42
Inokulationsmethoden 202
Inokulum-Produkte 53, 206
Introns 4
Invertase 106
In-vitro-Mykorrhizierung 211
Isocitratdehydrogenase 149
Isoenzymmuster 173
Isolierung von Sporen 187
Isonitrile 90
Isosbestische Punkte 93
Isotricha 147

K
Kaffee 202
Kalkabscheidung 175
Kappa-Partikel 134
Kapselpolysaccharide s. CPS
Kartoffeln 190, 202
Keimschläuche 188
Kernmembran 151
ß-Ketoadipat-Weg 35
Kiefer 14
Klebsiella 27
- *oxytoca* 20
Klee s. *Trifolium*
Knöllchen, Größenverteilung 74
- Seneszenz 82
Knöllchenbildung 42
Knöllchenform 72
Knöllchenmasse 196
Knöllchenmeristem 68
Knöllchenmorphologie 75
Knöllchenspezifische Proteine 76
Kobalt s. Cobalt
Kohl 190
Kohlendioxid s. CO_2
Kohlenhydrattransportform 106
Kohlenhydratverbrauch 103
Kohlenhydratzusammensetzung 39
Kohlenstoff 1
Kohlenstoffstoffwechsel von Böden 15
Kommensalismus 1
Kompatibilität 126
Konzentration, verfügbare 25
Konzentrationsgradient 217
Korallenriffe 175
Korallenwurzeln 163
Korkschicht 92
Krankheiten 99
Kulturpflanzen 204
Kupfer 201

L
Laccaria 208

Laccaria laccata 226
Lachnospira multiparus 147
Lactarius 208
– *rufus* 217
Larix sibirica 133
Lebensfähigkeit 79
Leccinum scabrum 215
Lectine 56, 60
Lectinerkennungshypothese 63
Leghämoglobin 92 f.
Leghämoglobingehalt 93
Leghämoglobingene 77
Legionella sp. 30
Leguminosen (s. auch Fabales),
  Chemotaxonomie 58
Leguminosenbäume 203
Leguminosenverbreitung 61
Leitbündelsystem der Wurzeln 68
Leucaenea 56
– *leucocephala* 61, 204
Leuchtorgane 144
Lipide 175
Lipidgehalt 201
Lipid-Protein-Verhältnis 5
Lipidstoffwechsel 79
Lipopolysaccharide s. LPS
Liriodendron tulipifera 205
Lissoclinum patella 169
Lolium corniculatus 32
– *perenne* 17
Lotus 60 f.
LPS 38
Luzerne (s. auch *Medicago sativa*) 14, 202
Luziferase 144
Lysosomenrezeptoren 136

M
Macroptilium atropurpureum 32, 113
Macrozamia communis 164
– *lucida* 168
Mais 14, 190, 202
Makroelemente 1
Malat 106
Malatdehydrogenase 161
Malonat 106
Maltase 107
Maltose 180
Mangelwährung 191
Mangobaum 189
Mannit 225
Mantel 207, 226
Marasmius coniatus 227
Matrix aus Kohlenhydraten 212
Matrixmaterial 67, 191, 193
– Hydrolyse 201
Matrixschicht 192
Medicago 61
– *lupulina* 48
– *sativa* (Luzerne) 32, 62
Membrandifferenzierung 86
Meristem 71

Meristemzellen 224
Methangärung 145
Methanobacterium ruminantium 147
Methionin 146
Methylnitril 90
Mikrovilli von Entodermzellen 178
Mimosa 56
Mimosaceae 56
Mischanpflanzungen 119
Mitochondrien 6 f.
– Assoziationen mit Amyloplasten 80
MIZ s. Mycorrhiza-Infektions-Zone
Mob-Region 43
Mo-Fe-Protein 89
Molybdän-Eisen-Protein 89
Monarthrum mali 141
Monogalaktosyldiacylglycerin 5
Montipora verrucosa (Steinkoralle) 173
Mucor ramannianus 225
Mutanten, nitrattolerante 101
– supernodulierende 101
Mutualismus s. Symbiose
Mycobacterium 26
Mycoplana 26
– *bullata* 30
Mycoplasmen, anaerobe 147
Mycorrhiza, ekt-endotrophe 224
Mycorrhiza-Infektions-Zone (MIZ) 212
Mycotrophe Entwicklungsreihe 226
Myrica gale 126, 130
– *pennsylvanica* 126

N
N₃
N₂-Fixierung, Energetik 90
N-Gehalt 133
N-Speicherfunktion 59
N-Transportform 74
NaCl-Toleranz, 2% 36
Nadel- und Laubwälder 219
Nadelwälder 224
Nahrungserwerb 144
Naßreiskulturen 156
Natriumchlorid-Toleranz, 2% 36
Nematoden 206
Neocallimastix frontalis 147
Neorosea 138
Neuanpflanzungen 221
Neutralisation der Gärungsprodukte 149
Nif-Gene 43
Nif-Genkarte 44
Nif-Genregion von *Rhizobium meliloti* 45
Nif und glnA Promoter-Sequenzen 44

Nitrat 198
Nitratatmung 14, 35
Nitratreduktaseaktivität 174
Nitrattolerante Mutanten 101
Nitrile 59, 90
Nitrogenase 89
– nif D, nif K 42
– nif H 42
– Substrate 90
Nitrogenaseaktivität 127, 154, 162
– *Actinorhiza* 127, 128
– aerobe 21
– *Frankia* 129
– Reinkulturen 54
– Temperaturoptimum 96, 128
Nitrogenasesynthese 79
Nitzschia laevis 182
– *panduriformis* 182
– *valdestriata* 182
Nodulation 46
Nodulationscharakteristik 31
Nodulationsgene von *Rhizobium leguminosarum* 46
Noduline 76
Nostoc 26
– *calcicola* 154
– *punktiforme* 167
– *sphaericum* 154
Nucleoide 136
Nucleomorph 171

O
O₂-Entwicklung, photosynthetische 174
O₂-Transport und O₂-Schutz 113
Oidien 216
Omikron in Euplotes 134
Orchideen, epiphytische 227
– Samen 226
Orchis 227
organische Säuren 104
Organkultur, sterile 119
Ornithopus sativus 32
Oryza sativa 28
Oscillatoria 26
– *spongeliae* 169

P
Papilionaceae s. Fabaceae
Papillen 167
Paracoumarsäure 117
Paramecium aurelia-Komplex 135
– *bursaria* 179
– – *Chlorella*-Symbiose 11
– *caudatum* 137
Parasiten 50, 88
Parasitismus (Antagonismus) 1
Parasponia 113
Partikeldichte 5
Paulinella chromatophora 152
Pavetta 138

Pavetta indica 139
Paxillus 208
– *involutus* 217
Pektinasen 148
Pellicularia filamentosa 227
Peltigera polydactyla 168
Penicillium expansum 225
PEP-Carboxylase 77
Perialgale Membran 180
Perialgale Vakuole 177
Peribakteroidenmembran 72, 80, 85, 88
Peribakteroidenraum 85, 87
Pericyanobakterielle Membran 168
Perlite 198
Peroxisomen 85
Pezizella ericae 225
Pfifferling 207
Pfirsich 202
Pflanzenhormone 217
Pflanzenmutanten 78
Phagocytose 134, 136, 177
Phagosom 136
Phaseolus 60f.
– *vulgaris* 32
Phenolabbau 108
Phenylalanin-Ammoniumlyase 107
Phlyctochytrium plurigibbosum 206
Phosphat 198
Phosphataufnahme 199
Phosphatidylcholin 5
Phosphatidylglycerin 5
Phosphatversorgung 198
Phosphatzwischenspeicher 219
Phosphoenolpyruvat-Carboxylase 161
Phosphor 3
Photobacterium leiognathi 143
– *phosphoreum* 143
Photosyntheseleistung 99, 196
Photosynthetische CO_2-Fixierung 151, 162, 169, 185
Photosynthetische O_2-Entwicklung 174
Phototaxis 175
pH-4,5-Toleranz 36
pH-9,0-Toleranz 36
pH-Wert, Rhizosphäre 16
– wurzelnaher 14, 17
Phycobiliproteine 162
Phycocyanin 162
Phyllobacterium 31
– *rubiacearum* 138
Phylogenetischer Stammbaum 6
Phytinaggregate 49
Phytoalexin der Sojabohne 87
Phytoalexine 60
Phytophthora 205
– *cactorum* 24
– *capsicii* 24

– *cinnamomi* 223
– *citrophthora* 24
Phytoplanktonvermehrung 30
Picea 224
Pili 65
Pilzmedien 216
Pilzplasmalemma 192
Pinus 224
– *ponderosa* 222
– *radiata* 213f.
– *sylvestris* 133
– – Symbiontenspektrum 210
– *taeda* 222
Piromonas communis 147
Pisolithus 208
– *tinctorius* 214, 221
Pisum 60f.
– *sativum* (Erbse) 32, 62
Plasmalemma 67
Plasmide 117
Plasmidmuster 50
Platymonas convolutae 181
Polypeptide des Chloroplasten 8
Polyphosphate 218
Polyplastron multivesiculatum 147
Populus tremula 133
Poria terrestris 226
Porphyridium 183
Primärinfektionen 69, 195
Primärwand 193
Prochloron 169
Propionat 146
Propionsäure 116
Proteinaseinhibitoren 56
Proteinbiosynthese, Hemmung durch Chloramphenicol 4
– – Cycloheximid 4
Proteine, wurzelhaartypische 66
Protozoen 50
Pseudomonadaceae 31
Pseudomonas 26, 30, 49
– *fluorescens* 19
– *lachrymans* 23
– *putida* 19
Psychotria 138
– *bacteriophila* 139
– *kirkii* 140
Ptyophagie 228
Pyruvatkinase 109
Pythium 205
– *aphanidermatum* 24

Q
Qualle s. *Cassiopea xamachana* 173
Quercus rubra 222

R
Raffaelea ambrosiae 141
Raps 190
Räuber 50
Reinfektionstests 119

Reis 27
Reisanpflanzungen 163
Reservestoffabbau 175
Resistenz 205
Reticulitermis flavipes 141
Rezeptoren in Kernhüllen 137
Rhizobiaceae 31
Rhizobium 31, 35
– *fredii* 32, 36f., 50
– *leguminosarum* 32, 39, 48, 50
– – biovar. *viceae* 48
– – Nodulationsgene 46
– *loti* 32
– *meliloti* 32, 36, 39, 48, 50, 82
– – Nif-Genregion 45
– sp. *(Galega)* 32
Rhizoplane 13
Rhizopogon 208
Rhizopus sp. 49
Rhizosolenia 153
Rhizosphäre 13, 22, 49
– pH-Wert 16
Rhizothamnien 115
Rhizotrone 17
Rhodomonas 171
Rhodospirillum rubrum 6
Rhodotorula 26
Rhopalodia gibba 153
Ribonukleinsäure s. RNA
Ribosomen 70S 4
– 80S 4
Riffkorallen, geologische Leistungen 176
Riftia pachyptila 142
Rindenzellen 68
Rizinus 202
RNA-Homologien 33f.
Robinia 60
– *pseudoacacia* 62
Robinie 14
Rohphosphat 199
Rotlicht 170
rRNA Sequenzen 4
Rubus 117
Ruminococcus albus 146
– *flavefaciens* 146
Russula 208, 220

S
Saccharose 229
Saccoglossa (Gastropoden) 183
Salzgehalt 49
Samen, Orchideen 226
Samenpflanzen, Ektomycorrhiza 209
Sauerstoff (s. auch O_2) 1
– Diffusionsbarriere 94
Sauerstoffgehalt 197
– Bakteroidenzone 93
– Pansen 149
Sauerstoffgradienten 19
Sauerstoffgradientensystem 22
Säureproduktion 35

Schimper, A. F. W. 3
Schutzfärbung 185
Schwefelverbindungen 143
Scytonema 26
Sebacina vermifera 227
Seeanemone s. *Anthopleura*, s.
 Heteractis lucida
Seitenhyphen 191
Selektion, Mycelien 221
Selenomonas ruminantium 147
Seneszenz der Knöllchen 82
Sequenzhomologien 9
Sequoia gigantea 189
– *sempervirens* 189
Sesbania 109
Signalkette 62 f.
Signalsubstanzen 69
„Sink"-Eigenschaft 218
Sitona lineatus 99
Sitophilus oryzae 141
Skeletonema costatum 30
Sklerotien 216
Sojabohne s. *Glycine max*
Sojasamen 29
Sophoreae 57
Sorbus aucuparia 133
Sorghum nutans (Hirse) 21
Sorghum-Körner 29
Speicherzellen 194
Speisepilze 207
Spezifität, Substrat N_2 97
Sphaeromonas communis 147
Sporen, Entwicklung 188
– Isolierung 187
Sporenbildung 123
Sporenkeimung 215
Sporopollenin 178
Sproß-Knöllchen 109
Spurenelementgehalte 200
Steinkoralle s. *Montipora verru-
cosa*
Steinpilz 207
Sterollipide 4
Stickstoff (s. auch N) 3
Stickstoffixierende Zellorganelle
 79
Streptomyces sp. 49
Strukturgene nif H, nif D, nif K
 45
Stylosanthes guyanensis 199
Suberineinlagerungen 129 f.
Succinat 106, 146
Succinataufnahmesystem 51
Suillus 208
– *luteus* 214, 216
Sukzession 202, 219
– Pilze 29
Sulfolipid 5
Supernodulierende Mutanten
 101
Syleborus affinis 141
Symbiodinium microadriaticum
 171, 175

Symbiontendichte 175
Symbiontenspektrum, *Pinus syl-
vestris* 210
Symbiose (Mutualismus) 1
Sym-Plasmide 41 f.

T
Täublinge 207
Taxus baccata 189
Telephora terrestris 222, 226
Temperatur 48
Temperaturoptimum 197
– Nitrogenaseaktivität 96, 128
Thanatephorus cucumeris 227
Theonella swinhoei 169
Tiefseefische 144
Tilia cordata 133
Tolypophagie 228
Torulopsis 26
Transferzellen 160
Transkriptionseinheit 162
Transportbahn, ernährungsphy-
 siologische 226
Transposon (Tn5) 47
Transposon-Mutagenese 47
Trehalase 107
Trehalose 116, 217, 225
Treponema bryantii 147
Trichoderma 49, 225
Tricholoma 223
Tridacna gigas 174
Trifolieae 57
Trifolium (Klee) 60 ff.
– *pratense* 17, 48
– *repens* 32
Triticum aestivum 20, 66
Tsetsefliege 141
Tulasnella calospora 227

U
Überlebensfähigkeit 53
– *Bradyrhizobium japonicum* 54
Überlebensraten 49
Überschußwährung 191
Udotea 134
UDP-ASGF Galactosyl-Transfe-
 rase 87
– N-acetylgalactosamin-Transfe-
 rase 87
Ummantelung 211
Umrechnungsfaktor, Acetylen-
 reduktion zu N_2-Reduktion 95
Uptake-hydrogenase 133
Uricase 77, 85
Uronsäuren 50
Uroporphyrinogen-I-Synthase
 138

V
Vaccinium macrocarpon 225
– *myrtillus* 224
VAM-Sporen im Boden 188
Vaucheria 134

Verdauung der Pilzhyphen 228
Verzweigungssystem der Wur-
 zeln 25
Vesikel 186, 189, 192
Vesikeldifferenzierung, *Frankia*
 125
Vesikulär-arbuskuläre Mycorrhi-
 za s. VAM
Vibrio 30
– *fischeri* 143
– *succinogenes* 147
Vicia 60
– *faba* 60 ff., 99
– *hirsuta* 32
– *sativa* 32
Vicieae 57
Vigna sinensis 32
Vitamin-B_{12}-abhängige Wachs-
 tumsförderung 30
Volvox 134

W
Wachstum 35
Wachstumsfaktoren 141
Waldfläche der Erde 219
Wassergehalt 48, 98
Wassermangel 196
Wasserstoff 1
Wasserstoffentwicklung 108
Wasserstreß 196
Weißklee 202
Weizen 19, 202
Weizenkörner 29
Wiederbesiedlung von Ruderal-
 flächen 201
Wirtsspektrum, *Amanita musca-
ria* 210
Wirtsspezifität 42
Wurzel 2. und 3. Ordnung 211
Wurzelatmung 14
Wurzelexsudate 216
Wurzelexsudation 13 f.
Wurzelhaare 20, 25, 65, 120
Wurzelhaareinkrümmung („cur-
ling") 42, 67
Wurzelhaar-Hypothese 204
Wurzelhaartypische Proteine 66
Wurzelinfektion 190
Wurzelmasse 196
Wurzelnaher pH-Wert 14, 17
Wurzelpathogene 222
Wurzelspitzen 221
Wurzelsystem, Ausdehnung 211

X
Xanthindehydrogenase 85
Xanthomonas 26, 50
– *campestris* 27
Xerotus javanicus 227
Xylose 180
Xyloterinus politus 141

Z
Zellmembranveränderungen 79
Zellulasen 148
Zellwand 151
Zellwandveränderungen 79

Zingiberaceen 191
Zink 201
Zitrone 202
Zoanthus sociatus 172
Zoogloea sp. 30

Zooxanthellen 171
Zucker 23
Zuckerrübe 190
Zwiebeln 190, 205
Zygomycetes s. Endogonales

961271

Rückgabe spätestens am:		